高等学校测绘工程系列教材

地籍与房产测量

主　编　李芹芳　张　艳
副主编　王龙超　许晓婷

WUHAN UNIVERSITY PRESS
武汉大学出版社

图书在版编目(CIP)数据

地籍与房产测量/李芹芳,张艳主编.—武汉:武汉大学出版社,2017.2
(2025.1 重印)
高等学校测绘工程系列教材
ISBN 978-7-307-19109-9

Ⅰ.地… Ⅱ.①李… ②张… Ⅲ.①地籍测量—高等学校—教材
②房地产—测量学—高等学校—教材 Ⅳ.①P271 ②F293.3

中国版本图书馆 CIP 数据核字(2017)第 004900 号

责任编辑:鲍 玲　　责任校对:汪欣怡　　版式设计:马 佳

出版发行:**武汉大学出版社**　(430072 武昌 珞珈山)
(电子邮箱:cbs22@whu.edu.cn 网址:www.wdp.com.cn)
印刷:湖北恒泰印务有限公司
开本:787×1092 1/16　印张:20.25　字数:499 千字
版次:2017 年 2 月第 1 版　2025 年 1 月第 7 次印刷
ISBN 978-7-307-19109-9　定价:39.00 元

前　言

本书为长安大学规划资助教材。

2007年《中华人民共和国物权法》出台，对我国不动产有了明确规定，国家对不动产实行统一登记制度，统一登记的范围、登记机构和登记办法由法律、行政法规规定。我国实行土地及建筑物附着物（房产）统一管理成为必然，地籍与房产管理与测量分家的现状将得以改善。在这样的形势下，本着科学性、实用性、先进性的指导思想，编写了统一思想、统一技术路线的《地籍与房产测量》教材。

本书基于我国当前高等教育改革和课程设置的实际情况，广泛吸收国内外测量学理论研究及测量技术发展的最新成果，结合笔者多年测量教学实践经验编写而成。本书突出基本理论，并注重与我国实际相结合，在吸取全国第二次土地调查工作的实践经验基础上，主要研究了地籍测量的基础理论和技术方法，地上建筑物及附着物——房产的产权调查、测量、制图和房产面积测算等内容。全书包括土地分类、土地调查、地籍控制测量、地籍勘丈、变更地籍调查与测量、房产调查、房产图测绘与变更测量、房产面积测算等主要章节，体现了教育要面向现代化、面向世界、面向未来的要求，旨在提高学生的创新思维能力，培养学生的实践动手能力，加强学生理论联系实际的能力。

本书每一章前有要点提示和结构图，后有思考题。本书不仅适用于土地资源管理专业和地理信息系统专业，还兼顾了房地产、交通、水利、地质、农林、环境等专业的要求。教材力求内容精练，专业覆盖面广，以满足培养宽口径、复合型人才的需要。

本书由李芹芳负责第1~3章的编写，王龙超负责第4~6章的编写，许晓婷负责第7~9章的编写，张艳负责第10~12章的编写，最后由李芹芳进行全书统稿。在本书编写过程中，硕士研究生张红艳在资料收集、整理、编写、修改和校对方面做了大量工作，并提出许多建设性意见，在此表示特别感谢；硕士研究生杨龙、王媛、刘海燕、耿卫、穆宇童、陈露、周颖、李雨佳、刘亚文、崔文浩、王志诚做了部分书稿的校对和插图绘制工作，硕士魏静、杨晓娟也在本书编写过程中提出了很多中肯意见，在此一并表示诚挚的感谢。

本书的编写得到了长安大学教务处及资源学院领导和老师的大力支持，在此深表谢意！在编写过程中，笔者参阅了大量文献资料（包括网络资料），尤其借鉴和引用了同类书刊，有些已经注明，还有一些由于疏忽没有注明，在此谨向有关作者表示诚挚的感谢！

本书虽几经修改，但由于地籍与房产测量不断发展，有许多实际技术问题亟待研究解决，再加上编者水平有限，书中疏漏与不当之处在所难免，恳请读者指正。

李芹芳

2016年12月于西安

目　录

第1章 绪　　论

☞ **本章要点**

地籍概述　地籍的产生最初源于税收的需要，其概念和内涵随着人类历史的衍变而不断变化。目前，对地籍更为全面的解释是："由国家监管的、以土地权属为核心、以地块为基础的土地及其附着物的权属、界址、数量、质量（等级）和土地利用状况等土地基本信息集合的数据、表册和图册。"随着社会发展，其服务范围也在不断扩大，地籍的分类根据其发展阶段、对象、目的和内容的不同，表现出不同的类别体系。作为土地的"户籍"，地籍也具有空间性、法律性、精确性和动态性等鲜明特点。在其发展过程中，它的作用由为税收服务发展成全面为土地管理服务、为国家管理和决策服务、为社会各方面提供服务。

地籍管理　地籍管理是土地管理的基础，是地籍工作体系的简称。地籍管理的目的是随时清晰地掌握土地资源和土地资产的存在、分配、利用和管理状况，从而为土地管理服务，为国家管理服务，为生产、建设和其他需要服务。为保证地籍管理工作的顺利进行，地籍管理必须遵循统一性、连贯性和系统性等原则。地籍管理的总任务是全面、具体掌握地籍信息，不断更新地籍信息，及时、准确、系统地提供各类服务，并不断改革创新，建设功能齐全、制度健全、业务规范、手段先进、内容完整的地籍管理工作体系，其内容与一定社会生产方式相适应。地籍管理有多种手段，包括行政手段、经济手段、法律手段和技术手段。

地籍测量　地籍测量是土地管理工作中一项重要技术手段，其测量成果是地籍管理的基础。地籍测量的任务是在土地权属调查的基础上，测绘宗地权属界址点、界址线、位置、形状、数量等基本情况。因而，地籍测量又不同于普通测量，具有自己的特点。地籍测量的内容包括平面控制测量、界址点测定、绘制宗地图、地籍图测绘等方面。随着社会经济的发展，各种现代技术也应用到地籍测量中。例如，GPS、RS、GIS等技术给地籍测量注入了新的活力。

地籍和地籍测量的发展　地籍和地籍测量具有悠久的历史。地籍是使用与管理土地的产物，其产生和发展也是社会进步、生产发展、科学技术水平不断提高的结果。

☞ **本章结构**

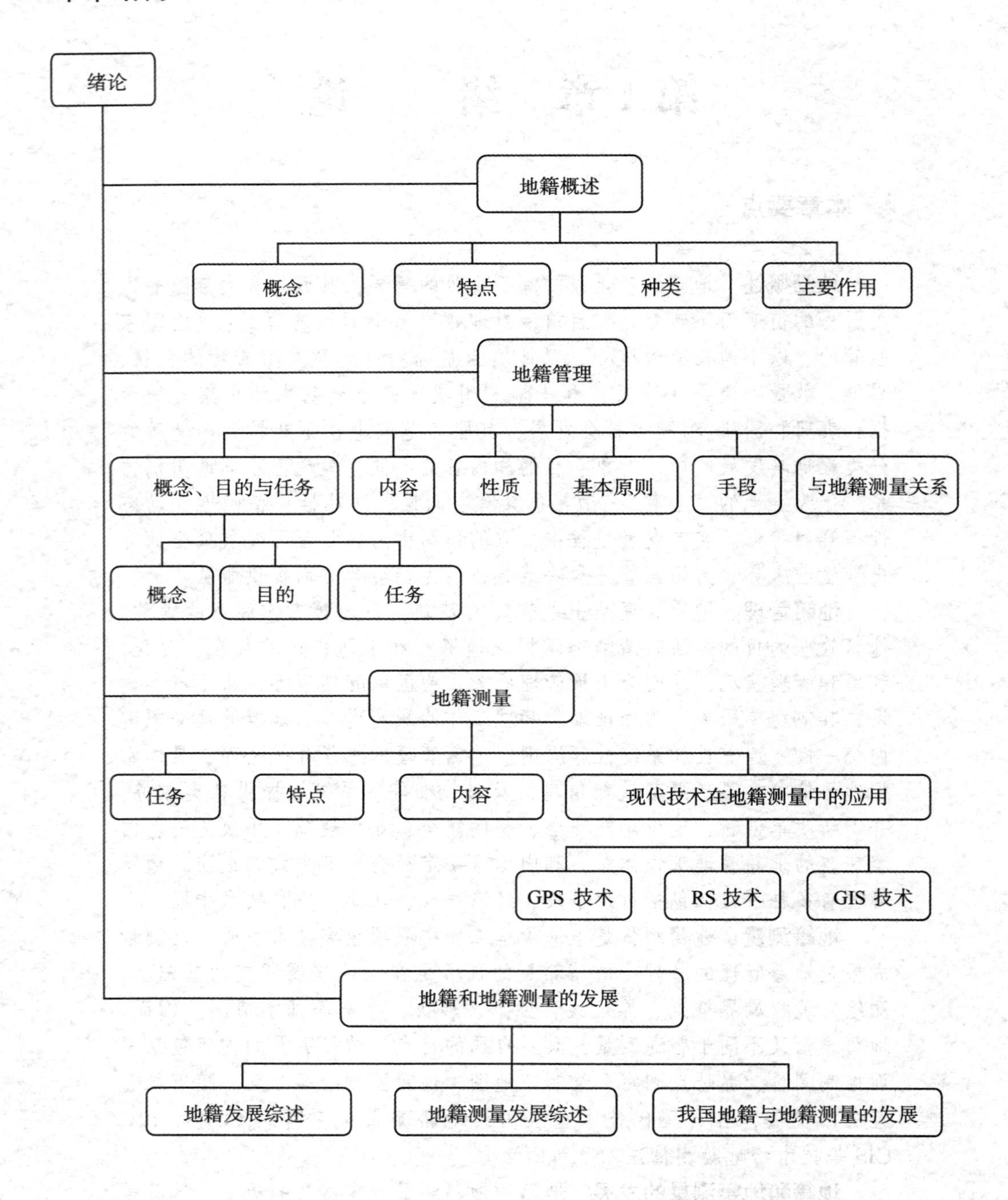

绪论
地籍概述
概念
特点
种类
主要作用
地籍管理
概念、目的与任务
内容
性质
基本原则
手段
与地籍测量关系
概念
目的
任务
地籍测量
任务
特点
内容
现代技术在地籍测量中的应用
GPS 技术
RS 技术
GIS 技术
地籍和地籍测量的发展
地籍发展综述
地籍测量发展综述
我国地籍与地籍测量的发展

1.1 地籍概述

1.1.1 地籍的概念

地籍是一个有着悠久历史的概念，在土地管理学科里是一个重要的基本概念。随着社会的发展，因其用途的多样化，人们对其含义的解释也在不断地深化和丰富。

“地”指土地，为地球表层的陆地部分，包括海洋滩涂和内陆水域。“籍”就其字义而言，《现代汉语词典》释为：①书籍、册子；②籍贯；③代表个人对国家、组织的隶属关系。颜师古对《汉书·武帝纪》中“籍吏民马，补车骑马”的“籍”注为“籍者，总入籍录而取之”。所以，地籍最简要的说法是土地登记册。地籍在我国历史悠久，是“中国历代政府登记土地作为征收田赋依据的簿册”。近些年来，对地籍较为常见的解释是：“记载土地位置、界址、数量、质量、权属、地价和用途等基本状况的簿册。”随着社会和经济的发展，地籍不但为土地税收和土地产权保护服务，还要为土地利用规划和管理提供基础资料。在一些发达国家，地籍的应用领域扩大到三十多个，这种地籍称为多用途地籍或现代地籍。很显然，多用途地籍的内涵和外延更加丰富。因此，对地籍更为全面的解释是：“由国家监管、以土地权属为核心、以地块为基础的土地及其附着物的权属、界址、数量、质量（等级）和土地利用状况等土地基本信息集合的数据、表册和图册。其中土地的权属、界址、数量、质量（等级）、用途（地类）简称地籍五大要素。地籍也被称为土地的户籍。”其含义包括以下几个方面：

1. 地籍由国家建立和管理

国家要维护政权、巩固政权、发展宏观经济、调整生产关系，就要征收赋税，制定政策，编制规划。而土地是人们赖以生存不可替代的重要生产资料，地籍从数量、质量以及分布态势上反映了国家土地的基本情况，是土地基本信息的集合。国家依据地籍资料组织土地利用、协调用地布局、统筹土地开发、土地保护及土地整治，调处人地矛盾、产业间矛盾，确保国民经济全面协调发展和土地资源可持续利用。地籍自产生至今，都是国家为解决土地税收或保护土地产权目的而建立的。尤其自 19 世纪以来，其更明显地带有国家功利性。在中国，历次地籍的建立都是由政府下令进行的，其目的是为了保证土地税收，保护土地所有者和使用者的合法权益，保护土地资源，实现土地可持续利用。

2. 地籍的核心是土地权属

地籍定义中强调“以土地权属为核心”，即地籍是以土地权属为核心，对土地诸要素隶属关系的综合表述。这种表述毫无遗漏地针对国家每一块土地及其附着物，不管是所有权还是使用权，是合法的还是违法的，是农村的还是城镇的，是企事业单位、机关、个人使用的还是国家和公众使用的（如道路、水域等），是正在利用的还是尚未利用的或不能利用的土地及其附着物，地籍都是以土地权属为核心进行记载，都应有地籍档案。

3. 地籍以地块为基础建立

土地在空间上是连续的，一个区域空间连续土地根据被占有、使用等原因被分割成边界明确、位置固定、具有不同权属的许多地块。地籍的内涵之一就是以地块为基础，准确描述每一块土地的自然属性和社会经济属性，并以地块为基础建立相应独立的地籍档案。

4. 地籍必须描述地块内附着物的状况

地面上的附着物是人类赖以生存的物质基础，是建立在土地上的土地的重要组成部分。在城镇，土地的价值是通过附着在地面上的建筑物内所进行的各种生产活动来实现的，建筑物和构筑物是土地利用分类的重要标志。“皮之不存，毛将焉附”，土地和附着物是不可分离的，它们各自的权利和价值相互作用、相互影响。

历史上早期的地籍只对土地进行描述和记载，并未涉及地面上的建筑物、构筑物，但随着社会和经济的发展，尤其是产生了房地产市场交易后，由于房、地所具有的内在联系，地籍必须对土地及其附着物进行综合描述。图 1-1 表达了土地、地块、附着物与地籍的关系。

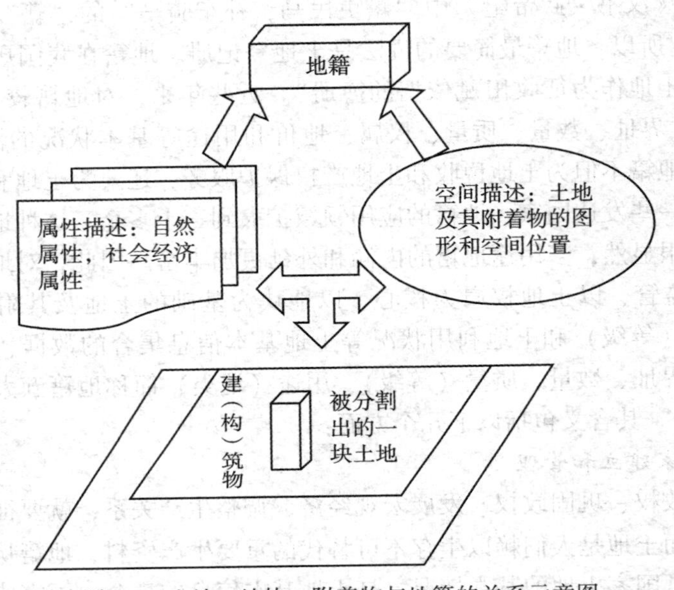

图 1-1　土地、地块、附着物与地籍的关系示意图

5. 地籍是土地基本信息的集合（简称土地清册）

土地基本的信息集合，简称地籍信息，包含地籍数据集、地籍图集和地籍簿册。它们之间通过特殊的标识符（关键字）连接成一个整体。这个标识符就是通常所说的地块号（宗地号或地号）。

地籍数据集：主要是用数字形式描述土地及其附着物的位置、数量、质量、利用现状等要素，如面积册、界址点坐标册、房地产评价数据等。

地籍图集：主要是用图的形式来表达地籍信息，即用图的形式直观地描述土地和附着物之间的相互位置关系，包括地籍图、专题地籍图、宗地图等。

地籍簿册：主要用表册的形式对土地及其附着物的位置、法律状态、利用状况等基本状况进行文字描述，如地籍调查表、各种相关文件等。

上述三部分主要回答了土地及其附着物的五大问题：

第一，土地及其附着物“是谁的”，具体指权属主体与土地及其附着物之间的法律关系。

第二，土地及其附着物“在哪里”，具体指土地及其附着物的空间位置，一般用数据

（坐标）和地籍编号进行描述。

第三，土地及其附着物“有多少”，具体指对土地及其附着物的定量描述，如土地面积，房屋栋数、建筑面积、土地和房屋的价值或价格等。

第四，土地及其附着物取得、建造发生“在什么时候”，即时态性问题。

第五，土地及其附着物“怎么样”，具体指怎样取得这些权利的，对土地及其附着物是怎样利用的，现状如何等。

随着地籍管理工作的发展，地籍成为国家管理的一个独立组成部分，地籍就不仅仅是用以反映有关税务关系的土地信息，管理上需要拥有更为全面的有关土地权属的信息、土地利用信息、土地资产信息等。

地籍发展到今天，如果失去了土地的隶属关系（无论是与国家征税关系，还是与国家权属管理关系或与国家行政管理关系）的反映，就从根本上失去了其核心内涵。地籍从现象上来看易被认为是一系列信息存放于一定的载体上，如簿册、文件、库等，但仅此还远远不够，对地籍的理解还需要把握以下十分重要的几点：

①离开以土地权属为主的地籍就不是真正的地籍，仅仅是土地统计资料。

②土地权属指国家法律认定的权属，而不是其他意义上的权属关系的反映，否则将不是完全的地籍。

③单一的土地权属信息虽然是地籍性质的信息，但并不是完全的。实际上土地权属信息本身不应是单一的土地权利的信息。

地籍存在（或表现）的形式在不同时代是不一样的。历史上地籍表现为一些专用的册（簿）。当今科技发达，信息载体形态变得更加丰富多样，除册、簿、表、卡等外，还出现了盘、库、文件等形态。不论外部形态（载体）如何变化，应当明确其内涵、基本核心必定是关于土地管理所需的信息资料，其中又以法定的土地权属为核心。

1.1.2 地籍的特点

地籍是土地的“户籍”，它具有空间性、法律性、精确性和动态性的特点。

1. 空间性

地籍的空间性是由土地的空间特点所决定的。土地的数量、质量都具有空间分布的特点。土地的存在与表述必须与其空间位置、界线相联系。在一定的空间范围内，地界的变动，必然带来土地使用面积的改变；各种地类界线的变动，也一定带来各地类面积的增减变化。所以，地籍的内容不仅需要记载在地籍簿册上，同时还应标绘在地籍图上，并力求做到图册与簿册相一致。

2. 法律性

地籍的法律性是指地籍图上界址点、界址线的位置和地籍簿上的权属记载及其面积的登记都应按严格的法律程序并有充足的法律依据，甚至有关凭证也是地籍的必要组成部分。地籍的法律性体现了地籍图册资料的可靠性。

3. 精确性

地籍的精确性是指地籍资料的获取一般要通过实地调查获得，同时还要运用先进的测绘和计算方面的科技手段，否则将会使地籍数据失真。

4. 动态性

一方面地籍的内容在随着自然条件和社会经济条件的变化而变化，如面积、等级、权属等；另一方面地籍的服务范围也随着社会的发展、技术的进步在逐步扩大，内容也在不断丰富。地籍始终处在一个发展变化的过程中。为反映地籍资料的现势性，必须对地籍资料经常更新，否则过时的地籍资料会失去其应有的使用价值。

1.1.3 地籍的种类

随着地籍服务范围的不断扩大，其内容也愈加充实，类别的划分也更趋合理。地籍按其发展阶段、对象、目的和内容的不同，可以划分为不同的类别体系。

1. 按发展阶段划分

按地籍的发展阶段划分，地籍可分为税收地籍、产权地籍和多用途地籍。

在一定社会生产方式下，地籍具有特定的对象、目的、作用和内容，但它不是一成不变的。地籍发展的过程，也是地籍用途不断扩张的过程。从资本主义国家的地籍发展史来看，大致经历了税收地籍、产权地籍、多用途地籍三个阶段。

①税收地籍。税收地籍是各国早期建立的为课税服务的登记造册，也是资本主义早期采用的一种地籍制度。税收地籍仅仅具有为税收服务的功能，所以其目的是为国家税收服务，它必须解决以下两个问题：一是向谁收税，即在地籍资料中要反映纳税人的姓名和地址；二是收多少税，即在资料中要有土地面积数据和为确定税率而需要的土地等级。税收地籍所采用的手段主要是丈量土地面积和按土壤质量及产量、收入评定土地等级。为税收地籍进行的测量工作，一般是较为简易的测量。

②产权地籍。产权地籍也称法律地籍，这是资本主义发展到一定阶段的产物。随着经济发展和社会结构的复杂化，土地交易日益频繁和公开化，促使地籍不但要用于税收，还要用于产权保护。产权地籍是国家为维护土地所有制、保护土地所有者及使用者的合法权益、鼓励土地交易、防止土地投机、保护土地买卖双方的利益而建立的土地产权登记薄册。凡经登记的土地，其产权证明具有法律效力。产权地籍最重要的任务是保障土地所有者及使用者的合法权益和防止土地投机。为此，产权地籍必须以反映宗地的权属、界线和界址点的精确位置以及准确的土地面积等为主要内容。为了使土地界线、界址点能随时在实地准确复原和保证土地面积计算的精度要求，一般采用解析或解析与图解相结合的地籍测量方法。

③多用途地籍。多用途地籍，也称现代地籍，是税收地籍和产权地籍的进一步发展。其目的不仅是为课税或保护产权服务，更重要的是为土地利用、保护和科学管理土地提供基础资料。经济的快速发展和社会结构复杂化的加剧为地籍应用领域的扩张提供了动力，而科学技术的发展，则为地籍内容的深化和拓展提供了强有力的技术支撑。特别是随着电子计算机、GPS 技术、GIS 技术和 RS 技术的发展与广泛应用，从而使地籍的内容及其应用范围也得到扩展，远远突破税收地籍和产权地籍的局限，并逐步走向技术、经济、法律综合的发展方向，使其具有了多用途的功能。与此同时，建立、维护和管理地籍的手段也逐步被光电、遥感、电子计算机和缩微技术所代替。

以上三种地籍的关系如图 1-2 所示。

2. 按特点和任务划分

按地籍的特点和任务划分，地籍可分为初始地籍和日常地籍。

土地的数量、质量、权属及其空间分布、利用状况，都是动态的，地籍必须始终保持现势性。根据土地特性和地籍连续性的特点，为了经常保持地籍资料的现势性，国家必须

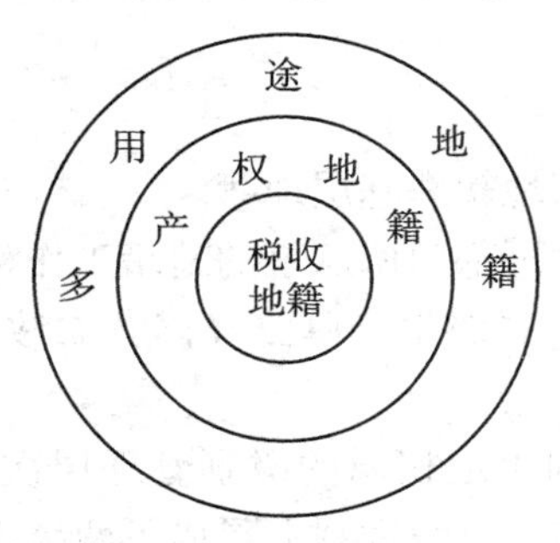

图 1-2　税收地籍、产权地籍和多用途地籍关系示意图

建立初始地籍和日常（变更）地籍。

所谓初始地籍是指在某一时期内，对其行政辖区内全部土地进行全面调查后，建立的新的土地清册（不是指历史上的第一本簿册）。日常地籍是针对土地及其附着物的权属、位置、数量、质量和利用状况的变化，以初始地籍为基础进行修正、补充和更新的地籍。初始地籍和日常地籍是地籍不可分割的完整体系。初始地籍是基础，日常地籍是对初始地籍的补充、修正和更新。如果只有初始地籍而没有日常地籍，地籍将逐步陈旧，变为历史资料，缺乏现势性，失去其使用价值；相反，如果没有初始地籍，日常地籍就没有依据和基础，也就不存在日常地籍了。

3. 按地域划分

按地域和城乡土地的不同特点划分，地籍可分为城镇地籍和农村地籍。

城镇土地和农村土地具有不同的利用特点和权利特点。城镇地籍对象是城市和建制镇建成区内的土地，以及独立于城镇以外的工矿企业、铁路、交通等用地。农村地籍对象是城镇郊区及农村集体所有土地，国营农场使用的国有土地和农村居民点用地等。由于城镇土地利用率、集约化程度高，建（构）筑物密集，土地价值高，位置和交通条件所形成的级差收益悬殊，城镇地籍需要采用更大比例尺（1∶500）的图纸，其数据及界址的获取要求采用精度较高的测量方法和面积量算的方法。在地籍的内容，土地权属处理，地籍的技术和方法及其成果整理、编制等方面，城镇地籍比农村地籍有更高、更复杂的要求。在实践中，由于农村居民地（村镇）与城镇有许多相同的地方，农村地籍的居民地部分可以按城镇地籍的相近要求建立，并统称为城镇村庄地籍。随着技术的进步和社会经济的发展，将会逐步建立城乡一体化地籍。

4. 按地籍手段和成果形式划分

按地籍手段和成果形式划分，地籍可分为常规地籍和数字地籍。

这是近年来地籍手段快速发展引起的一种分类方法，具有普遍性和必然性。常规地籍一般以过去通常运用的手段和形式来完成地籍信息的收集、调查、记载、整理，用常见形式，即通过建图、表、卡、册、簿等方式来表现地籍资料。常规地籍费工费时，成果累赘，应用管理不便，误差防范困难。

数字地籍从基础调查资料起，用数字的形式存贮于体积小、重现度高的存贮介质中，通过规范的程序实现整理、分类、汇总及建库。无论图形资料还是数据资料，都转化为数字形态，从而省略了累赘不便的图、表、卡、册、簿。数字地籍具有处理能力强、省工节时、有效防止加工整理误差、检索快捷准确、表现形式生动等优越性，它代表着地籍现代化的方向。

5. 按行政管理层次划分

按行政管理层次，分为国家地籍和基层地籍。

县和县级以上的各级土地管理部门所从事的地籍工作称为国家地籍。基层地籍是指县级以下的乡（镇）土地管理所、村级生产单位（国营农牧渔场的生产队）以及其他非农业建设单位所从事的地籍工作。

也可以根据权属单位取得的土地权属的级别管理层次划分。随着城乡经济体制的改革，以及土地所有权和使用权的分离，客观上形成了两级土地权属单位。一级土地权属单位指农村集体土地所有单位及直接从政府取得对国有土地的使用权的单位，即由国家出让、租赁和土地征用、划拨取得国有土地使用权的单位；二级土地权属单位是指从一级土地权属单位取得的对集体土地承包使用权的单位和个人，或通过国有土地的转让取得的国有土地使用权的单位和个人。根据客观存在的两级土地权属单位的事实，地籍可以按其管理层次，划分为国家地籍和基层地籍两种。

国家地籍是指以集体土地所有权单位的土地和国有土地的一级土地使用权单位的土地为对象的地籍。基层地籍是指以集体土地使用者的土地和国有土地的二级使用者的土地为对象的地籍。当前，为强化国家对各项非农业建设用地的控制管理，可以把农村宅基地及乡、镇、村企业建设用地等方面的地籍，划属国家地籍。从地籍的作用而言，基层地籍主要服务于对土地利用或使用的指导或监督；国家地籍则主要服务于土地权属的国家统一管理；它们是相互衔接、互为补充的一个完整体系。

1.1.4 地籍的主要作用

地籍是以土地权属为核心，以地块为基础的土地及其附着物的权属、数量、质量、位置和利用现状的土地基本信息集合。它不仅是全面、统一、依法、科学管理土地必不可少的资料，同时也是国家制定宏观经济政策的重要依据。地籍的建立，一般应由国家根据生产和建设的发展需要，以及科学技术发展的水平来确定。目前，我国的地籍也已由课税为目的，扩大为产权登记、土地利用服务的多用途地籍，亦称现代地籍，它具有多用途的功能或作用。

1. 地籍与国家

地籍的产生与国家的产生有关。国家产生后根据征收赋税的需要开始产生地籍的需要，作为征收赋税的依据。之后根据国家管理需要，不断丰富地籍内容，发挥地籍的多重功能。

国家的重要功能在于维护政权、巩固政权、发展社会制度。土地是反映社会生产关系的客体，地籍则真切地反映土地所有关系、使用关系。良好的地籍是洞察土地制度、土地关系及其动态变化的窗口，国家依据地籍资料制定政策、变革制度、调整关系，从而巩固和发展政权。国家肩负着发展经济的重任。土地作为资源是巨大的财富之源，是国民经济一切部门发展的基础。地籍从数量、质量以及分布态势上反映国家的基本国情、国力。

在国家实施行政管理的广泛工作中，地籍发挥着重要作用。土地行政是国家管理的一个重要方面，而地籍则是土地行政的基础。土地产权的稳定、土地资产流转的活跃与安全，土地利用者对土地投入的积极性等，在很大程度上反映着社会的安定和经济环境的质量。地籍信息反映着上述指标的现势状况，国家则借此及时作出决策来调整。开展土地行政是国家管理的需要。

2. 地籍与土地管理

地籍虽在初期是应征税制度的需要而产生，但从本质上来讲它是土地管理的必要基础，同时它也可以为税收服务，只是由于社会发展的早期征税制度先于土地管理作为一种独立的国家管理事务出现，因而这种为税收服务的功能率先为人们所认识。当土地管理作为一项独立的国家管理工作出现后，地籍更深层次的意义和作用逐渐为人们所认识。为税收服务仅仅是地籍的作用之一。

地籍主要围绕土地管理而建立，其登载项目的设置、项目调查和记载的方法及要求，项目审核以及项目依法认定的程序等，都是首先从土地管理的需要来考虑的，同时也兼顾其他方面的需要。

地籍由土地管理部门建立，具有专业性、很高的可靠性、权威性和现势性。地籍全面反映土地资源潜力水平和土地利用状况，借此土地管理部门及时发现土地利用中的不足、土地资源配置方面的缺陷，据此开展土地利用规划、实施土地利用监测、实行土地管制等。地籍同样能及时反馈土地管理工作的实际效果，暴露土地管理的不足与问题，便于及时改进。地籍在土地管理中的具体作用为：

（1）为国家制定宏观政策、总体发展规划提供依据

土地是人类生存的基础，是财富的源泉。人类的一切活动都离不开土地。地籍是土地信息的集合，准确反映了土地的基本状况，同时也反映了国情和国力。国家依据地籍资料制定宏观政策、总体发展规划来协调用地布局，统筹土地开发、土地保护及土地整治，调处人地矛盾、产业间矛盾，确保国民经济的全面协调发展和土地资源的可持续利用。

（2）为制定土地政策提供科学依据

土地政策包括土地制度改革政策，与土地有关的经济制度、环境保护、人类生存、个人投资或企业投资等方面的政策。这些政策的制定与准确掌握土地资源的数量、质量、用途状况是分不开的。地籍所提供的多要素、多层次、多时态的土地资源的数量、自然和社会经济状况，为国家制定土地政策、制定各项规划提供了基本依据，为组织工农业生产和进行各项建设提供了基本资料。

（3）促进土地管理工作的开展

地籍是土地管理的基础，它所提供的有关土地类型、数量、质量和权属等基本资料是调整土地关系、合理组织土地利用的基本依据。土地利用状况及其境界位置的资料是进行土地分配、再分配、土地转让、出让和征拨土地工作的重要依据。土地的数量、质量及其分布和变化规律是组织土地利用，编制土地利用总体规划、村镇规划、城市规划的基础资料。地籍资料的完整、准确及其现势程度是科学管理好土地的基本条件，因此，在开展土地管理工作中，地籍是不可缺少的。

我国土地使用制度改革的主要内容就是改变过去不合理的土地无偿、无限年期和无流动使用为有偿、有限年期使用。实行土地的有偿使用，需要制定土地有偿使用制度，需要制定土地使用费和各项土地课税的标准，开辟土地使用权出让、转让市场。记载每宗地的面积大小、用途、等级和土地所有权、使用状况的地籍，是实行土地使用制度改革、开征各项土地税（费）和进行土地使用权出让、转让活动的基本依据。

（4）保护土地产权不受侵害，避免纠纷

地籍调查和管理是国家政策支持下的依法进行土地管理的行政行为，所形成的地籍信息具有空间性、精确性、现势性和法律性等特点。地籍的核心是权属，它是记载土地权属界址线、界址拐点位置和土地权属来源及其变更的基本依据等图簿册。所以，它是调处土地争执、恢复界址、确认土地产权最有力的依据，是建立和完善土地市场、保护土地所有者和土地使用者合法权益的最有公信力的基础资料。因此，在调处土地纠纷，恢复界址，确定地权，认定房地产权，进行房地产转让、买卖、租赁等土地管理工作中，地籍提供法律性的证明材料，从而保护土地所有者、使用者的合法权益，减少土地纠纷发生。

（5）为土地的经济活动提供参考

地籍产生的最初原因是用于土地税费的征收，它历来是国家财政收入的重要组成部分，是课税的对象。利用地籍提供的土地及其附着物的位置、面积、用途、等级和使用权、所有权状况，结合国家和地方的有关法律法规，为以土地及其附着物为对象的经济活动（如土地的有偿转让、出让，土地和房地产税费的征收，防止房地产市场投机等）提供可靠准确的基本资料，成为建立统一的国家地租课税制所不可缺少的条件，从而促进以土地为目标的经济活动正常进行，指导和监督开征城镇国有土地使用税、土地增值税、耕地占有税等。

（6）为土地科学研究提供可靠资料

地籍资料真实、准确地反映了土地的分布、质量和利用等基本情况。土地科学的研究和发展离不开地籍资料。无论是对土地经济效益、生态效益、社会效益的分析预测，还是对土地自然、经济、法律等属性的动态规律研究，或是在制定土地政策等方面的研究，都少不了地籍提供的资料。

（7）为城镇房地产交易服务

城镇房地产交易以房地产买卖和租赁为主。土地及其地上房屋建筑都属不动产。地籍对房产的认定、租赁及其他形式的转让活动，都是不可缺少的依据。同时，地籍还为建立和健全房产档案，解决房产争执和处理房产交易过程中出现的某些不公平现象等提供法律依据。

3. 地籍与税收

地籍为税收服务已有久远的历史。虽然地籍的功能发展到今天远不止为税收服务这一点，但从地籍发展的历史来看，这一作用在地籍发展的任何时期都是存在的，只要国家存在，从土地上收取税金以维持国家管理的需要，这一作用是无法不存在的。

地籍为税收提供了土地所有权和土地使用权等土地权利状况，以及土地资产规模、级别等信息，这些资料直接将纳税义务人与税率等税务制度联系起来，从而计量税额。地籍保障了国家土地税收的稳定、科学、及时、准确。

4. 地籍与土地制度

我国社会主义土地所有制度是通过革命建立起来的，巩固和发展社会主义土地所有制是革命战争之后长期的任务。社会主义土地所有制时常会受到冲击或潜移默化的干扰，规范土地所有权的确认、土地所有权的变更和显化土地所有权的权利，对于巩固社会主义土地公有制起着十分重要的作用。地籍在这方面是责无旁贷的具体执行者和凭证。国家借助地籍工作理顺土地所有权关系，解除土地产权纠纷，规范产权登记和产权转移制度，保证国家随时掌握土地所有权分配的翔实资料，防止任何有害社会主义土地制度的行为和倾向出现，并采取巩固土地制度的有力措施。

随着社会主义制度的建设和发展，我国土地使用制度经历着史无前例的巨大改革。在这场改革中，明确产权，稳定使用权，建立健全土地市场，推动土地使用权流转等是土地使用制度改革顺利进行的重要保障。地籍在其中也起着十分关键的作用，确保土地产权明确，土地市场秩序井然，土地使用权流转安全、有序。

1.2 地籍管理

基于对地籍的基本认识，地籍管理则应理解为针对地籍的建立、建设和提供应用所开展的一系列工作（管理）措施。地籍是土地管理的基础，地籍管理是土地管理的基础部分。

1.2.1 地籍管理的概念、目的与任务

1. 地籍管理的概念

根据地籍的概念以及对地籍管理的理解，地籍管理是指国家为建立地籍和研究土地的权属、自然状况、经济状况等土地的基本信息，建立完整的地籍图、簿册，而按统一的方法、要求和程序实施的一系列行政、经济、法律和技术工作措施体系。简而言之，地籍管理是地籍工作体系的总称。土地的权属状况主要包括权属性质、权属来源、权属界址、权力状况等；土地的自然状况主要指土地的位置、四至、形状、地貌、坡度、土壤、植被、面积大小等；而土地的经济状况则主要指土地等级、评估地价、土地用途等。地籍工作是通过各种地籍制度来实施的。

地籍管理的对象是具有资源和资产双重职能的土地，其核心是土地的权属管理。地籍的内涵：地籍管理是一系列有序的工作，地籍管理必须有制度作为保障，不同时期的地籍管理有着不同的技术基础，地籍管理有明确的发展方向和应用目的。

地籍的基本含义为记载土地的产权状况、位置范围、利用类型、等级价格等的图簿册，是人们认识和运用土地的自然属性、社会属性和经济属性的产物，是组织社会生产的客观需要；地籍管理是指国家为研究土地的权属、自然、经济状况和建立地籍图簿册而实行的一系列工作措施体系。简而言之，地籍管理是地籍工作体系的总称。可见地籍和地籍管理是两个概念。随着现代计算机技术的发展，过去主要靠手工操作的地籍图、簿册，将逐步走上建立地籍信息系统的道路，以适应地籍信息的不断增加、变化频繁和快速高效地籍管理的需要。

2. 地籍管理的目的

地籍管理包含许多有序的工作内容，都是为了应用的需要而设定和开展的，针对这些内容，建立管理制度，设置机构，组建队伍，设定职责权限，选用一定的手段、方法等，这一切都围绕着明确的目的。

地籍管理的总目的是随时清晰地掌握土地资源和土地资产的存在、分配、利用和管理状况，从而为土地管理服务，为国家管理服务，为生产、建设和其他需要服务。

地籍管理是土地管理的一个组成部分，为土地管理工作的需要去开展调查，取得有关信息资料，按土地管理的需要加以整理分析，同时对土地管理工作效应的反馈信息加以收集整理，及时提供给有关方面应用，成为地籍管理最直接的目的。围绕这一目的建立必要的制度，制订管理条例，设置组织机构，设定基本工作内容，并及时补充新内容，真正起

到土地管理基础工作的作用。否则地籍管理将会迷失方向，或者偏离服务主体。

地籍管理工作的开展远在土地管理成为一项独立的管理事业之前便已存在。虽然当时在具体功能上是为维护政权经费支撑服务，但随着国家管理的深入发展，地籍管理对于国家政权建设和管理已远不止于此。为维护政权、发展社会制度，为国家诸多宏观决策提供依据，成为地籍管理的根本目的。我国地籍管理的性质决定了地籍管理必须坚定不移地为社会主义政权服务。从建立和完善社会主义土地制度和协调人地关系的需要，去掌握、研究和分析土地资源、资产的分配、利用以及管理，为调整土地的分配和利用提供依据，从社会主义国家管理的需要去调查研究土地开发、利用、整治和保护的状况，为妥善处理资源、环境、人口的矛盾，为国民经济协调发展提供依据。地籍管理若背离了为巩固社会主义制度和国家政权服务的目的，便会失去宗旨，失去存在的意义。

地籍管理成果的实际应用价值不只是在土地管理和巩固社会主义制度以及完善国家管理方面，还包括社会各个方面，而为生活、生产和建设的需要提供与地籍有关的信息资料和服务是地籍管理工作的又一重要目的。随着社会经济和建设事业的发展对地籍管理的需求越来越多，地籍管理要从单用途向多用途发展，从平面向立体发展，从常规向高科技发展，从封闭式向开放式转变，从单一行政管理向法律、行政、经济、技术综合管理发展，以适应市场经济体制的需要。

3. 地籍管理的任务

地籍管理的总任务是全面、具体掌握地籍信息，不断更新地籍信息，及时、准确、系统地提供各类服务，并坚持不懈地改革创新，建设功能齐全、制度健全、业务规范、手段先进的完整的地籍管理工作体系。当前的具体任务是：

①继续广泛深入地掌握土地资源和土地资产的家底。对于土地资源家底的掌握要从数量和分布向质量甚至更全面的方面发展，形成一体化的系列土地资源家底资料；城镇土地资产家底尚未全面查清，农村土地资产更是掌握甚微，需继续深入开展土地调查、统计、登记及土地定级工作。

②土地资源和资产的分配现状、流转管理及态势分析是地籍管理的重要方面。城市土地的分配近年来有了较大的进展，流转管理也初见成效，但农村土地尚未全面纳入科学的、规范管理的轨道，亟须加大地籍管理力度，为农村土地流转制度和土地市场的建立、健全创造基础条件，为城乡土地使用制度进一步改革提供基础环境条件。

③在土地利用现状调查和城镇地籍调查已有成果的基础上，紧跟变更工作，更新和充实调查资料，持续开展土地利用动态监测，推动地籍管理工作向规范化、制度化、现代化方向发展，并且从土地分类到手段、调查技术等方面向城乡一体化方向逐步发展，进而为实行土地登记城乡一体化而努力。

④土地调查向广度和深度发展。将土地自然性状、土地社会经济状况及土地利用其他环境条件与土地自身基本的调查相互融为一体；对土地流失、土地灾害、土地污染、土地开发、土地治理、土地保持、土地利用工程开展状况组织深入细致的专项调查，为土地利用决策和规划提供基础；将土地调查向多用途地籍需要的方向发展，开展地面、地下乃至地上三维空间的调查、统计、登记工作。

⑤加快地籍工作现代化手段应用步伐，从调查到整理、分析、立卷（建库）乃至查询、维护、提供使用，逐步扩大高新技术的应用，并努力向普及化、商业化方向发展。

⑥相应于上述任务建立和健全必要的管理制度以及向社会提供服务的制度，不断健全

机构设置，提高人员素质，把整个地籍管理向制度化、规范化、现代化推进，不断提高地籍管理的社会公信度和公示性，提高地籍资料的应用价值和社会效益。

1.2.2 地籍管理的内容

地籍管理的内容是与一定社会生产方式相适应的。一方面取决于社会生产水平及与其相适应的生产关系的变革，另一方面也与一个国家土地制度演变的历史有关。

在一定的社会生产方式条件下，地籍管理作为一项国家的地政措施，有特定的内容体系。在我国几千年的封建社会中，地籍管理的内容主要是为制定各种与封建土地占有密切相关的税收、劳役和租赋制度而进行的土地清查、分类和登记；到了民国时期，则以地籍测量和土地登记为主要内容。新中国成立初期，地籍管理的主要内容是结合土改分地，进行土地清丈、划界、定桩和土地登记、发证等。以后，地籍管理则逐步从地权登记为主转向为合理组织土地利用提供有关土地的自然、经济和权属状况的基础资料，以开展土壤普查、土地评价和建立农业税面积台账为主要内容。随着我国社会主义现代化建设的发展，地籍管理的内容也在不断加深、扩展。根据我国基本国情和建设的需要，现阶段我国地籍管理的主要内容包括：

1. 土地调查

土地调查是为查清土地的数量、质量、分布、利用和权力状况而进行的调查。在不同发展阶段，土地调查的侧重点是不一样的。土地调查一般可分为土地利用现状调查、地籍调查和土地条件调查。

（1）土地利用现状调查

主要是指在全国范围内，以查清土地利用现状为目的，以县为单位，按土地利用现状分类清查各类用地的面积、分布和利用状况为主要内容的调查。因此，土地利用现状调查是一种普查，是对全国范围的土地全面调查。根据不同的要求，土地利用现状调查又可分为概查和详查。

（2）地籍调查

包括土地权属调查和地籍测量两项工作。其核心是土地权属调查，内容主要包括土地权属、位置、界址、用途（类别）、等级和面积等的调查；基本任务是搞清每块土地的位置（界址、四至）、土地权属、土地用途、土地面积等，并将地籍调查的结果编制成地籍簿册和地籍图，为土地登记和发证、土地统计、土地定级估价以及利用管理提供原始资料和基本依据。

（3）土地条件调查

主要是对土地的土壤、植被、地貌、气象、水文和水文地质，以及对土地的投入、产出、收益、交通、区位等土地的自然条件和社会经济条件的调查及资料的收集和整理。土地条件调查的基本任务是为摸清土地质量及其分布状况，为土地评价或城镇土地分等定级、估价提供基础资料和依据。土地调查的深度和广度，可以依据其目的和具体条件而定。

土地利用现状调查、地籍调查和土地条件调查可以单独进行，也可以结合进行。一般认为，在农村，地籍调查可以与土地利用现状调查结合进行；而在城镇，土地条件调查一般应单独进行，也可以与土地利用现状调查结合进行。

2. 土地登记

土地登记是依照国家有关法律对土地的所有权、使用权进行确认，依法实行土地权属的申请、审核、登记造册、颁发证书的一项法律措施。目前，我国依照法律规定，主要开展国有土地所有权、集体土地所有权、集体土地使用权和土地他项权力的登记，土地资料一经登记后便具有法律效力。

土地登记由专职机关和人员进行，有设定登记、变更登记及注销登记等种类。完整的土地登记规范土地权利取得、流转、变更、灭失等行为，并对这些行为实施有效管理。

土地登记促进土地资源的合理利用，促进生产力布局的有效改善，有利于社会安定和经济繁荣。

土地登记是地籍管理最基本的工作内容，也是地籍管理中出现最早的一项工作。这项工作的初期仅仅是为土地赋税服务而设立，随着地籍管理工作的发展和土地管理的全面兴起，土地登记转而将确认合法土地权利作为其主要功能，同时也为土地征税和土地利用管理服务。

3. 土地统计

土地统计是国家对土地的数量、质量、分布、利用和权属状况进行统计、汇总、分析和提供土地统计资料的工作制度。与其他统计相比，土地统计有着极强的专业特点：土地统计的对象在数额上总量是恒定的；统计图件是统计结果的反映形式，而且是统计的基础依据；土地统计中地类的增减均以界线的推移实现。通过土地统计，澄清和更新人们对土地资源、土地资产和土地利用状况的认识，揭示土地分配、利用的变化规律，为制定土地管理政策提供科学依据。

4. 土地分等定级与估价

土地分等定级与估价是在土地利用分类的基础上，根据土地的自然、经济条件，进一步确定各类土地的等级和基准地价。土地分等定级为合理组织土地利用、制定土地利用规划、合理征收土地税，确定土地补偿标准提供了科学依据。地价评估为深化土地使用制度改革、规范地产市场以及与其相适应的土地登记制度等奠定了基础。

在我国，按城乡土地的不同特点，把土地分等定级分为城镇土地分等定级和农用地分等定级两种类型。其中，城镇土地分等定级是对城镇土地利用的适宜性评定，也是对城镇土地资产价值进行科学评估的一项工作。其等级是揭示城镇不同区位条件下，土地价值差异的表现形式；农用地分等定级是对农用地质量或其生产力大小的评定，是通过对农业生产条件的综合分析，对农用地生产潜力和差异程度的评估工作。

5. 地籍档案管理

地籍档案管理是对土地调查、分等定级、登记、统计各类工作中形成的各种历史记录、文件、图册进行收集、整理、鉴定、保管、统计、提供利用等各项工作的总称。地籍档案管理是土地管理的基础性工作，是建立、健全各项土地管理制度的基础。

地籍档案管理是专业档案的管理，根据地籍档案管理工作的内容，确定地籍档案管理的范围，有制度地进行收集、整理，将档案按一定程序系统管理，并开展编研和提供服务，是地籍档案管理的基本内容。

需要说明的是，地籍管理的内容不是一成不变的，其各项内容也不是相互孤立存在的。而是需要相互联系和衔接。其中，土地调查和土地分等定级是基础；土地登记、统计是土地调查的后续工作，是巩固土地调查成果并保持其现势性的必要措施。在实践中，土地统计可以在土地利用现状调查后进行，即先统计后登记，把土地统计作为土地利用现状调查的后续工作，以保持土地调查成果的现势性；土地统计也可以在土地登记后进行，以保证土地统计成果更加精确和稳定；当然，也可以将土地利用现状调查、土地登记、土地统计同时结合进行。土地登记一般应在完成土地利用详查或地籍调查后进行，方能保证权属登记的稳定性和精确性。否则，土地登记只能先办申报，待调查、核实后再依法办理登记注册、发证。

地籍管理的各项工作成果是地籍档案的基本来源，而地籍档案又是地籍管理各项工作成果的归宿，并为开展地籍管理各项工作提供参考和依据。可见，地籍档案管理也是地籍管理的一项基础工作。

从全国范围看，我国现阶段地籍管理正处在多用途地籍管理起步的阶段，同世界各先进国家相比，在某些方面还存在一定距离。当前，我国地籍管理应以开展城镇地籍管理和农村地籍管理为重点，建立符合基本国情需要的地籍档案管理新体系。

1.2.3 地籍管理的性质

如前所述，地籍管理是针对地籍的建立、建设和提供应用所开展的一系列工作措施。这项措施与一般的措施不同之处在于它是一项国家措施，由国家作为主体来实施，而且十分明确地负有巩固社会制度和国家政权的使命。

在我国社会主义制度下，地籍管理是巩固社会主义土地公有制的一项措施，也是为充分合理高效的利用全国土地资源，协调部门、行业、单位用地的一项措施，又是为推进改革开放和土地使用制度变革服务的一项综合性措施。

地籍管理这项措施在国家管理事务中为国家、社会提供土地基本情况的信息资料，为判断、估量现状和实力，预测未来起着基础作用，并成为决策和制定政策的重要依据。国家还依据地籍管理建立科学的土地税收制度，指导和监督土地管理和土地利用，调整土地经济，保障合法土地所有者、使用者的正当利益，调动他们土地利用的积极性。这一切都有赖于地籍管理基础信息的准确性和可靠性，有赖于地籍管理措施的法律规范性和行政上的权威性与保障性。

技术上、法律上和行政上的这些性质是地籍管理作为国家措施能否真正起作用的决定因素。缺少了它们，地籍管理的任何目的都无法实现。因此地籍管理作为国家措施是有着一系列基本特性为支柱的，必须坚定不移地始终恪守这些性质才能保证地籍管理目的的顺利实现。

但是，还必须十分清晰地认识到地籍管理有着鲜明的阶级性。法律、技术、行政都是为社会制度服务的工具、手段和措施。我国社会主义地籍管理与资本主义地籍管理有着本质上的区别。只有社会主义地籍管理才能最大限度地代表全社会人民群众的根本利益，为人民群众的根本利益服务。在资本主义国家里，地籍管理同样可以是一项国家措施，同样可以为资本主义政权的课税服务，但从本质上来讲，它是为资本主义私有制服务的国家政权所代表的少数土地占有者的利益服务。

1.2.4 地籍管理的基本原则

为保证地籍管理工作顺利进行，并为取得预期效果和经济效益，地籍管理必须遵循以下基本原则：

1. 统一性原则

地籍管理历来是国家地政措施的重要组成部分，因此地籍管理工作必须先形成全国统一的系统，即各项工作均需按全国统一规定的政策、法规、技术规范进行。如果全国地籍管理工作没有统一的要求，也不制定统一的制度，那么就不能实现城乡地政的统一管理，也不能使地籍工作取得预期的效果。国家对地籍管理所作的统一规定不是一成不变的，它将随着社会的进步和科学技术手段的更新逐步建立和完善；有的暂时做不到、达不到统一要求的可以待条件成熟后再补充和完善。

2. 连贯性和系统性原则

土地面积、用途、利用状况等都在随时发生变化，土地权属也会发生转移，因此地籍管理工作必须跟踪土地的变化，采集变更的现势资料，以保持地籍的连续、系统和完整。

根据地籍连续性的特点，地籍管理的基本文件应该是有关土地数量、质量和权属等状况的连续记载资料。地籍分初始地籍和日常地籍。初始地籍是基础，是最初的基数或状况；日常地籍是随时间的推移而对初始地籍的变更进行修正和更新，并使地籍始终保持在同时性的水平上。初始地籍和日常地籍之间、各种簿册及图簿之间、年度报表中的各项内容及数字之间，应互相关联，构成承上启下和不间断的完整系统，体现地籍资料的连贯性和系统性。为保证地籍资料的连贯性和系统性，地籍管理的工作项目及其文件的格式、要求等应保持相对的稳定性，不要过于频繁地改动。地籍管理制度的稳定性是保证地籍资料连贯性和系统性的重要条件。

3. 可靠性和精确性原则

地籍的数据、图件、文字等信息均带有法律文件的属性，必须以法律文件和技术规范为依据，做到准确、可靠。因此，为保证地籍资料的可靠性和精确性，其基础资料必须是具有一定精度要求的测量、调查和土地分等定级的成果资料。凡是涉及权属的，必须以相应的法律文件为依据；宗地的界址线、界址拐点的位置，应达到可以随时实地得到复原的要求；土地登记的面积必须精确，做到可以与实地面积相互校核。

4. 概括性和完整性原则

要保证地籍资料的可靠性和精确性，不仅要采用正确的测量和评价方法，还需要保持地籍资料的概括性和完整性。所谓概括性和完整性，是指地籍管理的对象必须是完整的土地区域空间。如全国地籍资料的覆盖面必须是全国土地；省级、县级和县级以下的地籍资料的覆盖面，必须分别是省级、县级和县级以下的乡、镇、村的行政区域范围内的全部土地，宗地或地块的地籍也必须保持一宗地或一个地块的完整性。所以，在地区之间、宗地或地块之间的地籍资料都要有严格的接边措施，不应出现间断、重复和遗漏的现象。

1.2.5 地籍管理的手段

地籍管理历来是国家地政措施的重要部分，是一项政策性、技术性均很强的工作。所以，地籍管理不仅要充分运用行政、经济、法律的手段，而且还要充分运用测绘、遥感和电子计算机等技术手段。

1. 行政手段

为保证地籍管理各项措施的实施，国家不仅要强化行政手段，促进地籍管理工作的规范化、制度化和科学化，而且还要制定必要的政策、规章等。所谓行政手段就是依靠行政机构的权威，发布规定、条例、规程等，并按照行政系统和层次进行管理活动。其实质是通过行政组织中的职能和职位来进行管理。例如，颁发土地利用现状调查技术规程、地籍调查规程、土地登记规则、土地统计报表制度等。上级对下级的指挥和控制，是由高一级的地位所决定的。同时，它所发出的指示、规则等，应是根据地籍管理的客观规律而提出的。因此，上级领导机构不但要有责有权，而且还要有较高的领导水平、较强的组织管理能力和扎实的专业知识。下级对上级的服从，是对上级所拥有的管理权限的服从。由于行政手段强调权威性、强制性，要求下级贯彻执行上级的规定，但需要照顾不同地区的特点以及不断变化的情况，因此单一的行政手段带有局限性。

2. 经济手段

经济手段是根据客观经济规律，运用各种经济措施，调节各种不同经济利益之间的关系，以获得最佳的经济效益和社会效益。常用的经济手段有价格、税收、信贷、罚款等。运用经济手段时要兼顾国家、集体、个人三者利益以及中央与地方之间的利益，并与其他行政、法律、技术等手段相结合。

3. 法律手段

采用法律手段从本质上说是通过上层建筑的反作用来影响和改变经济基础。国家不仅要强化行政、技术等手段，而且还必须重视地籍管理方面的立法。我国早在1930年公布的《土地法》中，就专设第三篇“土地登记”共109条；抗日战争时期，颁布《战时地籍整理条例》；1946年修订的《土地法》中，专设“地籍篇”，并制定了《土地登记规则》、《荒地勘测法》等地籍法规。新中国成立后，特别是进入20世纪90年代以来，更加注重法制管理，不仅在1998年12月修订的《中华人民共和国土地管理法实施条例》中设立了有关土地调查、土地登记、土地确权、土地统计、土地动态监测等条款，而且还先后制定了《土地登记规则》、《确定土地所有权的若干规定》等。除此之外，地籍管理还要依靠一定的法律程序形成必要的法律文件，作为地籍管理的法律依据。

4. 技术手段

地籍管理中的地籍测量、地籍调查、航片的调绘和转绘、面积测算、绘制地籍图和宗地图、土地利用动态监测以及建立地籍信息系统等，都离不开测绘、遥感和计算机等技术手段，下面就对这几种技术手段做简单介绍。

（1）测绘手段

土地的空间特性，决定了地籍管理具有技术性质。地籍测绘历来是地籍管理最基本的技术手段。从地籍的产生开始，就离不开土地界线的丈量和面积量算。随着现代科学技术的发展，地籍测绘工作逐步从最简易的丈量发展到用仪器测量；从简单的经纬仪导线测量、小平板测绘发展到用电子速测仪完成地籍测量的全过程。测绘技术的进步、测绘手段的不断更新，大大提高了测绘的速度及其成果的质量，但还不能完全代替地籍工作中的常规测绘技术。地籍测绘必须体现地籍管理工作的特点，否则其成果就无法在地籍管理中发挥应有的作用。地籍的测绘手段还包括航测、遥感等技术的广泛应用。例如，运用航测、遥感技术进行土地利用动态监测。

（2）图册手段

地籍最简单的定义是登记或记载土地基本状况的图、簿、册。图主要是指地籍图，此外还有土地利用现状图、土地权属界线图、宗地图、土地证的附图以及土地遥感监测图等。

册指地籍簿或土地清册等。图、册历来是地籍管理的基本手段或工具。未来科学技术达到一定高度时，虽然可以大大提高图、册的质量，减少它们的编制程序和工作量，但也不能完全替代图、册这一重要手段的作用。

(3) 电子计算机手段

随着电子计算机技术的广泛应用，大大推动了地籍管理手段的自动化水平。建立以电子计算机为手段的地籍数据库或地籍信息系统，可以实现数据的采集、处理，地籍图的编绘和更新，以及数据库应用等方面的自动化。它是实现我国地籍管理科学化、现代化的重要目标。

上述各种手段应综合应用、相互补充。行政手段能自上而下地保证法律、经济、技术手段的更好贯彻；法律手段对其他手段起法律保障作用，更好地维护各权利人的合法权益；经济手段能促进土地合理利用和保护，取得最佳经济效益；技术手段使其他手段建立在准确、可靠的基础上。

1.2.6 地籍管理与地籍测量的关系

地籍管理是土地管理的基础工作，地籍调查是地籍管理工作的基础工作，而地籍测量又是地籍调查工作中的一项极其重要的基础性技术工作，是地籍管理的重要内容，它保证土地信息的可靠性与准确性，如界址点的位置与精度、土地面积的大小与精度、土地位置与四至关系等。没有地籍测量的地籍管理是不存在的，更谈不上精确管理和科学管理。地籍测量直接服务于地籍管理与其他土地管理工作，与一般测量工作相比，具有更强的专业性。

1.3 地籍测量

地籍测量是土地管理工作的重要基础，是地籍管理的重要组成部分。地籍系统的建立以地籍调查为依据，以测量技术为手段，所以地籍测量是服务于地籍管理的一种专业测量，并为满足地籍调查中对确定宗地的权属界线、位置、形状、数量等地籍要素水平投影的需要而采取的一种必要的技术手段。

1.3.1 地籍测量的任务

地籍测量是为获取和表达地籍信息所进行的测绘工作，其主要任务是在土地权属调查的基础上，测绘宗地权属界址点、线、位置、形状、数量等基本情况。通过地籍测量获取宗地界址点、界址线的准确位置和数据，掌握宗地的土地利用状况，包括数量、用途、地面建筑物状况，确切反映宗地的形态及各宗地之间的确切关系等，成为土地登记的基础；也为土地流转和土地市场管理提供保障，成为建立地籍档案或地籍信息系统的基础。

1.3.2 地籍测量的特点

地籍测量不同于普通测量。普通测量一般只注重技术手段和测量精度，而地籍测量则是测量技术与土地法学的综合应用，即涉及土地及其附着物权利的测量，具体表现如下：

①地籍测量是一项基础性的具有政府行为的测绘工作，是政府行使土地行政管理职能时具有法律意义的行政性技术行为。

②地籍测量为土地管理提供了精确、可靠的地理参考系统。由地籍和地籍测量的历史可知，测绘技术一直是地籍技术的基础技术之一，地籍测量技术不但为土地的税收和产权保护提供精确、可靠并能被法律事实接受的数据，而且借助现代先进的测绘技术为地籍提

供了一个大众都能接受的具有法律意义的地理参考系统。

③地籍测量具有勘验取证的法律特征。无论是产权的初始登记，还是变更登记或他项权利登记，在对土地权利的审查、确认、处分过程中，地籍测量所做的工作都是利用测量技术手段对权属主体提出的权利申请进行现场的勘查、验证，为土地权利的法律认定提供准确、可靠的物权证明材料。

④地籍测量的技术标准必须符合土地法律的要求。地籍测量的技术标准既要符合测量的观点，又要反映土地法律的要求，它不仅表达人与地物、地貌的关系和地物与地貌间的联系，同时反映和调节人与人、人与社会之间以土地产权为核心的各种关系。

⑤地籍测量工作有非常强的现势性。由于社会发展和经济活动使土地的利用和权利经常发生变化，而土地管理要求地籍资料有非常强的现势性，因此必须对地籍测量成果进行适时更新，所以地籍测量工作比一般基础测绘工作更具有经常性的一面，且不可能人为地固定更新周期，只能及时、准确地反映实际变化情况。地籍测量始终贯穿于建立、变更、终止土地利用和权利关系的动态变化之中，并且是维持地籍资料现势性的主要技术之一。

⑥地籍测量技术和方法是对当今测绘技术和方法的应用集成。地籍测量技术是普通测量、数字测量、摄影测量与遥感、面积测算、误差理论和平差、大地测量、空间定位技术等的集成式应用。根据土地管理和房地产管理对图形、数据和表册的综合要求，组合不同的测绘技术和方法。

⑦从事地籍测量的技术人员应有丰富的土地管理知识。从事地籍测量的技术人员，不但应具备丰富的测绘知识，还应具有不动产法律知识和地籍管理方面的知识。地籍测量工作从组织到实施都非常严密，它要求测绘技术人员与地籍调查人员密切配合，细致认真地作业。

1.3.3 地籍测量的内容

地籍测量包括以下内容：

①进行地籍平面控制测量，测设地籍基本控制点和地籍图根控制点。

②土地权属界址点和其他地籍要素平面位置的测定。

③基本地籍图和宗地图的绘制。

④面积量算、汇总和分类统计。

⑤进行土地信息的动态监测，进行地籍变更测量，包括地籍图的修测和地籍簿册的修编，以保证地籍成果资料的现势性与正确性。

⑥建设项目用地勘测定界测量。

⑦根据土地调整整治、开发与规划的要求，进行有关地籍测量工作。

1.3.4 现代技术在地籍测量中的应用

随着社会经济的发展，土地集约利用程度的不断提高，对地籍的精度和速度提出了更高的要求。传统的测绘方法已不能满足现代地籍管理的需要。先进的测绘仪器和“3S”技术在目前地籍管理活动中得到广泛应用，大大提高了地籍测量的速度、精度和地籍管理的效率。

1. 全球定位系统（GPS）技术在地籍测量中的应用

常规的测绘技术和仪器设备存在速度慢、精度低的缺点，成果主要是以图、表、卡、册、簿等形式存在，不便于管理和使用，容易出现差错，而且更新费时费力。现在在控制测量上多采用GPS定位技术，点与点之间不需要通视，在外业只要安置好仪器便可自动采集数据，无需人工操作，而且可以全天候作业，使外业工作变得简单、清闲，将外业采集的数据传入微机用解算软件便可解算出三维坐标。在基本地籍要素测绘方面主要应用全站仪，它有测量速度快、精度高、测程远、自动记录等优点，在外业可以直接采集三维坐标。在地籍成图方面主要应用数字化地形地籍成图软件，目前市场上应用较多的是CASS，它功能强大，可满足各种测量需要。将外业采集到的三维坐标转入计算机，在绘图软件的支持下可生成数字地籍图，同时利用绘图软件也可方便地生成宗地图以及各类面积汇总表等成果。

在建设用地勘测定界测量中，RTK技术可以实时测定界桩位置，确定土地使用界线范围，计算用地面积。利用RTK技术进行勘测定界时，它可直接放样点位的坐标值，使得建设项目用地勘测定界中的面积量算实际上是由GPS软件中的面积计算功能直接计算并进行检核，避免了常规解析法放样的复杂性，简化了建设项目用地勘测定界的工作程序。

2. 遥感（RS）技术在地籍测量中的应用

近年来，RS技术也被普遍应用于地籍测量中，主要是利用大比例尺航空遥感图像。采用航测成图方法与常规测绘方法相比具有质量高、速度快、精度均匀、经济效益高等优点，并可用数字航空摄影测量方法，提供精确的数字化地籍数据，实现自动化成图。

RS技术在地籍测量中的应用主要表现在以下四个方面：①利用航空摄影图像，采用解析空中三角测量方法，加密控制点坐标和宗地界址点坐标；②利用航空摄影图像，使用解析测图仪（或数字航空摄影测量系统）绘制地籍图或数字化地籍图；③利用航空摄影图像或高分辨率的卫星图像，通过摄影纠正或正射投影纠正，获取影像地籍图；④采用遥感调查方法，进行地籍权属调查，绘制宗地草图。

3. 地理信息系统（GIS）技术在地籍测量中的应用

GIS技术是在计算机硬件和软件的支持下，运用地理信息科学和系统工程理论，科学管理和综合分析各种地理数据，提供管理、模拟、决策、规划、预测和预报等任务所需要的各种地理信息的技术系统。

在地籍测量中，GIS具有以下3个基本功能：

（1）地籍数据的采集功能

将地籍测量的各种数据，如权属界线、界址点坐标、地面附着的建筑物，通过输入设备输入计算机，成为地理信息系统能够操作与分析的数据源，这个过程称之为地籍数据采集。常用的数据采集方法有计算机键盘数据采集、地图扫描数字化、实测数据输入、GPS数据采集等。

（2）地籍数据的管理功能

地籍数据管理包括地籍属性数据管理和地籍空间数据管理。地籍属性数据管理的对象包括数据项属性数据记录和属性文件。地籍空间数据管理包括空间数据编辑修改和检索查询。

（3）地籍数据的处理功能

传输到计算机中的各种数据，可利用相应的软件对地籍数据加以处理，最后输出并绘制各种所需的地籍图件和表册，供有关单位使用。目前开发的数字地籍测绘系统是以计算机为核心，以GPS信号接收机、全站仪、数字化仪、立体坐标量测仪、解析测图仪等自动化测量仪器为输入装置，以数控绘图仪、打印机等为输出设备，再配以相应的数字地籍测绘软件，构成的一个集数据采集、传输、数据处理及成果输出于一体的高度自动化的地籍测绘系统。

1.4 地籍和地籍测量的发展

1.4.1 地籍发展综述

地籍是使用与管理土地的产物，其产生和发展也是社会进步、生产发展和科学技术水平不断提高的结果。国家的出现是地籍产生的基本原因。在原始社会中，土地处于“予取予求”的状态，人们共同劳动，按氏族内部的规则分享劳动产品，无须了解土地状况和人地关系。随着社会生产力的发展，出现了凌驾于劳动群众之上的机器——国家。这时，地籍作为维护这个国家机器运作的工具出现了。

国家是阶级统治的工具，在阶级社会里，地籍是反映占统治地位阶级意志的土地所有关系的记录。籍为税而设，它也是官方记载土地作为征收田赋根据的册籍。地籍的目的，主要在于为课税服务，它在维护土地制度、保障国家税收方面发挥了重要作用。

在西方，单词“地籍”的来源并不确定，可能来源于希腊字“Katatikon”（教科书或商业书籍中），也可能来源于后来的拉丁字“Capitastrum”（纳税登记）。具有现代地籍含义的土地记录已存在了数千年。已知最古老的土地记录是公元前4000年的Chaladie表。中国、古埃及、古希腊、古罗马等文明古国都存在着一些古老的地籍记录。在当时的社会背景下，地籍是一种以土地为对象的征税簿册，记载的是有关土地的权属、面积和土地的等级等。在这种征税簿册中，只涉及土地所有者或使用者本人，不涉及四至关系，无建筑物的基本记载。所采用的测量技术也很简单，无图形。土地质量的评价主要依据是农作物的产量。运用征税簿册所征收到的税费，主要作为维持社会发展的基金，它是国家工业化之前的最主要的收入来源之一。这也就是我们所说的税收地籍。

直至18世纪，社会结构发生了深刻变革，土地的利用更加多元化，出现了农业、工业、居民地等用地类型。而测量技术的发展，使具有确定权属主体的地块能精确地定位，计算的面积也更加准确，并且可以用图形来描述地籍的内容。换句话说，测量技术为地籍提供了准确的地理参考系统，最终导致了征收的税费基于被分割的地块（包括建筑物）应纳税金，并逐渐地建立了一个较成熟的税收体系。这时地籍的内容不但有土地的权属、位置、数量和利用类别，还包含其附着物（即建筑物和构筑物）的权属、位置、数量和利用类别。

19世纪，欧洲的经济结构发生了重大变化，出现了城市中心地皮紧张和土地生意兴隆的状况，产生了在法律上更好地保护土地的所有权和使用权的要求。地籍作为征收土地税费的基础，由于它能提供一个完整精确的地理参考系统（这是由精确的测量系统所带来的），因而担当起以产权登记册来实现产权的保护任务，地籍也因此变成了产权保护的工具，从此产生了含义明确的产权地籍（税收是其目的之一）。据有关文件记载，在拿破仑时代，就是因为地籍的建立，所以减少了关于地产所有权和使用权的边界纠纷。

基于以上原因，西方各国建立起了覆盖整个国家范围的国家地籍，对地籍事业的发展起到了决定性的作用。进入20世纪，由于人口增长及工业化等因素，社会结构变得更加复杂，各级政府和部门需要越来越多的信息来管理这个剧烈变迁的社会，同时认识到地籍是其管理工作中的重要信息来源。在技术方面，土地质量评价的理论、技术和方法日趋完善，土地的质量评估资料被纳入地籍中。科学技术的发展，为测量技术提供了一个更加精确、可靠的手段，地籍图的几何精度和地籍的边界数据精度越来越高。地籍簿册登记的有关不动产性质、大小、位置等有关资料也越来越丰富。地籍在满足土地税收和产权保护的同时，其内涵又进一步丰富。为国家和大众利益而进行的各类道路规划设计以及政府决策越来越依赖已有的地籍资料。地籍资料不断地应用于各类规划设计、房地产经营管理、土地整理、土地开发、法律保护、财产税收等许多方面，使地籍的内容更加丰富，从而扩展了地籍的传统任务和目的，形成了我们所说的多用途地籍，在现在的各类书籍中也称为现代地籍。

1.4.2 地籍测量发展综述

测绘技术产生之初的主要应用之一就是解决土地的划分和测算田亩的面积。约在公元前30世纪，古埃及皇家登记的税收记录中，有一部分是以土地测量为基础的，在一些古墓中也发现了土地测量者正在工作的图画。公元前21世纪，尼罗河洪水泛滥时就曾以测绳为工具用测量方法测定和恢复田界。据《中国历代经界纪要》记载："中国经界，权舆禹贡。"从商周时代实行井田制起就开始了对田地界域进行划分和丈量。从出土的商代甲骨文中可以看出耕地被划分呈"井"字形的田块，此时已用"规"、"矩"、"弓"等测量工具进行土地测量，便有了地籍测量技术和方法的雏形。

公元11世纪前，不管土地管理制度如何改变或不同，地籍测量的简单技术、方法和工具都是量测土地经界和面积的有力手段。

1086年，一个著名的土地记录——汤姆斯代（The Doomsday Book），在英格兰创立，完成了大体覆盖整个英格兰的地籍测量，遗憾的是这个记录没有标在图上。

1387年，中国明代开展地籍测量，编制鱼鳞图册，以田地为主，绘有田块图形，分号详列面积、地形、土质以及业主姓名，作为征收田赋的依据。到1393年完成全国地籍测量并进行土地登记，全国田地总计为8507523顷。

1628年，瑞典为了税收目的，对土地进行了测量和评价，包括英亩数和生产能力，并绘制成图。

1807年，法国为征收土地税而建立地籍，开展了地籍测量；1808年，拿破仑一世颁布全国土地法令。这项工作最引人注目的是布设了三角控制网作为地籍测量的基础，并采用了统一的地图投影，在1：2500或1：1250比例尺的地籍图上定出每一街坊中地块的编号，这样在这个国家中所有的土地做到了唯一划分。这时的法国已建立了一套较完整的地籍测量理论、技术和方法。现在许多国家仍在沿用拿破仑时代的地籍测量思想及其所形成的理论和技术。

19世纪和20世纪中叶以前是地籍测量理论和技术不断发展完善的阶段。20世纪以来，由于社会的不断变革和发展，人口的急剧增长和建设事业的迅猛发展，迫切要求及时解决土地资源的有效利用和保护等问题，由此对地籍测量提出了更高的要求，各国政府对此项工作也普遍重视；而计算机技术、光电测距、航空摄影测量与遥感技术、GPS定位技术以及卫星监测的迅速发展，也使得地籍测量理论和技术得到不断发展，并可对社会发展过程中出现的各种问题做出及时的解决。现在，发达国家都陆续开展了由政府监管的以地块为基础的地籍或土地信息系统的建立工作。

1.4.3 我国地籍与地籍测量的发展

我国是一个文明古国，地籍、地籍测量和地籍管理工作在我国有悠久的历史。在农业生产中，为解决分田和赋税问题，不但进行了土地测量，而且还建立了一种以土地为对象的征税簿册。

颜师古对《汉书·武帝纪》中“籍吏氏马，补车骑马”的“籍”注为“籍者，总入籍录而取之”。地籍概念的雏形始于我国的夏朝，即公元前21—前16世纪。

商、周时代，建立了一种“九一而助”的土地管理制度，即“八家皆私百亩，同养公亩”的井田制，并相应地进行了简单的土地测绘工作，这可视做我国地籍测量的雏形。据《汉书·食货志》中记述：“六尺为步，百步为亩，亩百为夫，夫三为屋，屋三为井，井方一里，是为九夫；八家共之，各受私田百亩，公田十亩，是为八百八十亩，余二十亩以为庐舍。”它较详细地描述了当时的土地管理制度以及量测经界位置和面积的方法。

到了春秋中叶以后（约公元前770—前476年），鲁、楚、郑三国先后进行了田赋和土地调查工作。例如在公元前548年，楚国先根据土地的性质、地势、位置、用途等划分地类，再拟定每类土地所应提供的兵、车、马、甲盾的数量，最后将土地调查结果作系统记录，制成簿册。

地籍的历史发展与社会生产关系的变化密切相关。随着社会生产力的发展，社会生产关系处于不断变化之中，相应地，地籍的内容也会发生变化。孟子曾说：“大仁政必自经界始，经界不正，井地不均，谷禄不平；是故暴君污吏，必漫其经界。经界既正，分田制禄，可而定也。”在这里，正经界是地籍工作的重要内容，地籍在生产关系调节中占有重要地位。北宋《册府元龟》记载：“始皇帝三十一年，使黔首自实田。”即令人民自己申报田产面积进行登记。

如何建立与土地私有制相适应的地籍制度成了历代封建王朝工作的重点。唐德宗建中年间，杨炎推行“两税法”，并进行大规模的土地调查，郑樵《通志》记载：“至建中初，分遣黔涉使，按此垦田田数，都得百十余万顷。”

宋代对地籍管理极为重视，推行的一些整理地籍的办法对后代产生了深远的影响，其经界法地籍整理已具有产权保护的功能。宋代创立了三种地籍测量方法，即方田法、经界法、推排法。

宋代虽然创立了许多地籍管理的办法，但是未完成全国范围的土地清丈，真正完成全国土地清丈，并建立起完善的地籍制度的则是在明代。在总结宋代经界法经验的基础上明代创立了鱼鳞图册制度，同时还进行人口普查，将其结果编为黄册。黄册和鱼鳞图册是相互补充的。陆仪的《论鱼鳞图册》记有：“一曰黄册，以人户为母，以田为子，凡定徭役，征赋税用之。一曰鱼鳞图册，以田为本，以人户为子，凡分号数，稽四至，则用之。”这时，地籍完全从户籍中独立出来，这是我国地籍制度发展变化的重要里程碑。此后，与封建土地私有制相适应的地籍制度逐渐形成。

民国初期至新中国成立初期，开始进入产权地籍。它不仅具有传统的税收功能，而且具有了产权的功能，并为政府的土地管理服务。

1914年，国民政府中央设立经界局，其下成立经界委员会，并设测量队，制定了

《经界法规草案》。1922年，国民政府为开展土地测量，聘请德国土地测量专家单维康为顾问。1927年，上海开始进行土地测量，这是我国用现代技术方法进行的最早的地籍测量。1928年，国民政府在南京设立内政部，下设土地司，主管全国土地测量。1929年，南京政府决定陆军测量总局改为参谋部陆地测量总局，兼有土地测量任务。同年，内政部公布《修正土地测量应用尺度章程》。1931年，陆地测量总局会同各有关部门召开了全国经纬度测量及全国统一测量会议，制订了10年完成全国军用图、地籍图的计划。1932年，陆地测量总局航测队应江西要求，首次在江西省施测了地籍图，之后还做过无锡及苏北几个县的土地测量。20世纪三四十年代，国民政府为"完成地价税收政策之准备工作，并进而开征地价税；推行保障佃农，扶植自耕农，以促进农业生产的目的，调整地政机构，训练地政人员，制造测量仪器，以举办各省、县市地籍整理，进行清理地籍，确定地权，规定地价"。1942年，各省地政局下设地籍测量队，还设立了测量仪器制造厂。1944年，地政署公布了《地籍测量规则》，这是我国第一部完整的国家地籍测量法规，也标志着我国地籍测量发展进入了一个新的阶段。确切地说，我国的现代地籍始于这个时期。

由于历史的原因，至20世纪80年代中期，我国才正式开展地籍测量工作。为适应我国改革开放的形势，国家于1986年成立国家土地管理局，并颁布了《中华人民共和国土地管理法》。至此，地籍测量成为我国土地管理工作的重要组成部分。国家相继制定了《土地利用现状调整调查规程》、《城镇地籍调查规程》、《地籍测量规范》、《房产测量规范》等技术规则，开展了大规模的土地利用调查、城镇地籍调查、房产调查和行政勘界工作，同时进行了土地利用监测，理顺了土地权属关系，解决了大量的边界纠纷，达到了和睦邻里关系和稳定社会秩序的目的。

继1984—1996年我国开展第一次全国土地利用现状调查以来，国务院决定自2007年7月1日起开展第二次全国土地调查。在全国范围内利用遥感、GIS等先进技术，以正射影像图为调查底图，逐块地实地进行土地调查。目的是全面查清目前全国土地利用现状，掌握真实的土地基础数据，建立和完善土地调查、统计和登记制度，实现土地资源信息的社会化服务，满足社会经济发展及国土资源管理的需要。第二次全国土地调查成为我国在21世纪地籍工作进程上的具有重要意义的里程碑。

国内多所院校相继开设了相关学科专业和课程，培养了大批地籍测量方面的人才并对地籍测量理论和技术进行了大量的研究工作。GPS定位理论和技术已在我国城镇地籍测量和省、市、县勘界工作中得到全面应用。卫星资源遥感用于土地利用监测的技术和理论十几年来一直在发展和完善之中。我国地籍测量技术正随着科学技术的进步以及社会经济发展的需要，步入了一个新的阶段。

◎ 思考题

1. 名词解释：地籍、地籍管理、地籍测量、税收地籍、产权地籍、多用途地籍、初始地籍、日常地籍。
2. 简述地籍和地籍测量的特点。
3. 说明地籍的分类。
4. 简述地籍管理的主要内容及任务。
5. 简述地籍管理的目的、性质和基本原则。
6. 简述地籍管理是一项政策性、技术性很强的工作的原因。

7. 结合实际说明地籍测量的任务及内容。

8. 简述遥感技术在地籍测量中的应用。

9. 简述地籍测量中 GIS 的功能。

10. 简述地籍与国家的关系及地籍在国家管理中的作用。

第2章 土地分类

☞ **本章要点**

土地分类 土地分类是国家掌握土地资源现状、制定土地政策、合理利用土地资源的重要基础性工作之一。对土地进行分类，主要依据土地分类标志，即在分类中依据什么标准来对分类对象进行辨识。

土地分类在地籍管理中起着非常重要的作用，地籍管理对土地分类提出了一定的要求。地籍管理中的土地分类是实用分类，它既要符合科学分类的基本要求，要合理，又必须简练易用。土地分类要遵循统一性、连续性、科学性、实用性的原则。

土地分类的方法主要有：线分类法和面分类法。在实际应用中用的最多的是线分类法。

按照统一规定的原则和分类标准，将分类土地有规律分层次地排列，组合成一个整体，这个整体既概括了全部被分类的土地，又使地类排列有序，成为一个完整的土地分类系统（或土地分类体系）。在科学研究和实际工作中常见的分类系统有三种：土地自然分类系统、土地评价分类系统和土地综合分类系统。

我国土地分类 我国土地分类历史非常悠久，但科学的土地分类则起步较迟，而且主要工作是在新中国成立以后。我国的土地分类与国外有许多共同之处，但我国与其他国家的历史、现状及国情等存在差异，因此我国的土地分类有自己独特的特点。截至目前我国已先后出台了5个最具有权威性的土地分类系统。

☞ 本章结构

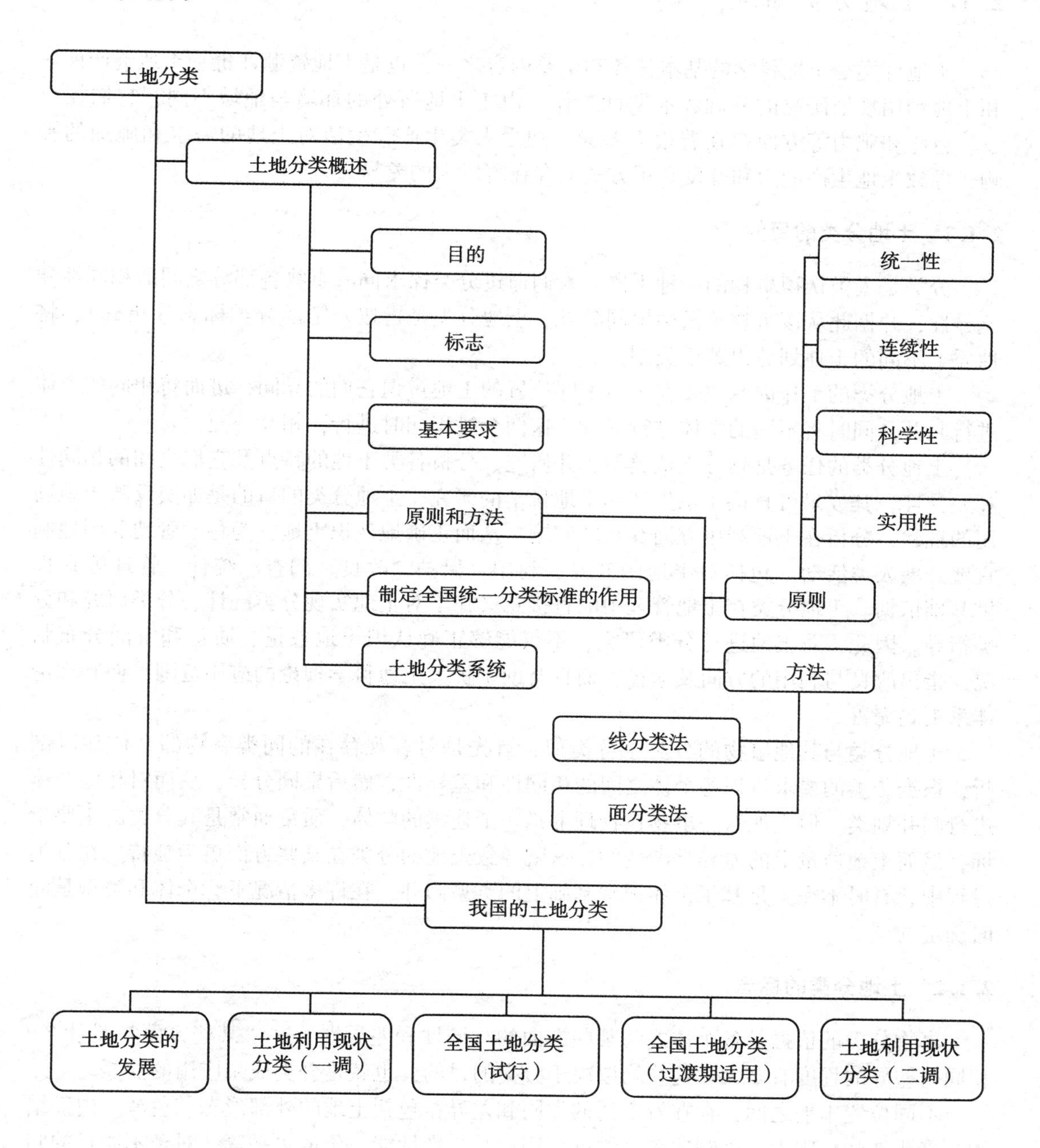

土地分类
土地分类概述
目的
标志
基本要求
原则和方法
制定全国统一分类标准的作用
土地分类系统
统一性
连续性
科学性
实用性
原则
方法
线分类法
面分类法
我国的土地分类
土地分类的发展
土地利用现状分类（一调）
全国土地分类（试行）
全国土地分类（过渡期适用）
土地利用现状分类（二调）

2.1 土地分类概述

土地分类是土地科学的基本任务和重要内容之一，也是土地资源评价、土地资产评估和土地利用规划研究的基础和前期性工作。由于土地所处的环境与地域不同，它们在形态、色泽和肥力等方面存在着很大差异，加之人类生产、生活对土地的需求和施加的影响，导致土地生产能力和开发利用方式上存在着巨大的差异。

2.1.1 土地分类的目的

分类是人类认识事物的一种手段。人们通过分类探求同一事物各部分之间的相同性和差异性，并据此从该事物总量中聚同分异。土地分类是指按一定的分类标志（指标），将性质上不同的土地划分出若干类型。

土地分类的工作内涵主要在于对不同位置的土地辨识它们的异同，进而将相同的个体进行归并，同时将不同的个体进行区分。这两个过程同时进行，相互补充。

土地分类的任务是划分土地类型，并研究、分析各类土地的特点及它们之间的相同性和差异性，其成果可直接用于生产和土地科学的研究。土地分类的目的是如实反映土地利用的现状，分析在土地利用方面存在的问题，从而正确地认识土地，为科学管地和因地制宜地开展人类活动（包括对土地的开发、利用、保护、改良、调查、统计、管理等）提供基础依据。土地分类在土地管理中的直接意义在于对土地实现分类统计、分类研究和分类指导。因此，对土地进行分类研究，不仅能够正确认识土地数量、质量和空间分布状况，指出改良与利用的方向及途径，而且有助于扩大土地科学理论的应用范围，使其理论体系更趋完善。

土地分类与其他事物的分类十分类似，首先是对客观存在的同类事物的个体加以剖析，根据分类的要求辨识各个体之间的相同性和差异性，然后聚同分异，从而对相同个体进行归并划类。但土地这一事物在物理上是一个连续的整体，质量通常是其分类的主要指标，然而土地质量上的差异是渐变的，这就导致土地的分类在某些方面更为独特。在分类过程中，有时不完全是基于个体识别基础上的类型归并，在许多情况下，个体和类型是同时确定的。

2.1.2 土地分类的标志

事物分类的依据是各个体之间某些方面的相同性和差异性。这“某些方面”是什么？相同与差异的程度有多大？这些均取决于分类的目的，也就是分类成果应用的需要。

不同位置土地之间，存在着广泛的类同和差异，包括土地的外部形态、色泽、内部结构、理化性状、肥力、外观覆盖、坡度、用途、生产性能、价值水平等。对于不同目的归并划类的具体依据和方式不尽相同。例如，为探索土地开发整理潜力而开展土地分类时，土地的外部形态（地貌、坡度）、肥力水平、适宜利用程度（宜用类别及等级程度）、开发难易程度等要素的相同性和差异性十分重要，而对于归并和区分出一定年限内是否应当将其列为开发、整理的对象以及是否确定为重点项目来说，这些均是重要的分类指标。为满足土地资源管理的需要，土地分类主要依据土地用途、经营方式的相同性和差异性来进行归并划类。为了分析土地资产社会分配的态势，按土地的归属（国有、集体所有，部门管理的归属等）加以归并划类，具有实用意义。

可见，土地分类标志是对土地进行归并划类时应用的分类指标或者分类标准。依据土地分类标志来辨识不同位置土地（或土地个体）的类同和差异，或者用以量度它们之间相同和差异的程度，以便使其归入相应的地类。

2.1.3 地籍管理对土地分类的基本要求

地籍管理包括五项基本工作内容，它们对土地分类都有一定要求。地籍管理是土地管理的基础，因此地籍管理对土地分类的要求，也就反映了整个土地管理对土地分类的需要。

首先，地籍作为土地管理的基础，调查了解土地资源、土地资产的基本情况是其最基本的要求，也是各项土地管理工作的基础。因此土地分类应当充分反映土地资源的利用状况。根据管理工作的需要有时需要反映土地的使用状况，有时需要反映利用效果情况，有时则需要反映土地资源的可规划利用状况，甚至反映利用权力的分配和转移情况。然而这些都是围绕两个基本的方面：一方面围绕土地利用的水平状况、开发潜力水平以及改良情况，为充分、合理、高效利用土地展开管理服务；另一方面则围绕在社会分配中提高土地利用效果，增加整体效益，同时有利于维护社会主义土地制度。可见，从土地管理需要出发来确定土地用途分类体系是最适用的。

其次，基于地籍管理由多项工作构成，土地分类不可能仅采用某一个单一的分类标志，而是应用多种单一标志的综合，形成有层次的、有序的分类系统。这样既有利于对土地资源、资产基本状况的反映，又有利于土地权属的确认，还方便土地资产的流转，适用于土地利用规划，满足调查、分析、评价、规划、管理等各项工作的需要。

再次，土地资源利用是动态变化的，由于多种原因，并非全部土地资源都处于人类的利用状态之下，总有一部分土地资源难以依据其用途等标志加以辨识。因此在土地分类中区分出已利用的土地和未利用的土地在管理上是十分重要的。对于已投入利用的土地，是否利用得当，如何提高其利用效率是土地利用与管理的重要问题；而对于尚未利用的土地，研究它们是否具有可利用价值以及如何开发利用它们则是今后土地资源管理的重点和难点。

虽然在土地利用分类中从未出现过“已利用土地”分类，但“未利用土地”或“未利用地”却是近年来常见的一种地类，国内、国外均可见。这也就从逻辑上（相对地）将其他地类归属为已利用土地。只是因为分类上的需要对其进行了更为具体的用途分类。

最后，在地籍管理中土地分类与土地功能有着密切的关系。土地作为资源的利用是地籍管理的一个重要方面，土地的生产功能、承载功能和景观功能，已成为土地利用分类的根本性标志。这些功能反映出土地在用途上、经营特点上的差异。因而土地用途、土地利用方式和土地经营特点等也就成为直观的、比较易于辨识的土地利用分类的标志。

2.1.4 土地分类的原则和方法

1. 土地分类的原则

地籍管理中的土地分类是实用的分类，它既要符合科学分类的基本要求，又必须简练易用。因此，土地分类应遵循如下基本原则：

(1) 统一性

城乡统一管理是我国土地管理的基本体制，土地分类必须高度统一，从分类标志到土地类型层次的划分，类型名称到各类型土地的含义都必须全国统一，不得随意更改、增删、合并，否则调查结果无法汇总，全国土地总量、总体结构、总体利用水平等总体状况无法形成，且不同地区之间也无法类比。土地调查、土地统计、土地报表制度、土地流转都依据土地分类的统一性。

（2）连续性

土地分类标准既要发展，又要与原有的体系和调查成果相衔接，尽可能地少改、不改，并为以后的发展留有余地。允许各地根据实际需要，在不打乱全国统一编码顺序及所代表的一级、二级地类的前提下，再续分三级、四级地类，且要上报全国土地资源调查办公室。

（3）科学性

土地分类有一定的规律，分类标志是划分土地类型的根本标准。土地分类的科学性反映在土地分类标志的合理性和综合性标志的综合方式上。在由多种性质标志共同组成分类标志时，要在抓住主要标志的同时又兼顾其他标志，即既突出主要标志又综合其他标志。

土地类型按一定的次序进行排列，在有多个层次时，层次与类型相互构成一个有序的完整系统。为此土地分类要做到以下几点：

①按土地利用的综合性差异划分大类，然后按单一性差异逐级细分；

②同一级类型应采用同一分类标准；

③分类层次要鲜明，从属关系要明确；

④同一地类只能在一种类型中出现，不能同时出现在其他不同的类型中。

土地分类的科学性还反映在土地类型的编码上。在已经步入信息时代的今天，土地类型编码成为必不可少的分类工作之一。编码要有利于信息系统的规范、应用和维护。

（4）实用性

土地分类是一项实务性的工作，必须类型简明，标准易于判别，含义准确，同时命名通俗，尽可能与习惯称谓相一致。

土地分类服务于地籍管理工作中，其实用性主要体现在是否适应管理的需要。长期以来，国民经济许多部门都对土地实施了管理，在过去土地管理处于多方管理情况下，土地分类出现过仅从本部门需要出发制定分类标准。现在土地管理体制发生了巨大变化，全国土地、城乡地政实行统一管理，土地分类应继承过去分类中的有用的方法和类型，同时也应防止部门局限的影响。

2. *土地分类的方法*

土地分类的方法主要有两种，即线分类法和面分类法。线分类法是一种层次级分类法，将分类对象逐次分成有层级的类目，类目间构成并列和隶属关系，形成串、并联结合的树形结构；面分类法是根据分类对象各自的特征，分成互不相关的面，相互间没有从属关系，不同面不互相交叉、重复，且顺序固定。

土地分类采用线分类法，这样可以满足在不同层次上认识土地利用和以不同比例尺进行调查制图的需要。其特点如下：

第一，每个分类层次均应包括所有的土地利用类型，不可保留未被分类的土地利用类型。因此，先从大类分起，而后逐级划分。在不同的分类层次上采用不同的分类标准，以达到由高级分类到低级分类，土地利用现状类型的内涵逐渐加深、外延逐渐变小，层次清楚，体系明了，概念准确的目的。如从利用角度来讲，土地可分为已利用土地和未利用土地；在已利用土地中，可分为生产用地、非生产用地；在生产用地中，再细分为农用地、林用地、牧用地。

第二，线分类法若要很好地予以体现，就应该有一个科学的编码系统，实行统一的编排顺序，以利于统计汇总，并为建立数据库和广泛应用计算机技术等创造有利条件。

2.1.5 制定全国统一土地分类标准的作用

制定全国统一土地分类标准的作用主要有以下几点：

1. 满足土地资源管理的需要

土地资源是最重要的自然资源之一，是人类生存和生产的基本条件。土地资源是有限的，适合生活和生产的土地资源则更少。我国有几千年的土地开发利用历史，形成了具有中国特色、各种各样的土地利用类型。为了管理、保护和合理利用土地资源，需要对土地利用状况进行统一的分类、调查、登记和统计。因此制定统一的土地分类标准，十分重要。

2. 统一不同的土地分类标准

目前存在着许多土地分类方式，由于其服务的对象和目的不同，其分类的标准和含义也不尽相同，造成土地调查和统计口径不一，数出多门，给管理和决策带来很大的困难。《国务院关于深化改革严格土地管理的决定》（国发〔2004〕28 号）要求："国土资源部要会同有关部门抓紧建立和完善统一的土地分类、调查、登记和统计制度，启动新一轮土地调查，保证土地数据的真实性。"

3. 利于国家宏观调控和科学决策

当前，土地参与国民经济宏观调控，需要制定土地供应、保护、开发、集约和节约利用政策。经统一分类汇总的各地类面积数据是决策的重要依据。

2.1.6 土地分类系统

根据土地分类标志，土地可区分为许多类型。这些类型有时称为地类（地目），如耕地、园地、林地等。按照统一规定的原则和分类标准，将它们有规律分层次地排列，组合成一个整体，这个整体既概括了全部被分类的土地，也使地类排列有序，成为一个完整的土地分类系统（或土地分类体系）。

自 20 世纪 80 年代以来，我国广泛应用土地利用现状分类系统来开展土地调查、汇总乃至土地管理和土地科学研究。但就土地利用现状分类而言，可以制定出不完全一致的土地分类系统，从 20 世纪 70 年代以来就曾经出现过具有 11 个一级类型、48 个二级类型和 8 个一级类型、46 个二级类型的不同分类系统，这些都是土地利用分类的方式。而且许多国家也很重视土地利用分类工作，具体的地类名称及地类排列存在着很大差别，它们各自都是一个完整的土地利用分类系统。

同属土地利用分类，但出现不完全相同的土地分类系统，往往不是由于土地分类标志的显著差异引起的；相反，分类标志在大的方面是基本一致的，只是由于土地分类的具体标志不完全一致或由于土地分类标志存在着层次上的差异。低层次的标志往往是一些单一的、较为具体的指标，这些指标比较容易辨识应用，有时甚至是可以定量的；层次较高的标志相对而言综合性较强，在辨识应用时就比较困难，辨识结果也就容易出现差别。正因为如此，具体进行土地归并划类时，都需首先确定土地分类系统、土地类型名称及其含义，以求得不同人员归并划类基本趋于一致。

有时，为了截然不同的目的开展土地分类，在土地分类的标志方面有着显著的差别。

这种从不同目的出发，根据土地特性和土地利用要求，运用截然不同的基本分类标志开展的土地分类，可以称为不同的土地分类系统。在科学研究和实际工作中常见的土地分类系统归纳起来，大致有以下三种：

1. 土地自然分类系统

土地自然分类系统亦称土地类型分类系统。它主要依据土地自然特性的相同性和差异性分类，也可以依据土地的某一自然特性分类或土地的自然综合特性分类。例如，按土地的地貌特征分类，可分为平原、丘陵、山地、高山地；按土壤、植被等进行土地分类；还可按土地的自然综合特性分类，如全国百万分之一土地资源图上的分类。

2. 土地评价分类系统

土地评价分类系统亦称土地生产潜力分类系统。它主要依据土地的经济特征分类，如依据土地的生产力水平、土地质量、土地生产潜力等的相同性和差异性进行土地归并划类。土地评价分类系统是划分土地评价等级的基础，是确定基准地价的重要依据。

3. 土地综合分类系统

土地综合分类系统即土地利用分类系统，它主要依据土地的自然特性和经济特性、管理特性及其他因素对土地进行综合分类。土地利用现状分类是土地综合分类的主要形式。一般按土地的覆盖特征、利用方式、用途、经营特点、利用效果等为具体标志进行分类。其目的是了解土地利用现状、反映国家各项管理措施的执行情况和效果，为国家和地区的宏观管理和调控服务。

在上述三种分类系统中，土地综合分类系统在土地资源管理中的应用最为广泛。它具有生产实用性，利用这种分类系统可以分析土地利用现状，预测土地利用方向。从而为国家制定国民经济计划和有关政策，发挥土地宏观调控作用，加强土地管理，合理利用土地资源，保护耕地提供重要依据。

2.2 我国的土地分类

2.2.1 土地分类的发展

国外开展土地分类工作至今约有半个多世纪的历史。多数科学家把土地作为景观地理加以区分，这在专著《苏联景观地理地带》（1931）中划分得比较系统。另外，美国学者J. O. Veatch 提出了土地的自然地理划分（1930），之后又提出自然土地类型的概念（1937）。到20世纪四五十年代，土地分类有了长足的进展，提出了土地系统和土地单元的术语，认为土地单元是由地形、土壤、水文、植被比较一致的地类（景观）组成，而土地系统是土地单元的集合。到20世纪六七十年代就出现了各种土地分类系统。其中，C. W. Mictchell 等的8级土地系统分类、美国的土地潜力分类、联合国粮农组织（FAO）的土地评价系统以及林培根据《国外土地类型研究发展》整理的各国主要土地类型分级系统表等，都具有一定的代表性。这些土地分类系统有如下特点：

①土地分类系统可概括为土地类型、土地利用、土地潜力评价和土地适宜性评价4个分类系统。有土地类型分类、土地利用现状分类和土地资源分类（土地潜力评价和土地适宜性评价）的雏形，但其界限并不清楚。不管哪种分类，都是以农业利用为主要对象，这与土地是各行业用地的基础不相适应。

②划分土地类型主要综合考虑土地的自然构成要素，但在具体划分时都有以景观或地形地貌作为主导因素的趋势。土地分类虽有 7~10 级的例子，但多数国家采用 4~5 级分类，并都要求与制图比例尺相适应，且在分类中都不包括水域。

③土地利用分类主要以土地利用现状作为分类依据。发达国家为适应遥感制图的需要，在建立土地利用分类系统时，一般以适应 3 种遥感资料和实际需要采用 3 级分类制。这以美国的土地利用分类系统最具代表性。

④国外的土地潜力评价和土地适宜性评价系统均从农业利用出发对土地进行评价。不管哪种土地评价都需要有一个与制图比例尺相适应的评价单元，而这个评价单元应体现在土地评价体系中。

⑤国外土地分类都注重实际应用。由于对土地概念的认识不一致，土地分类的方式也不尽相同。在这种情况下，加强研究土地分类并使之逐渐科学化是今后土地分类研究的重点。

⑥国际土壤学会于 1986 年提出一个面向全球的 1∶100 万土壤-地体数字化数据库计划（Soil and Terrain Digital Database），简称 SOTER 计划。企图通过 SOFER 制图，为土地评价提供基本单元。其目的是促进全球土地资源的持续利用与管理，有效减轻或控制土地退化，以提高土地生产力。经过 10 余年的发展，已正在向全世界推行。值得注意的是 SOFER 的制图单元是在区域地形、岩性和土壤三要素综合基础上构建的，这与土地资源类型的构成极为相似。

而我国土地分类的历史非常悠久，早在两千多年前，《管子 · 地员篇》中就有土地分类、分等和适宜性评价等。但科学的土地分类则起步较迟，且主要工作是在新中国成立以后。代表性的土地分类系统有：①朱显谟的陕西省土地类型分类系统；②张昭仁的浙江土地分类（草拟）和浙江省坡地农业适宜分类与质量等级系统构成；③中科院地理研究所牵头，会同国内几十个科研与教学单位组成中国 1∶100 万土地类型图编辑委员会提出的 1∶100 万土地类型分类系统（土地纲、土地类和土地型）；④中科院综考会牵头，会同国内几十个科研和教学单位开展《中国 1∶100 万土地资源图》编制工作，研究提出的《中国 1∶100 万土地资源图》的土地资源分类系统；⑤全国农业区划委员会提出的我国土地利用现状分类系统（一、二级）；⑥刘黎明等提出的土地类型 6 级分类系统；⑦王人潮等提出的土地资源类型 4 级分类制（《土壤地理专题》，土壤地理和土地资源博士生讲义，第三专题，1994）等。

国内土地分类与国外有许多共同之处：①土地分类系统大致也可概分为土地类型、土地利用现状和土地资源等三个分类系统，且都各有侧重。但因存在相互穿插的现象，使其很难区分；②不管哪种土地分类系统，其服务对象都侧重于农业（农、林、牧）；③土地分类均注重实际应用，但也因对土地的认识不一致，土地分类方式不尽相同；④土地分类中，只有土地利用分类包括水域，其他土地分类均不包括，等等。

由于各国的历史、现状及国情等差异，各国在土地分类的具体划分上都不尽相同，如我国是农业大国，人多地少，耕地资源不足，因此对农用地的分类较细，而国外对农用地分类则相对较粗。本节主要介绍我国 5 个最具有权威性的土地分类系统。

2.2.2 土地利用现状分类（一调）

1984 年全国农业区划委员会发布了《土地利用现状调查技术规程》，其中制定了《土地利用现状分类及含义》，对土地资源分类做出了突破部门规范的、适用于全国范围的土地分类标准。

该土地分类应土地资源调查和土地管理工作全面启动的需要而形成。它采用有层次的多级续分制，实行二级分类，其中一级类有8个，二级类46个，为了与现代化管理手段相适应，各地类分别编有统一的编码。其详细内容如表2-1所示：

表2-1　　**土地利用现状分类（一调）**

一级类		二级类		含　义
编号	名称	编号	名称	
1	耕地			种植农作物的土地，包括熟地、新开荒地、休闲地、轮歇地、草田轮作地；以种植农作物为主，间有零星果树、桑树或其他树木的土地；耕种3年以上的滩地和海涂。耕地中包括南方宽<1.0m，北方宽<2.0m的沟、渠、路、田埂
		11	灌溉水田	有水源保证和灌溉设施，在一般年景能正常灌溉，用以种植水稻、莲藕、席草等水生作物的耕地，包括灌溉的水旱轮作地
		12	望天田	无灌溉工种设施，主要依靠天然降雨，用以种植水稻、莲藕、席草等水生作物的耕地，包括无灌溉设施的水旱轮作地
		13	水浇地	指水田、菜地以外，有水源保证和固定灌溉设施，在一般年景能保证浇一次水以上固定的耕地均为水浇地
		14	旱地	无灌溉设施，靠天然降水生长作物的耕地，包括没有固定灌溉设施，仅靠引洪灌溉的耕地
		15	菜地	种植蔬菜为主的耕地，包括温室、塑料大棚用地
2	园地			种植以采集果、叶、根茎等为主的集约经营的多年生木本和草本作物，覆盖率>50%或每公顷株数大于合理株数70%的土地，包括果树苗圃等用地
		21	果园	种植果树的园地
		22	桑园	种植桑树的园地
		23	茶园	种植茶树的园地
		24	橡胶园	种植橡胶树的园地
		25	其他园地	种植可可、咖啡、油棕、胡椒等其他多年生作物的园地
3	林地			生长乔木、竹类、灌木、沿海红树林等林木的土地。不包括居民绿化用地以及铁路、公路、河流、沟渠的护路、护岸林
		31	有林地	树木郁闭度>30%的天然、人工林地
		32	灌木林	覆盖度>40%的灌木林地
		33	疏林地	树木郁闭度10%~30%的疏林地
		34	未成林造林地	指造林成活率大于或等于合理造林株树的41%，尚未郁闭但有成林希望的新造林地（一般指造林地不满3~5年或飞机播种后不满5~7年的造林地）
		35	迹地	森林采伐、火烧后，5年内未更新的土地
		36	苗圃	固定的林木育苗地

续表

一级类		二级类		含义
编号	名称	编号	名称	
4	牧草地			生长草本植物为主，用于畜牧业的土地
		41	天然草地	以天然草本植物为主，未经改良，用于放牧或割草的草地，包括以牧为主的疏林、灌木草地
		42	改良草地	采用灌溉、排水、施肥、松耙、补植等措施进行改良的草地
		43	人工草地	人工种植牧草的草地，包括人工培植用于牧业的灌木
5	居民点及工矿用地			指城乡居民点、独立居民点以及居民点以外的工矿、国防、名胜古迹等企事业单位用地，包括其内部交通、绿化用地
		51	城　镇	市、镇建制的居民点，不包括市、镇范围内用于农、林、牧、渔业生产用地
		52	农　村居民点	镇以下的居民点用地
		53	独立工矿用地	居民点以外独立的各种工矿企业、采石场、砖瓦窑、仓库及其他企事业单位的建筑用地，不包括附属于工矿、企事业单位的农副业生产基地
		54	盐　田	以经营盐业为目的，包括盐场及附属设施用地
		55	特殊用地	指居民点以外的国防、名胜古迹、公墓、陵园等范围内的建设用地，范围内的其他用地按土地类型分别归入规程中的相应地类
6	交通用地			居民点以外的各种道路及其附属设施和民用机场用地，包括护路林
		61	铁　路	铁道线路及站场用地，包括路堤、路堑、道沟、取土坑及护路林
		62	公　路	指国家和地方公路，包括路堤、路堑、道沟和护路林
		63	农村道路	指农村南方宽≥1m，北方宽≥2m 的道路
		64	民用机场	民用机场及其附属设施用地
		65	港口、码头	专供客、货运船舶停靠的场所，包括海运、河运及其附属建筑物，不包括常水位以下部分
7	水域			指陆地水域和水利设施用地，不包括滞洪区和垦殖 3 年以上的滩地、海涂中的耕地、林地、居民点、道路等
		71	河流水面	天然形成或人工开挖河流常水位岸线以下的面积
		72	湖泊水面	天然形成的积水区常水位岸线以下的面积
		73	水库水面	人工修建总库容≥100 000m^3，正常蓄水位岸线以下的面积
		74	坑塘水面	天然形成或人工开挖蓄水量<100 000m^{3}常水位岸线以下的蓄水面积
		75	苇　地	生长芦苇的土地，包括滩涂上的苇地

续表

一级类		二级类		含　义
编号	名称	编号	名称	
7	水域	76	滩　涂	包括沿海大潮高潮位与低潮位之间的潮浸地带，河流、湖泊常水位至洪水位间的滩地，时令湖、河洪水位以下的滩地；水库、坑塘的正常蓄水位与最大洪水位间的面积。常水位线一般按地形图，不另行调绘
		77	沟　渠	人工修建，用于排灌的沟渠，包括渠槽、渠堤、取土坑、护堤林。指南方宽≥1m、北方宽≥2m 的沟渠
		78	水　工建筑物	人工修建，用于除害兴利的闸、坝、堤路林、水电厂房、扬水站等常水位岸线以上的建筑物
		79	冰川及永久积雪	表层被冰雪常年覆盖的土地
8	未利用土地	目前还未利用的土地，包括难利用的土地		
		81	荒草地	树木郁闭度<10%，表层为土质，生长杂草，不包括盐碱地、沼泽地和裸土地
		82	盐碱地	表层盐碱聚集，只生长天然耐盐植物的土地
		83	沼泽地	经常积水或渍水，一般生长湿生植物的土地
		84	沙　地	表层为沙覆盖，基本无植被的土地，包括沙漠，不包括水系中的沙滩
		85	裸土地	表层为土质，基本无植被覆盖的土地
		86	裸　岩、石砾地	表层为岩石或石砾，其覆盖面积>70%的土地
		87	田　坎	主要指耕地中南方宽≥1m，北方宽≥2m 的地坎或堤坝
		88	其　他	指其他未利用土地，包括高寒荒漠、苔原等

该分类以调查当时的实际用途作为归并划类的主要标志。在该分类中以土地是否投入利用作为第一层次的划分标志，但这一层次并没有在分类表中表现出来，已投入利用的土地由前七类构成，第八类为未利用土地。

已利用土地的二级分类与土地利用的经济性质、集约化程度等密切相关。

未利用土地的二级分类主要反映出当前妨碍利用的主要原因或者覆盖特征。

这一分类由于对农业用地的划分比较细，常被认为是城镇以外土地的分类。在土地利用现状调查中，对城镇、农村居民点和独立工矿用地等，仅调查出它们的外围界线，其内部详细的用地分类，未予以反映。

水域在该分类中被划入了已利用土地的范畴。实际上水域是指被水体覆盖的部分，在实地难以确认已利用和未利用的明确界限。即使是已经被人们利用的水域，在用途上也有很大差异，有的与土地上生产活动的生产能力直接有关，有的则不然。

该分类中将与耕地密切相关的田坎也归入了未利用土地。

总之，该土地分类在当时对土地资源调查和土地管理工作起到了一定的作用，但也存在着一些类型划分不十分明确和详略不一等问题。

2.2.3 全国土地分类（试行）

2001年8月国土资源部颁布了《全国土地分类（试行）》。该土地分类是根据《关于印发〈土地分类〉（试行）的通知》（国土资源部〔2001〕255号）的通知要求，在原有两个土地分类基础上修改、归并而成的城乡统一的全国土地分类系统。

该土地分类适用于城镇和村庄大比例尺地籍调查，它依然采用全国统一的多级续分制，实行三级分类，共有3个一级类、15个二级类和71个三级类，其详细内容如表2-2所示。

表2-2　　全国土地分类（试行）

一级类		二级类		三级类		含　义
编号	名称	编号	名称	编号	名称	
1	农用地					指直接用于农业生产的土地，包括耕地、园地、林地、牧草地及其他农用地
		11	耕地			指种植农作物的土地，包括熟地、新开发复垦整理地、休闲地、轮歇地、草田轮作地；以种植农作物为主，间有零星果树、桑树或其他树木的土地；平均每年能保证收获一季的已垦滩地和海涂。耕地中还包括南方<1.0m，北方宽<2.0m的沟、渠、路和田埂
				111	灌溉水田	指有水源保证和灌溉设施，在一般年景能正常灌溉，用于种植水生作物的耕地，包括灌溉的水旱轮作地
				112	望天田	指无灌溉设施，主要依靠天然降雨，用于种植水生作物的耕地，包括无灌溉设施的水旱轮作地
				113	水浇地	指水田、菜地以外，有水源保证和灌溉设施，在一般年景能正常灌溉的耕地
				114	旱　地	指无灌溉设施，靠天然降水种植旱作物的耕地，包括没有灌溉设施，仅靠引洪淤灌的耕地
				115	菜　地	指常年种植蔬菜为主的耕地，包括大棚用地
		12	园地			指种植以采集果、叶、根茎等为主的集约经营的多年生木本和草本作物（含其苗圃），覆盖度大于50%或每公顷有收益的株数达到合理株数的70%的土地
				121	果园	指种植果树的园地
				121K	可调整果园	指由耕地改为果园，但耕作层未被破坏的土地*
				122	桑园	指种植桑树的园地
				122K	可调整桑园	指由耕地改为桑园，但耕作层未被破坏的土地*
				123	茶园	指种植茶树的园地
				123K	可调整茶园	指由耕地改为茶园，但耕作层未被破坏的土地*
				124	橡胶园	指种植橡胶树的园地
				124K	可调整橡胶园	指由耕地改为橡胶园，但耕作层未被破坏的土地*
				125	其他园地	指种植可可、咖啡、油棕、胡椒、花卉、药材等其他多年生作物园地
				125K	可调整其他园地	指由耕地改为其他园地，但耕作层未被破坏的土地*

续表

一级类		二级类		三级类		含　义
编号	名称	编号	名称	编号	名称	
1	农用地	13	林地			指生长乔木、竹类、灌木、沿海红树林的土地。不包括居民点绿地，以及铁路、公路、河流、沟渠的护路、护岸林
				131	有林地	指树木郁闭度≥20%天然、人工林地
				131K	可调整有林地	指由耕地改为有林地，但耕作层未被破坏的土地*
				132	灌木林地	指覆盖度≥40%的林地
				133	疏林地	指树木郁闭度≥10%但<20%的疏林地
				134	未成林造林地	指造林成活率大于或等于合理造林数的41%，尚未郁闭但有成林希望的新造林地（一般造林后不满3~5年或飞机播种后不满5~7年的造林地）
				134K	可调未成林造林地	指由耕地改为未成林造林地，但耕作层未被破坏的土地*
				135	迹　地	指森林采伐、火烧后，5年内未更新的土地
				136	苗　圃	指固定的林木育苗地
				136K	可调整苗圃	指由耕地改为苗圃，但耕作层未被破坏的土地*
		14	牧草地			指生长草本植物为主，用于畜牧业的土地
				141	天然草地	指以天然草本植物为主，未经改良，用于放牧或割草的草地，包括以牧为主的疏林、灌木草地
				142	改良草地	指采用灌溉、排水、施肥、松耙、补植等措施进行改良的草地
				143	人工草地	指人工种植牧草的草地，包括人工培育用于牧业的灌木地
				143K	可调整人工草地	指由耕地改为人工草地，但耕作层未被破坏的土地*
		15	其他农用地			指上述耕地、园地、林地、牧草地以外的农用地
				151	畜禽饲养地	指以经营性养殖为目的的畜禽舍及其相应的附属设施用地
				152	设施农业用地	指进行工厂化作物栽培或水产养殖的生产设施用地
				153	农村道路	指农村南方宽≥1.0m，北方宽≥2.0m的村间、田间道路（含机耕道）
				154	坑塘水面	指人工开挖或天然形成的蓄水量<100 000m^3（不含养殖水面）的坑塘常水位以下的面积
				155	养殖水面	指人工开挖或天然形成的专门用于水产养殖的坑塘水面及相应附属设施用地
				155K	可调整养殖水面	指由耕地改为养殖水面，但耕作层未被破坏的土地*
				156	农田水利用地	指农民、农民集体或其他农业企业等自筹或联建的农田排灌沟渠及其相应附属设施用地
				157	田　坎	主要指耕地中南方≥1.0m北方宽≥2.0m的梯田田坎

续表

一级类		二级类		三级类		含　义
编号	名称	编号	名称	编号	名称	
1	农用地	15	其他农用地	158	晒谷场等用地	指晒谷场及上述用地中未包含的其他农用地
2	建设用地					指建造建筑物、构筑物的土地。包括商业、工矿、仓储、公用设施、公共建筑、住宅、交通、水利设施、特殊用地等
		21	商业用地			指商业、金融业、餐饮旅馆业及其他经营性服务业建筑及其相应附属设施用地
				211	商业用地	指商店、商场、各类批发、零售市场及其相应附属设施用地
				212	金融保险用地	指银行、保险、证券、信托、期货、信用社等用地
				213	餐饮旅馆业用地	指饭店、餐厅、酒吧、宾馆、旅馆、招待所、度假村等及其相应附属设施用地
				214	其他商业用地	指上述用地以外的其他商服用地，包括写字楼、商业性办公楼和企业厂区外独立的办公楼用地；旅行社、运动保健休闲设施、夜总会、歌舞厅、俱乐部、高尔夫球场、加油站、洗车场、洗染店、废旧物资回收站、维修网点、照相、理发、洗浴等服务设施用地
		22	工矿仓储用地			指工业、采矿、仓储业用地
				221	工业用地	指工业生产及其相应附属设施用地
				222	采矿地	指采矿、采石、采砂场、盐田、砖瓦窑等地面生产用地及尾矿堆放地
				223	仓储用地	指用于物资储备、中转的场所及相应的附属设施用地
		23	公共设施用地			指为居民生活和二、三产业服务的公用设施及瞻仰、游憩用地
				231	公共基础设施用地	指给排水、供电、供燃、供热、邮政、电信、消防、公用设施维修、环卫等用地
				232	瞻仰景观休闲用地	指名胜古迹、革命遗址、景点、公园、广场、公用绿地等
		24	公共建筑用地			指公共文化、体育、娱乐、团体、科研、设计、教育、医卫、慈善等建筑用地
				241	机关团体用地	指国家机关、社会团体、群众自治组织、广播电台、电视台、报社、杂志社、通讯社、出版社等单位的办公用地
				242	教育用地	指各种教育机构，包括大专院校、中专、职业学校、成人业余教育学校、中小学校、幼儿园、托儿所、党校、行政学院、干部管理学院 、盲聋哑学校、工读学校等直接用于教育的用地
				243	科研设计用地	指独立的科研、设计机构用地，包括研究、勘测、设计、信息等单位用地

续表

一级类		二级类		三级类		含义
编号	名称	编号	名称	编号	名称	
2	建设用地	24	公共建筑用地	244	文体用地	指为公众服务的公益性文化、体育设施用地。包括博物馆、展览馆、文化馆、图书馆、纪念馆、影剧院、音乐厅、少青老年活动中心、体育场馆、训练基地等
				245	医疗卫生用地	指医疗、卫生、防疫、急救、保健、疗养、康复、医检药检、血库等用地
				246	慈善用地	指孤儿院、养老院、福利院等用地
		25	住宅用地			指供人们日常生活居住的房基地（有独立院落的包括院落）
				251	城镇单一住宅用地	指城镇居民的普通住宅、公寓、别墅用地
				252	城镇混合住宅用地	指城镇居民以居住为主的住宅与工业或商业等混合用地
				253	农村宅基地	指农村村民居住的宅基地
				254	空闲宅基地	指村庄内部的空闲旧宅基地及其他空闲土地等
		26	交通运输用地			指用于运输通行的地面线路、场站等用地，包括民用机场、港口、码头、地面运输管道和居民点道路及其相应附属设施用地
				261	铁路用地	指铁道线路及场站用地，包括路堤、路堑、道沟及护路林；地铁地上部分及出入口等用地
				262	公路用地	指国家和地方公路（含乡镇公路），包括路堤、路堑、道沟、护路林及其他附属设施用地
				263	民用机场	指民用机场及其相应附属设施用地
				264	港口码头用地	指人工修建的客、货运、捕捞船舶停靠的场所及其相应附属设施建筑物，不包括常水位以下部分
				265	管道运输用地	指运输煤炭、石油、天然气管道及其相应附属设施地面用地
				266	街　巷	指城乡居民点内公用道路（含立交桥）、公共停车场等
		27	水利设施用地			指用于水库、水工建筑的土地
				271	水库水面	指人工修建总库容≥100 000m^3，正常蓄水位以下的面积
				272	水工建筑用地	指除农田水利用地以外的人工修建的沟渠（包括渠槽、渠堤、护堤林）、闸、坝、堤路林、水电站、扬水站等常水位岸线以上的水工建筑用地
		28	特殊用地			指军事设施、涉外、宗教、监教、墓地等用地
				281	军事设施用地	指专门用于军事目的的设施用地，包括军事指挥机关和营房等
				282	使领馆用　地	指外国政府及国际组织驻华使馆、办事处等用地
				283	宗教用地	指专门用于宗教活动的庙宇、寺院、道观、教堂等宗教自用地

续表

一级类		二级类		三级类		含　义
编号	名称	编号	名称	编号	名称	
2	建设用地	28	特殊用地	284	监教场所用地	指监狱、看守所、劳改场、劳教所、戒毒所等用地
				285	墓葬地	指陵园、墓地、殡葬场所及附属设施用地
3	未利用地	指农用地和建设用地以外的土地				
		31	未利用土地	指目前还未利用的土地，包括难利用的土地		
		31	未利用土地	311	荒草地	指树木郁闭度<10%，表层为土质，生长杂草，不包括盐碱地、沼泽地和裸土地
				312	盐碱地	指表层盐碱聚集，只生长天然耐盐植物的土地
				313	沼泽地	指经常积水或滞水，一般生长湿生植物的土地
				314	沙地	指表层为沙覆地，基本无植被的土地，包括沙漠，不包括水系中的沙滩
				315	裸土地	指表层为土质，基本无植被覆盖的土地
				316	裸岩石砾地	指表层为岩石或石砾，其覆盖面积≥70%的土地
				317	其他未利用土地	指包括高寒荒漠、苔原等尚未利用的土地
		32	其他	指未列入农用地、建设用地的其他土地		
				321	河流水面	指天然形成或人工开挖河流常水位岸线以下的土地
				322	湖泊水面	指天然形成的积水区常水位岸线以下的土地
				323	苇地	指生长芦苇的土地，包括滩涂上的苇地
				324	滩涂	指沿海大潮高潮位与低潮位之间的潮浸地带；河流、湖泊、常水位至洪水位间的滩地；时令潮、河洪水位以下的滩地；水库、坑塘的正常蓄水位与最大洪水位间的滩地。不包括已利用的滩涂
				325	冰川及永久积雪	指表层被冰雪常年覆盖的土地

注：* 指生态退耕以外，按照国土资发〔1999〕511 号文件规定，在农业结构调整中将耕地调整为其他农用地，但未破坏耕作层，不作为耕地减少量衡量标准。按文件下发时间开始执行。

该土地分类以农用地、建设用地和未利用地为纲建立，体现了以原有两个土地分类为基础，以最小的修改成本最大限度地满足土地管理和国家社会经济发展的需求，又给今后的发展、修改留有足够空间的指导思想，保持了与原土地分类系统的连续性和协调性，具有较强的科学性和实用性，实现了与当时《土地管理法》的衔接，打破了城乡分割的界限，顺应了城乡一体化发展和土地使用制度的改革要求，既有利于保护耕地和控制建设用地，又有利于全国城乡土地的统一管理和调查成果的扩大应用，此举无疑将对科学实施全国土地和城乡地政统一管理产生深远的影响。

这套土地分类系统的颁布与实施，实现了城乡土地统一管理的第一步。但其也存在一些问题：

①过于强调农业用地的细分，对部分地类，如工业用地的划分不够细致。在该土地分类中，农用地属于一级地类，但工业用地仅属于三级地类，没有再进行细分。而在国民经济分类中，工业与农业同级，都是三大产业之一。因此，工业用地相比农业用地，级别太低。另外，不同工业部门在用地条件、用地效益上也存在较大差异，因此完全有必要对工业用地再进行细分。

②分类不严谨。主要表现在：一是分类标准中出现“以……为主”、“主要指……”、“直接用于……”等字样，这些字眼使相应的地类成为内涵丰富、外延不断扩展的概念，使调查人员无所适从，致使部分调查成果主观随意性很大。二是分类标准中有时强调以功能为主，有时则强调以形式为主，而分类标准的不统一很容易导致地类间在内容上的交叉或遗漏。

③分类体系未能准确、全面反映土地利用的新变化，使对新的土地利用模式进行地类界定很困难。例如，以“城镇混合住宅用地”涵盖所有混合用地类型欠妥。因为并不是所有混合住宅都是以住宅用途为主，即使以住宅为主，这样的地类界定也会使住宅用途掩盖其他用途，无法如实反映城镇土地利用现状。

2.2.4 全国土地分类（过渡期间适用）

2002 年 1 月，为保证新旧土地分类系统相衔接，国土资源部在《全国土地分类（试行）》的基础上，制定并颁布了《全国土地分类（过渡期间适用）》。

《全国土地分类（过渡期间适用）》的整体框架与全国《土地分类（试行）》相同，采用三级分类。其中农用地和未利用地部分与全国《土地分类（试行）》完全相同，建设用地部分进行了适当归并。将商服用地、工矿仓储用地、设施用地、公共建筑用地、住宅用地和特殊用地 6 个二级类与交通运输用的三级类街巷合并为居民点及工矿用地，作为二级类，在其下划分城市、建制镇、农村居民点、独立工矿、盐田和特殊用地 6 个三级类，其详细内容如表 2-3 所示。

表 2-3　　全国土地分类（过渡期间适用）

<table>
<tr><th colspan="2">一级类</th><th colspan="2">二级类</th><th colspan="2">三级类</th><th rowspan="2">含　义</th></tr>
<tr><th>编号</th><th>名称</th><th>编号</th><th>名称</th><th>编号</th><th>名称</th></tr>
<tr><td rowspan="2">1</td><td rowspan="2">农用地</td><td colspan="5">指直接用于农业生产的土地，包括耕地、园地、林地、牧草地及农用地。</td></tr>
<tr><td>11</td><td>耕地</td><td colspan="3">指种植农作物的土地，包括熟地、新开发复垦、整理地、休闲地、轮歇地、草田轮作地；以种植农作物为主，间有零星果树、桑树或其他树木的土地；平均每年能保证收获一季的已垦滩地和滩涂。耕地中还包括南方宽<1.0m，北方宽<2.0m 的沟、渠、路和田埂</td></tr>
</table>

一级类		二级类		三级类		含　义
编号	名称	编号	名称	编号	名称	
1	农用地	11	耕地	111	灌溉水田	指有水源保证和灌溉设施，在一般年景能正常灌溉，用于种植水生作物的耕地，包括灌溉的水旱轮作地
				112	望天田	指无灌溉设施，主要依靠天然降雨，用于种植水生作物的耕地，包括无灌溉设施的水旱轮作地
				113	水浇地	指水田、菜地以外，有水源保证和灌溉设施，在一般年景能正常灌溉的耕地
				114	旱地	指无灌溉设施，靠天然降水种植旱作物的耕地，包括没有灌溉设施，仅靠引洪淤灌的耕地
				115	菜地	指常年种植蔬菜为主的耕地，包括大棚用地
		12	园地			指种植以采集果、叶、根茎等为主的集约经营的多年生木本和草本作物（含其苗圃），覆盖度大于50%或每亩有收益的株数达到合理株数70%的土地
				121	果园	指种植果树的园地
				121K	可调整果园	指由耕地改为果园，但耕作层未被破坏的土地*
				122	桑园	指种植桑树的园地
				122K	可调整桑园	指由耕地改为桑园，但耕作层未被破坏的土地*
				123	茶园	指种植茶树的园地
				123K	可调整茶园	指由耕地改为茶园，但耕作层未被破坏的土地*
				124	橡胶园	指种植橡胶树的园地。
				124K	可调整橡胶园	指由耕地改为橡胶园，但耕作层未被破坏的土地*
				125	其他园地	指种植可可、咖啡、油棕、胡椒、花卉、药材等其他多年生作物的园地
				125K	可调整其他园地	指由耕地改为其它园地，但耕作层未被破坏的土地*
		13	林地			指生长乔木、竹类、灌木、沿海红树林的土地。不包括居民点绿地，以及铁路、公路、河流、沟渠的护路、护岸林
				131	有林地	指树木郁闭度≥20%的天然、人工林地
				131K	可调整有林地	指由耕地改为有林地，但耕作层未被破坏的土地*
				132	灌木林地	指覆盖度≥40%的灌木林地
				133	疏林地	指树木郁闭度≥10%但<20%的疏林地
				134	未成林造林地	指造林成活率大于或等于合理造林数的41%，尚未郁闭但有成林希望的新造林地（一般指造林后不满3~5年或飞机播种后不满5~7年的造林地）
				134K	可调整未成林造林地	指由耕地改为未成林造地，但耕作层未被破坏的土地*
				135	迹地	指森林采伐、火烧后，5年内未更新的土地
				136	苗　圃	指固定的林木育苗地

续表

一级类		二级类		三级类		含义
编号	名称	编号	名称	编号	名称	
1	农用地	13	林地	136	苗　圃	136K 可调整苗圃：指由耕地改为苗圃，但耕作层未被破坏的土地*
		14	草地			指生长草本植物为主，用于畜牧业的土地
				141	天然草地	指以天然草本植物为主，未经改良，用于放牧或割草的草地，包括以牧为主的疏林、灌木草地
				142	改良草地	指采用灌溉、排水、施肥、松肥、补植等措施进行改良的草地
				143	人工草地	指人工种植牧草的草地，包括人工培植用于牧业的灌木地
				143	人工草地	143K 可调整人工草地：指由耕地改为人工草地，但耕作层未被破坏的土地*
		15	其他农用地			指上述耕地、园地、林地、牧草地以外的农用地
				151	畜禽饲养地	指以经营性养殖为目的的畜禽舍及其相应附属设施用地
				152	设施农业用地	指进行工厂化作物栽培或水产养殖的生产设施用地
				153	农村道路	指农村南方宽≥1.0m，北方宽≥2.0m的村间、田间道路（含机耕路）
				154	坑塘水面	指人工开挖或天然形成的蓄水量<100 000m³（不含养殖水面）的坑塘常水位以下的面积
				155	养殖水面	指人工开挖或天然形成的专门用于水产养殖的坑塘水面及相应的附属设施
						155K 可调整养殖水面：指由耕地改为养殖水面，但可复耕的土地*
				156	农田水利用地	指农民、农民集体或其他农业企业等自建或联建的农田排灌沟渠及其相应附属设施用地
				157	田　坎	主要指耕地中南方宽≥1.0m，北方宽≥2.0m的梯田田坎
				158	晒谷场等用地	指晒谷场及上述用地中未包含的其他农用地
2	建设用地					指建造建筑物、构筑物的土地，包括商业、工矿、仓储、公用设施、公共建筑、住宅、交通、水利设施、特殊用地等。其中，21~25及28六个二级类（含所属三级类）及“交通用地”中的266一个三级类暂不启用，仍使用原土地利用现状分类中的“居民点及工矿用地”地类进行。“居民点及独立工矿用地”中包含的农用地、水域、其他建设用地，过渡期暂不变动
		20	居民点及独立工矿用地	201	城　市	指城市居民点
				202	建制镇	指设建制镇的居民点
				203	农村居民点	指镇以下的居民点
				204	独立工矿用地	指居民点以外的各种工矿企业、采石场、砖瓦窑、仓库及其他企事业单位的建设用地，不包括附属于工矿、企事业单位的农副业生产基地。
				205	盐　田	指以经营盐业为目的，包括盐场及其附属设施用地

续表

一级类		二级类		三级类		含义
编号	名称	编号	名称	编号	名称	
2	建设用地	20	居民点及独立工矿用地	206	特殊用地	指居民点以外的国防、名胜古迹、风景旅游、墓地、陵园等用地
		26	交通运输用地			指用于运输通行的地面线路、场站等用地，包括民用机场、港口、码头、地面运输管道和居民点道路及其相应附属设施用地
				261	铁路用地	指铁道线路及场站用地，包括路堤、路堑、道沟及护路林；地铁地上部分及出入口等用地
				262	公路用地	指国家和地方公路（含乡镇公路），包括路堤、路堑、道沟、护路林及其他附属设施用地
				263	民用机场	指民用机场及其相应附属设施用地
				264	港口码头用地	指人工修建的客、货运、捕捞船舶停靠的场所及其相应附属建筑物，不包括常水位以下部分
				265	管道运输用地	指运输煤炭、石油和天然气等管道及其相应附属设施地面用地
		27	水利设施用地			指用于水库、水工建筑的土地
				271	水库水面	指人工修建总库容$\geq 100\ 000 m^3$，正常蓄水位以下的面积
				272	水工建筑用地	指除农田水利用地以外的人工修建的沟渠（包括渠槽、渠堤、护堤林）、闸、坝、堤路林、水电站、扬水站等常水位岸线以上的水工建筑用地
3	未利用地					指农用地和建设用地以外的土地
		31	未利用土地			指目前还未利用的土地，包括难利用的土地
				311	荒草地	指树木郁闭度$<10\%$，表层为土质，生长杂草，不包括盐碱地、沼泽地和裸土地
				312	盐碱地	指表层盐碱聚焦，只生长天然耐盐植物的土地
				313	沼泽地	指经常积水或渍水，一般生长湿生植物的土地
				314	沙　地	指表层为沙覆盖，基本无植被的土地，包括沙漠，不包括水系中的沙滩
				315	裸土地	指表层为土质，基本无植被覆盖的土地
				316	裸岩石砾地	指表层为岩石或石砾，其覆盖面积$\geq 70\%$的土地
				317	其他未利用土地	指包括高寒荒漠、苔原等尚未利用的土地
		32	其他土地			指未列入农用地、建设用地的其他水域地
				321	河流水面	指天然形成或人工开挖河流常水位岸线以下的土地
				322	湖泊水面	指天然形成的积水区常水位岸线以下的土地
				323	苇地	指生长芦苇的土地、包括滩涂上的苇地

续表

一级类		二级类		三级类		含　义
编号	名称	编号	名称	编号	名称	
3	未利用地	32	其他土地	324	滩　涂	指沿海大潮高潮位与低潮位之间的潮浸地带；河流、湖泊常水位至洪水位间的滩地；时令湖、河洪水位以下的滩地；水库、坑塘的正常蓄水位与最大洪水位间的滩地。不包括已利用的滩涂
				325	冰川及永久积雪	指表层被冰雪常年覆盖的土地

注：* 指生态退耕以外，按照国土资发〔1999〕511 号文件规定，在农业结构调整中将耕地调整为其他农用地，但未破坏耕作层，不作为耕地减少衡量指标。按文件下发时间开始执行。

2.2.5 土地利用现状分类（二调）

2007 年 7 月，国务院决定开展第二次全国土地调查（简称“二调”）。为保证调查质量、获得准确的基础数据，亟须出台分类系统更为完善、更具有权威性的国家标准。在此背景下，2007 年 8 月，中华人民共和国质量监督检验检疫总局和中国国家标准化管理委员会联合发布《土地利用现状分类》（GB/T 21010—2007）。该分类标准的统一，将避免各部门因土地分类不一致引起的统计重复、数据矛盾、难以分析应用等问题，对于科学划分土地利用类型，掌握真实可靠的土地基础数据，实施全国土地和城乡地政统一管理乃至国家宏观管理和决策具有重大意义。

该土地分类系统采用一级、二级两个层次的分类体系，共分 12 个一级类、57 个二级类。其中一级类包括：耕地、园地、林地、草地、商服用地、工矿仓储用地、住宅用地、公共管理与公共服务用地、特殊用地、交通运输用地、水域及水利设施用地和其他土地。其详细内容如表 2-4 所示。

表 2-4　**土地利用现状分类（GB/T 21010-2007）**

一级类		二级类		含　义
编码	名称	编码	名称	
01	耕地			指种植农作物的土地，包括熟地，新开发、复垦、整理地，休闲地（含轮歇地、轮作地）；以种植农作物（含蔬菜）为主，间有零星果树、桑树或其他树木的土地；平均每年能保证收获一季的已垦滩地和海涂。耕地中包括南方宽度<1.0m、北方宽度<2.0m 固定的沟、渠、路和地坎（埂），临时种植药材、草皮、花卉、苗木等的耕地，以及其他临时改变用途的耕地
		011	水田	指用于种植水稻、莲藕等水生农作物的耕地。包括实行水生、旱生农作物轮种的耕地
		012	水浇地	指有水源保证和灌溉设施，在一般年景能正常灌溉，种植旱生农作物的耕地。包括种植蔬菜等的非工厂化的大棚用地
		013	旱地	指无灌溉设施，主要靠天然降水种植旱生农作物的耕地，包括没有灌溉设施，仅靠引洪淤灌的耕地
02	园地			指种植以采集果、叶、根、茎、汁等为主的集约经营的多年生木本和草本作物，覆盖度大于 50%或每亩株数大于合理株数 70%的土地。包括用于育苗的土地
		021	果园	指种植果树的园地
		022	茶园	指种植茶树的园地
		023	其他园地	指种植桑树、橡胶、可可、咖啡、油棕、胡椒、药材等其他多年生作物的园地

续表

一级类		二级类		含　　义
编码	名称	编码	名称	
03	林地			指生长乔木、竹类、灌木的土地，及沿海生长红树林的土地。包括迹地，不包括居民点内部的绿化林木用地，铁路、公路征地范围内的林木，以及河流、沟渠的护堤林
		031	有林地	指树木郁闭度≥0.2的乔木林地，包括红树林地和竹林地
		032	灌木林地	指灌木覆盖度≥40%的林地
		033	其他林地	包括疏林地（指树木郁闭度≥0.1、<0.2的林地）、未成林地、迹地、苗圃等林地
04	草地			指生长草本植物为主的土地
		041	天然牧草地	指以天然草本植物为主，用于放牧或割草的草地
		042	人工牧草地	指人工种植牧草的草地
		043	其他草地	指树木郁闭度<0.1，表层为土质，生长草本植物为主，不用于畜牧业的草地
05	商服用地			指主要用于商业、服务业的土地
		051	批发零售用地	指主要用于商品批发、零售用地。包括商场、超市、各类批发（零售）市场，加油站等及其附属的小型仓库、车间、工场等的用地
		052	住宿餐饮用地	指主要用于提供住宿、餐饮服务的用地。包括宾馆、酒店、饭店、旅馆、招待所、度假村、餐厅、酒吧等
		053	商务金融用地	指企业、服务业等办公用地，以及经营性的办公场所用地。包括写字楼、商业性办公场所、金融活动场所和企业厂区外独立的办公场所等用地
		054	其他商服用地	指上述用地外的其他商业、服务业用地。包括洗车场、洗染店、废旧物资回收站、维修网点、照相馆、理发美容店、洗浴场所等用地
06	工矿仓储用地			指主要用于工业生产、物资存放场所的土地
		061	工业用地	指工业生产及直接为工业生产服务的附属设施用地
		062	采矿用地	指采矿、采石、采砂（沙）场，盐田，砖瓦窑等地面生产用地及尾矿堆放地
		063	仓储用地	指用于物资储备、中转的场所用地
07	住宅用地			指主要用于人们生活居住的房基地及其附属设施用地
		071	城镇住宅用地	指城镇用于生活居住的各类房屋用地及其附属设施用地。包括普通住宅、公寓、别墅等用地
		072	农村宅基地	指农村用于生活居住的宅基地
08	公共管理与公共服务用地			指用于机关团体、新闻出版、科教文卫、风景名胜、公共设施等的土地
		081	机关团体用地	指用于党政机关、社会团体、群众自治组织等的用地
		082	新闻出版用地	指用于广播电台、电视台、电影厂、报社、杂志社、通讯社、出版社等的用地
		083	科研用地	指用于各类教育，独立的科研、勘测、设计、技术推广、科普等的用地
		084	医卫慈善用地	指用于医疗保健、卫生防疫、急救康复、医检药检、福利救助等的用地
		085	文体娱乐用地	指用于各类文化、体育、娱乐及公共广场等的用地
		086	公共设施用地	指用于城乡基础设施的用地。包括给排水、供电、供热、供气、邮政、电信、消防、环卫、公共设施维修等用地
		087	公园与绿地	指城镇、村庄内部公园、动物园、植物园、街心花园和用于休憩及美化环境的绿化用地
		088	风景名胜设施用地	指风景名胜（包括名胜古迹、旅游景点、革命遗址等）景点及管理机构的建筑用地。景区内的其他用地按现状归入相应地类

续表

一级类		二级类		含义
编码	名称	编码	名称	
09	特殊用地			指用于军事设施、涉外、宗教、监教、殡葬等的土地
		091	军事设施用地	指直接用于军事目的的设施用地
		092	使领馆用地	指用于外国政府及国际组织驻华使领馆、办事处等的用地
		093	监教场所用地	指用于监狱、看守所、劳改场、劳教所、戒毒所等的建筑用地
		094	宗教用地	指专门用于宗教活动庙宇、寺院、道观、教堂等宗教自用地
		095	殡葬用地	指陵园、墓地、殡葬场所用地
10	交通运输用地			指用于运输通行的地面线路、场站等的土地。包括民用机场、港口、码头、地面运输管道和各种道路用地
		101	铁路用地	指用于铁道线路、轻轨、场站的用地。包括设计内的路堤、路堑、道沟、桥梁、林木等用地
		102	公路用地	指用于国道、省道、县道和乡道的用地。包括设计内的路堤、路堑、道沟、桥梁、汽车停靠站、林木及直接为其服务的附属用地
		103	街巷用地	指用于城镇、村庄内部公用道路（含立交桥）及行道树的用地。包括公共停车场，汽车客货运输站点及停车场等用地
10	交通运输用地	104	农村道路	指公路用地以外的南方宽度≥1.0m、北方宽度≥2.0m 的村间、田间道路（含机耕道）
		105	机场用地	指用于民用机场的用地
		106	港口码头用地	指用于人工修建的客运、货运、捕捞及工作船舶停靠的场所及其附属建筑物的用地，不包括常水位以下部分
		107	管道运输用地	指用于运输煤炭、石油、天然气等管道及其相应附属设施的地上部分用地
11	水域及水利设施用地			指陆地水域，海涂，沟渠、水工建筑物等用地。不包括滞洪区和已垦滩涂中的耕地、园地、林地、居民点、道路等用地
		111	河流水面	指天然形成或人工开挖河流常水位岸线之间的水面，不包括被堤坝拦截后形成的水库水面
		112	湖泊用地	指天然形成的积水区常水位岸线所围成的水面
		113	水库水面	指人工拦截汇集而成的总库容≥100 000m^3 的水库正常蓄水位岸线所围成的水面
		114	坑塘用地	指人工开挖或天然形成流等形成的蓄水量$<$100 000m^3 的坑塘正常蓄水位岸线所围成的水面
		115	沿海滩涂	指沿海大潮高潮位与低潮位之间的潮浸地带。包括海岛的沿海滩涂，不包括已利用的滩涂
		116	内陆滩涂	指河流、湖泊常水位至洪水位间的滩地；时令湖、河洪水位以下的滩地；水库、坑塘的正常蓄水位与洪水位间的滩地。包括海岛的内陆滩地。不包括已利用的滩地
		117	沟　渠	指人工维修，南方宽度≥1.0m、北方宽度≥2.0m 用于引、排、灌的渠道，包括渠槽、渠堤、取土坑、护堤林
		118	水工建筑用地	指人工修建的闸、坝、堤路林、水电厂房、扬水站等常水位岸线以上的建筑物用地
		119	冰川及永久积雪	指表层被冰雪常年覆盖的土地
12	其他土地			指上述地类以外的其他类型的土地
		121	空闲地	指城镇、村庄、工矿内部尚未利用的土地

续表

一级类		二级类		含　义
编码	名称	编码	名称	
12	其他土地	122	设施农用地	指直接用于经营性养殖的畜禽舍、工厂化作物栽培或水产养殖的生产设施用地及其相应附属用地，农村宅基地以外的晾晒场等农业设施用地
		123	田　坎	主要指耕地中南方宽度≥1.0m、北方宽度≥2.0m 的地坎
		124	盐碱地	指表层盐碱聚集，生长天然耐盐植物的土地
		125	沼泽地	指经常积水或渍水，一般生长沼生、湿生植物的土地
		126	沙　地	指表层为沙覆盖、基本无植物的土地。不包括滩涂中的沙地
		127	裸　地	指表层为土质，基本无植被覆盖的土地；或表层为岩石、石砾，其覆盖面积≥70%的土地

该土地分类与《全国土地分类（试行）》相比，具有如下特点：

（1）对农用地各类型做了进一步归纳

随着各地退耕还林还草工作的不断深入，望天田的面积越来越小，水浇地与菜地也有重复的地方，因而耕地部分取消了望天田和菜地；园地部分取消了种植面积较小的桑园、橡胶园，统一归为其他园地；林地部分取消了疏林地、未成林造林地、迹地、苗圃，并将其归为其他林地。这对疏林地、未成林造林地、迹地、苗圃等面积小、年度变化大的小类而言，归入一类作为土地利用分类系统的二级类型是比较适宜的；草地部分取消了改良草地，分为天然牧草地、人工牧草地、其他草地；未利用土地取消了荒草地，这对土地整理工作中荒草地开发数据的获取可能带来一些不便；新标准取消了其他农用地部分，其中“畜禽饲养地、设施农用地、晒谷场等用地”合并为“设施农用地”。“农村道路”归入“交通运输用地”，体现了城乡土地统一分类的意图。“坑塘水面、养殖水面”合并为“坑塘水面”归入“水域及水利设施用地”，解决了二者不易区分的问题。

（2）对建设用地部分做了进一步细分

商服用地部分由原来的“商业用地、金融保险用地、餐饮旅馆业用地、其他商服用地”调整为“批发零售用地、住宅餐饮用地、商务金融用地、其他商服用地”，名称上表述更加准确实用；工矿仓储用地部分未做变动；住宅用地部分，由原来的 4 类归为“城镇住宅用地、农村宅基地”2 类，这一调整显然避免了某些在实际调查中不宜操作的问题，例如调查区分单一住宅与混合住宅；公共管理与公共服务用地部分调整为 8 类；特殊用地部分把“墓葬地”改为“殡葬用地”，名称更加准确；交通运输用地部分，增加了原来属于“其他农用地”的“农村道路”，体现了城乡一体化原则，实现了土地分类的“全覆盖”；水域及水利设施用地部分调整为“河流水面、湖泊水面、水库水面、坑塘水面、沿海滩涂、内陆滩涂、沟渠、水工建筑用地和冰川及永久积雪”9 个二级类型，“滩涂”细分为“沿海滩涂、内陆滩涂”，原来的“农田水利用地”改为“沟渠”，取消了“苇地”，这样按经营特点、利用方式和覆盖特征进行二级分类更为准确。

（3）对未利用地部分进行适当调整

将“裸土地、裸岩砾地”合并为“裸地”，归为其他土地部分，解决了二者不易区分的问题；取消了其他农用地，并将田坎、设施农用地归为其他土地，并增加了空闲地这一类型，使二级分类更加具体完善。

《土地利用现状分类》（GB/T 21010—2007）确定的土地利用现状分类，严格按照管理需要和分类学的要求，对土地利用现状类型进行归纳和划分。一是区分“类型”和“区域”。按照类型的唯一性进行划分，不依“区域”确定“类型”；二是按照土地用途、经营特点、利用方式和覆盖特征 4 个主要指标进行分类。一级类主要按土地用途，二级类按经营特点、利用方式和覆盖特征进行续分，所采用的指标具有唯一性；三是体现城乡一体化原则。按照统一的指标，城乡土地同时划分，实现了土地分类的“全覆盖”。

《土地利用现状分类》（GB/T 21010—2007）的颁布，对科学划分土地利用类型、掌握真实可靠的土地基础数据具有重要的作用，另外该分类系统既能与各部门使用的分类相衔接，又能与时俱进，满足当前和今后的需要，为土地管理和调控提供基本信息，具有很强的实用性。同时，还可根据管理和应用需要进行续分，开放性强。

2.2.6 新旧分类衔接

为便于新旧分类结果的衔接，《土地利用现状分类》（GB/T 21010—2007）与原土地分类系统相对应的转换关系如表 2-5、表 2-6、表 2-7 所示：

表 2-5　　土地利用现状分类与三大类对照表

<table>
<tr><th rowspan="3">三大类</th><th colspan="4">土地利用现状分类</th></tr>
<tr><th colspan="2">一级类</th><th colspan="2">二级类</th></tr>
<tr><th>类别编号</th><th>类别名称</th><th>类别编号</th><th>类别名称</th></tr>
<tr><td rowspan="16">农用地</td><td rowspan="3">01</td><td rowspan="3">耕地</td><td>011</td><td>水田</td></tr>
<tr><td>012</td><td>水浇地</td></tr>
<tr><td>013</td><td>旱地</td></tr>
<tr><td rowspan="3">02</td><td rowspan="3">园地</td><td>021</td><td>果园</td></tr>
<tr><td>022</td><td>茶园</td></tr>
<tr><td>023</td><td>其他园地</td></tr>
<tr><td rowspan="3">03</td><td rowspan="3">林地</td><td>031</td><td>有林地</td></tr>
<tr><td>032</td><td>灌木林地</td></tr>
<tr><td>033</td><td>其他林地</td></tr>
<tr><td rowspan="2">04</td><td rowspan="2">草地</td><td>041</td><td>天然牧草地</td></tr>
<tr><td>042</td><td>人工牧草地</td></tr>
<tr><td>10</td><td>交通用地</td><td>104</td><td>农村道路</td></tr>
<tr><td rowspan="2">11</td><td rowspan="2">水域及水利设施用地</td><td>114</td><td>坑塘水面</td></tr>
<tr><td>117</td><td>沟渠</td></tr>
<tr><td>12</td><td>其他土地</td><td>122</td><td>设施农用地</td></tr>
</table>

续表

三大类	土地利用现状分类			
	一级类		二级类	
	类别编号	类别名称	类别编号	类别名称
农用地	12	其他土地	123	田坎
建设用地	05	商服用地	051	批发零售用地
			052	住宿餐饮用地
			053	商务金融用地
			054	其他商服用地
	06	工矿仓储用地	061	工业用地
			062	采矿用地
			063	仓储用地
	07	住宅用地	071	城镇住宅用地
			072	农村宅基地
	08	公共管理与公共服务用地	081	机关团体用地
			082	新闻出版用地
			083	科教用地
			084	医卫慈善用地
			085	文体娱乐用地
			086	公共设施用地
			087	公园与绿地
			088	风景名胜设施用地
	09	特殊用地	091	军事设施用地
			092	使领馆用地
			093	监教场所用地
			094	宗教用地
			095	殡葬用地
	10	交通运输用地	101	铁路用地
			102	公路用地
			103	街巷用地
			105	机场用地
			106	港口码头用地
			107	管道运输用地

续表

三大类	土地利用现状分类			
	一级类		二级类	
	类别编号	类别名称	类别编号	类别名称
建设用地	11	水域及水利设施用地	113	水库水面
			118	水工建筑物用地
	12	其他土地	121	空闲地
未利用用地	11	水域及水利设施用地	111	河流水面
			112	湖泊水面
			115	沿海滩涂
			116	内陆滩涂
			119	冰川及永久积雪
	04	草地	043	其他草地
未利用用地	12	其他土地	124	盐碱地
			125	沼泽地
			126	沙地
			127	裸地

表 2-6　　**土地利用现状分类与全国土地分类（过渡期间适用）对照表**

土地利用现状分类				全国土地分类（过渡期间适用）					
一级类		二级类		三级类		二级类		一级类	
类别编码	类别名称	类别编码	类别名称	类别名称	类别编码	类别名称	类别编码	类别名称	类别编码
01	耕地	011	水田	灌溉水田	111	耕地	11	农用地	1
				望天田	112				
		012	水浇地	水浇地	113				
				菜地	115				
		013	旱地	旱地	114				
02	园地	021	果园	果园	121	园地	12		
		022	茶园	茶园	123				
		023	其他园地	桑园	122				
				橡胶园	124				
				其他园地	125				
03	林地	031	有林地	有林地	131	林地	13		
		032	灌木林地	灌木林地	132				
		033	其他林地	疏林地	133				
				未成林造林地	134				

土地利用现状分类				全国土地分类（过渡期间适用）					
一级类		二级类		三级类		二级类		一级类	
类别编码	类别名称	类别编码	类别名称	类别名称	类别编码	类别名称	类别编码	类别名称	类别编码
03	林地	033	其他林地	迹地	135	林地	13	农用地	1
				苗圃	136				
04	草地	041	天然牧草地	天然草地	141	草地	14		
		042	人工牧草地	改良草地	142				
				人工草地	143				
10	交通用地	104	农村道路	农村道路	153	其他农用地	15		
11	水域及水利设施用地	114	坑塘水面	坑塘水面	154				
				养殖水面	155				
		117	沟渠	农田水利用地	156				
12	其他土地	122	设施农用地	畜禽饲养地	151				
				设施农业用地	152				
12	其他土地	122	设施农用地	晒谷场等用地	158				
		123	田坎	田坎	157				
05	商服用地	051	批发零售用地	城市、建制镇、农村居民点、独立工矿用地	201 202 203 204	居民点及独立工矿用地	20	建设用地	2
		052	住宿餐饮用地						
		053	商务金融用地						
		054	其他商务用地						
07	住宅用地	071	城镇住宅用地						
		072	农村宅基地						
10	交通运输用地	103	街巷用地						
12	其他土地	121	空闲地						
06	工矿仓储用地	061	工业用地						
		063	仓储用地						
		062	采矿用地	独立工矿用地	203				
				盐田	205				
08	公共管理与公共服务	081	机关团体用地	城市、建制镇、农村居民点、独立工矿用地	201 202 203 204	居民点及独立工矿用地	20	建设用地	2
		082	新闻出版用地						
		083	科教用地						
		084	医卫慈善用地						
		085	文体娱乐用地						
		086	公共设施用地						
		087	公园与绿地						
		088	风景名胜设施用地	特殊用地	206				

续表

土地利用现状分类				全国土地分类（过渡期间适用）					
一级类		二级类		三级类		二级类		一级类	
类别编码	类别名称	类别编码	类别名称	类别名称	类别编码	类别名称	类别编码	类别名称	类别编码
09	特殊用地	091	军事设施用地	城市 建制镇 特殊用地	201 202 206	居民点及独立工矿用地	20	建设用地	2
		092	使领馆用地						
		093	监教场所用地						
		094	宗教用地						
		095	殡葬用地						
10	交通运输用地	101	铁路用地	铁路用地	261	交通运输用地	26	建设用地	2
		102	公路用地	公路用地	262				
		105	机场用地	民用机场	263				
		106	港口码头用地	港口码头用地	264				
		107	管道运输用地	管道运输用地	265				
11	水域及水利设施用地	113	水库水面	水库水面	271	水利设施用地	27		
		117	沟渠						
		118	水工建筑用地	水工建筑用地	272				
11	水域及水利设施用地	111	河流水面	河流水面	321	其他用地	32	未利用地	3
		112	湖泊水面	湖泊水面	322				
		115	沿海滩涂	苇地	323				
				滩涂	324				
		116	内陆滩涂	苇地	323				
				滩涂	324				
		119	冰川及永久积雪	冰川及永久积雪	325				
04	草地	043	其他草地	荒草地	311	未利用土地	31		
				其他未利用地土地	317				
12	其他土地	124	盐碱地	盐碱地	312				
		125	沼泽地	沼泽地	313				
				苇　地	323				
		126	沙地	沙　地	314				
		127	裸地	裸土地	315				
				裸岩石砾地	316				
				其他未利用土地	317				

表 2-7　**土地利用现状分类与全国土地分类（试行）对照表**

土地利用现状分类				全国土地分类（试行）					
一级类		二级类		三级类		二级类		一级类	
类别编码	类别名称	类别编码	类别名称	类别名称	类别编码	类别名称	类别编码	类别名称	类别编码
01	耕地	011	水田	灌溉水田	111	耕地	11	农用地	1
				望天田	112				
		012	菜地	水浇地	113				
				菜地	115				
		013	旱地	旱地	114				

续表

土地利用现状分类				全国土地分类（试行）					
一级类		二级类		三级类		二级类		一级类	
类别编码	类别名称	类别编码	类别名称	类别名称	类别编码	类别名称	类别编码	类别名称	类别编码
02	园地	021	果园	果园	121	园地	12	农用地	1
		022	茶园	茶园	123				
		023	其他园地	桑园	122				
				橡胶园	124				
				其他园地	125				
03	林地	031	有林地	有林地	131	林地	13		
03	林地	032	灌木林地	灌木林地	132	林地	13		
		033	其他林地	疏林地	133				
				未成林造林地	134				
				迹地	135				
				苗圃	136				
04	草地	041	天然牧草地	天然草地	141	草地	14		
		042	人工牧草地	改良草地	142				
				人工草地	143				
10	交通用地	104	农村道路	农村道路	153	其他农用地	15		
11	水域及水利设施用地	114	坑塘水面	坑塘水面	154				
				养殖水面	155				
		117	沟渠	农田水利用地	156				
12	其他土地	122	设施农用地	畜禽饲养地	151				
				设施农业用地	152				
				晒谷场等用地	158				
		123	田坎	田坎	157				
05	商服用地	051	批发零售业	商业用地	211	商服用地	21	建设用地	2
				其他商服用地	214				
		052	住宿餐饮用地	餐饮旅馆业用地	213				
		053	商务金融用地	金融保险用地	212				
		054	其他商服用地	其他商服用地	214				
				其他商服用地	214				
06	工矿仓储用地	061	工业用地	工业用地	221	工矿仓储用地	22		
		062	采矿用地	采矿地	222				
		063	仓储用地	仓储用地	223				

土地利用现状分类				全国土地分类（试行）					
一级类		二级类		三级类		二级类		一级类	
类别编码	类别名称	类别编码	类别名称	类别名称	类别编码	类别名称	类别编码	类别名称	类别编码
07	住宅用地	071	城镇住宅用地	城镇单一住宅用地	251	住宅用地	25	建设用地	2
				城镇混合住宅用地	252				
		072	农村宅基地	农村宅基地	253				
12	其他土地	121	空闲地	空闲宅基地等	254				
08	公共管理与公共服务用地	081	机关团体用地	机关团体用地	241	公共建筑用地	24		
		082	新闻出版用地						
		083	科教用地	教育用地	242				
				科研设计用地	243				
		084	医卫慈善用地	医疗卫生用地	245				
				慈善用地	246				
		085	文体娱乐用地	文体用地	244				
				其他商服用地	214	公共设施用地	23		
		086	公共设施用地	公共基础设施用地	231				
		087	公园与绿地	瞻仰景观休闲用地	232				
		088	风景名胜设施用地						
09	特殊用地	091	军事设施用地	军事设施用地	281	特殊用地	28		
		092	使领馆用地	使领馆用地	282				
		093	监教场所用地	监教场所用地	284				
		094	宗教用地	宗教用地	283				
		095	殡葬用地	墓葬地	285				
10	交通运输用地	101	铁路用地	铁路用地	261	交通运输用地	26		
		102	公路用地	公路用地	262				
		103	街巷用地	街巷用地	266				
		105	机场用地	民用机场	263				
		106	港口码头用地	港口码头用地	264				
		107	管道运输用地	管道运输用地	265				

续表

土地利用现状分类				全国土地分类（试行）					
一级类		二级类		三级类		二级类		一级类	
类别编码	类别名称	类别编码	类别名称	类别名称	类别编码	类别名称	类别编码	类别名称	类别编码
11	水域及水利设施用地	113	水库水面	水库水面	271	水利设施用地	27	建设用地	2
		117	沟渠	水工建筑用地	272				
		118	水工建筑用地						
11	水域及水利设施用地	111	河流水面	河流水面	321	其他土地	32	未利用地	3
		112	湖泊水面	湖泊水面	322				
		115	沿海滩涂	苇地	323				
		116	内陆滩涂	滩涂	324				
				苇地	323				
		119	冰川及永久积雪	滩涂	324				
				冰川及永久积雪	325				
04	草地	043	其他草地	荒草地	311	未利用土地	31		
				其他未利用土地	317				
12	其他土地	124	盐碱地	盐碱地	312				
		125	沼泽地	沼泽地	313				
				苇地	323				
		126	沙地	沙地	314				
		127	裸地	裸土地	315				
				裸岩石砾地	316				
				其他未利用土地	317				

◎ 思考题

1. 简述土地分类的目的、原则和方法。
2. 简述土地分类的标志及其研究的重要性。
3. 地籍管理对土地分类的基本要求。
4. 简述制定全国统一的土地分类标准的作用。
5. 简述我国主要的几个土地分类体系。
6. 比较《土地利用现状分类》（GB/T 21010—2007）与《全国土地分类（试行）》。
7. 简述颁布《土地利用现状分类》（GB/T 21010—2007）的重要性。

第3章　土地调查

☞ 本章要点

土地调查　土地调查是指国家采用科学方法，依照有关法律程序，对一定时点下的土地资源及其利用状况进行的调查，以全面、准确地掌握土地利用状况。

城镇土地调查　城镇土地调查是指对城镇范围以内的土地开展的大比例尺调查。依据地籍调查技术规程，充分利用已有地籍调查成果，查清城镇内部建设用地的使用权状况，确定城镇内部每宗土地的界址、范围、界线、数量、用途等。通过汇总分析，掌握工业用地、基础设施用地、金融商业服务用地、房地产用地、开发园区等土地利用状况。

农村土地调查　农村土地调查是第二次土地调查的重要任务。农村土地调查以查清土地利用状况为宗旨，为国土资源日常管理和经济社会发展服务。农村土地调查以县级行政区域为基本调查单位，按照统一的技术标准，开展土地利用现状调查、权属调查和基本农田调查等。

土地调查主要内容　土地调查主要内容为：在全国范围内利用遥感等先进技术，以正射影像图为基础，逐地块实地调查土地的地类和面积，掌握全国耕地、园地、林地、工业用地、基础设施用地、金融商业用地、开发园区、房地产以及未利用土地等各类用地的分布和利用状况；逐地块调查全国城乡各类土地所有权和使用权状况，掌握国有土地使用权和农村集体土地所有权状况；调查全国基本农田的数量、分布和保护状况，对每一块基本农田上图、登记、造册；建立互联共享的覆盖国家、省、市（地）、县四级的集影像、图形、地类、面积和权属为一体的土地调查数据库；建立土地资源变化信息的调查统计、及时监测与快速更新机制。

☞ 本章结构

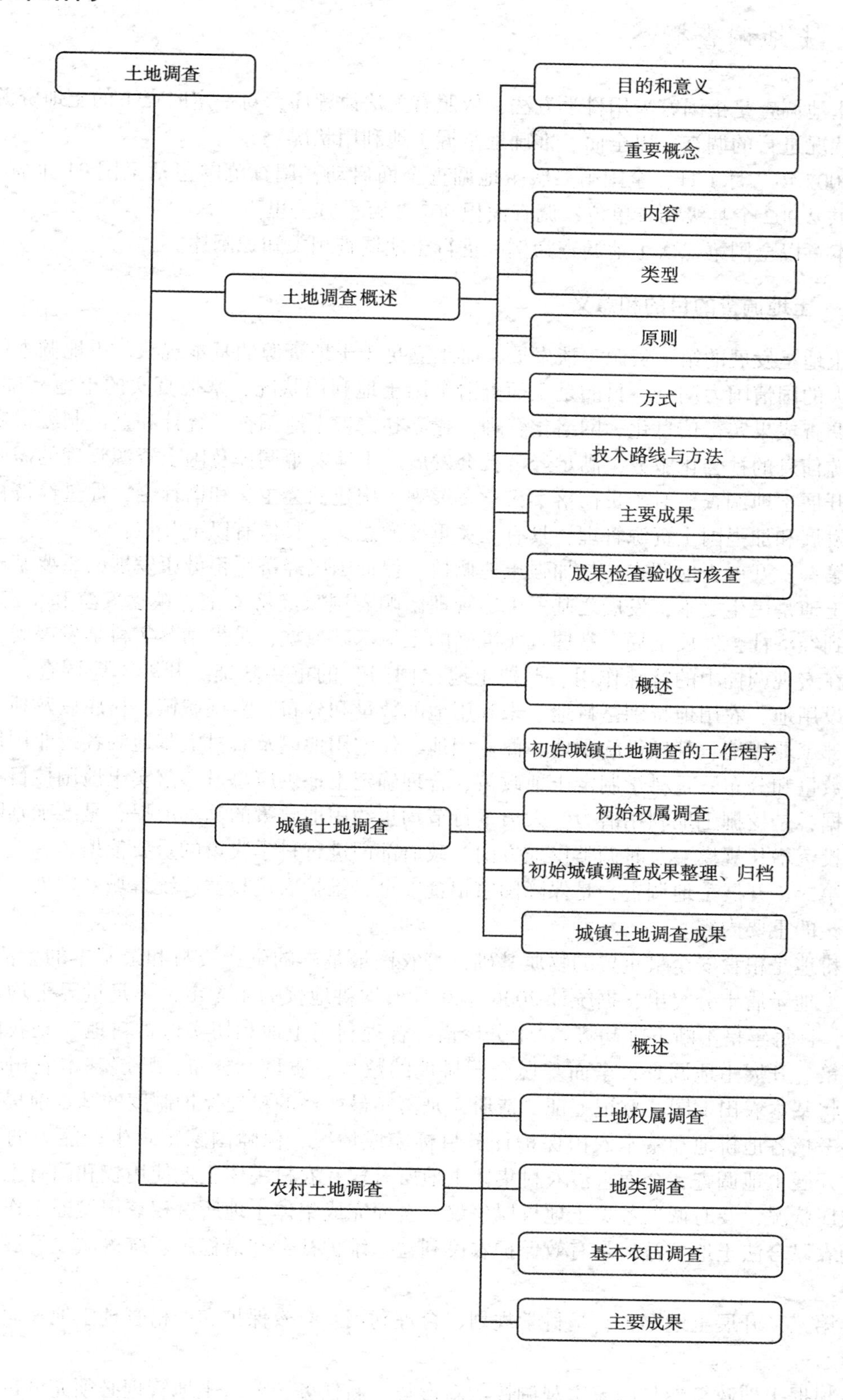
土地调查
土地调查概述
目的和意义
重要概念
内容
类型
原则
方式
技术路线与方法
主要成果
成果检查验收与核查
城镇土地调查
概述
初始城镇土地调查的工作程序
初始权属调查
初始城镇调查成果整理、归档
城镇土地调查成果
农村土地调查
概述
土地权属调查
地类调查
基本农田调查
主要成果

3.1 土地调查概述

土地调查是指国家采用科学方法，依照有关法律程序，对一定时点下的土地资源及其利用状况进行的调查，以全面、准确地掌握土地利用状况。

2007年7月1日，全国第二次土地调查全面启动，调查范围包括全国31个省（区、市）共2 902个县级调查单位，调查面积962.2万平方公里。

本章以全国第二次土地调查为例，进行土地调查相关知识阐述。

3.1.1 土地调查的目的和意义

土地是发展的第一资源。谈发展，必须立足于土地资源的基本现状。土地调查作为一项重大的国情国力调查，目的是全面查清全国土地利用状况，掌握真实的土地基础数据，并对调查成果实行信息化、网络化管理，建立和完善土地调查、统计和登记制度，实现土地资源信息的社会化服务，满足经济社会发展、土地宏观调控及国土资源管理的需要。

开展土地调查，对于贯彻落实科学发展观，构建社会主义和谐社会，促进经济社会可持续发展和加强国土资源管理，具有至关重要的意义，具体有以下几点：

第一，开展土地调查，是加强土地调控、保证国民经济平稳健康发展的重要基础。

土地是民生之本，发展之基。土地管理影响着国家经济安全、粮食安全和生态安全，关系到经济社会发展全局。掌握真实准确的土地基础数据，是贯彻落实科学发展观，发挥土地在宏观调控中的特殊作用、严把土地“闸门”的重要基础。开展土地调查，全面掌握建设用地、农用地特别是耕地、未利用地的数量和分布，掌握城镇、村庄以及独立工矿区内部工业用地、基础设施用地、商业用地、住宅用地以及农村宅基地等各行业用地的结构、数量和分布，是科学制定土地政策、合理确定土地供应总量、落实土地调控目标的重要依据，是挖掘土地利用潜力、大力推行节约集约用地政策的基本前提，是准确判断固定资产投资增长规模、及时调整供地方向、政府部门进行科学决策的重要依据。

第二，开展土地调查，是保障国家粮食安全、维护农民权益、统筹城乡发展、构建和谐社会的重要内容。

耕地是粮食安全最重要的物质基础，是农民最基本的生产资料和最基本的生活保障。我国人地矛盾十分突出，据统计2006年9月人均耕地仅为1.4亩，不足世界平均水平的40%，且每年呈不断下降趋势。“十分珍惜、合理利用土地和切实保护耕地”是我国的基本国策。开展土地调查，全面掌握全国耕地的数量、质量、分布，开展基本农田状况调查，将基本农田上图、登记上证、造册，是落实最严格的耕地保护制度的基本前提，是监督、考核各地耕地和基本农田保护任务目标完成情况、保障国家粮食生产能力的重要内容。开展土地调查，全面查清农村集体土地所有权、农村集体土地使用权和国有土地使用权权属状况，及时调处各类土地权属争议，全面完成集体土地所有权登记发证工作，依法明确农民合法土地权益，是有效保护农民利益、维护社会和谐稳定、统筹城乡发展的重要内容。

第三，开展土地调查，是科学规划、合理利用、有效保护和严格管理土地资源的重要支撑。

根据土地政策参与国家宏观调控的新形势、新任务，要求土地管理必须充分运用经济手段、法律手段、行政手段和技术手段，科学规划、合理利用、严格保护土地资源，保证各项管理扎实有效。应用遥感、地理信息系统、数据库及网络通信等先进技术开展土地调查，获取全面、准确可靠的基础数据，不断提高土地管理水平，提高国土资源管理部门的工作能力。

第四，开展土地调查，是满足土地管理方式和管理职能转变的重要措施。《国务院关于加强土地调控有关问题的通知》（国发〔2006〕31号）明确规定，“以实际耕地保有量和新增建设用地面积作为土地利用年度计划考核、土地管理和耕地保有量责任目标考核的依据”，“新增建设用地有偿使用费缴纳范围，以当地实际新增建设用地面积为准”。要求必须全面、准确掌握耕地、新增建设用地实际情况，必须及时、快速、准确地获取各类土地面积。开展土地调查，查清各地土地利用实际情况，建设国家、省、市、县四级联网的调查数据库，建立土地资源信息快速更新机制，为考核各地耕地保护责任目标完成情况、新增建设用地使用费收缴等提供准确依据，是满足土地管理方式和管理职能转变的重要措施。

3.1.2 土地调查的重要概念

界址点：又称地界点或拐点，是指界址线或边界线的空间或属性的转折点。凡是土地权属界的转折连接点都是界址点。

界址点标志：在界址点上设置的标志。界址点位置误差，直接反映了土地资料的精度，所以，只有在地面上作好准确的界址点标志，才能保证土地位置的实际精度。

界址线：又称土地权属界址线，是指相邻权属界址点的连线。其类型是多种多样的。如以围墙、墙壁、道路、沟渠等明显地物为界，但要注意实际界线可能是它们的中线、内边线或外边线。

地块：可辨认出同类属性的最小土地单元。在地面上确定一个地块实体的关键在于根据不同的目的确定“同类属性”的含义。它可以是权利的、生态的、经济的或利用类别的等。如地块具有权利上的同一性，则称权利地块；如地块具有利用类别上的同一性，则称分类地块，在土地利用现状调查中称图斑；如地块具有质量上的同一性，则称质量地块（均质地域）。地块具有如下特征：在空间上具有连续性；空间位置是固定的，边界明确；“同类属性”既可以是某一种属性，也可以是某一类属性的集合。

宗地：又称土地调查单元，是指法律上具有同一性的地块，具体指同一土地权属主的用地范围。在《地籍调查规程》（TD/T 1001—2012）（以下简称《规程》）中，宗地是指由权属界址线所封闭的具有独立权属的地块。宗地具有固定的位置和明确的权属边界，并可同时辨认出确定的权利、利用、质量和时态等土地基本要素。

3.1.3 土地调查的内容

国家根据国民经济和社会发展需要，每10年进行一次全国土地调查；根据土地管理工作的需要，每年进行土地变更调查。

土地调查包括下列内容：

①土地利用现状及变化情况，包括地类、位置、面积、分布等状况；

②土地权属及变化情况，包括土地的所有权和使用权状况；

③土地条件，包括土地的自然条件、社会经济条件等状况。土地条件调查不是本书的

重点，本书将不着重介绍。

进行土地利用现状及变化情况调查时，应当重点调查基本农田现状及变化情况，包括基本农田的数量、分布和保护状况。

土地调查主要内容可以概括为：在全国范围内利用遥感等先进技术，以正射影像图为基础，逐地块实地调查土地的地类和面积，掌握全国耕地、园地、林地、工业用地、基础设施用地、金融商业用地、开发园区、房地产以及未利用土地等各类用地的分布和利用状况；逐地块调查全国城乡各类土地所有权和使用权状况，掌握国有土地使用权和农村集体土地所有权状况；调查全国基本农田的数量、分布和保护状况，对每一块基本农田上图、登记、造册；建立互联共享的覆盖国家、省、市（地）、县四级的集影像、图形、地类、面积和权属为一体的土地调查数据库；建立土地资源变化信息的调查统计、及时监测与快速更新机制。

我国土地权属分为所有权和使用权两种。

1. 土地所有权

土地所有权是指土地所有者对其所有的土地依法享有的占有、使用、收益和处分的权利。所有权的四项权能在一般情况下是统一的，但在特定情况下也可以是分离的，即土地所有权与使用权分离。

我国土地实行社会主义公有制，具体表现为两种形式，即全民所有制和劳动群众集体所有制，反映在所有权上是国家土地所有权和农民集体土地所有权。

（1）国家土地所有权

国家土地所有权是指国家代表全体人民对其所有的土地享有占有、使用、收益和处分的权利。国家土地所有权是我国社会主义土地公有制的法律表现之一，也是法律确认和保护全民所有制财产的重要法律制度。在我国，全民所有制也称国家所有制，全民所有的土地也称为国有土地，这是法律赋予国家对全民所有土地行使所有权的法律制度。我国国有土地属于全民所有，国有土地所有权的主体是代表全国人民意志和利益的国家，其他机关、单位、公民个人都不能成为国有土地所有权的主体。《中华人民共和国土地管理法》第二条规定：“全民所有，即国家所有土地所有权由国务院代表国家行使。”

（2）集体土地所有权

集体土地所有权是指劳动群众集体对属于其所有的土地依法享有的占有、使用、收益和处分的权利，是土地集体所有制在法律上的表现，集体所有土地也称为集体土地。

集体土地所有权的主体是农民集体。所谓农民集体应具备三个条件：

第一，必须有一定的组织形式、机构，如农民集体经济组织、村民委员会或村民小组；

第二，具有民事主体资格，依法享受权利并承担义务；

第三，集体成员应为长期生活于该集体内的农业户口的村民。

农民集体分三种类型：

①村农民集体。村的概念在法律上是指自治村（俗称行政村），即设立村委员会机构的农民集体，相当于计划经济时代的生产大队。村农民集体土地所有权属于全村农民所有，集体经济组织或者村民委员会只能作为集体土地的经营者和管理者。

②村内农民集体（村民小组）。村内农民集体是指行政村内两个以上各自独立的农村集体经济组织，一般为过去的生产队。这种村内的农村集体经济组织是否具有集体土地所

有权主体的特征，主要从两个方面去考察：一是各个农村集体经济组织之间是否有明确的土地权属界线；二是这些农村集体经济组织对已确定界线的土地有无法定的土地所有权，农、林、牧、渔等用地承包经营的发包权，以及国家建设征用土地时的独立受偿权等。

③乡（镇）农民集体。乡（镇）农民集体经济组织是指全乡（镇）性，包括乡（镇）全体农民在内的经济组织。

2. 土地使用权

土地使用权是指民事主体（国家机关、企事业单位、社会团体、农村集体经济组织和公民个人）在法律允许的范围内对国有土地或集体土地占有、使用、收益的权利和应承担的义务。土地使用权按照其所依附的土地所有权不同，分为国有土地使用权和集体土地使用权。

（1）国有土地使用权

国有土地使用权是指依法使用国家所有土地（国有土地）的权利。国家通过行政手段如划拨或有偿出让体现所有者的意志，但并不直接参与土地的使用而从中获得利益。国有土地所有权在很大程度上通过国有土地使用权来实现。国有土地使用权根据获取方式的不同可分为划拨、出让、入股、租赁和授权经营五种。

（2）集体土地使用权

国家对取得集体土地使用权有较为严格的限制范围。一般情况下，除农民集体办乡（镇）村企业和农民建住宅使用本村集体土地，乡（镇）村公共设施和公益事业建设使用集体土地外，其他任何单位或个人都只能使用国有土地，即不能取得集体土地使用权。其他单位或个人建设需要使用集体土地，应当通过土地征收，使之转为国有土地后才能依法取得使用权。但目前也有例外情况，如通过兼并、联营、破产、拍卖等形式获得集体土地使用权。

3.1.4 土地调查的类型

土地调查作为土地登记的前期基础性工作，其成果经登记后，具有法律效力。土地调查和土地登记不是一次性的静态工作。为保持土地信息的现势性，满足土地管理和经济发展的需要，必须注意及时掌握土地信息的变化情况，特别是权属状况的动态变化。因此，不仅需要进行初始土地调查，获取土地管理的基础资料，还需进行变更土地调查。

由此可见，根据调查时间及任务不同，土地调查可分为初始土地调查和变更土地调查。初始土地调查是指对调查区范围内全部土地在初始土地登记之前进行的第一次普遍调查。初始土地调查一般在无土地资料或土地资料比较散乱、严重缺乏和陈旧的状况下进行，但不是指历史上的第一次土地调查。其工作涉及司法、税务、财政、规划、房产等方面，规模大、范围广、内容繁杂、费用巨大。变更土地调查是指为保持土地信息的现势性、及时掌握土地信息的动态变化而进行的经常性土地调查，即在土地变更登记前对变更宗地的调查。

另外，按调查区域的功能不同，土地调查可分为城镇土地调查和农村土地调查。

城镇土地调查即城镇地籍调查，是对城市、建制镇内部每宗土地的调查，通过权属调查和地籍测量，查清宗地的权属、界址线、面积、用途和位置等情况，形成数据、图件、表册等调查成果，为土地登记、核发证书提供依据的一项集行政、技术于一体的工作。考虑到城镇土地在国家土地资产中的特殊地位，其对整个国家发展以及城镇经济实力和科技能力的影响，自1985年以来，为加强城镇土地管理，配合国家开征城镇国有土地使用费（税），全国各省、自治区、直辖市的城镇均积极进行初始土地调查。

农村土地调查是指采用先进技术，逐地块调查土地的地类、面积、分布等利用状况，分县查清全国农村集体土地所有权和农、林、牧、渔场等国有土地使用权状况并绘制分幅土地权属界线图等，将其作为建立土地档案的主要资料。农村土地调查和城镇土地调查要互相衔接，既不能重复又不能遗漏。在土地调查时，调查的内容应覆盖调查区域的每一块土地，其中土地权属调查和房地产的权属调查是核心。

3.1.5 土地调查的原则

1. 土地调查的原则

为了保证土地管理工作顺利开展，避免矛盾纠纷，土地调查应遵循以下原则：

（1）统筹领导，各负其责

调查工作按照"国家整体控制、地方细化调查、各级优势互补、分级负责实施"的形式组织实施。国务院成立第二次全国土地调查领导小组，负责全国土地调查的组织和领导工作，协调解决重大问题。领导小组办公室设在国土资源部，负责调查工作的日常组织和具体协调。对调查工作中遇到的困难和问题，及时采取措施，并切实地予以解决。包括制定总体方案和实施方案，制定标准规范，统一采购航空（天）遥感影像资料，统一制作调查底图，开展技术指导检查、核查确认、省级成果验收及调查工作的日常组织协调等工作。

各省（区、市）、市（地）、县（区、市）成立相应的领导小组和调查办公室，制定实施方案和细则，负责本地区调查工作的组织和实施。在国家提供调查底图基础上，深入实地，细化调查。

（2）统一标准，整合资源

统一制定并发布第二次全国土地调查技术规程、土地调查数据库标准、调查底图生产技术规定、成果检查验收办法等相关技术标准、规范，统一调查程序、方法、成果和精度要求。

开展多层次、全方位的技术培训，合理利用和有效整合社会资源，积极吸收有资质的调查机构参与调查工作。充分利用已有的资料和调查成果，保持调查工作的连续性，确保调查工作按时完成。

（3）统筹部署，分步实施

根据第二次全国土地调查总体方案、实施方案和技术规程，全面部署农村土地调查、城镇土地调查及基本农田调查等。根据遥感影像资料获取和调查底图制作安排，以及已有调查成果的情况，分阶段完成调查任务，确保国家汇总和土地管理与调控急需的数据按时获得。

2. 土地调查的要求

一般地，为了保证土地调查顺利进行及调查成果的质量，土地调查应按以下要求进行：

①按调查规程操作；

②基本工作图件具备；

③法律程序完备；

④表格填制齐全，图件编绘完善；

⑤调查记录正确；

⑥数据准确可靠。

3. 土地调查承担单位

在土地调查中，需要面向社会选择专业调查队伍承担的土地调查任务，应当通过招标投标方式组织实施。承担土地调查任务的单位应当具备以下条件：

①具有法人资格；

②具有与土地调查相关的资质和工作业绩；

③具有完备的技术和质量管理制度；

④具有经过培训且考核合格的专业技术人员。

3.1.6 土地调查的方式

土地调查的方式可分为四种类型：土地普查、土地重点调查、土地典型调查和地抽样调查。

1. 土地普查

土地普查是指专门组织的，对一定时点上的国情国力所做的一次性全面调查，普查组织实施时应当遵循这样两项原则：一是规定统一的标准时点；二是规定统一的普查期限。

2. 土地重点调查

土地重点调查是指从调查对象的全部单位中选择一部分客观存在的重点单位进行调查。所谓重点单位，是指对总体单位数而言，这些单位的数目所占比重小；对总体各单位标志总值而言，这些单位的标志总值所占比重大。观察和登记重点单位可以了解总体的基本情况。土地重点调查是一种判断抽样。

3. 土地典型调查

土地典型调查是指在研究对象中有意识地选取若干主观认为表现突出的典型单位进行调查。所谓典型单位，是指在总体所有单位中最能体现总体共性的单位。土地典型调查也是一种判断性调查。

4. 土地抽样调查

土地抽样调查全称为随机抽样调查，是指按照随机原则从总体中抽取部分单位构成样本，以样本数量信息推断总体数量特征的调查。按随机抽选的方式划分，有纯随机抽样调查、机械抽样调查、类型抽样调查和整群抽样调查。

3.1.7 土地调查的技术路线与方法

1. 技术路线

围绕土地调查的总体目标和主要任务，农村土地调查按照土地调查技术规程，充分利用现有土地调查成果，采用无争议的权属资料，运用航天（空）遥感、地理信息系统、全球卫星定位和数据库及网络通信等技术，采用内外业相结合的调查方法，形成集信息获取、处理、存储、传输、分析和应用服务于一体的土地调查技术规程，获取全国每一块土地的类型、面积、权属和分布信息，建立连通“国家—省—市—县”四级土地调查数据库。

城镇土地调查，严格按照全国城镇土地调查的有关标准，开展地籍权属调查和地籍测绘工作，并以调查信息为基础，建立城镇地籍信息系统。

2. 技术方法

(1) 以航天（空）遥感影像为主要信息源

农村土地调查将以 1∶1 万比例尺为主，充分应用航天（空）遥感技术手段，及时获取客观现实的地面影像作为调查的主要信息源。采用多平台、多波段、多信息源的遥感影像，包括航天（空）获取的光学及雷达数据，以实现在较短时间内对全国各类地形及气候条件下现势性遥感影像的全覆盖；采用基于 DEM 和 GPS 控制点的微分纠正技术，提高影像的正射纠正几何精度；采用星历参数和物理成像模型相结合的卫星影像定位技术和基于差分 GPS/IMU 的航空摄影技术，实现对无控制点或稀少控制点地区的影像纠正。

(2) 基于内外业相结合的调查方法

农村土地调查以 1∶1 万比例尺为主，以正射影像图作为调查基础底图，充分利用现有资料，在 GPS 等技术手段引导下，实地对每一块土地的地类、权属等情况进行外业调查，并详细记录，绘制相应图件，填写外业调查记录表，确保每一地块的地类、权属等现状信息详细、准确、可靠。以外业调绘图件为基础，采用成熟的目视解译与计算机自动识别相结合的信息提取技术，对每一地块的形状、范围、位置进行数字化，准确获取每一块土地的界线、范围、面积等土地利用信息。

城镇土地调查以 1∶500 比例尺为主，充分运用全球定位系统、全站仪等现代化测量手段，开展大比例尺权属调查及地籍测量，准确确定每宗土地的位置、界址、权属等信息。城镇土地调查尽可能采用解析法。

(3) 基于统一标准的土地利用数据库建设方法

系统整理外业调查记录，并以县区为单位，按照国家统一的土地利用数据库标准和技术规范，逐图斑录入调查记录，并对土地利用图斑的图形数据和图斑属性的表单数据进行属性联结，形成集图形、影像、属性、文档为一体的土地利用数据库。

以地理信息系统为图形平台，以大型的关系数据库为后台管理数据库，存储各类土地调查成果数据，实现对土地利用的图形、属性、栅格影像空间数据及其他非空间数据的一体化管理，借助网络技术，采用集中式与分布式相结合方式，有效存储与管理调查数据。考虑到土地变更调查需求，采用多时序空间数据管理技术，实现对土地利用数据的历史回溯。另外，由于土地调查成果包括了土地利用现状数据、遥感影像数据、权属调查数据以及土地动态变化数据等，数据量庞大，记录繁多，采用数据库优化技术，提高数据查询、统计、分析的运行效率。

(4) 基于网络的信息共享及社会化服务技术方法

借助现有的国土资源信息网络框架，采用现代网络技术，建立先进、高速、大容量的全国土地利用信息管理、更新的网络体系，按照“国家—省—市—县”四级结构分级实施，实现各级互联和数据的及时交换与传输，为国土资源日常管理提供信息支撑。同时，借助现有的信息网络及服务系统，依托国家自然资源和空间地理基础数据库信息平台，实现与各行业的信息共享与数据交换，为各相关部门和社会提供土地基础信息和应用服务。

3.1.8 土地调查的主要成果

通过开展土地调查工作，全面获取覆盖全国的土地利用现状信息和集体土地所有权登记信息，形成一系列不同尺度的土地调查成果。具体成果主要包括：数据成果、图件成果、相关文字成果和土地数据库成果等。

1. 数据成果

①各级行政区各类土地面积数据；

②各级行政区基本农田面积数据；

③各级行政区不同坡度等级的耕地面积数据；

④各级行政区土地利用分类面积数据；

⑤各级行政区各类土地的权属信息数据。

2. 图件成果

①各级土地利用现状图件；

②各级基本农田分布图件；

③土地权属界线图件；

④土地调查图集。

3. 文字报告

（1）综合报告

①各级土地调查工作报告；

②各级土地调查技术报告；

③各级土地调查成果分析报告。

（2）专题报告

①各级基本农田状况分析报告；

②各市县土地利用状况分析报告。

4. 数据库成果

形成集土地调查数据成果、图件成果和文字成果等内容为一体的各级土地调查数据库。主要包括：

①各级土地利用数据库；

②各级土地权属数据库；

③各级多源、多分辨率遥感影像数据库；

④各级基本农田数据库；

⑤市（县）级城镇地籍信息系统。

3.1.9 土地调查成果的检查验收与核查

为了保证土地调查成果质量，统一调查成果的标准，按照《规程》和《第二次全国土地调查成果检查验收办法》的要求，建立调查成果的自检、预检，验收和核查制度。

1. 自检

各级土地调查办公室及国土资源部门组织对本级调查或汇总成果进行全面自检。

2. 预检和验收

县级调查成果、市（地）级调查成果，由省级土地调查办公室组织预检和验收。省级土地调查办公室应对调查成果进行全面检查。内业全面检查土地调查数据库中图斑、线状地物与 DOM 的一致性。外业抽查不少于 20% 的不一致图斑和线状地物、全部补测地物，以及不少于 5 个行政村的权属界线。

内业抽查土地调查成果的 30%～50%，外业抽查比例视内业抽检情况确定，一般为

3%~5%。

省级汇总成果由第二次全国土地调查办公室组织预检和验收。

3. 核查确认

第二次全国土地调查办公室组织，对通过省级验收合格的县级调查成果进行全面核查、确认。

内业全面检查农村土地利用数据中图斑、线状地物与DOM的一致性。外业抽查不少于5%的不一致图斑、线状地物和补测地物。

权属界线准确无误，外业抽查正确率达到95%以上的视为合格。

在对县级调查成果全面内外业核查的基础上，确认县级调查数据成果。

3.2 城镇土地调查

3.2.1 城镇土地调查概述

城镇土地调查是指对城镇范围以内的土地开展的大比例尺调查。依据地籍调查技术规程，充分利用已有地籍调查成果，查清城镇内部建设用地的使用权状况，确定城镇内部每宗土地的界址、范围、界线、用途等。通过汇总分析，掌握工业用地、基础设施用地、金融商业服务用地、房地产用地、开发园区等土地利用状况。

1. 城镇土地调查的内容

城镇土地调查的主要内容可概括为土地权属调查和地籍测量。

土地权属调查是指通过对宗地权属及其权利所涉及界线的调查，在现场依据规程标定土地权属界址点、线，绘制宗地草图，调查用途（地类），填写地籍调查表。地籍测量是指在土地权属调查基础上，借助仪器，以科学的方法，在一定区域内，测量宗地的权属界线、界址位置、形状等，计算面积，测绘地籍图和宗地图，为土地登记提供依据。

地籍测量内容包括：土地权属界址点和其他地籍要素平面位置的测定；基本地籍图和宗地图的绘制；面积量算、汇总和分类统计。

地籍测量的主要成果是地籍图。地籍图将准确反映和提供每宗地的众多信息，如土地的方位、界址点、界址线、形状、长、宽（进深）、宗地面积、土地分类面积、土地权属状况（主体、四至）、宗地之间的关系等。地籍测量为这些要素的定位、定量及定性提供科学的依据。详细介绍见第4~5章。

2. 城镇土地调查的目的

城镇土地调查主要目的：①核实宗地权属和确认宗地界址的实地位置，并掌握土地利用状况；②通过地籍测量获得宗地界址点的平面位置、宗地形状及其面积的准确数据，为土地登记、核发土地权属证书奠定基础；③为完善地籍管理服务作好技术准备，并提供法律证明。

3. 调查范围

城镇土地调查是对城市、建制镇内部每宗土地的调查，与农村土地调查确定的范围相互衔接。其中城市的范围是指城市居民点，以及与城市连成片的和区政府、县级市政府所在地镇级辖区内的商服、住宅、工业、仓储、机关、学校等单位用地。建制镇是指建制镇居民点，以及辖区内的商服、住宅、工业、仓储、学校等企事业单位用地。

4. 调查单元

城镇土地调查的调查单元是宗地。一个地块内由几个土地使用者共同使用而其间又难以划清权属界线的可划为一宗地。大型单位用地内具有法人资格的独立经济核算单位用地，或被道路、围墙等明显线状地物分割成单一地类的地块应独立分宗。难以调处的争议土地，以及未确定使用权的土地（如河流、公路等公共基础设施用地）应按用地范围单独划“宗”，不调查使用权人，仅调查地类。

3.2.2 初始城镇土地调查的工作程序

初始城镇土地调查是一项综合性的系统工程，政策性、法律性和技术性都很强，工作量大、难度高，必须在充分准备、周密计划、精心组织的基础上进行，并结合本地的实际，安排任务，确定调查范围、方法、时间和实施步骤，落实经费和人员安排。一般土地调查程序如图 3-1 所示。

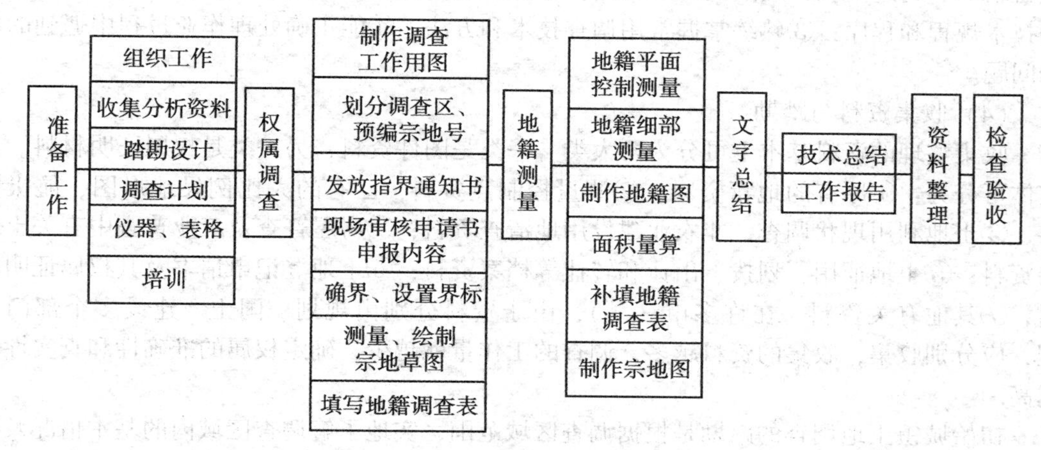

图 3-1　土地调查的工作程序

1. 准备工作

（1）组织准备

土地调查工作应由当地政府进行组织，成立专门的领导机构。开展土地调查的市、县有必要成立以主管市（县）长为首的土地调查、土地登记领导小组。领导小组负责领导土地调查和土地登记工作，研究处理土地调查和土地登记中的重大问题，特别是土地权属问题。在土地管理机构中设立专门办公室，负责组织实施。领导小组必须责令调查辖区内各级国土部门和行政部门成立相应的组织机构，各组织机构要有负责人，负责本辖区内土地调查工作的实施，对辖区内的土地调查工作进行技术指导、组织协调及检查验收。

鉴于土地调查涉及面广、政策性和技术性均很强，因此，组织的调查队伍必须具备一定的群众基础，以得到社会的响应、理解、支持和协助。同时，在土地调查前制定周密的工作计划，以加速工作的进程，节省人力、财力、物力，减少浪费。

（2）宣传教育

土地调查工作牵涉千家万户，需要用地单位的密切配合，否则这项工作将很难开展。为得到广大群众对这项工作的理解和支持，要充分利用报社、电台、电视台和网络等各种媒体进行全面宣传报道。各级政府机关应召开由街道或街坊、行政村、自然村及辖区内的用地单位领导参加的动员大会，要求他们派专人协助土地调查工作。通过宣传动员工作，使用地单位对土地调查的意义及重要性有较为深刻的理解，并尽可能得到他们的支持和配合。

（3）试点工作及技术培训

由于土地调查涉及许多方面的法规政策，同时当地的情况又有诸多特殊性，并且还涉及大量的专业技术，另外，将要参加调查的工作人员业务素质有较大的差异，因此进行试点工作和技术培训非常必要。

通过试点，可以发现实际存在的问题，发现现实与国家规程之间的矛盾，并找到解决问题的办法。同时也培训了干部和技术人员。在总结试点经验的基础上，根据有关技术规定，结合当地的实际情况及土地管理部门的要求，制订适合于当地情况的土地调查规定。

为熟悉及掌握土地调查技术及相关政策，必须对参加土地调查的工作人员和技术人员进行培训。通过培训，应达到以下目的：①熟悉相关法律、法规和政策；②熟悉土地调查的技术规程和程序；③熟练掌握常用调查技术和方法；④能正确处理作业过程中遇到的特殊问题。

（4）收集资料与踏勘

收集整理的资料基本上可分为两大类。一类是图件资料，另一类是权属证明材料。其具体可分为：①原有的地籍资料；②测量控制点资料，已有的大比例尺地形图、航摄资料；③土地利用现状调查，非农业建设用地清查资料；④房屋普查及工业普查中有关土地的资料；⑤土地征用、划拨、出让和转让等档案资料；⑥土地登记申请书及其权属证明材料；⑦其他有关资料。在许多市（县），由于资料分别由规划、国土、建设多个部门管理，应分别收集，收集的资料越多，调查的工作量就越少，确定权属的准确性和真实性就越高。

初始城镇土地调查的踏勘是根据调查区域范围，实地了解调查区域内的基本情况及控制点的完好情况，以使制定的调查技术方案更合理化。

（5）制定初始土地调查技术方案

初始土地调查技术方案规定了开展调查的工作程序，而且明确调查工作如何开展。方案制定得合理与否，直接关系着整个初始土地调查的质量。初始土地调查技术方案经有关部门批准后方可实施。

①技术方案编写部门：初始土地调查技术方案一般由承担调查任务的实施单位负责编写。

②技术方案内容包括：调查区域的基本情况、权属调查方案、地籍测量技术设计、权属调查和地籍测量的分工和衔接、应提交的成果资料。

调查区域基本情况包括：确权的规定（依据）、工作用图、调查区的划分、地籍编号要求、调查指界方法和要求、界址设置要求、宗地草图勘丈方法及要求。地籍测量技术设计包括：已有控制点及其成果资料的分析利用、控制网采用的坐标系统、控制网的布设方案、控制点的埋设要求、各项技术参数的改正、观测方法、计算方法、采用的数据采集软件、界址点的观测方法及精度要求、地籍图的成图方法、地籍图比例尺、面积量算方法及精度要求等。

③技术设计审批：调查技术方案需由上一级人民政府土地主管部门审批后方可实施。

在实施过程中，若有重大变动、修改，还须经原审批部门批准。

2. 外业调查、测量

外业调查包括权属调查和地类调查，主要是对土地权利归属、土地位置、界址、用途等进行实地核定、调查、测量。其中权属调查包括宗地权属状况调查和界址调查，宗地权属状况调查主要是土地权属性质、权属来源情况、宗地使用权情况（含共同使用情况）、他项权利状况、土地使用权类型等的调查。

3. 内业工作

在外业调查基础上，进行室内面积量算、绘制地籍图和宗地图、整理地籍档案资料等。

4. 检查验收

检查验收是土地调查工作的一个重要环节，其任务在于保证土地调查成果的质量并对其进行评定。检查验收建立作业人员自检、作业组互检、作业队专检、省级土地调查办公室验收的一套检查验收制度。

自检按作业工序分别进行，每完成一道工序即随时对本工序进行全面检查。互检主要检查的项目与自检相同。先进行内业检查，后进行外业检查。内业检查查出的问题应做好记录，待外业检查时重点核实，需要修改完善的，由检查人员会同作业人员确认后实施。专检是对经过自检和互检的调查成果进行全面的内业检查和重点的外业检查。验收在三级检查的基础上进行。

3.2.3 初始权属调查

1. 权属调查的内容

权属调查是指对土地权属单位的土地权属来源及其权利所涉及的位置、界址、数量和用途等基本情况的调查，针对土地使用者的申请，对土地使用者、宗地位置、界址、用途等情况进行实地核定、调查和记录的过程。调查成果经土地使用者认可，可为地籍测量、权属审核和登记发证提供具有法律效力的文书凭证。界址调查是权属调查的关键，权属调查是城镇土地调查的核心。

初始权属调查的基本单元是宗地，其步骤是：调查的准备工作、实地调查（宗地权属状况调查、土地用途及土地坐落的调查、界址调查）、绘制宗地草图、权属调查文件资料的整理归档。

2. 准备工作

在进行初始权属调查前应首先确定调查的范围，收集调查范围内的相关图件制作工作用图，在工作用图上划分地籍街道、街坊和宗地。根据宗地的划分情况，给每宗地的土地权利人发送调查指界通知，根据调查范围的大小及时间进度要求，成立若干个初始权属调查小组。

（1）确定调查范围、制作调查工作用图

初始土地调查范围的确定，一般要覆盖城镇的规划区，考虑到城镇规模的不断发展扩大，地籍控制网应覆盖城镇的规划区。而初始权属调查、初始地籍细部测量可只到建成区边缘。在城乡结合部地区，亦应按《规程》进行土地调查。

确定调查范围后，收集调查区范围内的相关图件作为初始土地调查的工作用图，如大比例尺地形图、航片，旧的地籍图。调查工作用图不需要较高的精度，只要具有现势性，能反映宗地间的位置关系即可，其作用主要是按计划正确地指导调查工作，避免调查工作中的重漏现象。如果调查范围内没有相应的调查工作用图，可草绘宗地位置关系图作为初始土地调查的工作用图，该图可以用概略比例尺绘制。

当调查范围内的调查工作用图现势性强且精度满足要求，可以根据初始权属调查结果，进行补测，在初始土地调查的工作用图上编制地籍图。

当调查范围内的调查工作用图现势性及精度不能满足要求或没有相应的调查工作用图，也可先按地籍测量的要求进行测量，形成图件，利用这些图件进行初始权属调查，再根据初始权属调查结果编制地籍图。

（2）划分地籍街道、街坊及宗地

为了便于开展调查工作，可将整个调查区逐级细化分为若干个小区域，即采用：街道—街坊—宗地三级划分。街道是行政区内行政界线、主干道路、河流、沟渠等线状地物封闭的地块，是城镇土地调查首级划分的区域。划分时应尽量与城镇行政管理的街道界线一致，即利用街道办事处的管辖界线作为土地调查的街道界线。在准备好的初始土地调查工作用图上，勾绘出划分街道的界线，再根据划分的街道，进行街坊的划分。

街坊是由互通道路、河流、沟渠等线状地物封闭起来的地块。当自然街坊面积较小时，可将几个自然街坊划为一个地籍街坊；每个地籍街坊以不超过100宗地为宜，如果一个自然街坊很大、宗地较多，可将一个自然街坊分成几个地籍街坊。地籍街坊划分后，应编制街坊号，街坊号的编制，应考虑其统一性。

宗地的划分应以方便土地管理为原则。但在实际工作中，经常会遇到一些特殊情况。现将一般情况的宗地划分说明如下：

①几个使用者共同使用一块地，并且相互之间界线难以划清，应按共用宗地处理。当几个使用者共同使用一幢建筑物时，可按各自使用的建筑面积分摊宗地面积。宗地内，几个建筑物分别属于不同的使用者，除建筑占地外，其他用地难以划分的，应视为一宗地。这时应确定每个使用者独自使用的面积及每个使用者分摊的共用面积，共用面积一般按各自的建筑面积分摊，也可按建筑物占地面积分摊。

②对只有一个法人代表的特大宗地，有明显不同的用途且面积较大，应用地类界线划分为若干宗地。

③对大型工矿、企业、机关、学校等特大宗地，如被公用道路、河流分割的，应划分为若干宗地。

（3）预编宗地号

初始权属调查时，调查人员应将接收的土地登记申请书及权属来源证明材料，按初始登记人员预编的文件顺序号，将每一宗地勾绘到工作用图上，并在图上用铅笔注明编号。当一个街道或地籍街坊全部勾绘结束后，对街道或地籍街坊从东到西、自北向南，由“1”开始统一预编宗地号，并将预编的宗地号标注到地籍调查表及登记申请书上。当一宗地分布在几幅图上时，在这几幅图内都注明该宗地的宗地号。为了方便工作，也可将工作用图拼成街坊图，即街坊岛图。按上述方法，预编宗地号，基本上与调查结束后的正式宗地号一致。预编宗地号后，将申请书分发至初始权属调查作业小组，作业小组按规定办理接收手续，进行移交登记。

（4）调查通知

为了保证土地使用者在初始权属调查时能按时到现场指界，在调查人员进入实地调查前，必须按照调查计划、工作进度，确定实地调查时间，通知土地使用者及相邻宗地土地使用者按时到现场指界。通知可采用亲自登门送达或挂号寄“地籍调查通知书”，送达的通知书，应由土地使用者签名并留存根备查。也可以采用电话通知，电话通知须有电话记录。也可以根据实际情况，采用公告的方法通知。对单位使用的土地，在通知土地使用者到现场指界的同时，还必须将“指界委托书”、“地籍调查法人代表身份证明书”送至土地使用者手中。

（5）实地调查前准备

调查人员在进行初始权属调查实地调查前，应仔细阅读每一宗地的土地登记申请书、权属来源证明材料，特别是对权属状况复杂、有权属争议的宗地，要认真研究，以便实地调查时能做出正确的结论。

初始权属调查时，要安排好调查路线，以节约时间、提高工作效率。调查人员要带好调查工作用图、土地登记申请书、地籍调查表、丈量工具等，按指界通知书规定的时间，准时到达现场。采用电话通知的，还要携带地籍调查通知书、法人代表身份证明书及指界委托书。

调查作业小组一般由三人组成，一人负责调查记录、绘制宗地草图及检核，两人负责丈量及设置界址标志等。各地区可根据当地的实际情况及调查人员的熟练程度，来确定作业小组的人员数量。

3. 宗地权属状况调查

宗地权属状况调查是指调查人员在接受土地登记人员转来的申请文件后，现场对调查宗地土地使用者性质、土地权属性质、权属来源情况、宗地使用权情况（含共同使用情况）、他项权利状况、权属来源证明材料上的土地使用者和申请书上的土地使用者一致性、土地实际用途与批准用途以及申请书上填写用途一致性等进行调查、核实。核实无误后，调查人员根据调查情况现场填写地籍调查表，并收集相应的权属来源证明材料。在权属调查结束后，审核人对调查结果进行全面审核。审核结果无误，审核人在地籍调查的意见栏填写合格；否则填写不合格，并指出错误所在及处理意见，审核者签字盖章。

4. 界址调查

界址调查是权属调查的核心，也是土地调查的核心工作。大多数土地纠纷的实质是界址纠纷，土地使用者最关心的是权属界址认定。界址调查是指对相邻双方的界址状况进行实地调查，经邻界双方认可和各有关部门审核后，作为土地登记的依据。经过土地登记的地籍成果，具有法律效力，受法律保护。

（1）界址调查的步骤

①本宗地、相邻宗地权利人及调查人员共同到现场，由本宗地及相邻宗地权利人指界、认定界址点及界址线。本宗地及相邻宗地权利人同时到现场指界、认定有困难（有纠纷的除外）的，可分别到现场指界、认定后送达另一方确认。

②界址认定后，调查人员会同双方指界人，到认定的界址点现场设置界标，绘制宗地草图，勘丈界址边长及关系边长，并将界标种类、现场界址调查勘丈成果填写到地籍调查表上并签字盖章。

（2）界址认定的要求

①相邻宗地界址线间距小于0.5m时，宗地界址必须由本宗地及相邻宗地的使用者亲自到现场指界、认定。宗地界址临街、临巷、相邻宗地界址线间距大于0.5m或土地使用

者已有建设用地批准文件且用地图上的界线与实地界线吻合时，可只由本宗地指界人指界。

②单位使用的土地，须由单位法人代表出席指界，并出具法人代表身份证明书及本人身份证明。当土地使用者或法人代表不能亲自出席指界的，应由委托的代理人指界，并出具委托书与身份证明。几个土地使用者共同使用的宗地，应共同委托代表指界，并出具委托书及身份证明。

③经双方认定的界址，必须由双方指界人共同在地籍调查表上签字盖章；只由本宗地指界人指界的，本宗地指界人在地籍调查表上签字盖章即可。如果户主不识字，可由调查人员代签，户主按手印或户主盖章并按手印。

④土地使用者已有建设用地批准文件，对少批多用的，原则上按实际使用范围定界，多用部分在地籍调查表中注明，待后处理。对批多用少的，原则上按实际使用范围定界。代征的市政建设用地的宗地，按规定扣除代征地后，确定该宗地的界址。

⑤历史用地、没有权属文件的宗地，依法按登记审核人员的意见确定界址（但调查人员有权抵制不符合确权定界规定与法规的定界行为）。

⑥宗地界址有争议的，调查人员应在现场调解处理。现场调解处理不了时，在调查记事栏上写明双方争议的原因，并标出有争议的地段，退回上一程序处理。

⑦当一宗地有两个以上土地使用者时，能查清各自的使用部分和共同使用部分界线的，要查清。

⑧所有宗地界址点，都要按规定设置界标。

(3) 对指界人缺席或不在地籍调查表上签字的处理

权属调查时，对指界人缺席或不在地籍调查表上签字的，可按以下规定处理：

①违约缺席指界的，或者在规定指界时间一方缺席，其宗地界线以另一方所指界线确定。

②如果双方缺席，其宗地界线由调查人员根据现状及地方习惯确定。

③将现场调查结果以书面（附略图）形式送达缺席者，并附以违约缺席指界通知书。违约缺席指界通知书如图 3-2 所示。如有异议，必须在 15 日内提出重新划界申请，并负责重新划界的全部费用，逾期不申请者，则①、②两条确定的界线自动生效。

④指界人认界后，无任何正当理由不在地籍调查表上签字盖章的，可参照缺席指界的有关规定处理。

×× 现寄去土地调查表一份（复印件），内有定界结果。如有异议，必须在通知收到后 15 日内提出划界申请，并负责重新划界的全部费用。逾期不申请，则以土地调查表上定界结果为准。

图 3-2　违约缺席指界通知书

(4) 界标的设置

界址认定后，在双方指界人均在场的情况下，调查人员应对所认定的界址点在实地现场按照《规程》的要求设置界标。界标可选用混凝土界址标桩、带铝帽的钢钉界址标桩、带塑料套的钢棍界址标桩或喷漆界址标桩。设置界标要注意因地制宜，保持市容美观，便于保存。界标的适用范围如表 3-1 所示，标桩式样如图 3-3~图 3-7 所示（图中单位为 mm）。

表 3-1

界址界标种类及其适用范围

种　　类	适 用 范 围
混凝土界址界桩 石灰界址界桩	在较为空旷地区或占地面积较大的机关、团体、企业、事业单位的界址点应埋设或现场浇筑混凝土界址界桩，泥土地面也可埋设石灰界址界桩
带铝帽的钢钉界址界桩	在坚硬的路面或地面上的界址点应钻孔浇筑或钉设带铝帽的钢钉界址界桩
带塑料套的钢棍界址界桩 喷漆界址标志	在坚硬的房墙（角）或围墙（角）等永久性建筑物处的界址点应钻孔浇筑带塑料套的钢棍界址界桩，也可设置喷漆界址标志

①混凝土界址标桩（地面埋设）如图 3-3 所示。

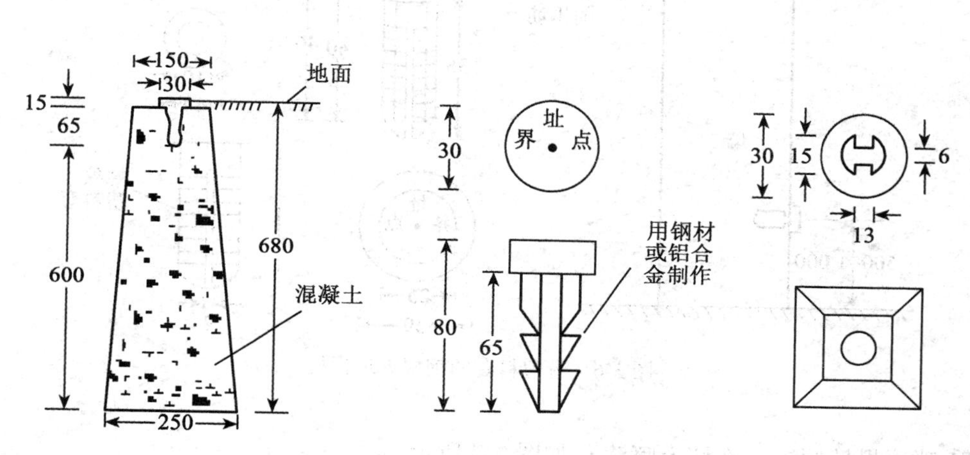

图 3-3　混凝土界址标桩

②石灰界址标桩（地面埋设）如图 3-4 所示。

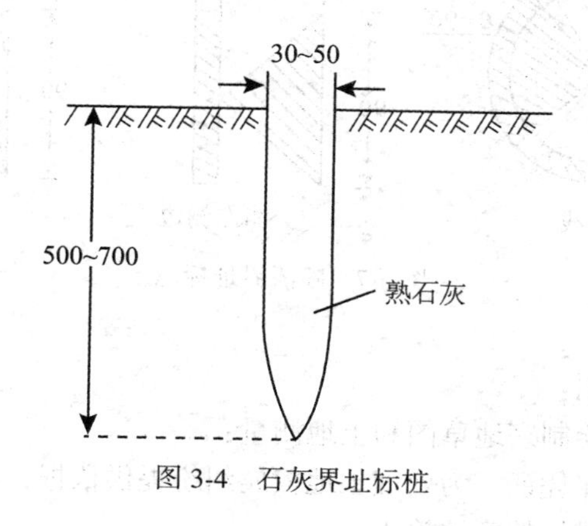

图 3-4　石灰界址标桩

③带铝帽的钢钉界址标桩（在坚硬的地面上打入埋设）如图 3-5 所示。

④带塑料套的钢棍界址标桩（在房、墙角浇筑）如图 3-6 所示。

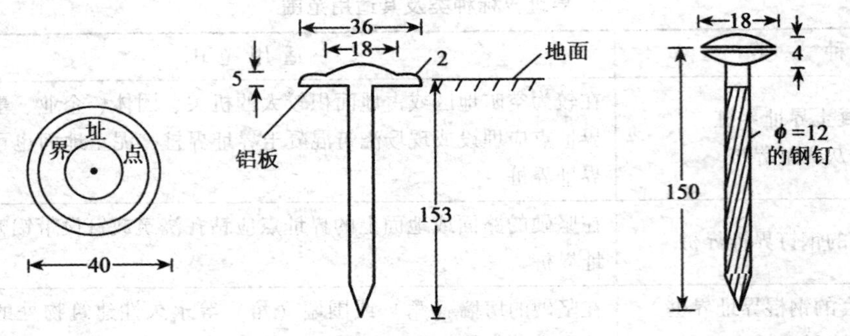

图 3-5　带铝帽的钢钉界址标桩

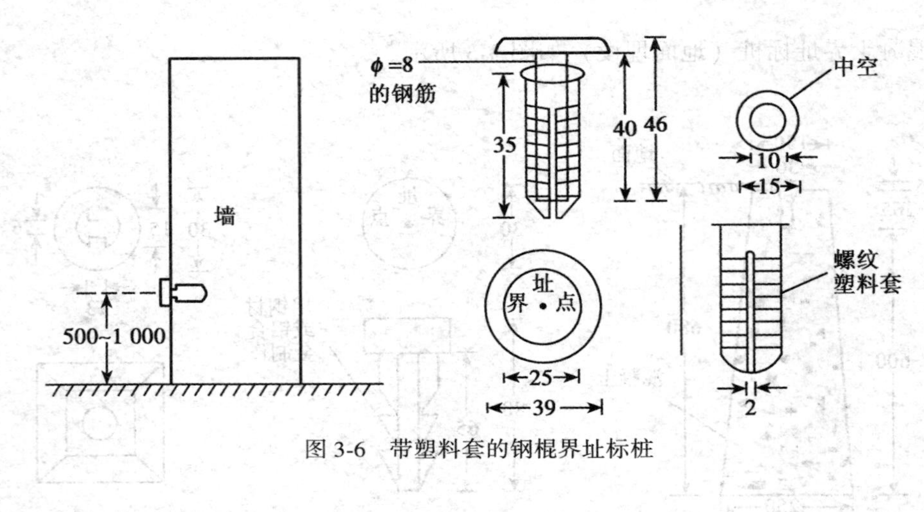

图 3-6　带塑料套的钢棍界址标桩

⑤喷漆界址标志（在墙上喷漆）如图 3-7 所示。

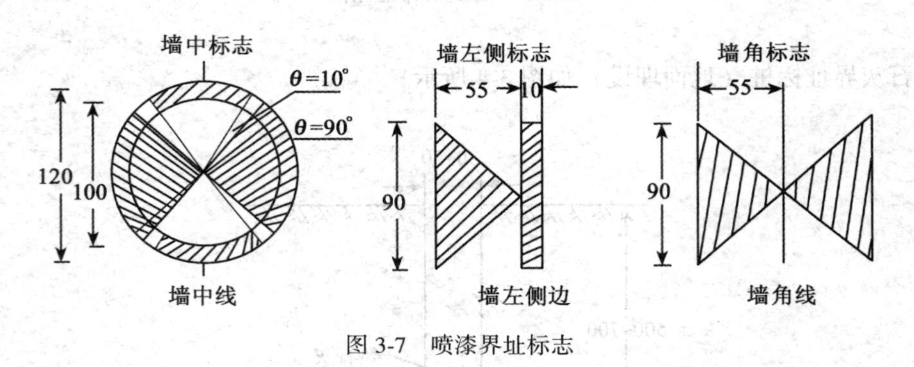

图 3-7　喷漆界址标志

设置界标的主要作用：

①保障准确勘丈、绘制宗地草图和土地测量；

②界标是实地的法律凭证，为处理土地权属纠纷提供依据；

③便于对土地测量成果的实地检查；

④便于土地使用者依法利用土地，能减少违法占地和土地纠纷；

⑤有利于日常土地管理工作；

⑥防止权属调查、勘丈、绘制宗地草图与土地测量时对界址点的判别差错。

5. 地籍编号

地籍编号是地籍档案的基础，按照现代管理的要求，要达到科学管理，必须建立地籍编号系统，实行统一编号。地籍编号有利于土地规划、计划、统计与管理，而且便于搜集整理资料以及利用计算机建立地籍信息系统，达到便于检索、修改、贮存、保管与使用的目的。地籍编号应填写在地籍调查表及宗地档案袋上。宗地号应以预编宗地号为基础，在权属调查中调整预编宗地号，形成正式宗地号。

（1）地籍编号方法

以市（地）级行政区为单位开展初始城镇土地调查，地籍编号分为四级：县—街道（乡、镇）—街坊（村）—宗地。县、街道（乡、镇）可以用文字表示，也可以用字母和数字表示，街坊（村）、宗地必须用阿拉伯数字表示。县级行政区编号可以直接采用《中华人民共和国行政区域代码》（GB/T 2260—2013）规定代码的后三位，但不反映在图面上，仅反映在地籍簿上。街道编号、街坊编号均以三位阿拉伯数字表示。宗地编号以四位或七位阿拉伯数字表示。宗地编号与预编宗地号的方法相同统一：从东到西、自北向南，由"1"开始顺序编号。地籍图图面的宗地仅注记宗地号，县级行政区编号、街道（乡、镇）编号、街坊（村）编号可以省去。例如，陕西省延安市洛川县第1街道第1街坊第22宗地，其地籍编号为6106290010010022，其中，629表示洛川县，001表示第1街道，001表示第1街坊，0022表示第22宗地。

以县级行政区为单位开展初始城镇土地调查时，地籍编号分为三级：街道（乡、镇）—街坊（村）—宗地。例如，安徽省宿州市灵璧县第5街道第10街坊第114宗地，其地籍编号为4100000050100114，其中，005表示第5街道，010表示第10街坊，114表示第114宗地。

（2）界址点编号的方法

界址点编号是宗地界址管理的基础，由于各地区的图件资料及测量方法差异，界址点编号方法也不同。在实际工作中，应以便于工作、利于管理为原则，目前在 实际工作中使用的编号方法有：

①按宗地编号：界址点按宗地编号是以宗地为单元，对每宗地的界址点独立编号，这种编号方法没有考虑宗地间的界址线共用，所以共用界址点有多个编号如图3-8所示。

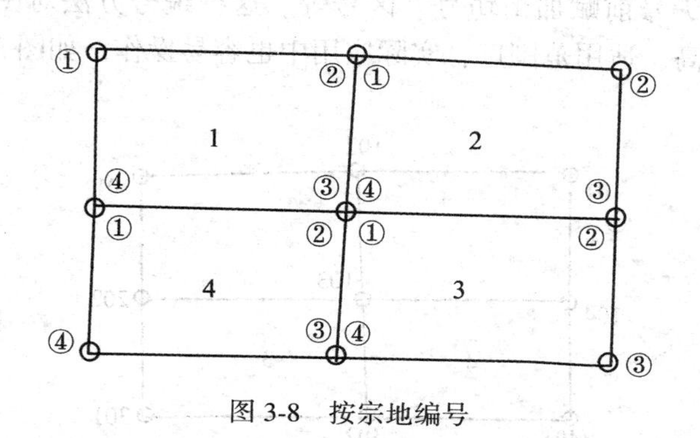

图3-8　按宗地编号

图3-8中，1、2、3和4为宗地编号，①、②、③、④为界址点编号。这种编号方法

是调查区内没有近期内大比例尺地形图或其他能够清楚反映宗地之间关系的图件而采取的临时编号方法，在权属调查中的宗地草图上临时使用，随着土地调查工作的深入，应逐步改用下述的统一编号方法。

②按图幅统一编号：该方法以地形图图幅为处理单元，对图幅内的所有界址点统一编号。此编号方法要求调查区内具有与要施测的地籍图同比例尺，并且坐标系统和分幅也相同、现势性较好的地形图作工作底图，可在室内依据权属调查时实地勘丈绘制的宗地草图，将每宗地都勾绘到工作底图上，然后对图幅内的所有界址点统一编号。该方法的优点是便于以图幅为单元对界址点数据进行处理和管理。缺点是当一宗地跨越几幅图时，在计算该宗地面积时，需要将一宗地的界址点号及其坐标按顺序集中到一起，此后编号无规律，也不太直观，如图 3-9 所示。

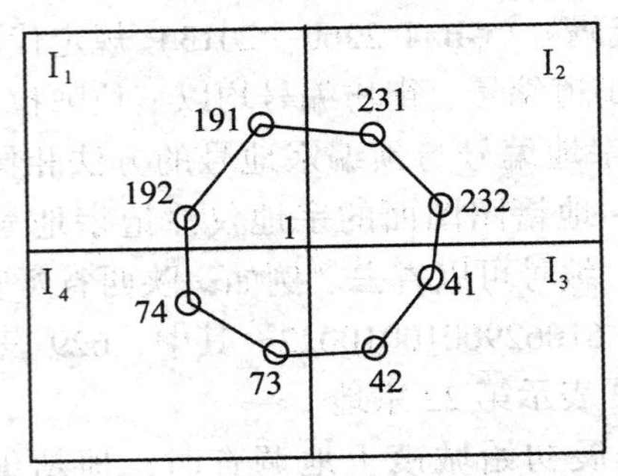

图 3-9　按图幅统一编号

图 3-9 中，I_1、I_2、I_3 和 I_4 为四幅图，1 为宗地号，191、192、231、232、41、42、73 和 74 分别为界址点在四幅图内各自的统一编号。

③按地籍街坊统一编号：按地籍街坊统一编号是地籍调查中最常用的一种编号方法。该方法以地籍街坊为单元，对街坊内所有宗地的界址点统一编号。界址点编号由两部分组成，即“宗地号+本宗界址点流水号”。首先从小号宗地开始编号，遇到共用界址点时，大号宗地的界址点号借用小号宗地的编号，这样保证整个街坊内的界址点编号唯一，若需要更大范围内界址点编号唯一，可以采用蒙莫尼尔铅垂线算法（点与封闭多边形关系算法）自动给原界址点编号前赋加街坊号、区号等。这种编号方法对图纸资料的要求没有按图幅统一编号那么高，适用范围广，实际应用中也容易操作，如图 3-10 所示。

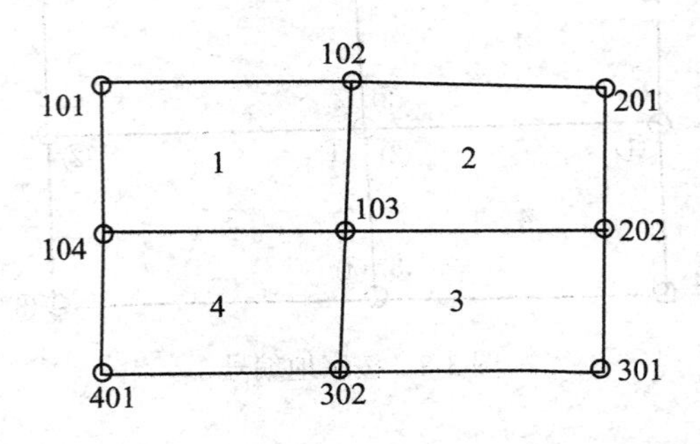

图 3-10　按地籍街坊统一编号

图 3-10 中，1、2、3、4 为宗地号，101、102…401 为按街坊界址点统一编号。

以上三种编号方法中，按宗地编号在权属调查时方便勘丈宗地草图上使用，但从长远来讲，应该对所有的界址点统一按图幅或街坊编号，这样便于管理。

6. 宗地草图

在界址调查和设置界标的同时，应对界址点间的界边进行实地测丈，同时绘制宗地草图。

宗地草图是指描述宗地位置、界址点、线和相邻宗地关系的实地记录，是地籍调查表的一个组成部分，应现场绘制。对不同的成图（地籍图）方法，宗地草图具有的勘丈数据不同，其作用亦不同。一般来讲，宗地草图可用于处理土地权属纠纷，恢复界址点、绘制地籍原图，检核各宗地的几何关系、边长、面积、界址坐标等，以保证地籍原图的质量。另外，还可用于计算规则图形的宗地面积以及用于日常土地管理工作。

（1）宗地草图的内容

宗地草图内容主要有：本宗地号和门牌号，相邻宗地的宗地号和门牌号；本宗地使用者名称、相邻宗地使用者名称；本宗地界址点、界址点编号及界址线；宗地内及宗地外紧靠界址点线的主要建（构）筑物；界址边边长、界址点与相邻地物的相关距离和建筑物边长；界址点的几何条件；指北线、丈量者、丈量日期等。

（2）宗地草图的特点

①宗地草图是宗地的原始描述；

②宗地草图上数据是实量的，精度高；

③所绘的宗地草图是近似的，相邻宗地草图不能拼接。

（3）宗地草图绘制要求

宗地草图的规格为 32 开、16 开或 8 开，对特大宗地可分幅绘制。宗地草图以概略比例尺，用 2H~4H 的铅笔绘制，线条、字迹要清楚，数字、注记、字头要向北、向西书写，斜线字头垂直斜线书写。宗地使用者名称注记在宗地内，字头一律向北书写，本宗地相邻界址点之间的距离及界址点与相邻地物的关系距离等所有勘丈数据、几何条件都要进行注记。界址边长注记在界址线外，建筑边长注记在界址线内，界址点与相邻地物的关系距离注记在相应的位置。注记过密的部位可移位放大绘出。宗地草图必须实地绘制，一切注记应实地丈量记录，不得涂改，不得复制。

7. 填写土地调查表

调查人员应现场将权属调查的结果填写在地籍调查表上，且每一宗地单独填写一份地籍调查表，同时附上宗地草图。地籍调查表样式如图 3-11 所示。地籍调查表上填写的宗地内容有：土地使用者名称和性质；上级主管部门名称；土地的坐落；法人代表和户主的姓名、身份证号码及电话号码；委托代理人的姓名、身份证号码及电话号码；土地权属性质、权属来源情况；预编地籍号、地籍号及宗地所在图幅号；宗地的四至；宗地的批准用途及实际用途；宗地的使用期限；宗地共有使用权情况及他项权利状况；权属来源证明材料的情况说明；界址点号、界标的种类、界址间距、界址线类别及位置；本宗地和邻宗地指界人对其指定的界址线签字盖章；界址调查员姓名、权属记事及调查员意见、地籍勘丈记事、地籍调查结果审核意见等，调查人员绘制的宗地草图应附在地籍调查表上。

地籍调查表在填写时必须做到图表与实地一致，各项目填写齐全，准确无误，字迹清楚整洁；填写的各项内容均不得涂改，同一项内容划改不得超过两次，全表不得超过两处，划改处应加盖划改人员印章；当发现地籍调查结果与土地登记申请表填写不一致时，应按实际情况填写，并在说明栏内注明原因。

编号：15-08-12

地 籍 调 查 表

××区（县）××街道 12 号

2015 年 6 月 29 日

续表

<table>
<tr><td rowspan="2">土 地
使用者</td><td>名 称</td><td colspan="4">杨龙</td></tr>
<tr><td>性 质</td><td colspan="4">个人</td></tr>
<tr><td>上级主
管部门</td><td colspan="5"></td></tr>
<tr><td>土地坐落</td><td colspan="5">××县××村 12 号</td></tr>
<tr><td colspan="3">法人代表或户主</td><td colspan="3">代理人</td></tr>
<tr><td>姓名</td><td>身份证号码</td><td>电话号码</td><td>姓名</td><td>身份证号码</td><td>电话号码</td></tr>
<tr><td>杨龙</td><td>××××××</td><td>××××××</td><td>耿卫</td><td>××××××</td><td>××××××</td></tr>
<tr><td colspan="3">土地权属性质</td><td colspan="3">出让国有土地使用权</td></tr>
<tr><td colspan="3">预 编 地 籍 号</td><td colspan="3">地 籍 号</td></tr>
<tr><td colspan="3">L-1-92</td><td colspan="3">6106290010010022</td></tr>
<tr><td>所在图幅号</td><td colspan="5">61.50-21.00</td></tr>
<tr><td>宗地四至</td><td colspan="5">东至：刘海燕
南至：巷道
西至：王媛
北至：巷道</td></tr>
<tr><td colspan="2">批 准 用 途</td><td colspan="2">实际用途</td><td colspan="2">使用期限</td></tr>
<tr><td colspan="2">农村宅基地</td><td colspan="2">农村宅基地</td><td colspan="2"></td></tr>
<tr><td>共有使
用权情况</td><td colspan="5"></td></tr>
<tr><td>说明</td><td colspan="5"></td></tr>
</table>

界址点号	界标种类						界址间距（m）	界址线类别						界址线位置			备注
	钢钉	水泥桩	石灰桩	喷涂				围墙	墙壁					内	中	外	
34				√													
							23.36		√							√	
31	√																
							38.84	√						√			
73			√														
							23.90	√						√			
81	√																
							39.13		√						√		
34				√													
							52.10	√								√	

界址线		邻宗地			本宗地		日期
起点号	终点号	土地号	指界人姓名	签章	指界人姓名	签章	
34	31	410000009008001З	穆宇童		耿卫		2009.6.29
31	73	4100000090080011	刘海燕		耿卫		2009.6.29
73	81	4100000090080011	王媛		耿卫		2009.6.29
81	34	4100000090080025	崔文浩		耿卫		2009.6.29
界址调查员姓名			李雨佳、刘亚文、陈露				

宗地草图

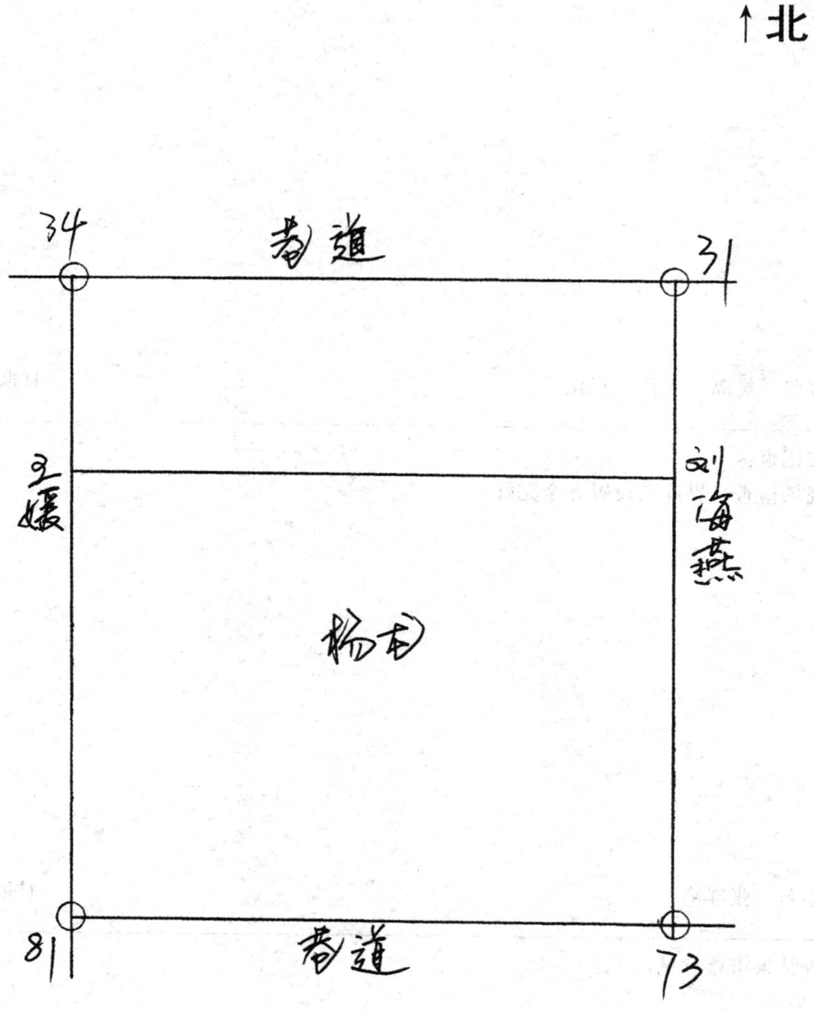

↑北

34 巷道 31

王媛 刘海燕

杨田

81 巷道 73

丈量者	张红梅	丈量日期	2015.6.29	概略比例尺	1:500

注：本宗地相邻界址点间距数据注记在界址线外，界址点与相邻地物的关系距离及建筑物边长注记在界址线内或相应的位置上。10、11、12为宗地号，①、②、③为界址点号。

续表

权属调查记事及调查员意见：

经现场核实，申请书上有关栏目填写和实际情况一致；本宗地及相邻宗地指界人到现场指界。调查员对五个界址点均设置界址标志，实地勘丈了5条界址边长，建筑物边长及界址点的相关距离等。

经核查该宗地可进行细部测量。

调查员签名　吴磊、王石、薛起　　日期 2015. 6. 29

土地勘丈记事：

经现场检查，界址点设置齐全完好。

勘丈员签名　张红艳　　日期 2015. 6. 29

地籍调查结果审核意见：

合格

审核人签章　刘淑　　审核日期 2015. 7. 18

填 表 说 明

1. 说明：

变更土地调查时，将原使用人、土地坐落、土地号及变更之主要原因在此栏内注明。

2. 宗地草图：

对较大的宗地本表幅面不够时，可加附页绘制在宗地草图栏内。

3. 权属调查记事及调查员意见：

记录在权属调查中遇到的政策、技术上的问题和解决方法；如存在遗留问题，将问题记录下来，并尽可能提出解决意见等；记录土地登记申请书中有关栏目的填写与调查核实的情况是否一致，不一致的要根据调查情况作更正说明。

4. 地籍勘丈记事：

记录勘丈采用的技术方法和使用的仪器；勘丈中遇到的问题和解决办法；遗留问题并提出解决意见等

5. 地籍调查结果审核意见：

对土地调查结果是否合格进行评定。

6. 表内其他栏目可参照土地登记申请书的填写说明填写。

图 3-11　地籍调查表样式

3.2.4 初始城镇调查成果的整理、归档

初始城镇土地调查成果资料是指在调查过程中直接形成的文字、图、表等一系列成果的总称，它是广大地籍工作者辛勤劳动的结晶，也是国家的财富，应立卷、归档妥善加以管理。档案只许借阅不许改动是档案管理的重要原则之一。

1. *基本要求*

①初始土地调查工作开展时，应对主要任务下达文件、技术材料等立卷归档，指定专人负责资料的收集、保管，调查结束时及时整理归档。

②立卷归档的资料必须齐全、完整，字迹清楚、纸张良好，书写的材料必须用碳素墨水或蓝黑墨水，严禁将圆珠笔或复写纸书写的材料归档。

③归档资料必须系统整理，做到分类清楚、编目完善、排列有序。

④初始土地调查成果经验收合格后，可提供社会使用。在提供社会使用时，应根据有关规定，办理必要的手续实行有偿服务。

2. *初始土地调查后应归档成果*

初始土地调查后归档的成果内容包括：

①初始土地调查技术设计书、工作总结报告、技术总结报告、检查验收报告；

②地籍平面控制测量的控制点网图、记录手簿、平差计算资料、控制点成果表及点之记或点位说明；

③初始土地调查表原件；

④地籍图原件、地籍图分幅图；

⑤面积计算的原始资料、面积成果表、面积统计表；

⑥土地登记申请表、审批表、权属来源证明文件以及土地有偿出让或转让的有关合同、有关土地权属纠纷处理的协议书和判决书等；

⑦其他一切有保存价值的书面资料都应归档保存。

3.2.5 城镇土地调查成果

城镇土地调查成果包括以下内容：

①土地调查技术设计书；

②地籍调查表；

③地籍平面控制测量的原始记录、控制点网图、平差计算资料集及成果表；

④地籍测量原始记录；

⑤解析界址点成果表；

⑥地籍图、宗地图、宗地草图；

⑦地籍图分幅接合表；

⑧以街道为单位宗地面积汇总表；

⑨城镇土地利用分类面积汇总表；

⑩城镇土地调查数据库；

⑪文字报告。

3.3 农村土地调查

3.3.1 农村土地调查概述

农村土地调查是第二次土地调查的重要任务。农村土地调查以查清土地利用状况为宗旨，为国土资源日常管理和经济社会发展服务。农村土地调查以县级行政区域为基本调查单位，按照统一的技术标准，开展土地利用现状调查、权属调查和基本农田调查等。以县级成果为基础，自下而上逐级汇总得到全国的土地利用状况。

1. 农村土地调查的内容

农村土地调查包括权属调查和地类调查两部分。

（1）权属调查

权属调查的基本单元是宗地，包括集体土地所有权宗地和国有土地使用权宗地。权属调查的主要内容包括：

①农村集体土地所有权状况；

②国有农、林、牧、渔场（含部队、劳改农场及使用的土地）的国有土地使用权状况；

③公路、铁路、河流的权属状况；

④其他土地的国有、集体权属性质。

（2）地类调查

以航空（天）遥感正射影像图（DOM）为调查底图，充分利用已有的调查成果等资料，依据《土地利用现状分类》标准和“城镇村及工矿用地”划分要求，按照实地土地利用现状对地类及其界线进行调查。

2. 调查范围

农村土地调查覆盖完整的调查区域，其中城市、建制镇、村庄、采矿用地、风景名胜及特殊用地，依据《规程》规定的“城镇村及工矿用地”划分要求，按单一地类图斑调查。除此以外的其他土地，依据《土地利用现状分类》标准进行细化调查。

农村土地调查的比例尺主要采用1∶1万和1∶5万两种调查比例尺（经济发达的地区可采用大于1∶1万比例尺调查）。

3. 技术路线

利用遥感等先进技术手段，运用原1∶1万土地利用现状数据库和近期现势性的航空（天）遥感正射影像图，采用统一的全国土地分类标准，按照统一的调查内容、方法和要求，先进行室内解译，找出发生变化的地块；然后逐地块实地调查核实变化与没有变化的所有土地的地类、面积、权属；再对土地利用现状数据库的成果进行修改、补充、完善，在此基础上进行数据汇总、统计、分析。农村土地调查的主要技术路线如图3-12所示。

4. 调查的基本原则

（1）实事求是原则

土地调查坚持实事求是原则，要防止和排除来自行政、技术等各方面的干扰，做到数据、图件、实地三者一致。严格禁止人为弄虚作假、不如实上报数据、随意更改调查数据

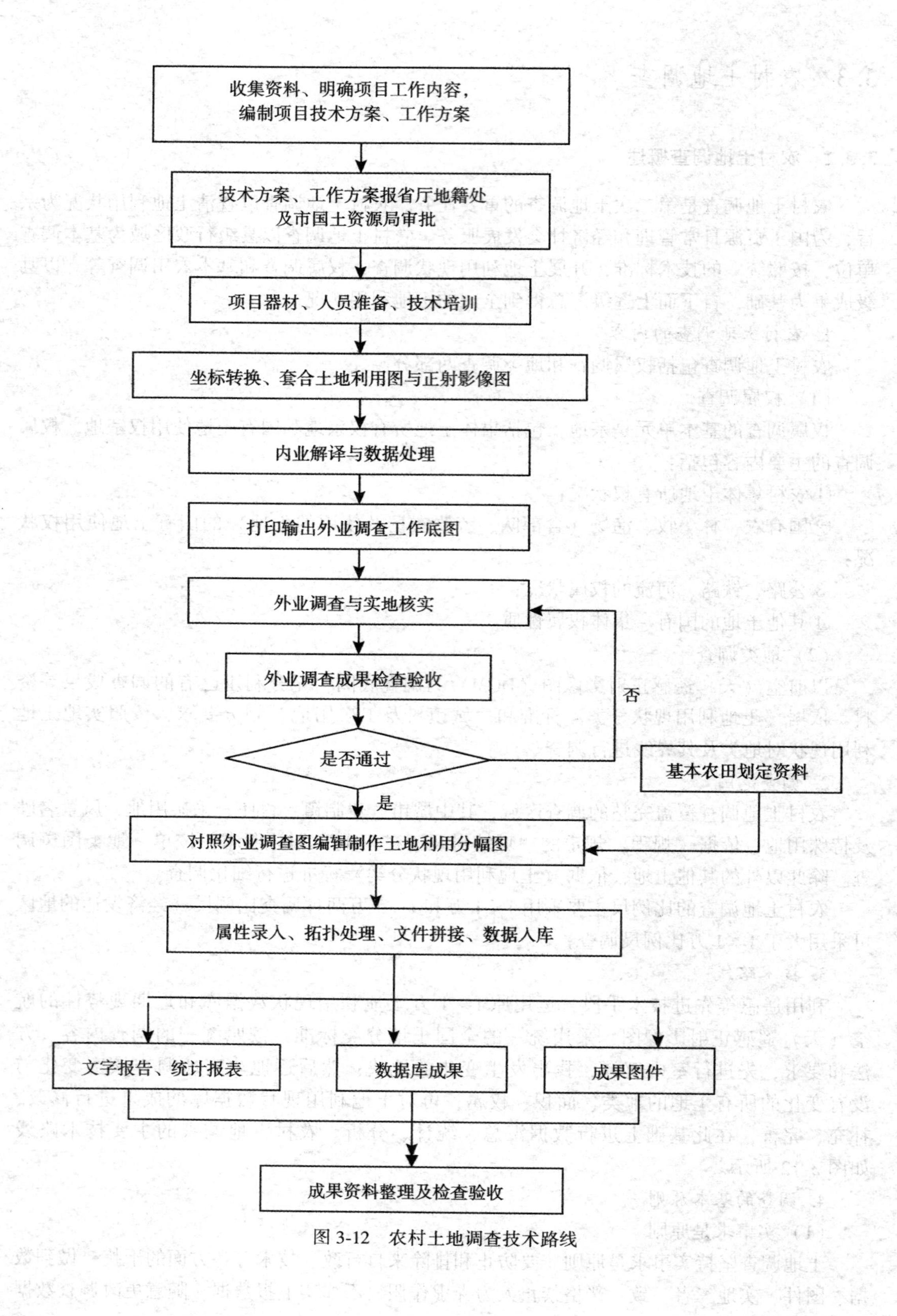

图 3-12　农村土地调查技术路线

等行为。同时，国家也将采用遥感技术，加大核查力度，保障调查数据的真实性和可靠性。

（2）统一要求原则

调查中必须全面、严格执行《第二次全国土地调查技术规程》（农村部分）规定的调查内容、技术要求、调查方法、精度指标、成果内容，保证全国调查成果的统一性、规范性。对前期完成的调查成果，对照《第二次全国土地调查技术规程》（农村部分）的内容、标准、要求等本着“缺什么补什么”的原则，进行全面的补充和完善。

（3）数字化原则

土地调查借助现代信息技术，从调查底图制作、实地调查、数据库建设到调查最终成果形成等，全面实现数字化，实现国家、省、市（地）、县四级调查成果的互联互通和快速更新，满足管理对调查成果查询、汇总、统计、分析的需要。

（4）继承性原则

对以往调查形成的成果，如确权登记发证资料、土地权属界线协议书等，经核实无误的可继承使用，既提高调查工作效率，又保持成果延续性。

（5）充分利用原则

土地调查充分利用以往调查成果，如土地利用数据库、土地利用图、土地变更调查成果等，发挥它们在地类、界线、属性等调查的辅助作用，提高调查的准确性和效率。

5. 调查程序

县级农村土地调查主要分为准备阶段、权属调查阶段、外业阶段、内业阶段、成果检查验收阶段和核查等阶段。

（1）准备阶段

调查准备工作包括技术准备、人员准备、资料准备和仪器设备准备等。人员准备主要包括调查队伍的确定、人员的培训，它与城镇土地调查一样，也要通过媒体进行宣传；技术准备主要包括制订方案、标准、规范和细则等；资料准备主要包括收集基础地理资料、遥感资料、界线资料、权属资料、基本农田资料、已有的土地调查资料及土地管理有关资料等；仪器设备准备主要包括全站仪、GPS 接收机、钢（皮）尺、计算机等。

采用综合调绘法进行调查的地区，依据调查底图，参照原有土地利用数据库或土地利用现状图，对影像进行解译。

调查准备工作做得越细、越周到、越充分，调查的质量和效率就越高；未准备充分就开展调查，容易导致工作效率低下，甚至增加不必要的返工和重复工作。

（2）权属调查阶段

权属调查阶段主要工作内容是按宗地开展集体土地所有权和国有土地使用权调查，将权属界线调绘在调查底图上，或直接标绘在土地利用现状图上，处理和调处土地权属争议，签订或继续使用原签订的《土地权属界线协议书》或《土地权属界线争议原由书》。

（3）外业阶段

在确定的行政区域界线、土地权属界线范围内，经实地核实确认，将地类、界线、权属以及必要的注记等调绘、标绘、标注在调查底图上或《农村土地调查记录手簿》上。对于影像上未反映的地物，采用测绘技术方法予以补测。

（4）内业阶段

内业阶段主要有三方面工作：一是整理外业调查原始图件、《农村土地调查记录手簿》等调查资料；二是依据外业调查原始图件和资料，建设农村土地调查数据库，汇总输出土地利用现状图件和土地统计表；三是编写调查报告，总结经验，提出土地资源合理利用建议等。

(5) 成果检查验收和核查阶段

调查成果的检查验收是保证调查数据真实、可靠的主要手段之一。依据《第二次全国土地调查成果检查验收办法》，县级调查成果在经过自检、省级土地调查办公室组织的预检和验收后，由第二次全国土地调查办公室组织对其进行全面核查确认。

3.3.2 土地权属调查

1. 权属调查资料的收集

①以往调查编制的权属界线图；

②以往调查签订的《土地权属界线协议书》、《土地权属界线争议原由书》；

③县级（含）以上人民政府确定国有土地、集体土地的登记资料；

④政府最新划定、调整、处理争议权属界线的图件、说明及有关文件等确权资料；

⑤集体土地登记发证资料；

⑥土地的征用、划拨、出让、转让等相关资料；

⑦建设用地审批文件等资料；

⑧城镇、村庄地籍调查资料；

⑨相关法律、法规、政策规章，主要包括《中华人民共和国宪法》、《中华人民共和国民法通则》、《中华人民共和国土地管理法》、《中华人民共和国土地管理法实施条例》、《确定土地所有权和使用权的若干规定》、《土地权属争议处理暂行办法》等法律法规；

⑩已颁发的铁路、公路、水利、电力等的《国有土地使用证》；

⑪林地、草地登记发证资料；

⑫以往调查时，将国有荒山、荒地、河流、滩涂、农民集体使用的国有土地等错划为集体土地，或对其所有权是否争议等情况；

⑬以往调查未处理或历史遗留的土地权属争议情况；

⑭与调查要求有关的其他权属调查资料和情况。

2. 土地权属调查的内容

农村土地调查中，土地权属资料主要包括集体所有权和国有土地使用权的调查。

(1) 查清农村集体土地所有权状况

对乡（镇）、村或村民小组集体土地所有权的土地权属界线、土地权利归属等的确认（简称确权），并与相邻权属单位（如村或村民小组）签订《土地权属界线协议书》。

(2) 查清国有农、林、牧、渔场（含部队、劳改农场及使用的土地）国有土地使用权状况

对国有农、林、牧、渔场（含部队、劳改农场）的国有土地使用权的确权，并与相邻权属单位签订《土地权属界线协议书》。

(3) 查清公路、铁路等权属状况

对公路、铁路等用地的权属进行调查。

3. 土地权属调查的基本原则

充分利用以往确权资料和调查成果，权属调查的基本原则是：

(1) 延用性原则

已有的确权资料（登记资料、协议书等），当经过核实未发生变更，且与实地一致时，原资料可继续沿用，不需要重新进行土地权属调查。如已签订的《土地权属界线协议书》，经核实无误的，可继续延续使用，不需重新确权和签订权属界线协议书。

（2）完善性原则

已有的确权、登记资料，手续不完善的，应补办相关手续，不需重新确权。

（3）重新确权原则

已有的确权资料，如登记资料、《土地权属界线协议书》经复核存在错误或实地界线已变化的，应重新确权划界，重新签订《土地权属界线协议书》。

4. 确权的方式

重新进行土地权属调查的，一般由当地政府授权的国土资源主管部门主持，土地权利人（或授权委托人）、相邻土地权利人（或授权委托人）、土地权属调查人员及其他必要人员必须到场，审阅提供的权属资料、到实地指界等，依法对土地确权。具体确权有以下几种方式：

（1）权源确认方式

权利人能够出示权源文件的。当通过审查权利人出示的权源文件和充分听取权利人申述后，确认权源文件能被现行法律法规所认可的，按权源文件来源来确定土地所有权或使用权的归属。这是较规范化的土地权属认定方式。可根据权属文件上记载的土地的位置、界址（包括界址点、界址线、界标）、权属性质、土地用途、权利人、相邻权利人等信息，将土地权属界线直接标绘或到实地经过指界由调查人员将界线调绘在调查底图上，并与相邻权属单位签订《土地权属界线协议书》。确权后的界址点可图解或实测坐标。界址点是否设界桩由各地根据需要自行确定。当权利人出示的权源文件不能够被现行法律法规所认可的，权源文件只能作为参考，用其他方式进行确权。

（2）指界确认方式

指界确认是基于双方不能出示共同认定土地边界的依据来确认土地所有权或使用权界线和归属。在确认集体土地所有权界线时，这是一种常用的方法。使用该方法确权的基本程序是：

①相邻双方均不能出示被现行法律法规所认可的权源文件。

②共同指界。一般采取双方法定代表人（委托代理人）共同到实地指界，确认权属界线。通过指界，由调查人员跟随指界人，沿界线走向将界线调绘在调查底图上。

③签订《土地权属界线协议书》。土地权属界线确定后，双方应签订《土地权属界线协议书》。

通过双方指界不能将没有法律依据的国有土地，如森林、山岭、草地、荒地、滩涂、水流等国有土地划为集体土地。在以往调查时，已将国有土地划为集体土地的，必须改正。

集体土地与没有明确使用者的国有土地权属界线，由集体土地指界人指界、签字，根据有关法律法规和实地调查结果予以确认。

对指界人缺席的处理参照城镇土地调查的有关规定。

（3）协商确认方式

协商确认方式是基于双方均不能提供权源文件，或相邻权属单位双方对权属边界认识不一致时，本着互谅、互让、团结、相互尊重精神，通过协商确认，确认土地所有权或使用权界线。

采用这种方式时，可由相邻权属单位双方自行协商确权，也可由上级主管部门人员在场主持协商确权，通过实地指界，将双方共同认定的土地权属界线由调查人员调绘在调查底图上，并双方签订《土地权属界线协议书》。

使用这种方式的基本原则：一是尊重历史，实事求是；二是相邻权属单位认可，指界签字，防止错误认定；三是不违背现行法律法规和政策，不能将国有土地通过双方协商指界划为集体土地。

（4）仲裁确认方式

对双方权属争议的土地，当双方都能出示不一致的有关文件且双方又互不相让时，上级主管部门可充分听取双方对土地权属的申述，经综合分析，合理地进行裁决确权，确认土地所有权或使用权的界线和归属。采用这种方式时，上级主管部门应约定时间、地点、应到人员，在充分听取各方对土地权属的申述后，依据有关法律、法规和有关政策，对争议界线进行裁决。对不服从裁决的，可以向法院申诉，通过法律程序解决。

5. 土地权属争议处理

土地权属争议处理是指土地所有权或使用权归属的争议。土地权属争议，一般由权属界线不清、土地权属紊乱、政策和体制变更以及其他历史遗留问题所造成。土地权属争议范围很广，在农村土地调查中，土地权属争议主要有以下几种：

①国有土地所有者与集体土地所有者之间的争议，如国有荒山、荒地、滩涂与村集体土地的争议。

②集体土地所有者之间的争议，如村农民集体之间、村民小组之间的土地所有权的争议。

③国有土地使用者之间的争议。

④国有土地使用者与集体土地所有者之间的争议，如国有农、林、牧、渔场用地，军事用地，机场用地与村集体用地的争议。

由于我国土地权利主权、客体既有国家的，又有集体的，还有个人的，权属性质既有所有权，又有使用权，由此形成土地权属争议主体、客体的多样性；经过国土资源管理部门多年的努力工作，解决和处理了大量的土地权属争议纠纷。目前遗留的土地权属争议大多表现为情况复杂、年代久远、查证较难、政策性强等特点。土地权属争议的处理是一项法律性、政策性很强的工作，而且新的土地权属争议随着社会发展又会不断地产生。因此，土地权属争议的处理是国土资源管理部门一项长期的、经常性的工作。根据《土地权属争议处理办法》（2003 年 1 月 3 日国土资源管理部令 17 号公布，自 2003 年 3 月 1 日起实施），在农村土地调查中，土地权属争议按下列原则处理。

（1）协商处理

因权属界线不清、权属不明引起的土地所有权或使用权争议，各方当事人应依据现行的法律法规、规章和有关规范性文件等，本着尊重历史、面对现实、从实际出发、互谅互让、团结友善、有利于社会稳定、有利于国土资源管理的原则，经友好协商解决争议，划定土地权属界线，明确土地权利归属，签订土地权属界线协议书。

双方协商解决，签订的土地权属界线协议要符合现行的法律、法规、部门规章、规范性文件，不得损害包括国家利益在内的第三方利益，否则该协议无效。

（2）行政处理

《中华人民共和国土地管理法》第十六条规定："土地所有权和使用权争议，由当事人协商解决；协商不成的，由人民政府处理。单位之间的争议，由县级以上人民政府处理；个人之间、个人与单位之间的争议，由乡级人民政府或者县级以上人民政府处理。"由于土地所有权和使用权的确定只能由县级以上人民政府行使，因此处理所有权和使用权争议也只能由政府处理，不能直接申请由人民法院来决定土地权利的归属。本条同时又规定："当事人对有关人民政府的处理决定不服的，可以直接到处理决定通知之日起三十日内，向人民法院起诉。在土地所有权和使用权争议解决前，任何一方不得改变土地利用现状。"

（3）搁置争议

对土地权属争议，有的较容易解决，有的调处是非常复杂的、不可能通过土地调查解决所有的土地权属争议。但是，为了不影响整个调查工作的总体安排，对争议的土地权属界线，当在短时间内难以协商、处理的，可保留搁置争议。但为了保证土地面积量算的不重不漏，须协商或由上一级国土资源管理部门，暂定画定一条工作界线代替权属界线，并签订《土地权属界线争议原由书》。

工作界线只作为面积量算的依据，不作为今后确权、划定土地权属界线的依据。

6. 土地权属界线协议书

土地权属界线协议书是相邻土地权属单位确权的表示形式，是登记发证的重要依据。

（1）土地权属界线争议书内容

《土地权属界线争议书》主要包括三部分内容：一是标注主要界址点、界址线的土地权属界线图；二是土地权属界线图上主要界址点、界址线的文字说明。界址点是否设界桩由各地根据需要自行确定；三是各方权属单位签字盖章。

《土地权属界线协议书》一般一式两份，双方各存留一份，也可一式三份，其中一份由上一级主管部门留存。

（2）土地权属界线协议书形式

在土地调查中，各地根据实际情况都形成了各自的土地权属界线协议书形式，为了继承以往的成果，《土地权属界线协议书》和《土地权属界线争议原由书》继续采用各地确定的形式。

3.3.3 地类调查

地类调查包括线状地物、图斑、零星地物和地物补测等内容。地类调查主要采用调绘法。

1. 综合调绘法

综合调绘法是土地调查中地类调查的主要方法，是内业解译（判读、判译、预判、判绘）和外业核实、补充调查相结合的调绘方法。具体做法是：当影像比较清晰而无土地利用数据时，直接对影像进行内业解译；当有完善的土地利用数据库时，可直接利用已有土地利用数据库与调查底图（DOM）套合进行解译，并依据影像对界线进行调整。内业认定、直接标绘上图的界线及地类，需经外业核实确认。内业不能够确定的界线及地类，需经外业实地调绘上图。对新增地物应进行补测。最后将地物属性标注在调查底图或记录在《农村土地调查手簿》上。

2. 全野外调绘法

全野外调绘法是持调查底图直接到实地，将影像所反映的地类信息与实地状况一一对照、识别，将各种地类的位置、界线用规定的线划、符号在调查底图上标绘出来，将地物属性标注在调查底图或填写在《农村土地调查记录手簿》上，最终获得能够反映调查区域内的土地利用状况的原始调查图件和资料，作为内业数据库建设的依据。这种调绘方法的主要作业都是在外业实地进行，因此称为全野外调绘法。

3. 实地调绘

农村土地调查中，无论采取综合调绘法还是全野外调绘法，外业实地调查是土地调查不可省略的重要阶段。外业调查方法、程序、步骤因人而异，不尽相同，但选择合理的方法、程序、步骤，对保证调查质量和提高调查效率、减轻劳动强度，将发挥重要作用。

3.3.4 基本农田调查

1. 基本农田概述

基本农田是指按照一定时期人口和社会经济发展对农产品的需求，依据土地利用总体规划确定的不得占用的耕地。

对基本农田进行保护，主要包括两方面：

（1）基本农田数量保护

①基本农田保护区依法划定后，任何单位和个人不得改变或占用。国家能源、交通、水利、军事设施等重点建设项目选址确实无法避开基本农田保护区，需要占用的，必须经国务院批准。

②经国务院批准占用基本农田的，当地人民政府按照国务院的批准文件修改土地利用总体规划，并补充划入数量和质量相当的基本农田。占用单位按照占多少、垦多少的原则，负责开垦与所占基本农田的数量与质量相当的耕地；没有条件开垦或者开垦的耕地不符合要求的，按照省、自治区、直辖市的规定缴纳耕地开垦费，专款用于开垦新的耕地。

③禁止任何单位和个人在基本农田保护区内建窑、建房、建坟、挖砂、采石、采矿、取土、堆放固体废弃物或者进行其他破坏基本农田活动。禁止任何单位和个人占用基本农田发展林果业和挖塘养鱼。禁止任何单位和个人闲置，荒芜基本农田。经国务院批准的重点建设项目占用基本农田的，满一年不使用而又可以耕种并收获的，应当由原耕种该幅基本农田的集体或者个人恢复耕种，也可以由用地单位组织耕种；一年以上未动工建设的，应当按照省、自治区、直辖市的规定缴纳闲置费；连续两年未使用的，经国务院批准，由县级以上人民政府无偿收回用地单位的土地使用权；该幅土地原为农民集体所有的，应当交由原农村集体经济组织恢复耕种，重新划入基本农田保护区。承包经营基本农田的单位或者个人连续两年弃耕抛荒的，原发包单位应当终止承包合同，收回发包的基本农田。

（2）基本农田质量保护

①利用基本农田从事农业生产的单位和个人必须保持和培肥地力。国家提倡和鼓励农业生产者对其经营的基本农田施用有机肥料，合理施用化肥和农药。

②县级人民政府根据当地实际情况制定基本农田地力分等定级办法，由农业行政主管部门会同土地行政主管部门组织实施，对基本农田地力分等定级，并建立档案，农村集体经济组织或者村民委员会定期评定基本农田地力等级。县级以上地方各级人民政府农业行政主管部门逐步建立基本农田地力与施肥效益长期定位监测网点，定期向本级人民政府提

出基本农田地力变化状况报告以及相应的地力保护措施。

③凡是向基本农田保护区提供肥料或城市垃圾、污泥的，必须符合国家有关标准，因发生事故或者其他突然性事件，造成或者可能造成基本农田环境污染事故的，当事人必须立即采取措施处理，并向当地环境保护行政主管部门和农业行政主管部门报告，接受调查处理。

国家对基本农田实行特殊保护的具体措施包括：

①在体制上，国家成立国土资源部，地方各级人民政府成立国土资源管理部门，统一负责土地的管理和监督工作，加强对基本农田的保护和管理。

②在机制上，各级人民政府编制土地利用总体规划，对土地实行用途管制制度，尤其对农地转为建设用地实行严格控制，从严审批。同时，国家对新增建设用地征收土地有偿使用费，对占用耕地征收耕地占用税，采用经济手段建立占用耕地的调控机制。

③在法制上，对非法占用耕地，造成耕地大量毁坏，对国家机关工作人员徇私舞弊，违反土地管理法规，滥用职权，非法批准征用、占用土地，或者非法低价出让国有土地使用权等违法行为，追究刑事责任，把耕地纳入刑法的保护范围。

④在管理上，国家依法建立了基本农田保护区制度，乡（镇）人民政府必须依法划定基本农田保护区。

下列耕地根据土地利用总体规划划入基本农田保护区：

①经国务院有关主管部门或者县级以上地方人民政府批准确定的粮、棉、油生产基地内的耕地；

②有良好的水利与水土保持设施的耕地，正在实施改造计划及可以改造的中、低产田；

③蔬菜生产基地；

④农业科研、教学试验田；

⑤国务院应当划入基本农田保护区的其他耕地。

各省、自治区、直辖市划定的基本农田应当占本行政区域耕地的80%以上。基本农田保护区以乡（镇）为单位划区定界，由县级人民政府土地行政主管部门会同同级农业行政主管部门组织实施。划定的基本农田保护区，由县级人民政府设立保护标志，予以公告，由县级人民政府土地行政主管部门建立档案，并抄送同级农业行政主管部门。任何单位和个人不得破坏或者擅自改变基本农田保护区的保护标志。基本农田保护区划区定界后，由省、自治区、直辖市人民政府组织土地行政主管部门和农业行政主管部门验收确认，或者由省、自治区人民政府授权设区的市、自治州人民政府组织土地行政主管部门和农业行政主管部门验收确认。

第二次全国土地调查办公室制定了有关基本农田上图、入库的技术规定，供各地区使用。

2. 相关概念

（1）基本农田保护区

基本农田保护区是指为对基本农田实行特殊保护而依据土地利用总体规划和依照法定程序确定的特定保护区域。

（2）基本农田保护片（块）

基本农田保护片（块）是指基本农田保护区内划定的具体的基本农田地块。

(3) 基本农田图斑

基本农田图斑是指基本农田保护片（块）界线范围内的土地利用地类图斑。

3. 基本农田调查目的和任务

基本农田调查是指由各地组织，依据本地区的土地利用总体规划，按照基本农田保护区（块）划定资料，将基本农田保护地块（区块）落实至土地利用现状图上，统计汇总出各级行政区域内基本农田的分布、面积、地类等状况，并登记上证，造册。

(1) 基本农田调查的目的

通过基本农田调查，查清基本农田位置、范围、地类、面积，掌握全国基本农田的数量及分布状况，为基本农田保护和管理提供基础资料。

(2) 基本农田调查的任务

以县级调查区域为单位，依据本地区土地利用总体规划，按照基本农田划定及补划、调整的相关资料，将基本农田保护片（块）落实到标准分幅土地利用现状图上，计算统计县级基本农田面积，并逐级汇总出地（市）级、省级和全国的基本农田面积。

4. 基本农田调查基本要求

①坚持实事求是原则，保证基本农田调查成果与所提供的基本农田划定、补划和调整资料一致。

②严格遵循《全国土地调查技术规程》要求，保证基本农田上图范围与基本农田划定图件相符。

③基本农田划定、调整和补划等资料要与土地利用总体规划资料相一致，并经基本农田划定部门审核确认后方可采用。

5. 基本农田调查程序

①资料收集与整理。充分收集基本农田相关资料，并对资料进行整理。

②调查上图。将基本农田保护片（块）等相关信息落实到分幅土地利用现状图上，确定基本农田图斑。并依据相关标准和规范，检查基本农田要素层的数据格式、属性结构、上图精度等是否符合要求。

③基本农田认定。由基本农田规划、划定等相关部门共同检查基本农田片（块）的位置、界线、分布是否与基本农田划定及调整资料相一致。

④图件编制与数据汇总。编制基本农田分布图，并进行面积统计和逐级汇总。

⑤检查验收。由各地土地调查领导小组办公室组织相关人员，对最终形成的基本农田图件、数据成果进行检查验收。

6. 资料收集与整理

(1) 资料内容

①土地利用总体规划资料，包括省、地（市）、县、乡级土地利用总体规划图和土地利用总体规划文本及说明。

②基本农田划定资料：图件资料包括县级、乡级基本农田划定的相关图件；表格资料包括基本农田面积汇总表、基本农田保护片（块）登记表等；文字资料包括基本农田划定的相关文字资料；基本农田补划、调整和涉及占用基本农田的建设用地资料包括有批准权限的批准机关，依据相关法律法规所批准的文件及相关图件等资料。

③其他资料：与基本农田有关的生态退耕及灾毁资料；涉及基本农田保护区的土地利用统计台账及其年度变更资料；历次基本农田检查形成的相关文字、图件资料等。

(2) 资料要求

①基本农田划定图件应有基本农田片（块）信息；

②基本农田规划、补划、调整图件与相应批准文件表述一致；

③基本农田补划、调整的地块标绘清晰；

④图件上要素内容应完整；

⑤相邻乡（镇）的基本农田划定图件基本接边；

⑥电子图件应说明其坐标系统、投影、有无拓扑关系等情况。

(3) 资料整理

①基本农田划定图件资料必须落实到片（块），若没有片（块）资料，应由基本农田划定部门补充完善。

②有乡级基本农田划定图件资料的，必须用乡级基本农田划定图件资料，在乡级基本农田划定图件资料缺失情况下，应参照县级基本农田划定图件资料，由基本农田划定部门确定基本农田保护片（块）位置和界线，补充基本农田划定资料。

③基本农田规划、划定图件，应优先选用电子数据，并确保其合法性。

7. 基本农田调查成果

①数据库：基本农田保护片（块）层和基本农田图斑层。

②汇总表：全国土地调查基本农田调查统计汇总表。

③图件：标准分幅基本农田分布图和县、乡级基本农田分布图。

④文字报告：根据基本农田调查上图结果，结合相关资料信息，编写基本农田分析报告，对基本农田的分布、数量、地类状况等进行综合分析。

8. 成果检查验收

由第二次土地调查领导小组办公室组织耕地保护、规划、地籍管理等相关部门人员，按照第二次全国土地调查相关成果检查验收要求，对基本农田调查的最终图件、数据成果进行检查验收。

3.3.5 农村土地调查主要成果

通过土地调查，将全面获取覆盖全国的土地利用现状信息，形成一整套土地调查成果资料，包括影像、图形、权属、文字报告等成果。

1. 县级调查成果

(1) 外业调查成果

①原始调查图件及《农村土地调查记录手簿》；

②土地权属调查有关成果；

③田坎系数测算成果。

(2) 图件成果

①标准分幅土地利用现状图；

②土地利用挂图；

③基本农田分布图；

④耕地坡度分级等专题图；

⑤图幅理论面积与控制面积接合图表。

(3) 数据成果

①各类土地分类面积数据；
②不同权属性质面积数据；
③基本农田面积数据；
④耕地坡度分级面积数据。
（4）数据库成果
农村土地调查数据库及管理系统。
（5）文字成果
①土地调查工作报告；
②土地调查技术报告；
③土地调查数据库建设报告；
④土地调查成果分析报告；
⑤基本农田调查报告等专题报告。
2. 市（地）级、省级汇总成果
（1）数据成果
①各类土地分类面积数据；
②不同权属性质面积数据；
③基本农田面积数据；
④耕地坡度分级面积数据（省级需提供田坎系数测算数据）。
（2）图件成果
①土地利用挂图；
②基本农田等专题图件；
③图幅理论面积与控制面积接合图表。
（3）文字成果
①土地调查工作报告；
②土地调查技术报告；
③土地调查成果分析报告；
④基本农田调查报告等专题报告。
（4）数据库成果
形成集土地调查数据成果、图件成果和文字成果等内容为一体的各级土地调查数据库。主要包括：各级土地调查数据库和各级遥感影像数据库。
3. 国家成果
（1）重要法规与标准；
①全国土地调查条例（初拟稿）；
②第二次全国土地调查技术规程；
③全国土地调查数据库标准；
④国土地调查数据库建设规范；
⑤第二次全国土地调查工作底图生产技术规定；
⑥第二次全国土地调查检查验收办法。
（2）数据成果
①各类土地分类面积数据；

②不同权属性质面积数据；
③基本农田面积数据；
④耕地坡度分级面积数据。
（3）图件成果
①土地利用现状图；
②土地利用挂图；
③图幅理论面积与控制面积接合图表。
（4）文字成果
①土地调查工作报告；
②土地调查技术报告；
③土地调查成果分析报告；
④基本农田调查报告等专题报告。
（5）数据库成果
①国家土地调查数据库；
②遥感影像数据库。

◎ 思考题

1. 名词解释：界址点、界址点标志、界址线、地块、宗地、土地调查、土地权属调查、宗地草图。
2. 简述土地调查的目的、意义、内容及类型。
3. 简述土地调查的方式与方法。
4. 简述土地调查的主要成果。
5. 简述初始城镇土地调查的工作程序。
6. 说明我国宗地和界址点编号的基本方法。
7. 简述宗地草图的主要内容和作用以及与宗地图的异同。
8. 简述农村土地调查与城镇土地调查的主要内容。

第4章　地籍控制测量

☞ 本章要点

地籍控制测量概述　地籍控制测量是地籍图件的数学基础，是关系到界址点精度的全局性的技术环节。地籍控制测量分为地籍基本控制测量和地籍图根控制测量。其目的是依据一定的坐标系统，依照特定的技术方法，确定地面点的位置，为地籍测量工作服务。

国家控制测量与城镇控制测量　在全国范围内布设的控制网，称为国家控制网。它是全国各种比例尺测图（包括地籍图）的基本控制。国家控制网分为国家平面和高程控制网。国家平面控制网分为一等、二等、三等、四等四个等级。国家高程控制网采用精密水准测量的方法建立，也分为一等、二等、三等、四等四个等级。在某个城市范围内布设的控制网，称为城镇控制网。建立城市的平面控制网与高程控制网所进行的测量工作称为城镇控制测量。

地籍测量坐标系　与地籍测量密切相关的坐标系有空间直角坐标系、大地坐标系（地理坐标系）、高斯平面直角坐标系与高程系。大地坐标系是以参考椭球面为基准的。高斯平面直角坐标系是以高斯投影为基础建立的坐标系。我国地籍测量高程基准使用的是国家高程基准，包括1956年黄海高程系统和1985国家高程基准。平面坐标系包括1954年北京坐标系统和1980西安坐标系统，也可选用地方坐标系。

地籍控制测量的要求　地籍控制测量的精度是依据界址点的精度和地籍图的精度而制定。根据不同的施测方法，各等级地籍基本控制网点的主要技术指标也不相同。地籍控制点的密度、测区的大小和测区内的界址点总数与要求的界址点精度有关，地籍控制点密度应符合相关规范的要求。

地籍基本控制测量　地籍基本控制测量是保证地籍测量精度而进行的高精度控制测量。可采用高等级导线测量、三角测量等传统方式施测，也可采用GPS静态定位技术来加强和改造已有的控制网作为地籍控制网。

地籍图根控制测量　地籍图根控制测量是在基本控制测量的基础上展开的二级控制测量，其目的是保证界址点坐标的测量精度。可采用较高等级导线测量、三角测量，也可采用GPS快速静态方式施测。

☞ 本章结构

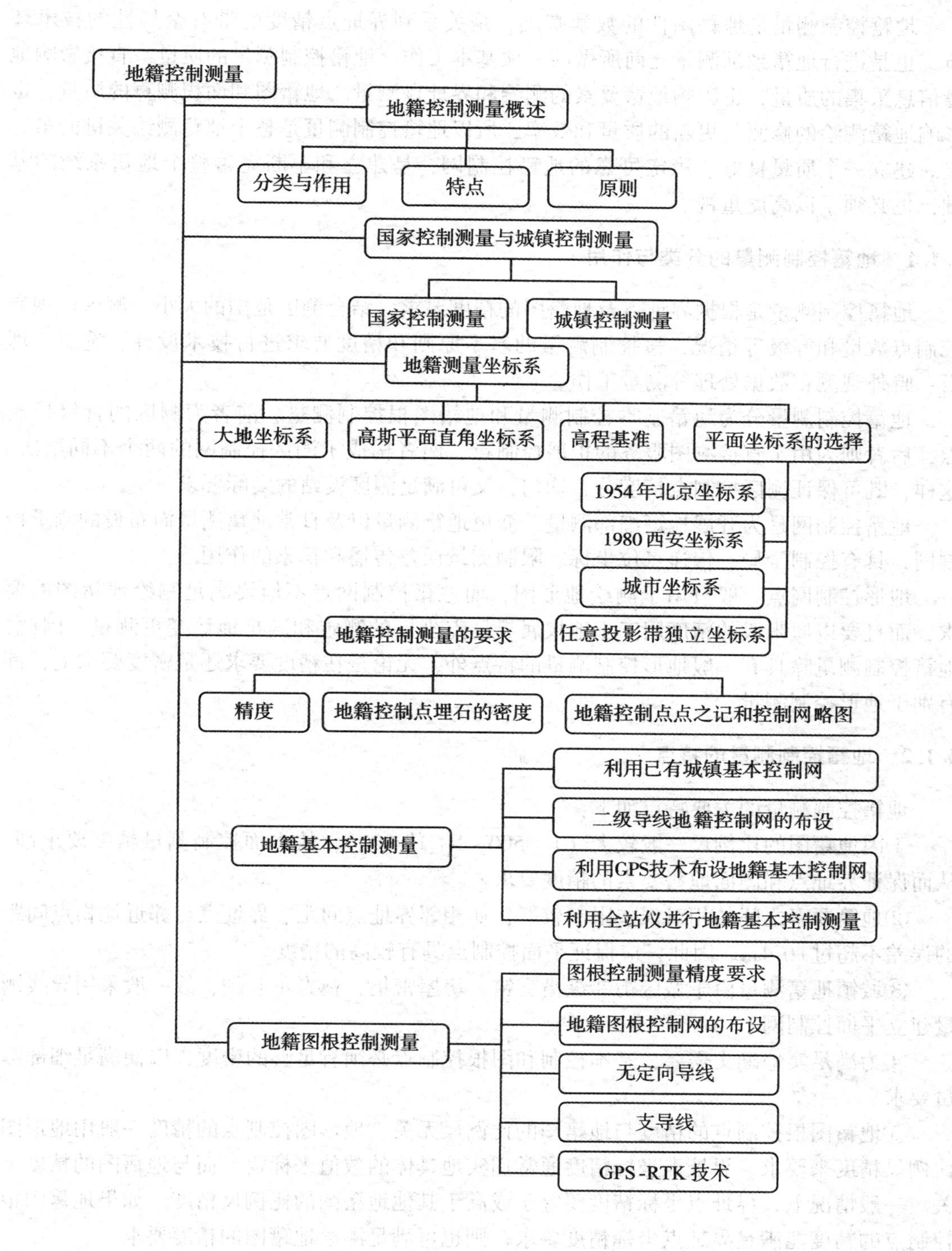

地籍控制测量
地籍控制测量概述
分类与作用
特点
原则
国家控制测量与城镇控制测量
国家控制测量
城镇控制测量
地籍测量坐标系
大地坐标系
高斯平面直角坐标系
高程基准
平面坐标系的选择
1954年北京坐标系
1980西安坐标系
城市坐标系
任意投影带独立坐标系
地籍控制测量的要求
精度
地籍控制点埋石的密度
地籍控制点点之记和控制网略图
地籍基本控制测量
利用已有城镇基本控制网
二级导线地籍控制网的布设
利用GPS技术布设地籍基本控制网
利用全站仪进行地籍基本控制测量
地籍图根控制测量
图根控制测量精度要求
地籍图根控制网的布设
无定向导线
支导线
GPS-RTK技术

4.1 地籍控制测量概述

地籍控制测量是地籍图件的数学基础，是关系到界址点精度的带有全局性的技术环节，也是进行地籍细部测量之前所做的一项基本工作。地籍控制测量的质量，直接影响地籍信息采集的质量，也影响地籍要素的测绘和界址点测量。地籍图和面积测算的质量，也影响地籍测绘的修测与更新的质量和效率，所以地籍控制测量是整个地籍测绘关键的第一步。建立一个质量良好、稳定可靠的地籍控制网，是建立和不断完善整个地籍系统的基础，也必须予以高度重视。

4.1.1 地籍控制测量的分类与作用

地籍控制测量是根据界址点及地籍图的精度要求，结合测区范围的大小、测区内现有控制点数量和等级等情况，按控制测量的基本原则和精度要求进行技术设计、选点、埋石、野外观测、数据处理等测量工作。

地籍控制测量分为地籍基本控制测量和地籍图根控制测量，前者为测区的首级控制点，后者则为用于直接测图服务的扩展控制点，两者构成了测区控制网的两个不同层次。这样，既可保证测区控制点精度分布均匀，又可满足测区设站的实际要求。

地籍控制网是为开展地籍细部测量、变更地籍测量以及日常地籍测量而布设的测量控制网，具有控制全局、传递点位坐标、限制测量误差传播和积累的作用。

地形控制网点一般只用于测绘地形图，而地籍控制网点不但要满足测绘地籍图的要求，而且要以厘米级的精度用于土地权属界址点坐标的测定和满足地籍变更测量。因此，地籍控制测量除具有一般地形控制测量的特点外，无论是在精度要求还是密度要求上，都有别于地形控制测量。

4.1.2 地籍控制测量的特点

地籍控制测量的主要特点如下：

①因地籍图的比例尺一般较大（1∶500~1∶10 000），故平面控制测量精度要求高，从而保证界址点和图面地籍要素的精度要求。

②地籍要素之间的相对误差限制较严，如相邻界址点间距、界址点与邻近地物点间距的误差不超过±0.1m。因此，应保证平面控制点具有较高的精度。

③城镇地籍测量由于城区街巷纵横交错，房屋密集，视野不开阔，故一般采用导线测量建立平面控制网。

④为满足实地勘丈需要，基本控制和图根控制点必须有足够的密度，以便满足细部测量要求。

⑤地籍图根控制点的精度与地籍图的比例尺无关。地形图控制点的精度一般用地形图比例尺精度来要求。界址点坐标精度通常用实地具体的数值来标定，而与地籍图的精度无关。一般情况下，界址点坐标精度要等于或高于其他地籍图的比例尺精度。如果地籍图根控制点的精度能满足界址点坐标精度要求，则也可满足测绘地籍图的精度要求。

⑥《地籍调查规程》（TD/T 1001—2012）规定界址点的中误差为±5cm，因此，高斯投影的长度变形不可忽视，当城镇位于3°带边缘时，可按《城市测量规范》（CJJ/T 8—

2011）采取适当措施处理。

4.1.3 地籍控制测量的原则

地籍控制点是进行地籍测量和测绘地籍图的依据。地籍控制测量必须遵循从整体到局部、由高级到低级分级控制（或越级布网）的原则。

地籍基本控制测量可采用三角网（锁）、测边网、导线网和GPS静态相对定位测量网进行施测，施测的地籍基本控制网点分为一等、二等、三等、四等和一级、二级。精度高的网点可作精度低的控制网的起算点。在等级地籍基本控制测量的基础上，地籍图根控制测量主要采用导线网和GPS相对定位测量网施测，施测的地籍图根控制网点分为一级、二级。

4.2 国家控制测量与城镇控制测量

4.2.1 国家控制测量

1. 国家平面控制网

在全国范围内布设的控制网，称为国家控制网，它由国家专门测量机构在全国范围内布设，使之成为一个整体，采用精密测量仪器和方法建立。

国家平面控制网提供全国性的、统一的空间定位基准，是全国各种比例尺测图和工程建设的基本控制，也为空间科学技术和军事提供精确的点位坐标、距离和方位资料；并为研究地球形状和大小、地震预报等提供精确数据。

建立国家平面控制网的传统方法是三角测量和精密导线测量。图4-1是已建立的国家平面控制网示意图。国家平面控制网分为一等、二等、三等、四等四个等级。国家一等三角锁基本上是沿经纬线方向布设成了纵、横三角锁。锁间距离大约200km，三角形的平均边长约为25km。二等三角网布设于一等三角锁的环内，构成全面的三角网作为一等三角锁的加密。三角形的平均边长约为13km。国家一等、二等三角锁（网）是国家平面控制网的骨干。三等、四等三角网是采用插点和插网的方法对二等三角网的进一步加密，其布设方式灵活多样。三等三角网平均边长8km，四等三角网平均边长2~6km。四等控制点每点控制面积约为2~6km^2。三等、四等三角点是工程测量、小区域内大比例地形图测绘的基本控制点。传统国家平面控制网的建立，主要采用三角测量的方法，在某些局部地区，如采用三角网测量有困难时，用相同等级的精密导线代替。

国家平面控制网的最低等级为四等，其间距为2~6km。显然国家控制点的密度远满足不了大比例尺测图的需要，这样就要求在国家控制网的基础上进一步加密控制点。加密的控制网根据精度要求的不同，可分为一级、二级、三级小三角锁（网）或导线网。

2. 国家高程控制网

国家高程控制网采用精密水准测量的方法建立，又称国家水准网。国家水准网也分为一等、二等、三等、四等四个等级，精度依次逐级降低。如图4-2所示，一等水准测量精度最高，由它建立起来的一等水准网是国家高程控制网的骨干。二等水准网在一等水准环内布设，是国家高程控制网的基础。三等、四等水准网是国家高程控制点的进一步加密，主要为测绘地形图和各种工程建设提供高程起算数据。三等、四等水准测量路线应附合于高级水准点之间，并尽可能交叉，构成闭合环。

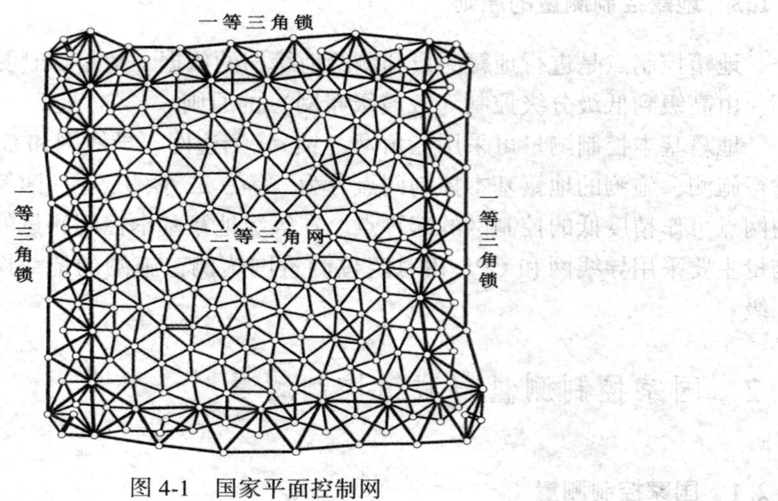

图 4-1 国家平面控制网

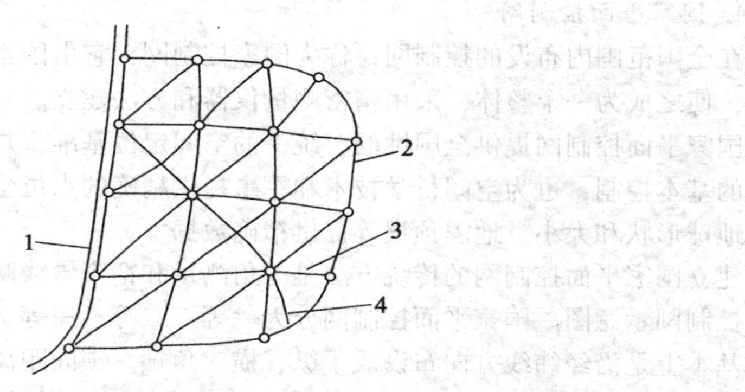

1——一等水准路线；2—二等水准路线；
3—三等水准路线；4—四等水准路线

图 4-2 国家高程控制网

4.2.2 城镇控制测量

城镇控制测量是城市建设的基础。它为城镇规划，市政工程，工业和民用建筑设计、施工，城镇管理以及科研等方面提供各种测绘资料，以满足现代化市镇建设发展的需要。

城镇测量控制网无一等。控制网的二等、三等、四等和国家大地测量控制网二等、三等、四等的体系一致。

建立城镇测量控制网，可采用三角测量（三角网）、三边测量（三边网）和导线测量（导线网）等方法，亦可采用边角网。

城镇测量控制网等级的划分依次为：二等、三等、四等，一级、二级小三角，一级、二级小三边或一级、二级、三级导线。根据城镇规模，各级城镇测量控制网均可作为首级控制。

4.3 地籍测量坐标系

凡用来确定地面点位置和空间目标位置所采用的参考系都称为坐标系。由于使用目的不同，所选用的坐标系也不同。与地籍测量密切相关的坐标系有大地坐标系（地理坐标系）、高斯平面直角坐标系与高程系。

4.3.1 大地坐标系

大地坐标系以参考椭球面为基准，其两个参考面为：一个是通过英国格林尼治天文台与椭球短轴（旋转轴）所作的平面（子午面），称为起始子午面，如图 4-3 所示，它与椭球表面的交线称为子午线；另一个是过椭球中心 O 与短轴相垂直的平面，即 Q_1EQ_2 平面，称为赤道平面。

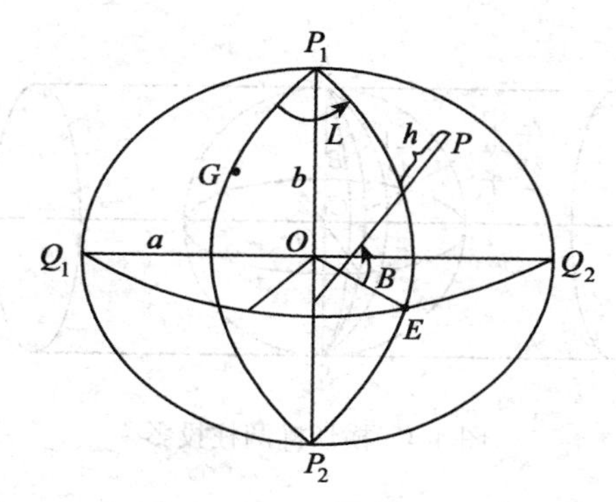

图 4-3　大地坐标系

过地面点 P 的子午面与起始子午面之间的夹角，称为大地经度，用 L 表示，并规定以起始子午面起算，向东量取为东经（正号），0°~ +180°；向西量取为西经（负号），0°~ −180°。

地面点 P 的法线（过 P 点与椭球面相垂直的直线）与赤道平面的交角，称为大地纬度，用 B 表示，并规定以赤道平面起算，向北量取为北纬（正号），0°~ +90°；向南量取为南纬（负号），0°~−90°。

地面点 P 沿法线方向至椭球面的距离，称为大地高，用 h 表示。

例如，P（L，B）表示地面点 P 在椭球上投影点的位置，而 P（L，B，h）则表示地面点 P 的空间位置。

4.3.2 高斯平面直角坐标系

将旋转椭球当作地球的形体，球面上点的位置可用大地坐标（L，B）来表示。将球面展开成平面时不可能没有任何形变，而在地籍测量中，如地籍图，往往需要用平面表示，因此存在如何将球面上的点转换到平面上的问题。解决的方法就是通过地图投影方法将球面上的点投影到平面上。地图投影的种类很多，地籍测量主要选用高斯-克吕格投影（简称高斯投影），以高斯投影为基础建立的平面直角坐标系称为高斯平面直角坐标系。

1. 高斯平面直角坐标系的原理

高斯投影是指运用数学法则，将球面上点的坐标（L，B）与平面上坐标（X，Y）之间建立起一一对应的函数关系，即

$$\begin{cases} X=f_1\ (L,\ B) \\ Y=f_2\ (L,\ B) \end{cases} \tag{4-1}$$

从几何概念来看，高斯投影是一个横切椭圆柱投影。将一个椭圆柱横套在椭球外面，如图4-4所示，使椭圆柱的中心轴线 QQ_1 通过椭球中心 O，并位于赤道平面上，同时与椭球的短轴（旋转轴）相垂直，且椭圆柱与球面上一条子午线相切。这条相切的子午线称中央子午线（或称轴子午线）。过极点 N（或 S）沿着椭圆柱的母线切开便是高斯投影平面，如图4-5所示。中央子午线和赤道的投影是两条互相垂直的直线，分别为纵轴（X 轴）和横轴（Y 轴），于是就建立起高斯平面直角坐标系。其余的经线和纬线的投影均是以 X 轴和 Y 轴为对称轴的对称曲线。

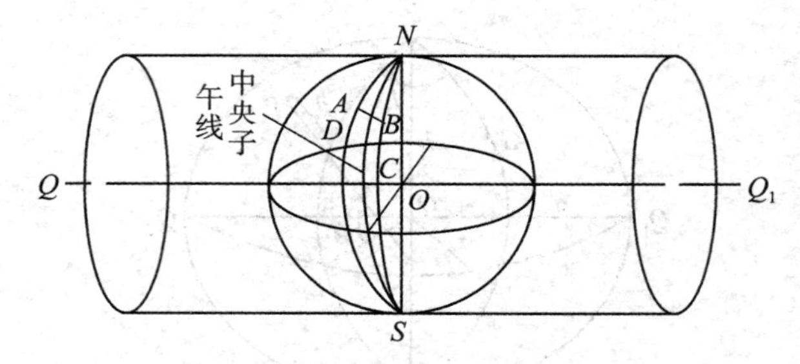

图4-4　横切椭圆柱投影

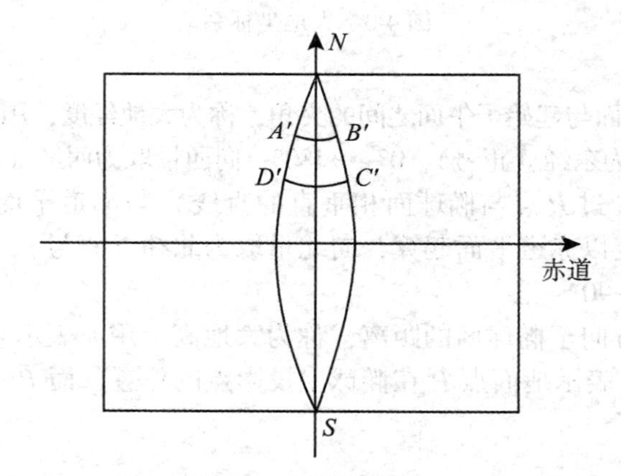

图4-5　高斯投影平面

2. 高斯投影带的划分

高斯投影属等角（或保角）投影，即投影前、后的角度大小保持不变，但线段长度（除中央子午线外）和图形面积均会产生变形，离中央子午线愈远，则变形愈大。变形过大将会使地籍图“失真”，因而失去地籍图的应用价值。为了避免上述情况的产生，有必要把投影后的变形限制在某一允许范围内。常采用的解决方法是分带投影，即把投影范围限制在中央子午线两旁的狭窄区域内，其宽度为6°、3°或1.5°。该区域被称为投影带。

如果测区边缘超过该区域，就使用另一投影带。

国际上统一的分带方法是：自起始子午线起向东每隔6°分为一带，称为6°度带，按1，2，…，n顺序编号（即带号）。各带中央子午线的经度L_0按下式计算$L_0=6\times N-3$，其中N为带号。

经差每3°分为一带，称为3°带。它在6°带基础上划分，即6°带的中央子午线和边缘子午线均为3°带的中央子午线。3°带的带号是自东经1.5起，每隔3°按1，2，…，n顺序编号，各带中央子午线的经度L_o与带号n的关系式为$L_o=3\times n$。

若某城镇地处两相邻带的边缘时，也可取城镇中央子午线为中央子午线，建立任意投影带，这样可避免一个城镇横跨两个带，同时也可减少长度变形的影响。

每一投影带均有自己的中央子午线、坐标轴和坐标原点，形成独立的但又相同的坐标系统。为确定点的唯一位置并保证Y值始终为正，则规定在点的Y值（自然值）上加500km，再在它的前面加写带号。例如某控制点的坐标（6°带）为$X=47\ 156\ 324.536$m，$Y=21\ 617\ 352.364$m，根据上述规定可以判断该点位于第21带，Y值的自然值是117 352.364m，为正数，该点位于X轴的东侧。

分带投影是为了限制线段投影变形的程度，但却带来了投影后带与带之间不连续的缺陷，如图4-6所示。同一条公共边缘子午线在相邻两投影带的投影则向相反方向弯曲，于是位于边缘子午线附近的分属两带的地籍图就拼接不起来。为了弥补这一缺陷，规定在相邻带拼接处要有一定宽度的重叠，如图4-7所示。重叠部分以带的中央子午线为准，每带向东加宽经差30′，向西加宽经差7.5′。相邻两带就是经差为37.5′宽度的重叠部分。

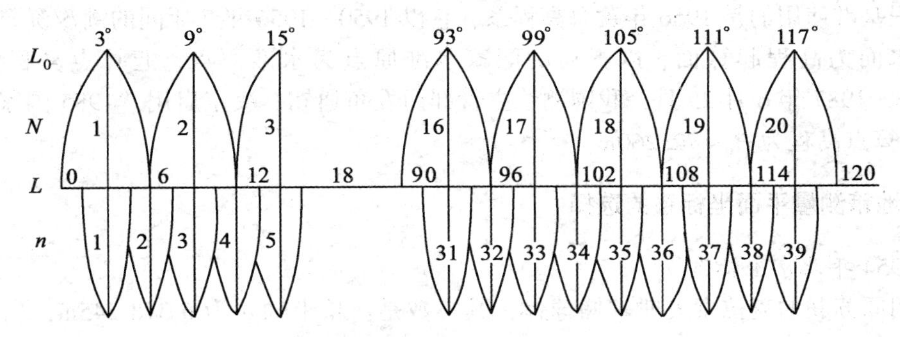

图4-6　投影带的划分

位于重叠部分的控制点应具有两套坐标值，分属东带和西带。地籍图、地形图上也应有两套坐标格网线，分属东、西两带。这样，在地籍图、地形图的拼接和使用，控制点的互相利用以及跨带平差计算等方面都很方便。

3. 平面坐标转换

坐标转换是指某点位置由一坐标系的坐标转换成另一坐标系的坐标的换算工作，也称换带计算。它包括6°带与6°带之间、3°带与3°带之间、3°带与6°带之间以及3°带（或6°带）与任意投影带之间的坐标转换。

坐标转换计算利用高斯正、反算公式（即高斯投影函数式）进行。具体做法是：先根据点的坐标值（X，Y），用投影反算公式计算出该点的大地坐标值（L，B），再应用投影正算公式换算成另一投影带的坐标值（X'，Y'）。

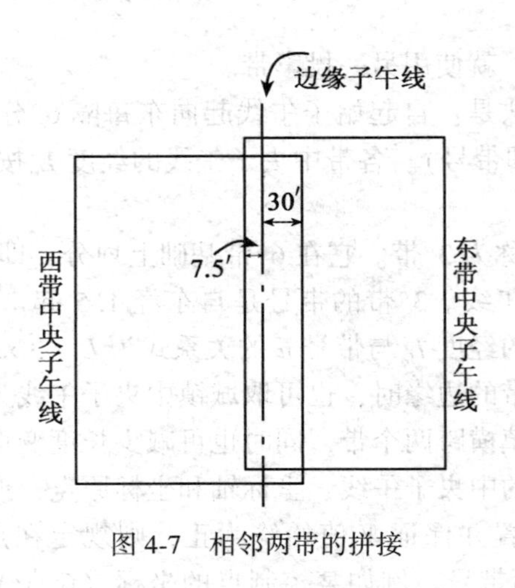

图 4-7　相邻两带的拼接

4.3.3　高程基准

通常情况下，地籍测量的地籍要素以二维坐标表示，不必测量高程。但地籍测量规程中规定：“在某些情况下，土地管理部门可以根据本地实际情况，有时要求在平坦地区测绘一定密度的高程注记点，或在丘陵地区和山区的城镇地籍图上表示等高线，使地籍成果更好地为经济建设服务。”随着地籍的发展，三维地籍已经越来越多的应用于人们的生活生产中。

高程基准使用的是 1956 年黄海高程系，它以 1950—1956 年 7 年间的潮汐资料推求的平均海水面为高程起算面、以青岛的国家水准原点为水准原点，起算点高程为 $H_0=72.289$m。1987 年 6 月 25 日，我国测绘主管部门发布通知，决定启用“1985 国家高程基准”，起算点高程为 $H_0=72.260$m。

4.3.4　地籍测量平面坐标系的选择

1. 1954 年北京坐标系

采用原苏联的克拉索夫斯基椭球体，其参数是：长半轴 a 为 6 378 245m，扁率 α 为 1/298.3，原点位于原苏联的普尔科沃，建立了 1954 年北京坐标系。从此我国有了统一的平面坐标系统，它有如下优点：

第一，有利于地籍成果的通用性，便于成果共享，使地籍测量不仅能为地籍管理奠定基础，而且能为城市规划、工程设计、土地整理、管道建设等多种用途提供服务。如果坐标系不统一，则降低了它的品位和应用价值。

第二，有利于图幅正规分幅、图幅拼接、接合、使用和各种比例尺图幅的编绘。

第三，有利于土地、规划、房地产等各部门之间的合作，这将加快地籍测量的进度，提高效益和节约经费。

同时，1954 年北京坐标系也存在一定缺点：

第一，1954 年北京坐标系构建的椭球参数——克拉索夫斯基椭球参数同现代精确的椭球参数相比，误差较大。

第二，该坐标系统的坐标是经逐步平差逐次得到，不同区域会存在一定缝隙。

2. 1980 年西安坐标系

为解决 1954 年北京坐标系所存在的不足，1978 年我国决定建立新的国家大地坐标系统，并且在该系统中进行全国天文大地网的整体平差，该坐标系统取名为 1980 年西安大地坐标系统。其原点位于我国中部陕西省泾阳县永乐镇。椭球参数采用 1975 年国际大地测量与地球物理联合会推荐值：椭球长半轴 $a=6\ 378\ 140\text{m}$；重力场二阶带谐系数为：$J_2=1.082\ 63\times10^{-3}$；地心引力系数为：$GM=3.986\ 005\times10^{14}\text{m}^3/\text{s}^2$；地球自转角速度为：$\omega=7.292\ 115\times10^{-5}\text{rad/s}$。

根据以上参数可得 1980 年西安坐标系大地椭球的几何参数为：$a=6\ 378\ 140\text{m}$；$\alpha=1/298.257$。

椭球定位按我国范围高程异常值平方和最小为原则求解参数。椭球的短轴平行于地球质心指向 1968. 0 地极原点（JYD）方向；起始大地子午面平行于格林尼治天文台子午面。

1980 年西安大地坐标系建立后，利用该坐标系进行了全国天文大地网平差，提供了全国统一的精度较高的 1980 年国家大地坐标系。据分析，它完全可以满足 1/5 000 测图的需要。

3. 城市坐标系

在城镇地区，则尽可能利用已有的城市坐标系和城市控制网点来建立当地的地籍控制网点。这些控制网点一般都与国家控制网进行了联测，并且有坐标变换参数。

在一些小城镇可能没有控制网点，则应以投影变形值小于 2. 5cm/km 为原则，建立坐标系和控制网点，并与国家网联测。面积小于 25km^2 的城镇，可不经投影直接建立平面直角坐标系，并与国家网联测。如果不具备与国家控制网点联测的条件，则可用下面三种方法建立独立坐标系：

①用国家控制网中的某一点坐标作为原点坐标，某边的坐标方位角作为起始方位角。

②从中、小比例尺地形图上用图解法量取国家控制网中一点的坐标或一明显地物点的坐标作为原点坐标，量取某边的坐标方位角作为起始方位角。

③假设原点的坐标和一边的坐标方位角作为起始方位角。

4. 任意投影带独立坐标系

当测区（城、镇）地处投影带的边缘或横跨两带时，那么长度投影变形一定较大，或测区内存在两套坐标，这将给使用造成麻烦，这时应该选择测区中央某一子午线作为投影带的中央子午线，由此建立任意投影带独立坐标系。这既可使长度投影变形小，又可使整个测区处于同一坐标系内，这无论对提高地籍图精度还是拼接以及使用都是有利的。

4.4 地籍控制测量的要求

4.4.1 地籍控制测量的精度

地籍控制测量的精度依据界址点的精度和地籍图的精度而制定。根据不同的施测方法，各等级地籍基本控制网点的主要技术指标见表 4-1～表 4-5。

地籍图根控制点的精度与地籍图的比例尺无关。地形图根控制点的精度一般以地形图比例尺的精度来要求（地形图根控制点的最弱点相对于起算点的点位中误差为 0. 1mm×比例尺分母 M）。界址点坐标精度通常以实地具体的数值来标定，而与地籍图的比例尺精度无关。一般情况下，界址点坐标精度要等于或高于其地籍图的比例尺精度，如果地籍图根控制点的精度能满足界址点坐标精度的要求，则也能满足测绘地籍图的精度要求。

①各等级三角网的主要技术规定见表4-1。

表4-1　　**各等级三角网的主要技术规定**

等级	平均边长/km	测角中误差/（"）	起始边相对中误差	导线全长相对闭合差	水平角观测测回数			方位角闭合差/（"）
					DJ_1	DJ_2	DJ_6	
二等	9	±1.0	1/300 000	1/120 000	12			±3.5
三等	5	±1.8	1/200 000（首级） 1/120 000（加密）	1/80 000	6	9		±7.0
四等	2	±2.5	1/120 000（首级） 1/80 000（加密）	1/45 000	4	6		±9.0
一级	0.5	±5.0	1/80 000（首级） 1/45 000（加密）	1/27 000		2	6	±15.0
二级	0.2	±10.0	1/27 000	1/14 000		1	3	±30.0

②各等级三边网主要技术规定见表4-2。

表4-2　　**各等级三边网主要技术规定**

等级	平均边长/km	测距相对中误差	测距中误差/mm	测距仪等级	测距测回数	
					往	返
二等	9	1/300 000	±30	Ⅰ	4	4
三等	5	1/100 000	±30	Ⅰ、Ⅱ	4	4
四等	2	1/120 000	±16	Ⅰ Ⅱ	2 4	2 4
一级	0.5	1/33 000	±15	Ⅱ	2	2
二级	0.2	1/17 000	±12	Ⅱ	2	2

③各等级测距导线主要技术规定见表4-3。

表4-3　　**各等级测距导线主要技术规定**

等级	平均边长/km	附合导线长度/km	测距中误差/mm	测角中误差/（"）	导线全长相对闭合差	水平角观测测回数			方位角闭合差/（"）
						DJ_1	DJ_2	DJ_6	
三等	3.0	15	±18	±1.5	1/60 000	8	12		$\pm3\sqrt{n}$
四等	1.6	10	±18	±2.5	1/40 000	4	6		$\pm5\sqrt{n}$

续表

等级	平均边长 /km	附合导线长度 /km	测距中误差 /mm	测角中误差 /(")	导线全长相对闭合差	水平角观测测回数			方位角闭合差 /(")
						DJ_1	DJ_2	DJ_6	
一级	0.3	3.6	±15	±5.0	1/14 000		2	6	$\pm10\sqrt{n}$
二级	0.2	2.4	±12	±8.0	1/10 000		1	3	$\pm16\sqrt{n}$

注：n 为导线转折角个数。当导线布设网状，结点与结点、结点与起始点间的导线长度不超过表中的附合导线长度的 0.7 倍。

④各等级 GPS 相对定位测量的主要技术规定见表 4-4 和表 4-5。

表 4-4　**各等级 GPS 相对定位测量的主要技术规定（1）**

等级	平均边长 D /km	GPS 接收机性能	测量量	接收机标称精度优于	同步观测接收机数量
二等	9	双频（或单频）	载波相位	10mm+2ppm	≥2
三等	5	双频（或单频）	载波相位	10mm+3ppm	≥2
四等	2	双频（或单频）	载波相位	10mm+3ppm	≥2
一级	0.5	双频（或单频）	载波相位	10mm+3ppm	≥2
二级	0.2	双频（或单频）	载波相位	10mm+3ppm	≥2

表 4-5　**各等级 GPS 相对定位测量的主要技术规定（2）**

项　　目	等　　级				
	二等	三等	四等	一级	二级
卫星高度角	≥15°	≥15°	≥15°	≥15°	≥15°
有效观测卫星数	≥6	≥4	≥4	≥3	≥3
时段中任一卫星有效观测时间/min	≥20	≥15	≥15		
观测时间段	≥2	≥2	≥2		
观测时段长度/min	≥90	≥60	≥60		
数据采样间隔/s	15~60	15~60	15~60		
卫星观测值象限分布	3 或 1	2~4	2~4	2~4	2~4
点位几何图形强度因子/PDOP	≤8	≤10	≤10	≤10	≤10

4.4.2　地籍控制点埋石的密度

地籍测量工作，不仅要测绘地籍图和界址点坐标，而且要频繁地对地籍资料进行变更。因此，地籍控制点的密度、测区的大小和测区内界址点总数与要求的界址点精度有关，地籍控制点最小密度应符合《城市测量规范》（CJJ/T 8—2011）的要求。但是，地籍控制点的密度与测图比例尺无直接关系，这是因为在一个区域内，界址点的总数、要求的精度和测图比例尺都是固定的，必须优先考虑要有足够的地籍控制点来满足界址点测量的要求，再考虑测图比例尺所要求的控制点密度。地籍控制点埋石的密度同样遵循以上原则。

为满足日常地籍管理的需要，在城镇地区，应对一级、二级地籍控制点全部埋石。通常情况下，地籍控制网点的密度为：

①城镇建成区：100~200m 布设二级地籍控制；

②城镇稀疏建筑区：200~400m 布设二级地籍控制；

③城镇郊区：400~500m 布设一级地籍控制。

旧城居民区内巷道狭窄且错综复杂，建筑物多且分布杂乱无序，使界址点数量剧增且施测困难，这种情况应适当增加控制点和埋石的密度和数目，以满足地籍测量的需求。

4.4.3 地籍控制点点之记和控制网略图

地籍控制点若要永久性保存，就必须在地上埋设标石（或标志）。基本控制点的标石往往埋设在地表之下（称暗标石）而不易被发现。一级、二级地籍控制点的标石大部分埋设在地表之下，地表上仅露出 2cm 左右。为以后寻找控制点方便，必须在实地选点埋石后，对每一控制点填绘一份点之记，如图 4-8 所示。所谓点之记，一般来说，就是用图示和文字描述控制点位与四周地形和地物之间的相互关系，以及点位所处的地理位置的文件。该文件应与其他测量资料一并上交。

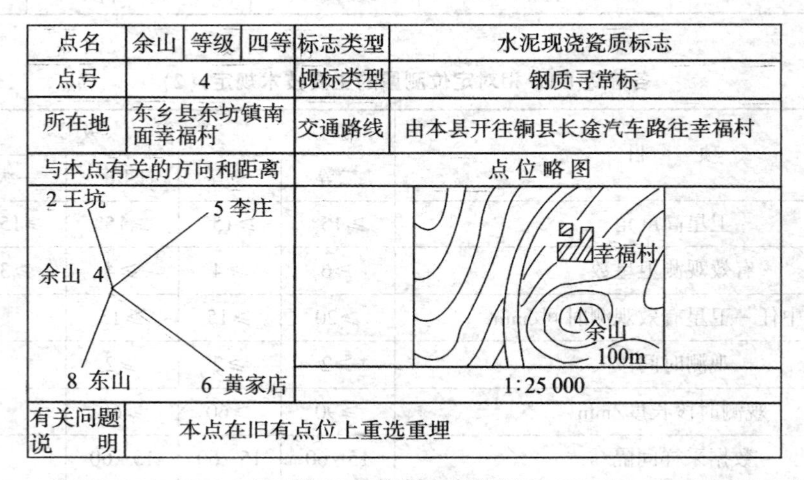

点名	余山	等级	四等	标志类型	水泥现浇瓷质标志
点号	4			觇标类型	钢质寻常标
所在地	东乡县东坊镇南面幸福村			交通路线	由本县开往铜县长途汽车路往幸福村
与本点有关的方向和距离				点位略图	
有关问题说明	本点在旧有点位上重选重埋				

图 4-8 控制点点之记

为更好地了解整个测区地籍控制网点分布情况，检查控制网布网的合理性和控制点分布等情况，必须绘制测区控制网略图。控制网略图就是在一张标准计算用纸（方格纸）上，选择适当的比例尺（能将整个测区画在其内为原则），按控制点的坐标值直接展绘在图纸上，然后用不同颜色或线型的线条画出各等级网形。控制网略图要做到随测随绘，即完成某一等级控制测量工作后，立即按点的坐标展出，再用相应的线条连结。地籍控制测量工作完成，控制网略图也相应完成。

地籍控制网略图是上交资料之一，无论测区大小都要做好这项工作。地籍控制网略图如图 4-9 所示。

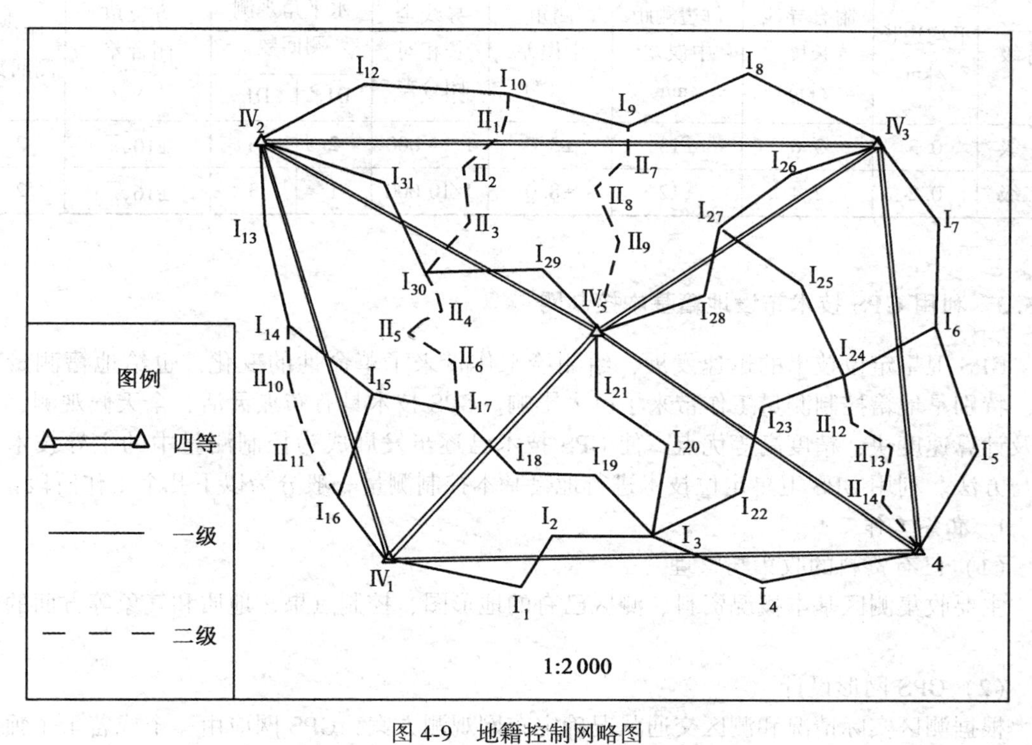

图 4-9　地籍控制网略图

4.5　地籍基本控制测量

4.5.1　利用已有城镇基本控制网

①凡符合 2012 年发布的《城市测量规范》（CJJ/T 8—2011）要求的二等、三等、四等城市控制网点和一级、二级城市控制网点都可利用。

②对已布设二级、三级、四等城市控制网而未布设一级、二级控制网的地区，可以其为基础，加密一级或二级地籍控制网。

③对已布设一级城市控制网的地区，可进一步加密二级地籍控制网。

④利用已有控制成果时，应对所利用的成果有目的地进行分析和检查。在检查与使用过程中，如发现有较大误差时，则应进行分析，对有问题的点（存在粗差、点位移动等）可避而不用。

4.5.2　二级导线地籍控制网的布设

目前各大中城市所建立的质量良好的城市控制网，基本能满足建立地籍控制网的需要。可直接在城市控制网的基础上进行一级、二级地籍控制测量。

城镇地籍控制测量应以光电测距导线布设，其布设规格和技术指标见表4-6。

表4-6　光电测距导线的布设规格和技术指标

等级	平均边长/km	附合导线长度/km	每边测距中误差/mm	测角中误差/(″)	导线全长相对闭合差	水平角观测测回数		方位角闭合差/(″)	距离测回数
						DJ_2	DJ_6		
一级	0.3	3.6	±15	±5.0	1/14 000	2	6	$\pm10\sqrt{n}$	2
二级	0.2	2.4	±12	±8.0	1/10 000	1	3	$\pm16\sqrt{n}$	2

4.5.3　利用GPS技术布设地籍基本控制网

GPS卫星定位技术的迅速发展，给测绘工作带来了革命性的变化，也给地籍测量工作，特别是地籍控制测量工作带来了巨大影响。GPS技术具有布点灵活、全天候观测、观测及计算速度快、精度高等优点，使GPS技术已逐步发展成为控制测量中的主导技术手段与方法。利用GPS卫星定位技术进行地籍基本控制测量一般分为以下几个工作阶段：

1. 准备工作

(1) 已有资料的收集与整理

主要收集测区基本概况资料、测区已有的地形图、控制点果、地质和气象等方面的资料。

(2) GPS网形设计

根据测区实际情况和测区交通状况确定布网观测方案，GPS网应由一个或若干个独立观测环构成，以增加检核条件，提高网的可靠性，可按点连式、边连式、边点混合连接式、星形网、导线网、环形网基本构网方法有机地连接成一个整体。其中，点连式、星形网、导线网附合条件少，精度低；边连式附合条件多，精度高，但工作量大；边点混合连接式和环形网形式灵活，附合条件多，精度较高，是常用的布设方案。

2. 选点和埋石

由于GPS观测站之间不需要相互通视，所以选点工作较常规测量要简便得多。但是考虑到GPS点位选择对GPS观测工作的顺利进行并得到可靠效果有重要影响，所以应根据测量任务、目的、测区范围对点位精度和密度的要求，充分收集和了解测区地理情况及原有控制点的分布和保存情况，尽量选点在视野开阔，远离大功率无线电发射源和高压线及对电磁波反射（或吸收）强烈的物体，地面基础坚固，交通方便的地方。选好点位后，应按要求埋设标石，以便保存，为使用方便，最好至少能与另一埋石点通视。

3. GPS外业观测

(1) 选择作业模式

为保证GPS测量精度，在测量上通常采用载波相位相对定位方法。GPS测量作业模式与GPS接收设备的硬件和软件有关，主要有静态相对定位模式、快速静态相对定位模式、伪动态相对定位模式和动态相对定位模式四种。

(2) 天线安置

测站应选在反射能力较差的粗糙地面，以减少多路径误差，并尽量减少周围建筑物和地形对卫星信号的遮挡。天线安置后，在各观测时段前后各量取一次仪器高。

（3）观测作业

其主要任务是捕获 GPS 卫星信号并对其进行跟踪、接收和处理，以获取所需定位信息和观测数据。

（4）观测记录与测量手簿

观测记录由 GPS 接收机自动形成，测量手簿是在观测过程中由观测人员填写。

4. 内业数据处理

（1）GPS 基线向量的计算及检核

GPS 测量外业观测过程中，必须每天将观测数据输入计算机，并计算基线向量。计算工作是应用随机软件或其他研制软件完成的。计算过程中要对同步环闭合差、异步环闭合差及重复边闭合差进行检查计算，闭合差应符合规范要求。

（2）GPS 网平差

GPS 控制网是由 GPS 基线向量构成的测量控制网。GPS 网平差可以以构成 GPS 向量的 WGS-84 系的三维坐标差作为观测值进行平差，也可在国家坐标系或地方坐标系中进行平差。

5. 提交成果

提交的成果包括技术设计说明书、卫星可见性预报表和观测计划、GPS 网示意图、GPS 观测数据、GPS 基线解算结果、GPS 基点的 WGS-84 坐标、GPS 基点在国家坐标系中的坐标或地方坐标系中的坐标。

4.5.4 利用全站仪进行地籍基本控制测量

城镇地区由于建筑物密集，在地面进行 GPS 测量信号死角多，所以 GPS 测量往往具有一定难度。而导线测量布设灵活，实施方便，通常使用 GPS 做完首级控制后，再利用全站仪加密控制点。导线测量的布设形式一般为单一导线或导线网。其布设规格和技术指标见表 4-3。具体操作分为以下几个步骤：

①收集资料、实地踏勘。收集本测区资料，包括小比例尺地形图和去测绘管理部门抄录已有控制点成果，然后去测区踏勘，了解测区行政隶属、气候及地物、地貌状况、交通现状、当地风俗习惯等。同时踏勘测区已有控制点，了解标石和标志的完好情况。

②技术设计。根据测区范围、地形状况和已有控制点数量及分布，确定全站仪导线等级和规程，拟定技术设计。设计过程中既要考虑控制网精度，又要考虑节约作业费用，即在进行控制网图上选点时，要从多个方案中选择技术和经济指标最佳的方案，这就是控制网优化问题。

③选点埋石。根据图上设计进行野外实地选点时应尽量选在土质坚实、视野开阔、相邻点间通视良好的地方，同时要有足够的密度，点位分布力求均匀，为了长期保存点位和便于观测工作的开展，还应在所选点上造标埋石，绘制点之记。

④外业观测。采用全站仪施测导线时，主要工作是进行水平角和边长观测，有关技术规定见表 4-3。

⑤平差计算。计算是根据观测数据通过一定方法计算出点的空间位置。计算前应全面检查导线测量外业记录，数据是否齐全、可靠，成果是否符合精度要求，起算数据是否准确。控制网的平差计算可利用平差软件完成，如清华山维 NASEW、南方平差易等。

运用清华山维平差软件 NASEW 进行图根控制平差计算的一般处理过程为：

①数据输入。可以是键入整理好的观测记录，也可以是从 ELER 生成的 MSM 文件。

②概算。完成全网的坐标高程计算，或反算观测值、归心改正、投影改化等，并计算控制网的各种路线闭合差，以方便对观测质量的评价和粗差定位。

③平差。在选择平差中设置先验误差，进行单次平差或验后定权法平差。

④精度评定。NASEW 对所有点和边进行精度评定，还可对用户指定的边进行评定。

⑤成果输出。根据打印机、纸张设置以及所选字体，NASEW 自动设计和调整每页输出的内容和网图等，并提供了模拟预显功能。

4.6 地籍图根控制测量

4.6.1 图根控制测量精度要求

图根控制测量是为满足地籍细部测量和日常地籍管理的需要，在基本控制（首级网和加密控制网）点的基础上进行加密，其控制成果直接供测图及测量界址点使用。地籍图根控制点的精度和密度应满足界址点坐标测量的精度要求，特别对于城镇建筑物密集、错综复杂、条件差的地区，应根据地籍细部测量的实际要求，适当增加图根控制点密度。

地籍图根控制测量不仅要为当前的地籍细部测量服务，同时还要满足日常地籍管理的需要，因此在地籍图根控制点上应尽可能埋设永久性或半永久性标志。地籍图根控制点在内业处理时，应有示意图、点之记描述。

4.6.2 地籍图根控制网的布设

城镇地籍测绘中控制网的布设是界址点坐标精度的保证，进而从根本上保证地籍图的精度。目前一级、二级导线的平均边长都在 100m 以上，这样的控制点密度用于测定复杂隐蔽的居民地的界址点势必要设置大量的过渡点（多为支导线形式），不但工作量大，作业率低，在精度方面也不能保证。因此，经济而又可靠的方法是布网时增加控制点的密度。可在二级导线以下，根据实际需要布设合适的图根导线进行加密。

地籍图根控制测量通常采用图根导线测量的方法，导线布设形式有附合导线、闭合导线、定向导线和支导线等。在首级控制许可的情况下，尽可能采用附合导线和闭合导线，但如果控制点遭到破坏，不能满足要求，可考虑无定向附合导线、支导线。表 4-7 提供了两个等级的图根导线的技术指标，作业时可选用其中的一个。

表 4-7　　图根导线技术参数表

等级	平均边长/m	附合导线长度/km	测距中误差/mm	测角中误差/（″）	导线全长相对闭合差	水平角观测测回数		方位角闭合差/（″）	距离测回数
						DJ_2	DJ_6		
一级	100	1.5	±12	±12	1/6 000	1	2	$\pm24\sqrt{n}$	2
二级	75	0.75	±12	±20	1/4 000	1	1	$\pm40\sqrt{n}$	1

图根导线的边长已充分考虑复杂居民点的实际情况，目的是在控制点上能够直接测到界址点，对于特别隐蔽的地方，界址点离控制点的距离也会约束在较短的范围内。

4.6.3 无定向导线

在日常地籍工作中，一些地籍要素需要经常测绘，而且当城镇原有的地籍控制点被严重破坏时，很难找到两个能相互通视的点，如果在加密控制点时仍然采用附（闭）合导线（网）或支导线，势必会增加费用，延长时间，难以及时满足变更地籍测绘的要求，这时可采用无定向导线进行控制点加密。虽然无定向导线（见图 4-10）也是一种控制加密手段，但与其他种类的导线相比，却存在精度难以估算、检核条件少等问题，故在一些测绘规范中并未作为一种加密方法被提及，随着测角、测距技术和仪器的发展，在满足一定的条件下，也可布设无定向导线。

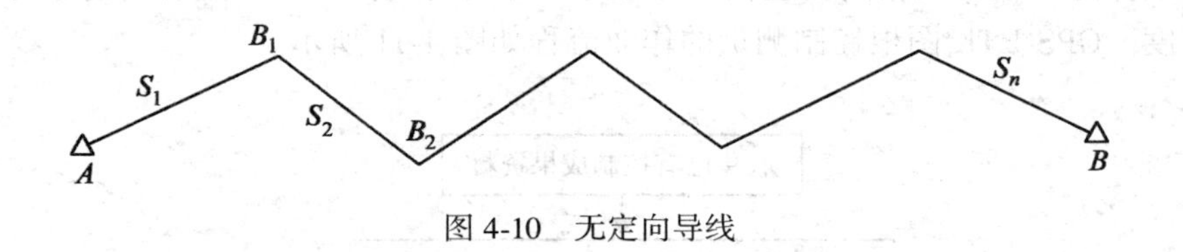

图 4-10 无定向导线

无定向导线检核条件少，在具体应用时应注意：

①先对高级点作仔细检测，确认点号正确，点位未动时方可使用。

②采用高精度仪器作业。

③定向导线中无角度检核，因此在进行角度测绘时应特别当心。一般说来，转折角应盘左和盘右观测，距离应往返测，并保证误差在相应的限差范围内。

④定向单导线有一个多余观测，即有一个相似比 M，规定 $|1 - M| < 10^{-4}$ 的无定向导线才是合格的。

⑤无定向导线采用严密平差软件或近似平差软件进行平差计算，软件中最好有先进的可靠性分析功能。

4.6.4 支导线

在实际工作中，支导线的应用非常普遍。在一些较隐蔽处，支导线的边数可能达到三条或更多，因缺乏检核条件致使支导线出现粗差和较大误差也不能及时发现，造成返工，给工作带来损失。因此，应加强对支导线的检核，采取一些措施以保证支导线的精度，从而保证界址点的测量精度。

4.6.5 GPS-RTK 技术

随着 GPS-RTK（Global Positioning System Real-time Kinematic）技术的日益成熟，利用 GPS-RTK 进行图根控制测量已普遍应用于实际工作中，利用 RTK 进行控制测量不受天气、地形、通视等条件的限制，操作简便、机动性强，工作效率高，大大节省人力，不仅能够达到导线测量的精度要求，而且误差分布均匀，不存在误差积累问题，是其他方法无法比拟的。

GPS-RTK 定位技术是基于载波相位观测值的实时动态定位技术，它能实时实获得测站点在指定坐标系中的三维定位结果，其精度达到厘米级（1~2cm±2×10^{-6}D），完全满足界址点对邻近图根点位中误差及界址线与邻近地物或邻近界线的距离中误差不超过 10cm 的精度要求，而且误差分布均匀，不存在误差积累问题。采用 GPS-RTK 来进行控制测量，能够实时知道定位精度，大大提高作业效率，在实际生产中应用非常广泛。

GPS-RTK 定位的基本原理是在基准站上设置 1 台 GPS 接收机，对所有可见 GPS 卫星进行连续观测，并将已知 WGS-84 坐标和观测数据用数传电台或 GPRS/CDMA 数传终端实时地传输给流动站。在流动站上，GPS 接收机在接收 GPS 卫星信号的同时，通过无线电接收设备接收基准站传输的观测数据，通过差分处理实时解算载波相位整周模糊度，得到基准站和流动站之间的坐标差 ΔX、ΔY、ΔZ，坐标差再加上基准站坐标得到流动站的 WGS-84 坐标，最后通过坐标转换参数求出流动站每个点在相应坐标系的坐标。基准站和流动站必须保持 4 颗以上相同卫星相位的跟踪和必要的几何图形，流动站则随时给出厘米级定位精度。GPS-RTK 图根控制测量的作业流程如图 4-11 所示。

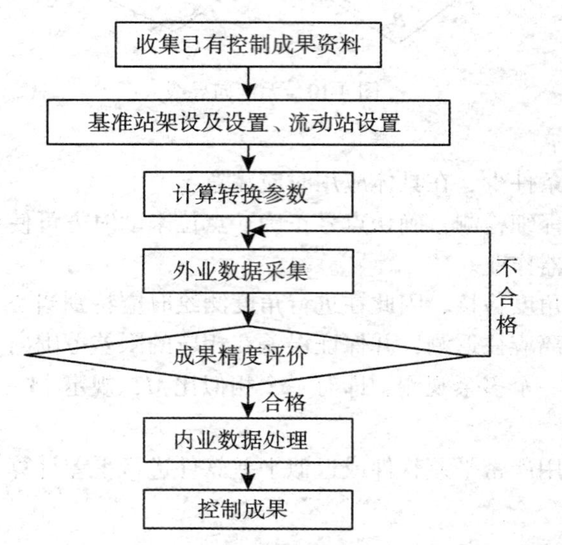

图 4-11　GPS-RTK 图根控制测量作业流程

1. 收集测区已有控制成果

主要包括控制点坐标、等级，中央子午线，采用的坐标系统等。

2. 基准站架设及设置

GPS-RTK 定位的数据处理过程是基准站和流动站之间的单基线处理过程，基准站和流动站的观测数据质量好坏、无线电信号传播质量好坏对定位结果影响很大，因此基准站位置的选择尤为重要。基准站一般架设在视野比较开阔，周围环境比较空旷、地势较高的地方，如山头或楼顶上；避免架设在高压输变电设备、无线电通信设备收发天线、树林等对 GPS 信号的接收以及无线电信号的发射产生较大影响的物体附近。GPS-RTK 测量中，流动站随着基准站距离增大，初始化时间增长，精度将会降低，所以流动站与基准站之间距离不能太大，一般不超过 10m。

基准站的设置含建立项目和坐标系统管理、基准站电台频率选择、GPS-RTK 工作方式选择、基准站坐标输入、基准站工作启动等，以上设置完成后，可以启动 GPS-RTK 基准站，开始测量并通过电台传送数据。

3. 流动站设置

主要包括建立项目和坐标系统管理、流动站电台频率选择、有关坐标的输入、GPS-RTK 工作方式选择，流动站工作启动等。以上设置完成后，可以启动 GPS-RTK 流动站，开始测量作业。

4. 计算转换参数

GPS-RTK 测量要实时得出待测点在国家统一坐标系或地方独立坐标系中的坐标，就需要通过坐标转换将 GPS 观测的 WGS-84 坐标转换为国家平面坐标或独立坐标系坐标。WGS-84 坐标到国家平面坐标（如北京 54 坐标）的转换，可采用高斯投影的方法，这时需确定 WGS-84 与国家平面坐标（如北京 54 坐标）两个大地测量基准之间的转换参数（三参数或七参数），需要定义三维空间直角坐标轴的偏移量和旋转角度并确定尺度差。但通常情况下，对于一定区域内的工程测量应用，一般利用以往的控制点成果求取“区域性”的地方转换参数。

5. 测量前的质量检查

为保证 GPS-RTK 的实测精度和可靠性，必须进行已知点检核，避免出现作业盲点。研究表明，GPS-RTK 确定整周模糊度的可靠性最高为 95%，GPS-RTK 比静态 GPS 还多出一些误差因素如数据链传输误差等，更容易出错，必须进行质量控制。一般采用已知点检核和重测比较法，确认符合要求后再进行测量。

6. 内业数据处理

数据传输即在接收机与计算机之间进行数据交换。GPS-RTK 测量数据处理相对于 GPS 静态测量简单得多，如用 TGO（Trimble Geomatics Office）软件处理接收机导入 DAT 格式的测量数据可直接将坐标值以文件形式输出和打印，得到控制点成果。

◎ 思考题

1. 简述地籍控制测量的概念、原则和特点。
2. 简述地籍控制测量常用的坐标系统。
3. 简述我国统一的分带方法及其相互之间的转换。
4. 简述使用国家统一坐标系的优点。
5. 简述地籍图根控制测量的主要技术指标。
6. 简述利用 GPS 卫星定位技术进行地籍基本控制测量各阶段的主要工作。
7. 简述利用全站仪进行地籍基本控制测量的操作步骤。
8. 简述在工作实践中提高支导线精度的方法。
9. 简述 GPS-RTK 图根控制测量作业流程。

第5章　地籍勘丈

☞ 本章要点

地籍勘丈　地籍勘丈是地籍调查的重要内容。目的是核实宗地权属界址点和土地权属界线的位置，掌握宗地土地利用状况，通过测量获得宗地界址点、宗地形状及面积数据，为土地登记、核发土地权属证书提供依据，为依法管理土地提供相关的信息和凭证。地籍勘丈主要包括地籍要素平面位置的勘丈、地籍图的编制和面积量算等相关工作。

界址点测量　界址是土地权属的界限，界址点则是土地权属界址的拐点。界址点测量工作分为准备工作、实测、内业整理和界址点误差检验。其测量方法主要有解析法、部分解析法、图解法、测算法、航测法、地籍测量数据自动化等。

地籍图的编制　地籍图是指按照特定的投影方法、比例关系和专用符号把地籍要素及有关地物和地貌测绘在平面图纸上的图形。其内容主要有：地籍要素、地物要素及数学要素。地籍图测绘要按照其原则进行。地籍图测绘方法主要有平板仪测图、摄影测量成图、绘编法成图和全野外数字测图。

土地面积量算　地籍测量中的土地面积量算，一般是一种多层次的水平面积测算，是地籍测量中一项很重要且必不可少的工作内容。为保证其量算精度，土地面积量算要按相应要求进行，并应对其结果进行平差计算。

土地面积量算方法有解析法、图解法、求积仪法、全站仪直接测量法等。面积量算后，应将量算结果按行政单位和权属单位分别汇总统计。

☞ **本章结构**

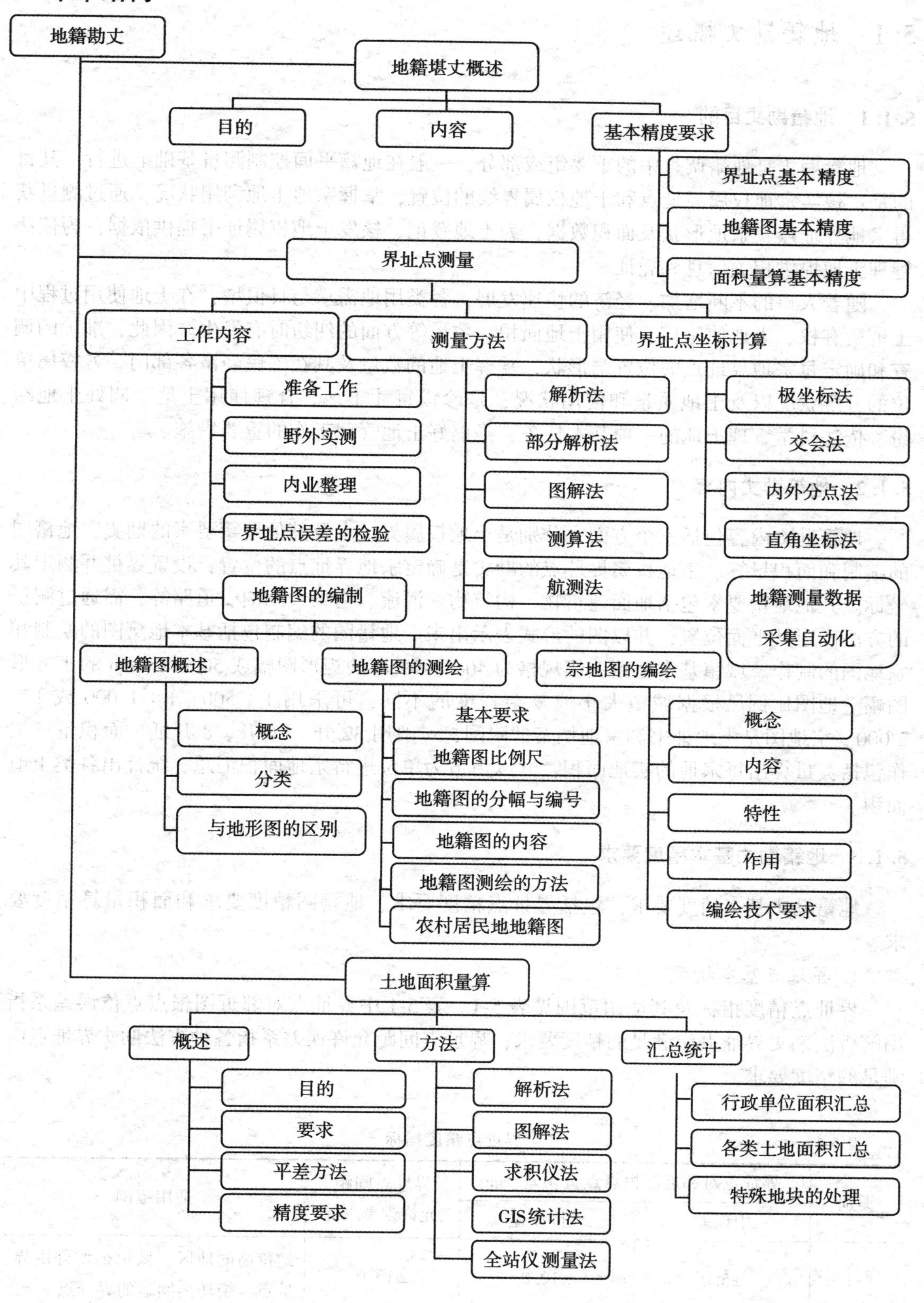

地籍勘丈
地籍堪丈概述
目的
内容
基本精度要求
界址点基本精度
地籍图基本精度
面积量算基本精度
界址点测量
工作内容
测量方法
界址点坐标计算
准备工作
野外实测
内业整理
界址点误差的检验
解析法
部分解析法
图解法
测算法
航测法
极坐标法
交会法
内外分点法
直角坐标法
地籍测量数据采集自动化
地籍图的编制
地籍图概述
地籍图的测绘
宗地图的编绘
概念
分类
与地形图的区别
基本要求
地籍图比例尺
地籍图的分幅与编号
地籍图的内容
地籍图测绘的方法
农村居民地地籍图
概念
内容
特性
作用
编绘技术要求
土地面积量算
概述
方法
汇总统计
目的
要求
平差方法
精度要求
解析法
图解法
求积仪法
GIS统计法
全站仪测量法
行政单位面积汇总
各类土地面积汇总
特殊地块的处理

5.1 地籍勘丈概述

5.1.1 地籍勘丈目的

地籍勘丈是地籍调查中的重要组成部分，一般在地籍平面控制测量基础上进行。其目的是：核实宗地权属界址点和土地权属界线的位置，掌握宗地土地利用状况，通过测量获得宗地界址点、宗地形状及面积数据，为土地登记、核发土地权属证书提供依据，为依法管理土地提供相关信息和凭证。

随着人口的不断增加、经济的快速发展，各类用地需求与日俱增，在土地使用过程中土地所有权、土地使用权、使用土地面积、数量等方面的纠纷时有发生。因此，准确的调查和确定每宗地界址点的位置与形状，掌握土地的数量及其在国民经济各部门、各权属单位的分配状况以及土地质量和使用状况，是珍惜每寸土地、合理使用土地、调处土地纠纷、依法科学管理土地的一项基本任务，是搞好土地管理工作的重要措施。

5.1.2 地籍勘丈内容

地籍勘丈内容包括三个方面，分别是土地权属界址点及其他地籍要素的勘丈，地籍图的编制和面积量算。土地权属界址点的勘丈是确定宗地界址点的位置，设置界桩并测定其坐标。其他地籍要素包括地面建筑物、构筑物、河流、沟渠、湖泊、道路等，需通过测量的方法确定其平面位置，并以图的形式表示出来。地籍图的编制包括基本地籍图的绘制和宗地图的制作。城镇基本地籍图幅规格为40cm×50cm 的矩形图幅或 50cm×50cm 的正方形图幅。地图比例尺根据城镇大小或复杂程度的不同，可采用 1：500、1：1 000 或 1：2 000。宗地图是土地证书和宗地档案的附图，一般用 32 开、16 开、8 开纸。面积量算工作包括：量算出每宗地的实地面积，并以街道为单位进行宗地面积汇总，统计出各类土地面积。

5.1.3 地籍勘丈基本精度要求

地籍勘丈基本精度要求，包括界址点精度要求、地籍图精度要求和面积量算精度要求。

1. 界址点基本精度

界址点精度指标及其适用范围见表 5-1。表 5-1 中界址点对邻近图根点点位误差系指用解析法勘丈界址点应满足的精度要求；界址点间距允许误差系指各种方法勘丈界址点应满足的精度要求。

表 5-1 界址点精度指标

类别	界址点对邻近图根点点位误差/cm		界址点间距允许误差/cm	适用范围
	中误差	允许误差		
一	±5.0	±10.0	±10.0	地价高的地区，城镇街坊外围界址点，街坊内明显的界址点

续表

类别	界址点对邻近图根点点位误差/cm		界址点间距允许误差/cm	适用范围
	中误差	允许误差		
二	±7.5	±15.0	±15.0	地价较高的地区，城镇街坊内部隐蔽的界址点及村庄内部界址点
三	±10.0	±20.0	±20.0	地价一般的地区

2. 地籍图基本精度

①图上相邻界址点间距、界址点与邻近地物点间距离中误差不得大于0.3mm。依勘丈数据转绘的上述距离误差在图上不得大于0.3mm。

②宗地内部与界址边不相邻的地物点，不论采用何种方法勘丈，其点位中误差不得大于0.5mm；邻近地物点间距离中误差在图上不得大于0.4mm。

③地籍图的内图廓长度误差不得大于0.2mm，内图廓对角线误差不得大于0.3mm。

④图廓点、控制点和坐标网的展点误差不得大于0.1mm，其他解析坐标点的展点误差不得大于0.2mm。

3. 面积量算基本精度

①以图幅理论面积为首级控制面积，图幅内各街坊及其他区块面积之和与图幅理论面积之差应小于0.0025ρ（ρ为图幅理论面积）。

②用平差后的街坊面积去控制街坊内各宗地面积时，用解析法量算街坊内各宗地面积之和与该街坊的面积之差应小于1/200，用图解法量算应小于1/100。

③在地籍图上量算面积时，两次量算的误差应满足下面的公式：

$$\Delta P \leqslant 0.0003M\sqrt{\rho} \tag{5-1}$$

式中：P为量算面积；M为地籍图比例尺分母。

地块面积在图上小于5cm^{2}时，不宜采用求积仪量算。

5.2 界址点测量

界址是土地权属的界限，界址点则是土地权属界址的拐点。一块宗地周围的界址点确定了，则这块宗地的位置、形状、面积、权属界限也将随着确定下来。界址点的确定是地籍勘丈的核心，因此应充分重视界址点的测量工作。

5.2.1 界址点测量工作内容

界址点测量的工作分为准备工作、野外实测、内业整理和界址点误差的检验。

1. 准备工作

界址点测量前的准备工作包括如下几点：

（1）界址点位资料准备

在土地权属调查时填写的地籍调查表中详细地说明了界址点实地位置情况，并丈量了大量的界址边长，草编了宗地号，详细绘有宗地草图。这些资料都是进行界址点测量所必需的。

（2）划分测量小组作业范围

当一个测区较大时，特别是多个作业组同时作业时，为对所测数据及时处理及避免重测、漏测，一般要将测区按地籍权属调查划分好的街坊分成若干区域（分区），然后确定每个作业小组所要测的分区。一般是一个街坊一个分区，当街坊很大时，也可按自然地物边界将一个街坊分成几个分区。由于地籍勘丈并不以图幅为单位进行，如果不将测区分成若干区，将给内业处理带来很大的困难。若将测区分为若干区，则在完成某一分区的测量后，就可对这一区域内数据进行处理。只要保证各相对独立分区内的数据正确，整个测区的数据准确度就能得到保证。分区的另一好处是避免数据过大，使作业员能及时、有条理地进行外业和内业处理。对一个分区内的数据要求不能有重复点号，也就是说在一个分区内的所有测点（包括界址点和地物点等）的点号与实地是一一对应关系，不允许实地一个点对应多个点号，或一个点号对应实地多个点。

（3）界址点位置野外踏勘

踏勘时应由参加地籍调查的工作人员引导，实地查找界址点位置，了解权属主的用地范围，并在工作图件上（最好是现势性强的大比例尺图件）用红笔清晰地标记出界址点的位置和宗地的用地范围。如无参考图件，则需绘制踏勘草图。对于面积较小的宗地，最好能在一张纸上连续画上若干个相邻宗地的用地情况，并要注意界址点的共用情况。对于面积较大的宗地，要注记好四至关系和共用界址点情况。在绘好的草图上标记权属主的姓名和草编宗地号。在未定界线附近则可选择若干固定地物点或埋设参考标志。测定时按界址点坐标的精度要求测定这些点的坐标，待权属界线确定后，可据此补测确认后的界址点坐标，这些辅助点也要在草图上标注。

（4）踏勘后的资料整理

进行地籍调查或野外踏勘时草编界址点号和制作界址点观测及面积计算草图。一般不知道各地籍调查区内的界址点数量，只知道每宗地有多少界址点，其编号只标识本宗地的界址点。因此，在地籍调查区内统一编制野外界址点观测草图，并统一编上草编界址点号，在草图上注记出与地籍调查表中相一致的实量边长及草编宗地号或权属主姓名，主要目的是为外业观测记簿和内业计算方便。

2. 野外实测

界址点坐标的测量应有专用的界址点观测手簿。记簿时，界址点的观测序号直接采用观测草图上的草编界址点号。观测用的仪器设备有光学经纬仪、钢尺、测距仪、电子经纬仪、全站型电子速测仪和 GPS 接收机等。这些仪器设备都应进行严格检校。

测角时，仪器应尽可能照准界址点的实际位置，方可读数。角度观测一测回，距离读数至少两次。当使用钢尺量距时，其量距长度不能超过一个尺段，钢尺必须检定并对丈量结果进行尺长改正。

使用光电测距仪或全站仪测距，不仅可免去繁琐的传统量距工作，还可隔站观测，免受距离长短的限制。用这种方法测距时，由于目标是一个有体积的单棱镜，因此会产生目标偏心问题。偏心有两种情况：一是纵向偏心，如图 5-1 所示。P 点为界址点的位置，P' 点为棱镜中心位置，A 为测站点，要使 $AP=AP'$，棱镜必须安放在 A 点为圆心的 PP' 圆弧上；二是横向偏心，如图 5-2 所示。P、P'、A 的含义同前，此时就要求在棱镜放置好之后，能读出 PP'，用实际测出的距离加上或减去 PP'，从而尽可能减少测距误差。这两种情况的发生往往是因为界址点 P 位于墙角。

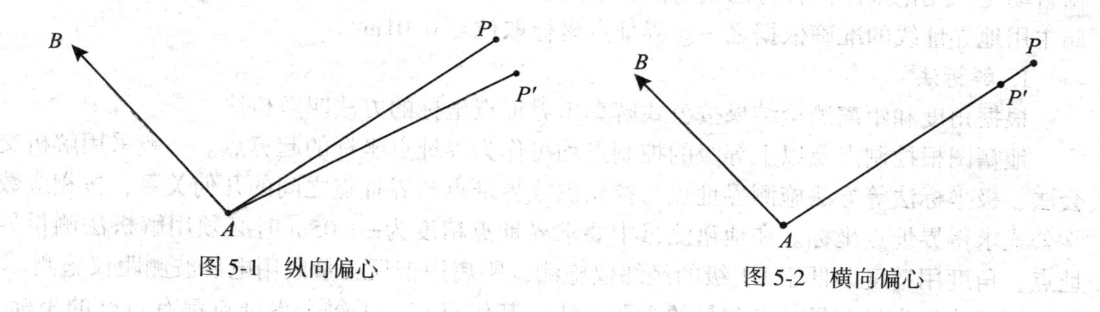

图 5-1 纵向偏心　　图 5-2 横向偏心

3. 内业整理

界址点外业观测工作结束后，应及时地计算出界址点坐标，并反算出相邻界址边长，填入界址点误差表中，计算出每条边的边长误差（$\triangle_1$）。如$\triangle_1$的值超出限差，应按照坐标计算、野外勘丈、野外观测的顺序进行检查，发现错误，及时改正。

当一个宗地的所有边长都在限差范围内时，才可计算面积。

当一个地籍调查区内的所有界址点坐标（包括图解的界址点坐标）都经过检查合格后，按界址点编号方法进行编号，计算所有宗地的面积，然后把界址点坐标和面积填入标准表格中，并整理成册。

4. 界址点误差的检验

界址点误差包括界址点点位误差、界址间距误差。表 5-2 中，ΔS 为界址点点位误差。表 5-3 中 ΔS_1 表示由界址点坐标反算出的边长与地籍调查表中实量边长之差，ΔS_2 表示检测边长与地籍调查表中实量边长之差。ΔS_1 和 ΔS_2 为界址点间距误差。

表 5-2　　界址点坐标误差表

界址点号	测量坐标		检测坐标		比较结果		
	X/m	Y/m	X/m	Y/m	ΔX/cm	ΔY/cm	ΔS

表 5-3　　界址间距误差表

界址边号	实量边长/m	反算边长/m	检测边长/m	ΔS_1/cm	ΔS_2/cm	备注

在界址点误差检验时常用的中误差计算公式为：

$$m = \pm\sqrt{\frac{[\Delta\Delta]}{2n}} = \pm\sqrt{\frac{\sum_{i=1}^{n}\Delta_i^2}{2n}} \tag{5-2}$$

5.2.2 界址点的测量方法

界址点测量方法主要有解析法、部分解析法、图解法、测算法、航测法、地籍测量数据自动化。无论采用何种方法获得的界址点坐标，一旦履行确权手续，就成为确定土地权属主用地界址线的准确依据之一。界址点坐标取位至 0.01m。

1. 解析法

根据角度和距离测量结果按公式解算出界址点坐标的方法叫解析法。

地籍图根控制点及以上等级的控制点均可作为界址点坐标的起算点。一般采用解析交会法、极坐标法等方法施测界址点与控制点或界址点与界址点之间的几何关系，按相应数学公式求得界址点坐标。在地籍测量中要求界址点精度为±0.05m 时必须用解析法测量界址点。角度用精度不低于 DJ_6级的经纬仪施测，距离用钢尺丈量或用电磁波测距仪施测。

解析法作为目前界址点测量的主要方法，其优点有：①每个界址点都有自己的坐标，一旦丢失或地物变化，也可使界址点点位准确复原；②可编绘任意比例尺的地籍图，且成图精度高；③面积计算速度快，精度高，且便于计算机管理；④从长远角度看，在经济上也是合算的。

解析法测得的界址点精度高，完全可以满足城镇地区房地产地籍管理的要求。

2. 部分解析法

采用解析法勘丈街坊外围界址点和街坊内部分明显界址点的坐标，再用图解法勘丈街坊内部的宗地界址点及其他地籍要素的平面位置，以街坊外廓控制内部宗地。

以解析法勘丈的界址点为基础展绘出街坊，再依据图解法测定的宗地位置、形状，经宗地草图的丈量数据校核后绘制街坊内部，编制地籍图。

3. 图解法

以已测得的大比例尺地形图或地籍图为基础，在地籍图上量取界址点坐标的方法称为图解法。利用图解法所测定的界址点称为图解界址点。采用图解法量取坐标时，应量至图上 0.1mm，作业时要独立量测两次，两次量测坐标的点位较差不得大于图上 0.2mm，取中数作为界址点坐标。

此方法野外工作量少、生产工艺简单、速度快、成本低，适合已有大比例尺地形图或地籍图的地区。但它受地形图、地籍图现势性和成图精度的影响较大，其图上量测确定的坐标和图上量算面积的精度，均取决于原图上地物点的精度。一般比解析法精度低，适用于农村地区和城镇街坊内部隐蔽界址点的测量，并在界址点精度与所用图解的图件精度一致的情况下采用。

4. 测算法

通常是以解析法施测街坊周围能够直接测量的界址点坐标，而对街坊内部隐蔽的无法直接施测的界址点，则可利用已测界址点坐标和各宗地界址点坐标和各宗地界址点间勘丈值及已知条件，灵活运用各种公式，计算隐蔽界址点的坐标值。

5. 航测法

航测法是采用航测大比例尺成图技术，先外业调绘后内业测图的方法做成大比例尺地形图或地籍图。界址点坐标可直接从相片上量测，其精度一般高于图解的点位精度，而低于解析法的精度。

航测法适合于需要大面积地籍测量的地区。它既弥补了图解法精度较低的不足，又克服了解析法效率较低，成本较高的缺点。

6. 地籍测量数据采集自动化

地籍测量数据采集一般用全站仪或 RTK GPS 测量技术，可直接实现界址点坐标的自动测定，并将其坐标值存入电子手簿，与计算机、绘图仪连接，绘出地籍图或建立地籍数据库。这种方法不但速度快、效率高，而且便于自动化管理，是地籍测量的主要手段。

5.2.3 界址点坐标计算

1. 极坐标法

极坐标法是测定界址点坐标最常用的方法。它根据测站上的一个已知方向，测出已知方向与界址点之间的角度和测站点至界址点的距离，确定界址点位置，如图 5-3 所示。

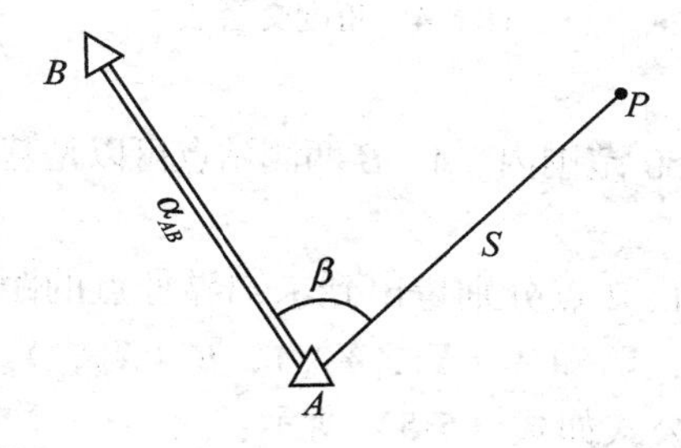

图 5-3　极坐标法

已知数据 A（X_A，Y_A），B（X_B，Y_B），观测数据 β，S，则界址点 P 的坐标 P（X_P，Y_P）为：

$$\begin{cases} X_P = X_P + S\cos(\alpha_{AB} + \beta) \\ Y_P = Y_P + S\sin(\alpha_{AB} + \beta) \end{cases} \tag{5-3}$$

其中

$$\alpha_{AB} = \arctan \frac{Y_B - Y_A}{X_B - X_A}$$

作为测定界址点最常用的方法，其具有以下优点：灵活，量距、测角工作量小，在一个测站上可同时测定多个界址点，其测站点可以是基本控制点或图根控制点。

2. 交会法

交会法可分为角度交会法和距离交会法。

（1）角度交会法

角度交会法是指分别在两个测站上对同一界址点测量，将得到的两个角度进行交会以确定界址点位置的方法。如图 5-4 所示，A、B 两点为已知测站点，其坐标为 A（X_A、Y_A）、B（X_B，Y_B），α、β 为两个观测角，P 点为界址点，其坐标计算公式（公式推导见有关测量学教材）如下：

$$\begin{cases} X_P = \dfrac{X_B\cot\alpha + X_A\cot\beta + Y_B - Y_A}{\cot\alpha + \cot\beta} \\ Y_P = \dfrac{Y_B\cot\alpha + Y_A\cot\beta - X_B + X_A}{\cot\alpha + \cot\beta} \end{cases} \tag{5-4}$$

P 点坐标也可用极坐标法公式进行计算，此时图 5-4 中的 $S = S_{AB}\sin\alpha/\sin(180° - \alpha - \beta)$。其中 S_{AB}为已知边长，把图 5-4 与图 5-3 对照，将其相应参数代入极坐标法计算即可。

角度交会法一般适用于在测站上能看见界址点位置，但无法测量出测站点至界址点的

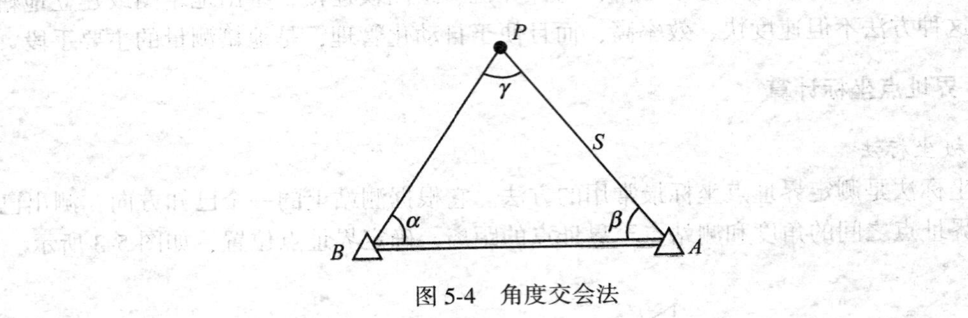

图 5-4　角度交会法

距离。交会角∠P 应在 30°~150°范围内。A、B 两测站点可以是基本控制点或图根控制点。

（2）距离交会法

距离交会法是指从两个已知点分别量出到未知界址点的距离，从而确定出未知界址点坐标的方法。如图 5-5 所示，已知 A（X_A，Y_A），B（X_B，Y_B），观测 S_1、S_2，求 P 点坐标（X_P，Y_P），其坐标计算公式如式（5-5）所示：

$$\begin{cases} X_P = X_B + L(X_A - X_B) + H(Y_A - Y_B) \\ Y_P = Y_B + L(Y_A - Y_B) + H(X_B - X_A) \end{cases} \tag{5-5}$$

式中：

$$L = \frac{S_2^2 + S_{AB}^2 - S_1^2}{2S_{AB}^2}$$

$$H = \sqrt{\frac{S_2^2}{S_{AB}^2} - L^2}$$

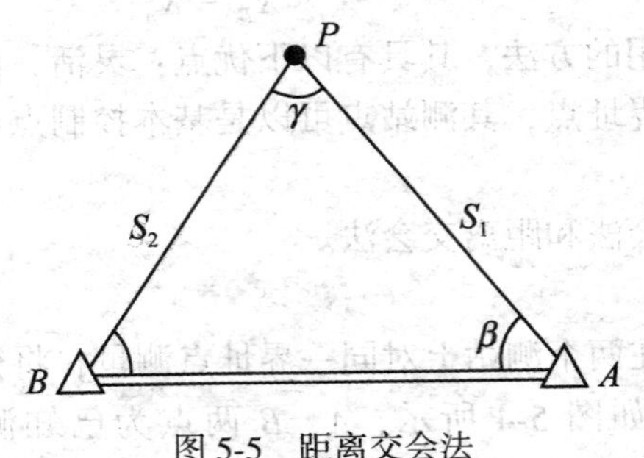

图 5-5　距离交会法

由于测设的各类控制点有限，因此可用这种方法解析交会出一些控制点上不能直接测量的界址点。A、B 两已知点可能是控制点，也可能是已知的界址点或辅助点（为测定界址点而测设的），这种方法仍要求交会角∠P 为 30°~150°。

以上两种交会法的图形顶点编号应按顺时针方向排列，即按 B—P—A 的顺序。进行交会时，应有检核条件，即对同一界址点应有两组交会图形，计算出两组坐标，并比较其差值。若两组坐标的差值在允许范围内，则取平均值作为最后界址点的坐标；或把求出的界址点坐标和邻近的其他界址点坐标反算出的边长与实量边长进行检核，其差值如在规范所允许范围内，则可确定所求出的界址点坐标是正确的。

3. 内外分点法

当未知界址点在两已知点的连线上时，则分别量测出两已知点至未知界址点的距离，从而确定出未知界址点的位置。如图 5-6 所示，已知 A（X_A，Y_A），B（X_B，Y_B），观测距离 $S_1=AP$，$S_2=BP$，此时可用内外分点坐标公式和极坐标法公式计算出未知界址点 P 的坐标。

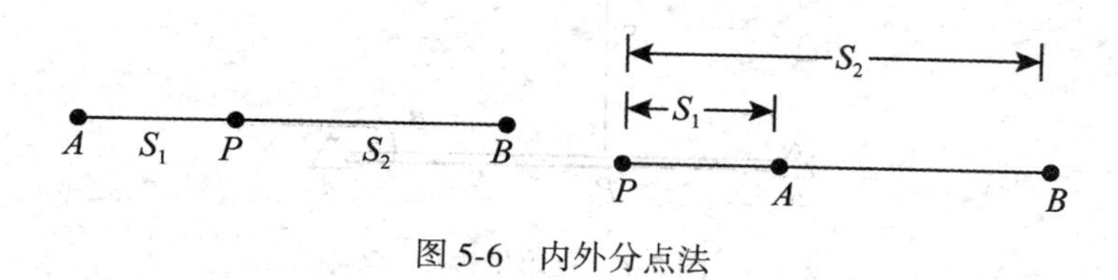

图 5-6 内外分点法

由距离交会图可知：当 $\beta=0°$，$S_2<S_{AB}$ 时，可得到内分点图形；当 $\beta=180°$，$S_2>S_{AB}$ 时，可得到外分点图形。

从公式中可以看出，P 点坐标与 S_2 无关，但要求作业人员量出 S_2 以供检核之用，以便发现观测错误和 A、B 两点的坐标错误。

内外分点法计算 P 点坐标的公式为：

$$\begin{cases} X_P = \dfrac{X_A + \lambda X_B}{1 + \lambda} \\ Y_P = \dfrac{Y_A + \lambda Y_B}{1 + \lambda} \end{cases} \tag{5-6}$$

式中：内分时，$\lambda = S_1/S_2$；外分时，$\lambda = -S_1/S_2$。由于内外分点法是距离交会法的特例，因此距离交会法中的各项说明、解释和要求都适用于内外分点法。

4. 直角坐标法

直角坐标法又称截距法，通常以一导线边或其他控制线作为轴线，测出某界址点在轴线上的投影位置，量测出投影位置至轴线一端点的位置。如图 5-7 所示，A（X_A，X_B），B（X_B，Y_B）为已知点，以 A 点为起点，B 点为终点，在 A、B 间放上一根测绳或卷尺作为投影轴线，然后用设角器从界址点 P 引设垂线，定出 P 点的垂足 P_1 点，然后用鉴定过的钢尺量出 S_1 和 S_2，则计算公式如下：

$$S = S_{AP} = \sqrt{S_1^2 + S_2^2}，\ \beta = \arctan\left(\frac{S_2}{S_1}\right) \tag{5-7}$$

将上式计算出的 S、β 和相应的已知参数代入极坐标法计算公式即可。

这种方法操作简单，使用工具价格低廉，为确保 P 点坐标精度，引设垂足时要仔细操作。

5.3 地籍图的编制

5.3.1 地籍图概述

1. 地籍图概念

地籍图是指按照特定的投影方法、比例关系和专用符号把地籍要素及其有关地物和地

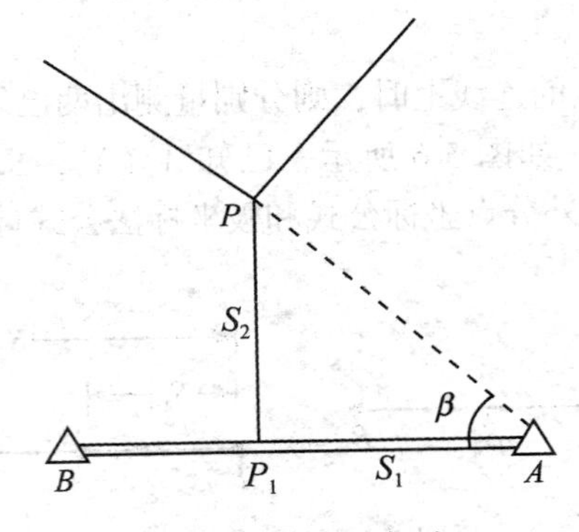

图 5-7　直角坐标法

貌测绘在平面图纸上的图形。地籍图只能表示基本的地籍要素和地形要素。

地籍图具有国家基本图的特性。一个国家的整个国土范围由于被占有、使用或利用而被分割成许多地块和土地权属单位，并且无一遗漏，整个国土面积，不论城镇、农村，还是边远地区，均须测设地籍图。

地籍图既要准确完整地表示基本地籍要素，又要使图面简明、清晰，便于用户根据图上的基本要素去增补新的内容，加工成用户各自所需的专用图。

一张地籍图，并不能表示出所有应该要表示或描述的地籍要素。在图上，它主要直观地表达自然或人造地物和地貌，对应的地籍空间要素的属性在地籍图上只能用标识符来进行有限表达，这些标识符与地籍数据和地籍表册建立了一种有序的对应关系，从而使地籍资料有机地联系在一起。这是因为地籍图一方面受到比例尺限制，另一方面还应符合图的可读性和艺术性。

2. 地籍图分类

按表示内容可分为基本地籍图和专题地籍图；按城乡地域差别可分为农村地籍图和城镇地籍图；按表达方式可分为模拟地籍图和数字地籍图；按用途可分为税收地籍图、产权地籍图和多用途地籍图；按图幅形式可分为分幅地籍图和地籍岛图。

在地籍图集合中，我国现在主要测绘制作的有：城镇分幅地籍图、宗地图、农村居民地地籍图、土地利用现状图、土地所有权属图等。

为了满足土地登记和土地权属管理需要，目前我国城镇地籍调查需测绘的地籍图包括：

（1）宗地草图

宗地草图是描述宗地位置、界址点、线和相邻宗地关系的实地记录。权属调查时，调查人员应现场绘制宗地草图，用来表示宗地现状、界址点与邻近重要地物之间距离数据、界址点的几何关系。

（2）基本地籍图

基本地籍图是反映地籍调查区内各宗地的分布、境界、位置和面积，经过土地登记具有法律效力的专业地图，也是全面反映房屋及其用地位置和权属状况的基本图。它是测绘宗地图的基础，是地籍测量的基本成果之一，图幅规格大小一般为 40cm×50cm 的矩形图幅。

(3) 宗地图

宗地图一般以一宗地为单位绘制，是土地证书及宗地档案的附图。它是从基本地籍图上蒙绘，按照宗地大小确定其比例尺。

3. 地籍图与地形图的区别

(1) 性质不同

地形图除表示地面固定地物外，还有地面高低起伏的表示；而地籍图属于一种专题图，除因特别需要测定一些高程点外，一般主要反映地籍要素以及与地籍有密切关系地物的平面位置。

(2) 内容有差异

在地籍图上，除地物、地貌、植被符号与地形图的表示方法基本相同外，还有地形图上所没有的地籍内容，如地籍街道、街坊界线、界址点、界址线、地籍号、土地用途、宗地面积、土地坐落、土地使用者或所有者及土地等级等。同时在地物表示的侧重点上，地籍图和地形图也有所不同，地籍图上需标明调查范围内每一宗土地的名称和各种地类代码，而地形图中只要表示出地物点和地形点的平面位置即可。

地形图上对地物点、高程点精度要求严格，对土地使用者的用地界线范围一般仅作示意；而地籍图中恰恰相反，土地使用者的界址点与界址线要精确表示，而宗地内与界址边不相邻的地物可放宽精度要求。

在地籍图上，不仅要表示各类地籍要素的平面位置（即空间数据），而且要准确注记宗地编号、类别、面积和宗地主名称、房屋的结构与层数等（即属性数据），这些数据是通过权属调查得出的。地籍测量依据权属调查的成果测定出每宗地的准确位置与面积，并使地籍要素充分体现在地籍图上。权属调查与地籍测量的结合形成了地籍调查成果权属合法、界址清楚、面积准确的特性，最终形成了地籍图。而地形图主要侧重地物、地貌空间数据的表达，在空间数据的表示上，往往不具备地籍图表达的内容。

(3) 现势性不同

地籍图是现势性极强的图件，进行初始地籍调查测出地籍图后，接着就要转入经常性的变更地籍调查工作，即随时变更，随时进行地籍要素的修测与补测，随时绘制现势性的地籍图。而地形图是按国家计划，每隔数年进行一次大规模修测或重测，现势性较差。

5.3.2 地籍图的测绘

1. 基本要求

(1) 地物测绘的一般原则

地籍图上地物的综合取舍，除根据规定的测图比例尺和规范的要求外，还须根据地籍要素及权属管理方面的需要确定必须测绘的地物，与地籍要素和权属管理无关的地物在地籍图上可不表示。对一些有特殊要求地物（如房屋、道路、水系、地块）的测绘，必须根据相关规范和规程在技术设计书中具体指明。

(2) 图边的测绘与拼接

为保证相邻图幅的互相拼接，接图的图边一般均须测出图廓线外5~10mm。地籍图接边差不超过规范规定点位中误差的$2\sqrt{2}$倍。小于限差的，平均配赋，但应保持界址线及其他要素间的相互位置，避免有较大变形，超限时需检查纠正。如果采用全野外数字化测图技术或数字摄影测量技术，则无接边要求。

（3）地籍图的检查与验收

为保证成果质量，须对地籍图执行质量检查制度。测量人员除平时对所观测、计算和绘图工作进行充分的检核外，还需在自我检查的基础上建立逐级检查制度。图的检查工作包括自检和全面检查两种。检查的方法分室内检查、野外巡视检查和野外仪器检查。在检查中对发现的错误，应尽可能予以纠正，如果错误较多，则按规定退回原测图小组予以补测或重测。测绘成果资料经全面检查认为符合要求，即可予以验收，并按质量评定等级。技术检查主要依据技术设计书和测量技术规范。

2. 地籍图比例尺

地籍图比例尺的选择应满足地籍管理的需要。地籍图需准确地表示土地权属界址及土地附着物等的细部位置，为地籍管理提供基础资料，地籍测量成果可为国民经济多个部门提供地理信息基础数据，故地籍图应选用大比例尺。考虑到城乡土地经济价值的差别，农村地区地籍图的比例尺比城镇地籍图的比例尺小。即使在同一地区，也可视具体情况及需要采用不同比例尺。

（1）选择地籍图比例尺的依据

《地籍调查规程》（TD/T 1001—2012）对地籍图比例尺的选择规定了一般原则和范围。但对一个城镇而言，应选择多大的地籍图比例尺，必须根据以下原则考虑：

①繁华程度和土地价值。就土地经济而言，地域的繁华程度与土地价值密切相关，对于城镇尤其如此。城镇的商业繁华程度主要是指商业和金融中心，如西安市的东大街等是城市的商业中心。显然，城镇黄金地段的土地十分珍贵，地籍图应对地籍要素及地物要素表示得十分详细和准确，因此必须选择大比例尺测图，如1∶500、1∶1 000。

②建（构）筑物密度和细部详细度。一般来说，建（构）筑物密度大，其比例尺可大些，以便使地籍要素能清晰地上图，不至于使图面负载过大，避免地物注记相互压盖。若建（构）筑物密度小，比例尺就可小一些。另外，表示房屋细部的详细程度与比例尺有关，比例尺越大，房屋的细微变化可表示得更加清楚；如果比例尺小了，则细小部分无法表示，这就影响到房屋占地面积量算的准确性。

③地籍图的测量方法

按《地籍调查规程》（TD/T 1001—2012）规定，地籍测量采用模拟测图和数字测图的方法。当采用数字地籍测量方法测绘地籍图时，界址点及其地物点的精度较高，面积精度也高，在不影响土地权属管理的前提下，比例尺可适当小一些；当采用传统的模拟法测绘地籍图（如平板仪测图）时，若实测界址点坐标，比例尺大则精度高，比例尺小则精度低。

（2）我国地籍图的比例尺系列

世界上各国地籍图比例尺系列不一，目前比例尺最大的为1∶250，最小的为1∶5万。例如，日本规定城镇地区为1∶250~1∶5 000，农村地区为1∶1 000~1∶5 000；德国规定城镇地区为1∶500~1∶1 000，农村地区为1∶2 000~1∶5万。

根据国情，我国地籍图比例尺系列一般规定为：城镇地区（指大、中、小城市及建制镇以上地区）地籍图的比例尺可选用1∶500、1∶1 000、1∶2 000，基本比例尺为1∶1 000；农村地区（含土地利用现状图和土地权属界线图）地籍图比例尺可选用1∶5 000、1∶1万、1∶2.5万或1∶5万，其基本比例尺为1∶1万。

为了满足权属管理的需要，农村居民地及乡村集镇可测绘农村居民地地籍图。农村居民地（或称宅基地）地籍图的测图比例尺可选用 1∶1 000 或 1∶2 000。急用图时，也可编制任意比例尺的农村居民地地籍图，以准确表示地籍要素为准。

3. 地籍图的分幅与编号

（1）城镇地籍图的分幅与编号

城镇地籍图的幅面通常采用 50cm×50cm 和 50cm×40cm，分幅方法采用有关规范所要求的方法，以便于各种比例尺地籍图的连接。

当 1∶500、1∶1 000、1∶2 000 比例尺地籍图采用正方形分幅时，图幅大小均为 50cm×50cm，图幅编号按图廓西南角坐标公里数编号，*X* 坐标在前，*Y* 坐标在后，中间用短横线连接，如图 5-8 所示。

1∶500 比例尺地籍图的图幅编号为：689. 75-593. 50；

1∶1 000 比例尺地籍图的图幅编号为：689. 50-593. 00；

1∶2 000 比例尺地籍图的图幅编号为：689. 00-593. 00。

当 1∶500、1∶1 000、1∶2 000 比例尺地籍图采用矩形分幅时，图幅大小均为 40cm×50cm，图幅编号方法同正方形分幅，如图 5-9 所示。

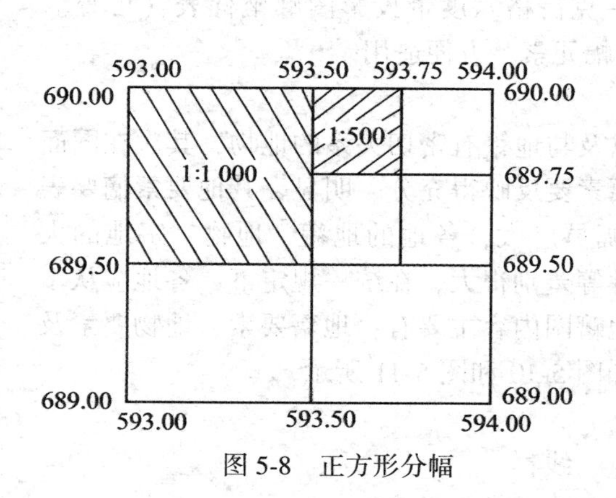

图 5-8 正方形分幅

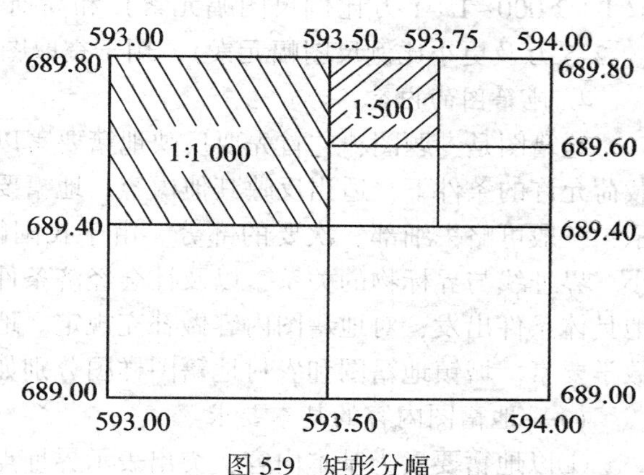

图 5-9 矩形分幅

1∶500 比例尺地籍图的图幅编号为：689. 60-593. 50；

1∶1 000 比例尺地籍图的图幅编号为：689. 40-593. 00；

1∶2 000 比例尺地籍图的图幅编号为：689. 00-593. 00。

若测区已有相应比例尺地形图，地籍图的分幅与编号方法可沿用地形图的分幅与编号，并于编号后加注图幅内较大单位名称或著名地理名称命名的图名。

（2）农村地籍图的分幅和编号

农村居民地地籍图分幅和编号与城镇地籍图相同。若是独立坐标系统，则是县、乡（镇）、行政村、组（自然村）给予代号排列而成。

农村地籍图（包括土地利用现状图和土地权属界线图）按国际标准分幅编号，其具体方法见有关测量学教材，这里不再详述。

无论是城镇地籍图，还是农村地籍图，均应取注本幅图内最著名的地理名称或企事业单位、学校等名称作为图名，以前已有的图名一般应沿用。

（3）农村地籍图的图幅元素

图幅元素是表示图幅位置和大小的一组数据。由于城镇地籍图比例尺大，图幅尺寸大小不随经纬度而变化，图幅元素由规定的方法确定。农村地籍图比例尺一般为1：5 000~1：5万，多采用梯形分幅，图廓线为经纬线，图幅元素构成如下：

大地经纬度	L，B
高斯平面直角坐标	X，Y
南北及东西图廓线长	a南，a北，c（cm）
图幅对角线长	d（cm）
图幅面积	p（km^2）
子午线收敛角	r

地籍调查技术人员接到农村地籍图的测绘任务后，应查取图幅元素，以了解图幅的位置和大小，展绘图廓点。在整理成果时，图幅元素必须填写到图历档案中去，以供内业使用。在土地利用现状调查中，图幅理论面积将作为真值，用作乡、村和各类土地面积的量算与平差的控制。

由高斯投影可知，当知道图廓的地理坐标之后，可用高斯投影正算公式解出图幅元素。测绘部门编制了高斯投影图廓坐标表包含高斯-克吕格三度带投影图廓坐标表（可查取1：2 000~1：1万比例尺图幅元素）和高斯–克吕格六度带投影图廓坐标表（可查取1：2.5万及更小比例尺图幅元素），用于查取图幅元素，方便适用。

4. 地籍图的内容

地籍图是专题图，它首先要反映地籍要素以及与地籍有密切关系的地物，其次在图面载荷允许的条件下，适当反映其他内容。地籍要素要反映得充分、明显，其他要素摘要表示，一般可略去细部、次要的部分。由于我国幅员广大，各地的地貌、地物、宗地的大小、界址线与界标物的关系，以及社会经济条件等差别很大，在统一规定下，各地应从本地具体条件出发，对地籍图内容做补充规定。地籍图内容主要有：地籍要素、地物要素及数学要素。城镇地籍图和农村地籍图样图分别如图5-10和图5-11所示。

（1）地籍图内容的基本要求

①以地籍要素为基本内容，突出表示界址点、线；

②地籍图作为基础图件应有较高的数学精度和必需的数学要素；

③由于地籍图具有多功能，因此必须表示河流、境界等基本的地理要素，特别是与地籍有关的地物要素，如建（构）筑物；

④地籍图图面必须主次分明、清晰易读，并便于根据多用户需要加绘专用图要素。

（2）地籍图内容选取的基本要点

①具有宗地划分参考意义的各类自然或人工地物和地貌，这些地物或地貌本身就是权属界线或在界线附近，如墙、埋设的界标、沟、路、坎、建筑物底层的投影线等。

②具有土地利用现状分类划分参考意义的各类地物或地貌，如田埂、地类界、沟、渠、建筑物底层的投影线等。

③土地上的重要附着物，如水系、道路、建（构）筑物等，这些都是地籍图具有地理性功能的重要因素。

④地下各种管线及建（构）筑物，如下水道、自来水管、井盖等，在图上不表示。

⑤地面上的管线只表示重要的，如万伏以上高压线、裸露的大型管道（工厂内部的可根据需要考虑）等。

⑥另外，还有界址点、控制点等点要素。

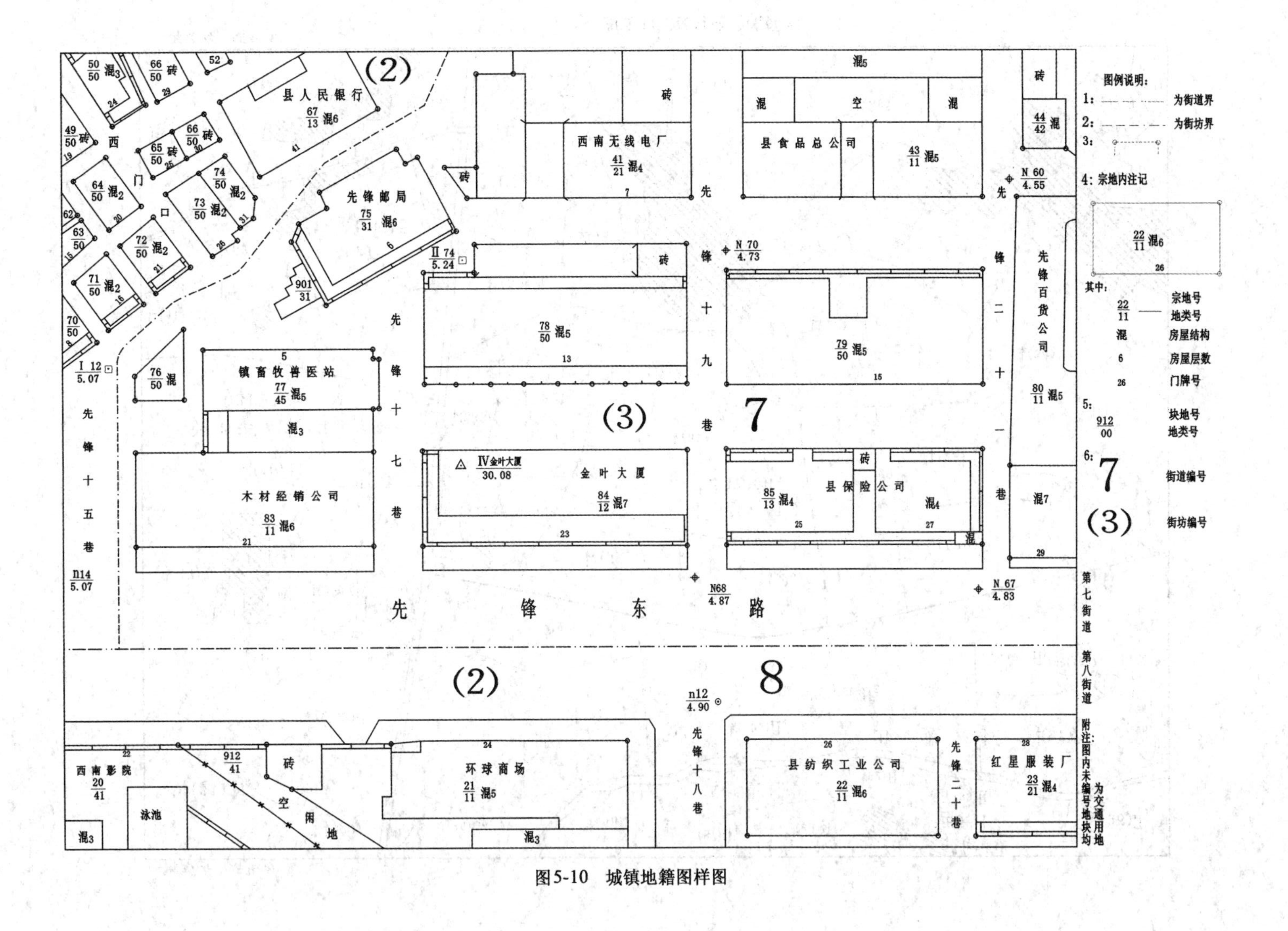

图5-10　城镇地籍图样图

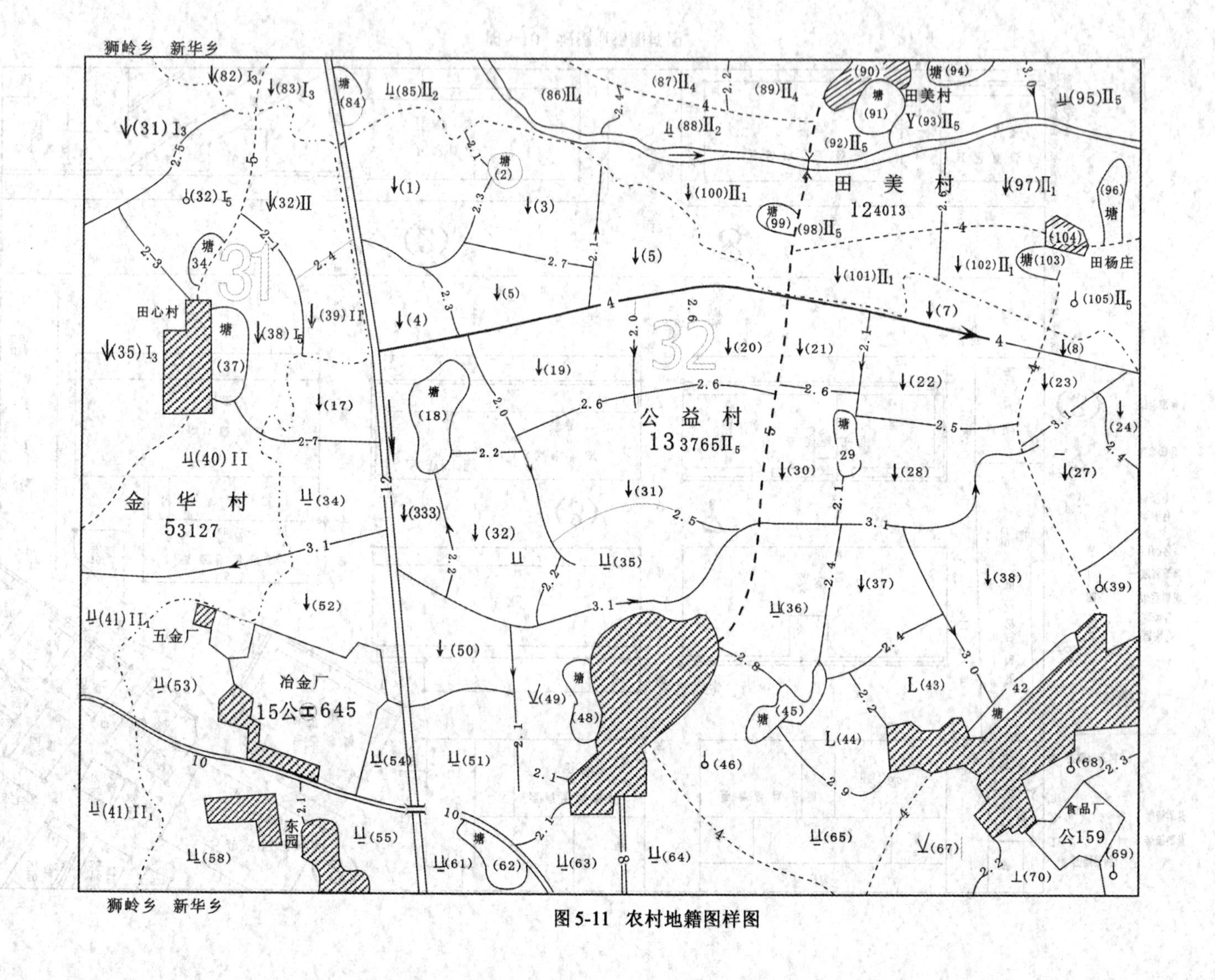

图 5-11 农村地籍图样图

以上各类要素都是我们在实地上可以感觉到和触摸到的实体，这部分要素回答了宗地或地块在“哪里”、是“多少”的问题。

⑦注记部分，即地表自然情况的符号表示，如房屋结构和层数、植被、地理名称等。

⑧标识符，它在地籍图上占有非常重要的位置，是对地面客体（如土地权属单位、地块）的标识。标识符的含义和表达的具体内容在地籍数据集和地籍簿册中都有准确、详细的描述。地籍图上主要表示的标识符有：地籍区（街道）号、地籍子区（街坊）号、宗地号、界址点号、利用分类代码、控制点号、房产编号等。

标识符间接地回答了宗地或地块是“谁的”、“怎么样”和“为什么”的问题。

（3）地籍图的基本内容

①地籍要素。在地籍图上应表示的地籍要素包括：行政界线、界址点、界址线、地类号、地籍号、坐落、土地使用者或所有者及土地等级等。现分述如下：

行政界线：各级行政界线要素包括省、自治区、直辖市界；自治州、地区、盟、地级市界；县、自治县、旗、县级市及城市内的区界；乡、镇、国营农、林、牧、渔场界及城市内街道界。不同等级的行政境界相重合时只表示高级行政境界，境界线在拐角处不得间断，应在转角处绘出点或线。

界址要素：包括宗地的界址点、界址线、地籍街坊界线、城乡结合部的集体土地所有权界线。在地籍图上界址点用0.8mm的红色小圆圈表示，界址线用0.3mm的红线表示。当图上两界址点间距小于1mm时，用点符号表示，但应正确表示界址线；当土地权属界址线与行政界线、地籍区（街道）界或地籍子区（街坊）界重合时，应结合线状地物符号突出表示土地权属界址线，行政界线可移位表示；集体土地所有者名称注记在集体土地所有权界线内。

地籍号：地籍号由区县编号、地籍区（街道）号、地籍子区（街坊）号、宗地号及房屋栋号组成。在地籍图上只注记地籍区（街道）号、地籍子区（街坊）号及宗地号。街道号、街坊号注记在图幅内有关街道、街坊区域的适中位置，宗地号注记在宗地内。在地籍图上宗地号和地类号的注记以分式表示，分子表示宗地号，分母表示地类号。对于跨越图幅的宗地，其在不同图幅的各部分都须注记宗地号；如果某街道或街坊或宗地只有一小区域在本图幅内，相应编号可以注记在本图幅内图廓线外；如果宗地或地块面积太小，宗地号注记不下时，允许移注在宗地或地块外空白处并以指示线标明，也可以不注记。

地类：在地籍图上按《土地利用现状分类》规定的地类代码注记地类，地籍图上应注记地类的二级地类。对于宗地较小的住宅用地，也可以省略不注记，其他各类用地一律不得省略。

宗地坐落：由行政区名、道路名（或地名）及门牌号组成，地籍图上应适当注记行政区名及道路名，宗地门牌号除在街道首尾及拐弯处注记外，其余可跳号注记。

土地使用者或所有者：在地籍图上可选择性注记单位名称或集体土地所有者名称；个人用地的土地使用者名称不需要注记。若单位宗地较小，可以不在地籍图上注记。

土地等级：对于已完成土地定级估价的城镇，在地籍图上绘出土地分等定级界线及注记相应的土地等级。

②地物要素。在地籍图上应表示的地物要素包括：建（构）筑物、道路、水系、地貌、土壤植被、注记等。

建（构）筑物：在地籍图上要绘出固定建筑物的占地状况，并注记建筑物的层数与建筑结构。非永久性建筑物如棚、简易房可舍去；附属建筑物如不落地的阳台、雨篷及台阶等可舍去，但大单位大面积的台阶、有柱的雨篷应表示；建筑物的细部如墙外砖柱等或较小的装饰性细部可舍去。

道路：在地籍图上要绘出道路的道牙石线。道路的附属物、里程碑和指路牌等可舍去。桥梁、大的涵洞及隧道要在地籍图上绘出。

水系：河流、湖泊、水塘等水域必须测量并在地籍图上绘出其边界。

地貌：地籍图上一般不表示平坦地区地貌；山区或丘陵地区，为了用图方便起见，宜表示出大面积的斜坡、陡坎、路堤、台阶路等。在地籍图上应注记控制点的高程，散点高程可以选择性注记。

土壤植被：在地籍图上，大面积绿化土地、街心花园、城乡结合部农田、园地、河滩等，可以用土壤及植被符号表示。道路内小绿地、单位内绿地、零星植被在地籍图上可以不表示。

注记：在地籍图上，除地籍要素注记外，还可以选择性注记一些地名、有特色的地物名称等。

塔、亭、碑、像、楼等独立地物应择要表示，图上占地面积大于符号尺寸时应绘出用地范围线，内置相应符号或注记。公园内一般的碑、亭、塔等可不表示。

其他：电力线、通信线、架空管线可以不在地籍图上表示，高压线塔位及与土地他项权利有关的管线应在地籍图上表示。

③数学要素。在地籍图上应表示的数学要素包括以下几点：

第一，内外图廓线、坐标格网线的展绘及坐标注记。

第二，埋石的各级控制点位的展绘及点名或点号注记。

第三，图廓外测图比例尺的注记。

5. 地籍图测绘的方法

地籍图测绘的方法主要有平板仪测图、摄影测量成图、绘编法成图和全野外数字测图等。本节重点介绍前三种方法。

（1）平板仪测图

平板仪测图的方法，一般适用于大比例尺的城镇地籍图和农村居民地地籍图的测制，其作业顺序为测图前的准备（图纸准备、坐标格网绘制、图廓点及控制点展绘），测站点的增设，碎部点（界址点、地物点）的测定，图边拼接，原图整饰，图面检查验收等。

碎部点的测定方法一般采用极坐标法和距离交会法。在测绘地籍图时，通常先利用实测界址点展绘出宗地位置，再将宗地内外的地籍、地形要素位置测绘于图上，这样做可减少地物测绘错误的发生。

（2）摄影测量成图

摄影测量在地籍测量中的应用主要有以下几个方面：

①测制多用途地籍图；

②用于土地利用现状分类的调查、制作农村地籍图和土地利用现状图；

③加密界址点坐标（主要用于农村地区土地所有权界址点）；

④作为地籍数据库的数据采集站。

当用于制作城镇地籍图时，通常用全站仪实测界址点坐标。

摄影测量作为有别于普通测量技术的另一种测量技术，已从传统的模拟法过渡到解析法并向数字摄影测量方向发展，并广泛应用于地籍测量工作中。摄影测量制作地籍图和其他图件的作业流程大致如图 5-12 所示。

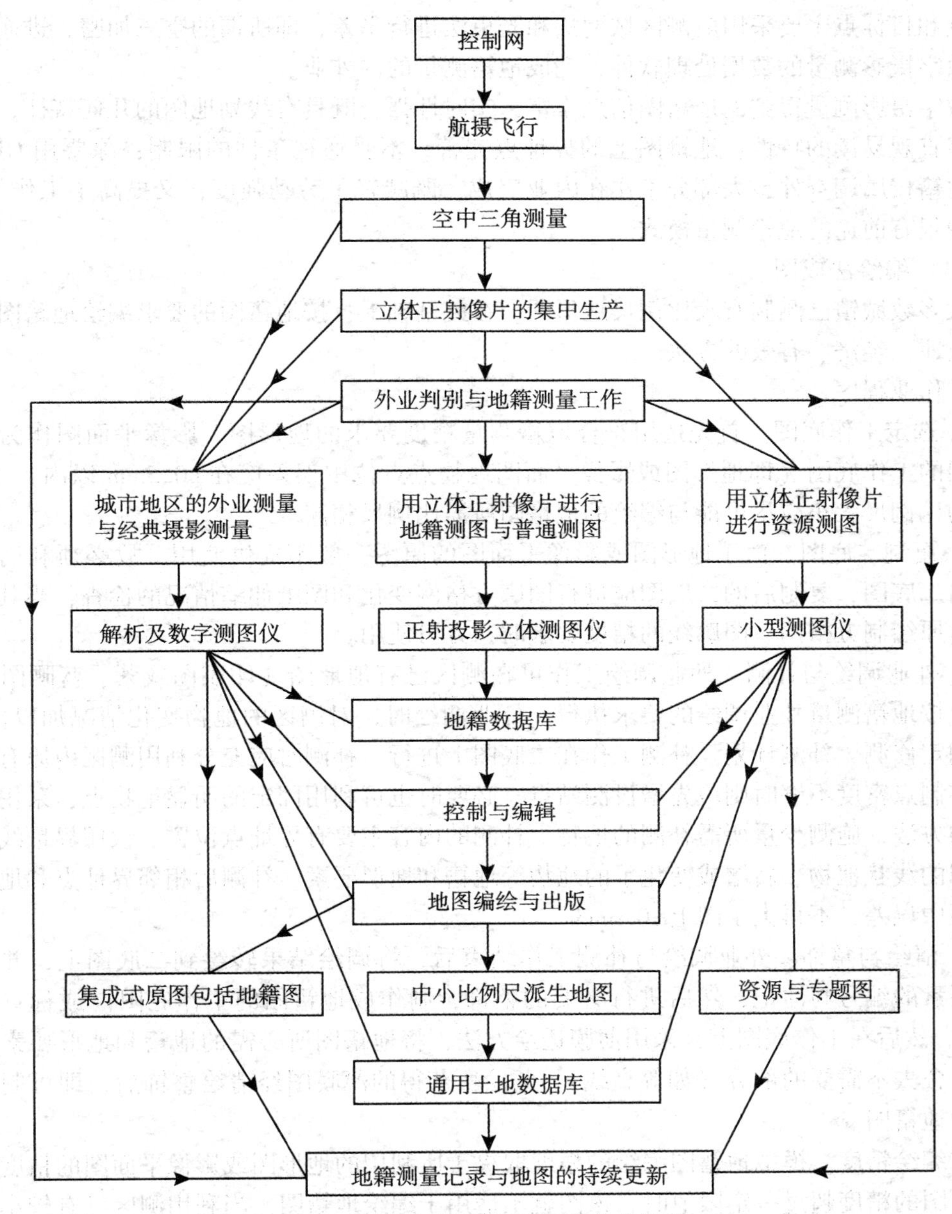

图 5-12　集成式地藉测量系统作业流程

现阶段，摄影测量技术主要用于测制农村地籍图。对农村地籍，界址点的精度要求较低，一般为 0. 25～1. 50m（居民点除外），因此可在航片上直接描绘出土地权属界线的情况。如有正射像片或立体正射像片，则可直接从中确定出土地利用类别和土地权属界线，并方便地测算出各土地利用类别的面积和土地权属单位的面积。

随着航空航天影像信息技术迅速发展，采用数字摄影测量系统不但能完成地籍线划图的测绘，还可以得到各种专题的地籍图，同时利用卫星遥感进行土地资源调查和土地利用动态监测，为快速及时地变更地籍测量提供依据。由于地籍测量的精度要求较高，数字摄影测量主要以大比例尺航空像片为数据采集对象，利用该技术在航片上采集地籍数据，其控制点和目标点主要采用航测区域网法和光束法进行平差，即所谓的空三加密，进而通过专有数字摄影测量的数据处理软件，完成地籍测量的内外业。

数字摄影测量得到的地籍图信息丰富，实时性强，既具有线划地图的几何特征，又具有数字直观易读的特性；地籍图上的界址点完善，不受通视条件的限制；除要用 GPS 像控和地籍权属调查外，大部分工作在内业完成，既减轻了劳动强度，又提高了工作效率，是一种很有前途的地籍测量模式。

（3）编绘法成图

大多数城镇已测制有大比例尺地形图，在此基础上，按地籍图的要求编绘地籍图，不失为快速、经济、有效的方法。

①作业程序：

a. 选定工作底图。首先选用符合地籍测量精度要求的地形图、影像平面图作为编绘地籍图的工作底图（即地形图或影像平面图地物点点位中误差应在±0. 5mm 以内）。编绘底图的比例尺大小应尽可能与编绘的地籍图所需比例尺相同。

b. 复制二底图。由于地形图或影像平面图的原图一般不提供使用，故必须利用原图复制出二底图，复制后的二底图应进行图廓方格网变化和图纸伸缩情况的检查，当其限差不超过原绘制方格网、图廓线的精度要求时，方可使用。

c. 外业调绘与补测。外业调绘工作可在测区已有地形图（印刷图或紫、蓝晒图）上进行，按地籍测量外业调绘的要求执行。外业调绘时，对测区的地物变化情况加以标注，以便制定修测、补测计划。补测工作在二底图上进行，补测时应充分利用测区内原有控制点，控制点密度不够时则应先增设测站点，必要时也可利用固定的明显地物点，采用交会定点的方法，施测少量所需补测的地物。补测的内容主要有界址点位置、权属界址线所必须参照的线状地物、新增或变化了的地物等地籍和地形要素。补测后相邻界址点和地物点的间距中误差，不得大于图上±0. 6mm。

d. 清绘与整饰。外业调绘与补测工作结束后，将调绘结果转绘到二底图上，并加注地籍要素的编号与注记，然后进行必要的整饰，制作成地籍图的工作底图（或称草编地籍图）。然后在工作底图上，采用薄膜透绘方法，将地籍图所必需的地籍和地形要素透绘出来，舍去不需要的部分（如等高线）。蒙绘所获得的薄膜图经清绘整饰后，即可制作成正式的地籍图。

②编绘精度。模拟地籍图编绘的精度取决于所利用的地形图或影像平面图的精度。当原地形图的精度超过一定限值时，该图就不适用于编绘地籍图；当利用测区已有较小一级比例尺地形图放大后编制地籍图，如用 1∶1 000 比例尺地形图放大为 1∶500 比例尺地形图，以编绘 1∶500 比例尺地籍图时，首先必须考虑放大后地形原图的精度，能否满足地籍图的精度要求。通常模拟编绘的地籍图上，界址点和地物点相对于邻近地籍图根控制点的点位中误差及相邻界址点的间距中误差不得超过图上±0. 3mm。

（4）内业扫描数字化成图

内业扫描数字化成图是以现有的满足精度要求的大比例尺地形（地籍）图为底图，利用扫描数字化方法采集数字化地籍要素数据，同时结合部分野外调查和测量对上述数据进行补测或更新，数字化后，经计算机编辑处理形成以数字形式表示地籍图。为了满足地籍权属管理的需要，对界址点通常采用全野外实测的方法。其基本步骤为编辑准备阶段、数字化阶段、数据编辑处理阶段和图形输出阶段。内业扫描数字化成图作业流程如图 5-13 所示。

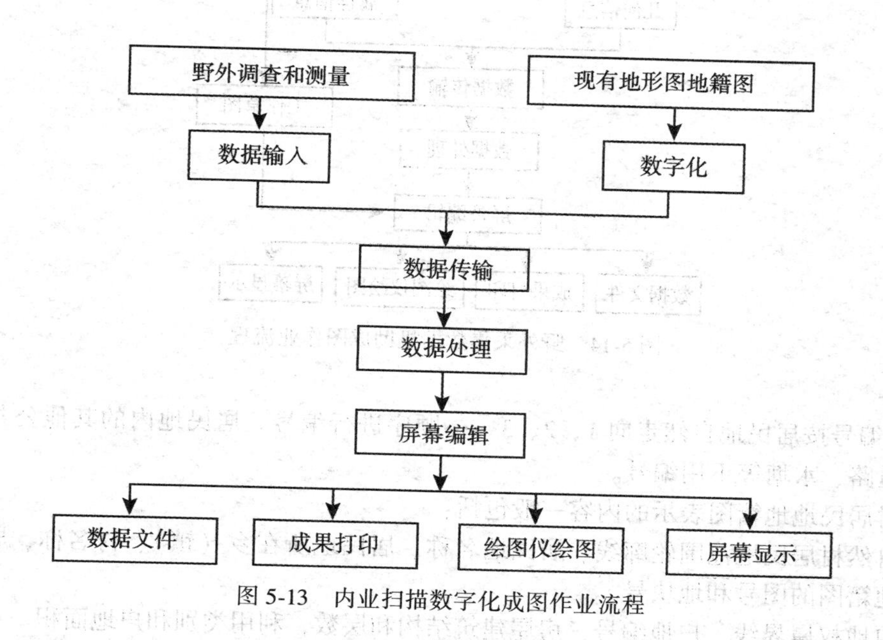

图 5-13　内业扫描数字化成图作业流程

（5）野外采集数据机助成图

野外采集数据机助成图是目前普遍采用的一种地籍测量成图方法，是利用全站仪、GPS 等大地测量仪器，在野外采集有关的地籍要素和地物要素信息并及时记录在数据终端（或直接传输给便携机），然后在室内通过数据接口将采集的数据传输给计算机，并由计算机和成图软件对数据进行处理，再经过人机交互的屏幕编辑，最终形成地籍图形数据文件，并根据需要可以各种形式输出。野外采集数据机助成图作业流程如图 5-14 所示。

6. 农村居民地地籍图

农村居民地是指建制镇（乡）以下的农村居民地住宅区。由于农村地区采用 1：5 000、1：1 万较小比例尺测绘分幅地籍图，因而地籍图上无法表示出居民地和细部位置，不便于农村宅基地的土地使用权管理。故需测绘大比例尺农村居民地地籍图，用作农村地籍图的附图，以满足地籍管理工作的需要。

农村居民地地籍图的范围轮廓线应与农村地籍图上所标绘的居民地地块界线一致。

城乡结合部或经济发达地区的农村居民地地籍图一般采用 1：1 000、1：2 000 比例尺，按城镇地籍图测绘方法和要求测绘。急用图时，也可采用航摄像片放大，编制任意比例尺农村居民地地籍图。

农村居民地地籍图采用自由分幅以岛形式编绘。

居民地内权属划分、权属调查、土地利用分类、房屋建筑情况调查与城镇地籍测量相同。

农村居民地地籍图编号应与农村地籍图中该居民地和地块号一致，居民地内户地

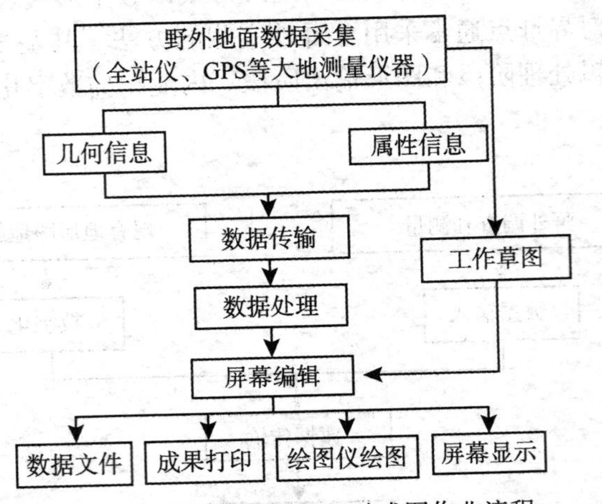

图 5-14　野外采集数据机助成图作业流程

(宗地）编号按居民地自然走向 1、2、3……顺序进行编号。居民地内的其他公共设施如球场、道路、水塘等不用编号。

农村居民地地籍图表示的内容一般包括：

①自然村居民地范围轮廓线、居民地名称、居民地所在乡（镇）、村名称、居民地所在农村地籍图的图号和地块号。

②户地权属界线、户地编号、房屋建筑结构和层数，利用类别和户地面积。

③作为权属界线的围墙，垣栅、篱笆、铁丝网等现状地物。

④居民地内公共设施、道路、球场、晒谷场、水塘和地类界等。

⑤指北方向。

⑥比例尺等。

农村居民地地籍图，如图 5-15 所示。

5.3.3　宗地图的编绘

1. 宗地图的概念

宗地图是以宗地为单位编绘的地籍图。它是在地籍测绘工作的后阶段，当对界址点坐标进行检核后，确认准确无误，并在其他地籍资料也正确收集完毕的情况下，依照一定比例尺制作成的反映宗地实际位置和有关情况的一种图件。日常地籍工作中，一般逐宗实测绘制宗地图。宗地图样图如图 5-16 所示。

宗地图和分幅地籍图是地籍成果的组成部分，是宗地现状的直观描述。宗地图是以宗地为单位编绘的地籍图，分幅地籍图是以地图标准分幅为单位编绘的地籍图。宗地图上的内容与地籍图上的内容必须一致。

宗地图是土地证书的附图，经土地登记认可后，便成为具有法律效力的图件。

2. 宗地图的内容

宗地图的具体内容如下：

①宗地图所在图幅号、地籍区（街道）号、地籍子区（街坊）号、宗地号、界址点号、利用分类号、土地登记号、房屋栋号；

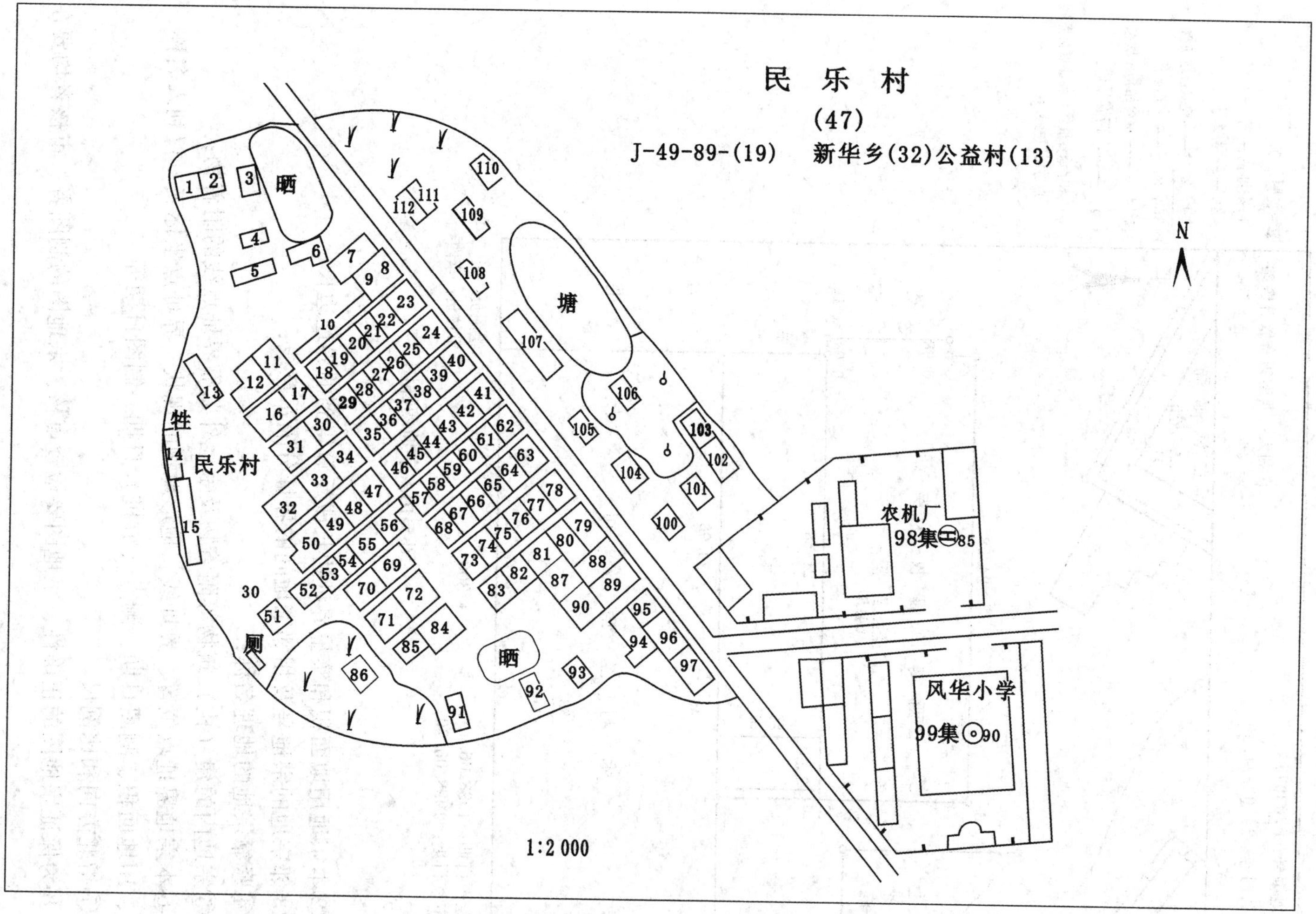
民 乐 村
(47)
J-49-89-(19) 新华乡(32)公益村(13)
N
晒
塘
民乐村
牲
厕
晒
农机厂
98集㊁85
风华小学
99集⊙90
1:2 000

图5-15 农村地籍图所附的农村居民地地籍图

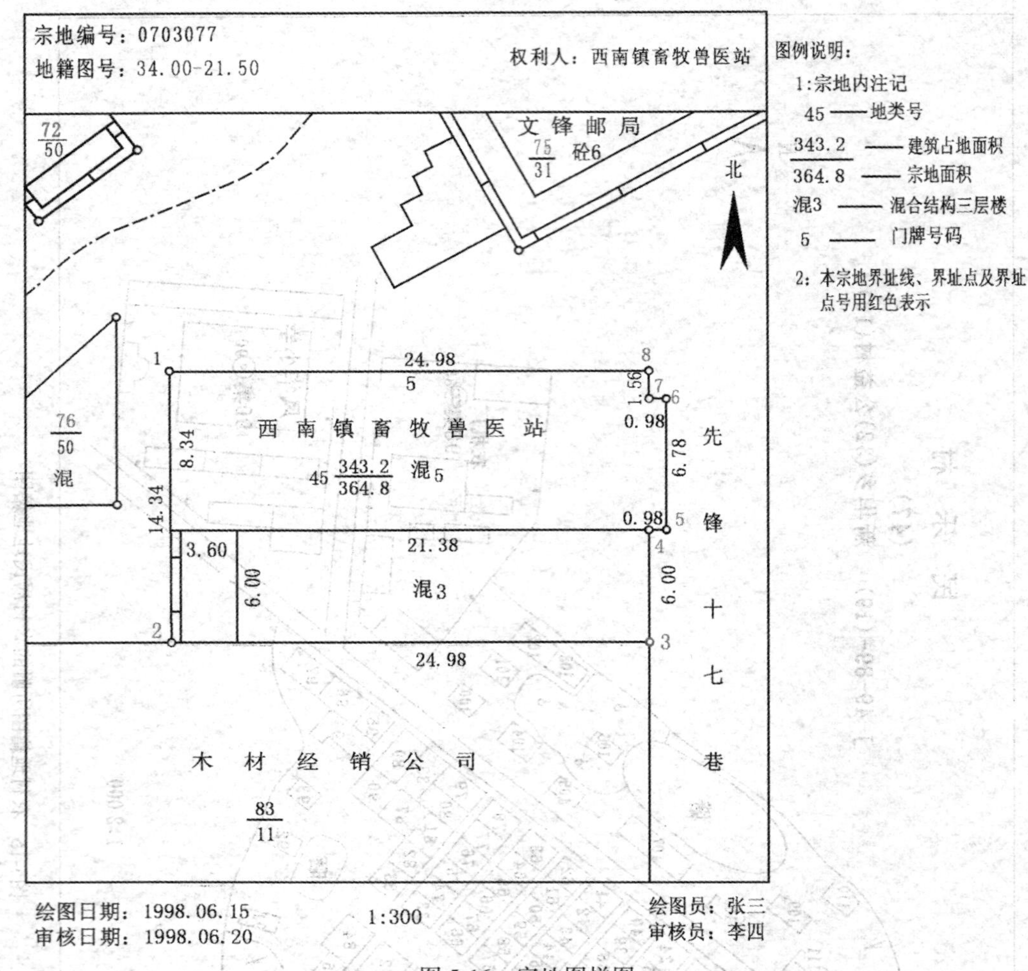

图 5-16　宗地图样图

②本宗地用地面积和实量界址边长或反算得到的界址边长；

③邻宗地的宗地号及相邻宗地间的界址分隔示意线；

④紧靠宗地的地理名称；

⑤宗地内的建（构）筑物等附着物及宗地外紧靠界址点线的附着物；

⑥本宗地界址点位置、界址线、地形地物的现状、界址点坐标表、权利人名称、用地性质、用地面积、测图日期、测点（放桩）日期、制图日期等。

⑦指北方向和比例尺。

⑧为保证宗地图的正确性，宗地图要检查审核，宗地图的制图者、审核者均要在图上签名。

3. 宗地图的特性

根据宗地图的概念和内容，宗地图有以下特性：

①宗地图是地籍图的一种附图，是地籍资料的一部分；

②图中数据都是实量或实测得到，精度高并且可靠；

③其图形与实地有严密的数学相似关系；

④相邻宗地图可以拼接；

⑤标识符齐全，人工和计算机都可方便地对其进行管理。

4. 宗地图的作用

基于以上特性，宗地图有以下作用：

①宗地图是土地证上的附图。宗地图通过具有法律手续的土地登记过程的认可，使土地所有者或使用者对土地的拥有或使用有可靠的法律保证，宗地草图却不能做到这一点。

②宗地图是处理土地权属问题的具有法律效力的图件，比宗地草图更能说明问题。

③在变更地籍测绘中，通过对这些数据的检核与修改，可以较快地完成地块的分割与合并等工作，直观地反映了宗地变更的相互关系，便于日常地籍管理。

5. 宗地图的编绘技术要求

宗地图编绘的方法是将透明的绘图膜片蒙贴在分幅地籍图上，蒙绘宗地图所需内容并补充加绘相关内容。

编绘宗地图时，应做到界址线走向清楚，坐标正确无误，面积准确，四至关系明确，各项注记正确齐全，比例尺适当。

宗地图图幅规格根据宗地大小选取，一般为 32 开、16 开、8 开等，界址点用直径 1.0mm 的圆圈表示，界址线粗 0.3mm，用红色或黑色表示。

宗地图在相应的基础地籍图或调查草图的基础上编制，宗地图的图幅最好是固定的，比例尺可根据宗地大小选定，以能清楚表示宗地情况为原则。分幅地籍图比例尺不能满足宗地图比例尺要求时，可采用复制放大或缩小的方法加以解决。

5.4 土地面积量算

5.4.1 土地面积量算概述

1. 土地面积量算目的

地籍测量中的土地面积量算，一般是一种多层次的水平面积测算。通过土地面积量算工作得到的面积数据是调整土地利用结构、合理分配土地、收取土地费（税）的依据。另外还为制订国民经济计划、农业区划、土地利用规划等提供数据基础。因此，土地面积量算是地籍测量中的一项很重要的且必不可少的工作。

2. 面积量算的要求

①土地面积量算应该在聚酯薄膜原图上进行，若采用其他材料的图纸时，必须考虑图纸伸缩变形的影响。

②土地面积量算需进行两次，不同的方法与面积，对两次面积量算结果有不同的较差要求。

③土地面积量算遵循“从整体到局部，层层控制，分级量算，块块检核，逐级按面积成比例平差”的原则，即按两级控制、三级量算的原则。第一级：以图幅理论面积为首级控制。当各区块（街坊或村）面积之和与图幅理论面积之差小于限差值时，将闭合差按面积比例配赋给各区块，得出各区块的面积。第二级：以平差后的区块面

积为二级控制。当量算完区块内各宗地（或图斑）面积之后，其面积和与区块面积之差小于限差值时，将闭合差按面积比例配赋给各宗地（或图斑），则得宗地（或图斑）面积的平差值。

3. 面积量算的平差方法

由于量算误差、图纸伸缩的不均匀变形等原因，使量算出来各块面积之和 $\sum p'_i$ 与控制面积不等，若在限差内可以平差配赋，即

$$\Delta P = \sum_{u=1}^{k} P'_i - P_0, \qquad K = \frac{-\Delta P}{\sum_{i=1}^{k} P'_i}$$

$$V_i = K P'_i, \qquad P_i = P'_i + V_i$$

式中：ΔP 为面积闭合差；p'_i 为某地块量测面积；P_0 为控制面积；K 为单位面积改正数；V_i 为某地块面积的改正数；P_i 为某地块平差后的面积。

平差后的面积应满足检核条件：

$$\sum_{i=1}^{k} P'_i - P_0 = 0$$

若采用直接解析法量算面积，只进行闭合差计算，不参加闭合差配赋。

4. 土地面积量算的精度要求

（1）两次量算较差要求

①求积仪量算。求积仪对同一图形进行两次量算，分划值较差不超过表 5-4 的规定。

表 5-4　　求积仪对同一图形两次量算的分划值的较差

求积仪量测分划值数	允许误差分划数
<200	2
200~2 000	3
>2 000	4

注：其指标适用于重复绕圈的累计分划值。

②其他方法量算。同一图斑两次量算面积较差与其面积之比小于表 5-5 的规定。

表 5-5　　同一图斑两次量算面积较差与其面积之比

图上面积/mm²	允许误差
<20	1/20
50~100	1/30
100~400	1/50
400~1 000	1/100
1 000~3 000	1/150

续表

图上面积/mm^2	允许误差
3 000~5 000	1/200
>5 000	1/250

注：图上面积太小的图斑，可以适当放宽。

(2) 土地分级量算的限差要求

为了保证土地面积量算成果精度，通常按分级与不同量算方法来规定它们的限差。

①分区土地面积量算允许误差，按一级控制要求计算，即

$$F_1 < 0.0025P_1 = \frac{P_1}{400}$$

式中：F_1为与图幅理论面积比较的限差（m^2）；P_1为图幅理论面积（m^2）。

②土地利用分类面积量算限差，作为二级控制，分别按不同公式计算。

求积仪法：

$$F_2 \leqslant \pm 0.08 \times \frac{M}{10\ 000}\sqrt{15P_2}$$

图解法：

$$F_3 \leqslant \pm 0.06 \times \frac{M}{10\ 000}\sqrt{15P_2}$$

方格法、网点板法、平行线法：

$$F_4 \leqslant \pm 0.1 \times \frac{M}{10\ 000}\sqrt{15P_2}$$

式中：F_2、F_3、F_4 为不同量算方法与分区控制面积比较的限差（m^2）；M 为被量测图纸的比例尺分母；P_2为分区控制面积（m^2）。

5.4.2 土地面积量算方法

土地面积量算的方法有解析法、图解法、求积仪法、全站仪测量法等。

1. 解析法

解析法可分为几何图形解析法和坐标解析法。

(1) 几何图形解析法

所谓几何图形解析法是指将多边形划分成若干简单的几何图形，如三角形、梯形、四边形、矩形等，在实地或图上测量边长和角度，根据面积计算公式，计算出各简单几何图形的面积，再计算出多边形的总面积。

①三角形。如图 5-17 所示，其计算公式如下：

$$P = \frac{1}{2}ch_c = \frac{1}{2}bc\sin A = \sqrt{p(p-a)(p-b)(p-c)} \tag{5-8}$$

式中：$p = a + b + c$。

②四边形。如图 5-18 所示，其计算公式如下：

$$P = \frac{1}{2}(ad\sin A + bc\sin C) = \frac{1}{2}[ad\sin A + ab\sin B + bd\sin(A + B - 180^\circ)] \tag{5-9}$$

③梯形。如图 5-19 所示。其计算公式如下：

$$P = \frac{d^2 - b^2}{2(\cot A - \cot D)} \tag{5-10}$$

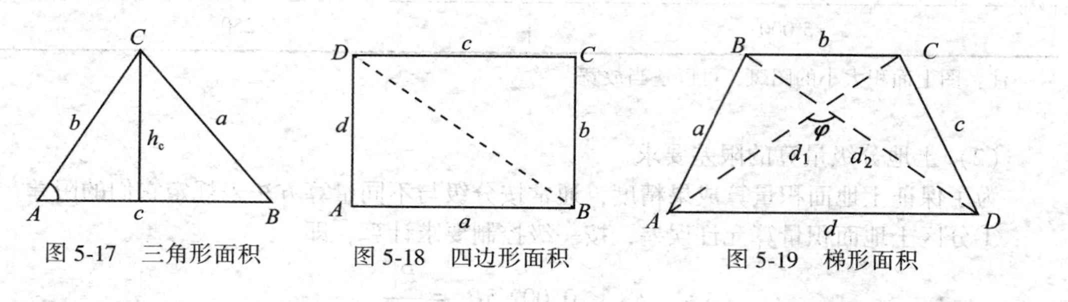

图 5-17　三角形面积　　图 5-18　四边形面积　　图 5-19　梯形面积

④几何图形法。几何图形法适用于图上外形规整和线状地物面积的量算。如图 5-20 所示，将闭合多边形划分为若干个三角形，从图上量取图形各要素，应用相应公式计算各三角形的面积。量取三角形底与高，用公式 $P_i = ah/2$ 计算面积，称为三斜法；量取三角形三条边，用公式 $P = \sqrt{s(s-a)(s-b)(s-c)}$，$s = \frac{1}{2}(a+b+c)$ 计算面积，则称为三线法。

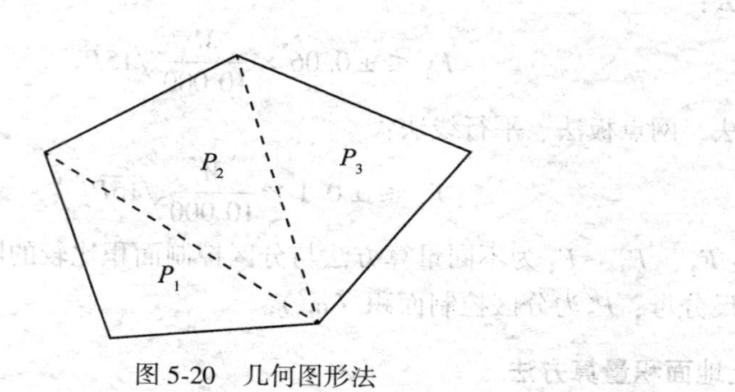

图 5-20　几何图形法

划分图形时，为提高面积精度应注意以下几点：第一，三角形的个数应尽可能少，线段尽可能长；第二，采用三斜法量取三角形的底与高时，应尽可能使二者相等，并尽量做成同底三角形；第三，采用三线法量取三角形三边时，应尽量使其大致相等。

（2）坐标解析法

坐标解析法也称直接解析法。通常一个地块的形状是一个任意多边形，其范围内可以是一个街道的土地，也可以是一个宗地，或一个特定的地块。坐标解析法是指利用闭合多边形顶点的实测坐标计算多边形的面积。坐标可以在野外直接实测得到，也可以从已有地图上图解得到，面积的精度取决于坐标的精度。若已知闭合多边形各顶点在某一平面直角坐标系中的坐标，那么选一坐标轴为投影轴，由各顶点向该轴作垂线，于是以每一边为斜边构成了若干个直角梯形，这些直角梯形的面积代数和的绝对值便是该闭合多边形的面积。

当地块很不规则，甚至某些地段为曲线时，可以增加拐点，测量其坐标。曲线上加密点愈多，就越接近曲线，计算出的面积越接近实际面积。

许多地块都会被图廓线分割，通常需要计算出地块在各图幅中的地块面积，此时应计算出界址线与图廓线交点的坐标，然后分别组成地块，并计算出面积。由平面解析几何可知，界址线是由相邻的两个已知界址点相连，故可建立一个直线方程，如 $Y=k_1X+a$； 同理，图廓线由两图廓点相连，利用图廓点坐标亦可建立一个方程，如 $Y=k_2X+b$；这两个方程联立求出交点坐标，即可求出分割后的地块面积。

如图 5-21 所示，已知四边形 $ABCDE$ 各顶点的坐标为（X_A、Y_A）（X_B、Y_B）、（X_C、Y_C）、（X_D、Y_D）、（X_E、Y_E），则多边形 $ABCDE$ 的面积。

$$\begin{aligned}P_{ABCDE} &= P_{A_0ABDCC_0} - P_{A_0AEDCC_0} = P_{A_0ABB_0} + P_{B_0BCC_0} - (P_{CC_0D_0D} + P_{DD_0E_0E} + P_{EE_0A_0A}) \\ &= \frac{(X_A + X_B)(Y_B - Y_A)}{2} + \frac{(X_B + X_C)(Y_C - Y_B)}{2} + \frac{(X_C + X_D)(Y_D - Y_C)}{2} \\ &\quad + \frac{(X_D + X_E)(Y_E - Y_D)}{2} + \frac{(X_E + X_A)(Y_E - Y_A)}{2}\end{aligned}$$

化成一般形式：

$$\left.\begin{aligned}2P &= \sum_{i=1}^{n}(X_i + X_{i+1})(Y_{i+1} - Y_i) \\ 2P &= \sum_{i=1}^{n}(Y_i + Y_{i+1})(X_{i+1} - X_i)\end{aligned}\right\} \tag{5-11}$$

$$\left.\begin{aligned}2P &= \sum_{i=1}^{n}X_i(Y_{i+1} - Y_{i-1}) \\ 2P &= \sum_{i=1}^{n}Y_i(X_{i+1} - X_{i-1})\end{aligned}\right\} \tag{5-12}$$

式中：X_i、Y_i为地块拐点坐标。当 $i-1=0$ 时，$X_0=X_n$，当 $i+1=N+1$ 时，$X_{N+1}=X_1$。

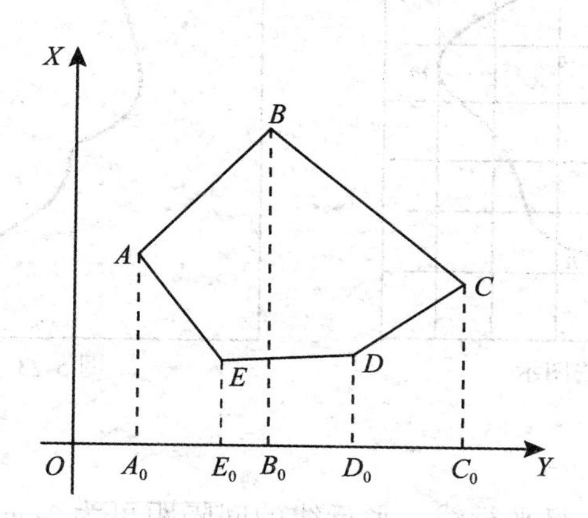

图 5-21　坐标法面积计算图式

2. 图解法

量算面积的图解法，包括格网法（方格法）、格点法、平行线法、沙维奇法等。其量算精度比解析法要低，但由于方法简便，在生产实践中仍得到广泛应用。

（1）格网法（方格法）

利用绘有边长为 1mm、2mm、5mm、lcm 的正方形方网格的透明模片，或应用透明方格纸，通过蒙图，数格量算面积的方法，称为格网法。

在图 5-22 中，*abmn* 为要量测的图形，量算面积时，将透明膜片覆盖在待量图形上，先数出图形内整方格数 n_1 和不足整格的方格数（即破格数）n_2，则图形内总格数 $n = n_1 + \frac{n_2}{2}$。设每个小方格代表的图上面积为 A，则所求面积为：

$$P = n \times A = \left(n_1 + \frac{n_2}{2}\right) \times A \tag{5-13}$$

如图 5-22 中，$n_1 = 13$，$n_2 = 22$，设 $A = 1\ \text{mm}^2$，则 $P = 24\ \text{mm}^2$。

（2）格点法

将上述方格网的每个交点绘成 0. 1mm 或 0. 2mm 直径的圆点，去掉互相垂直的平行线，将其建立在某种透明板材上，则点值（每点代表图上的面积）就是 1mm^2；若相邻点子的距离为 2mm，则点值就是 4mm^2 的面积。在图 5-23 中，*abcd* 为待测的图形，将格点求积板放在图上数出图内与图边线上的点子，则图形面积为：

$$P = \left(N - 1 + \frac{L}{2}\right) D \tag{5-14}$$

式中：N 为图形内的点子数；L 为图形轮廓线上的点子数；D 为点值。

如图 5-23 中，$N = 11$，$L = 2$，设 $D = 1\text{mm}^2$，则 $P = 19.5\text{mm}^2$。

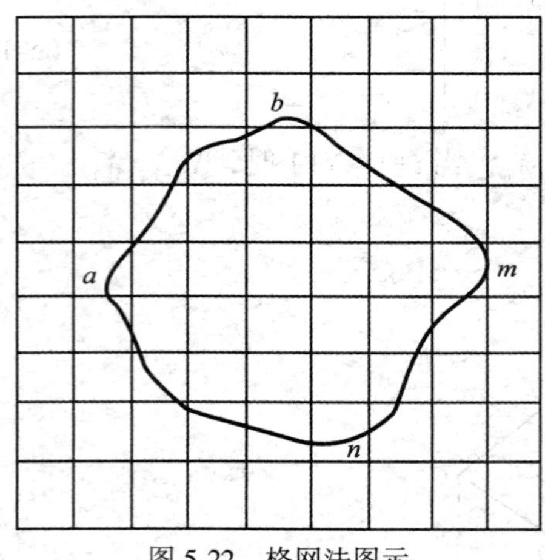

图 5-22　格网法图示

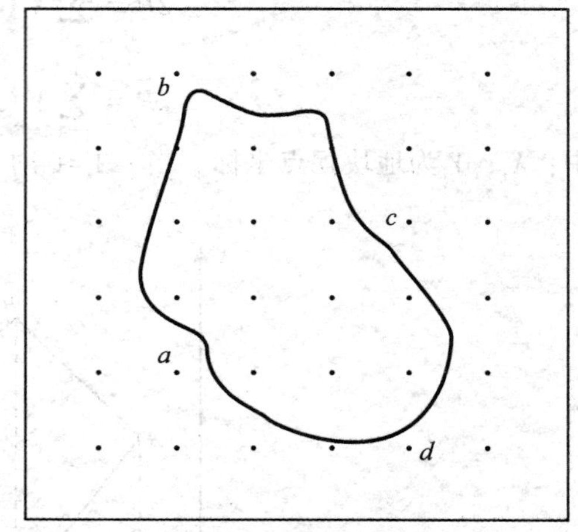

图 5-23　格点法图示

（3）平行线法

在透明板材上建立一组平行线，平行线的间隔距可为 1mm 或 2mm。在图 5-24 中，*abcd* 为待测图形，将平行线膜片放在图上，量出图形内平行线的长度 L，再乘以平行线的间隔，便可得到图形面积。

（4）沙维奇法

沙维奇法适用于大面积的量算，其优点在于减少了所量图形的面积，因而提高了精度。其原理如图 5-25 所示，即构成坐标方格网整数部分面积 P_0 不量测，只需测定不足整格部分 P_{a_1}、P_{a_2}、P_{a_3} 及 P_{a_4} 的面积和与之对应构成整格的补格部分 P_{b_1}、P_{b_2}、P_{b_3} 与 P_{b_4} 的面积。从图上可以看出，整格面积 $P_1 = P_{a_1} + P_{b_1}$，$P_2 = P_{a_2} + P_{b_2}$，$P_3 = P_{a_3} +$

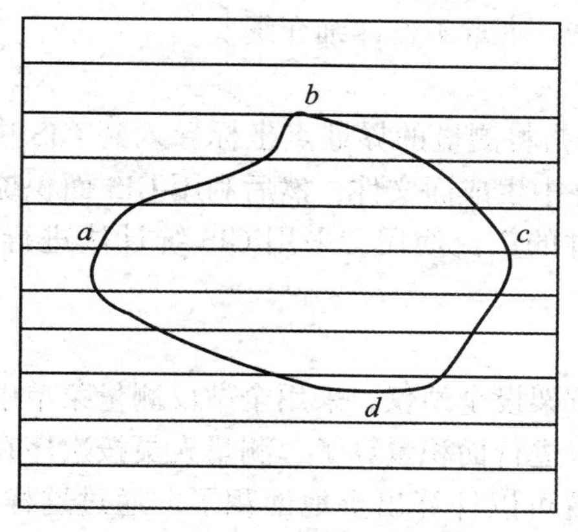

图 5-24　平行线法图示

P_{b_3}，$P_4 = P_{a_4} + P_{b_4}$。

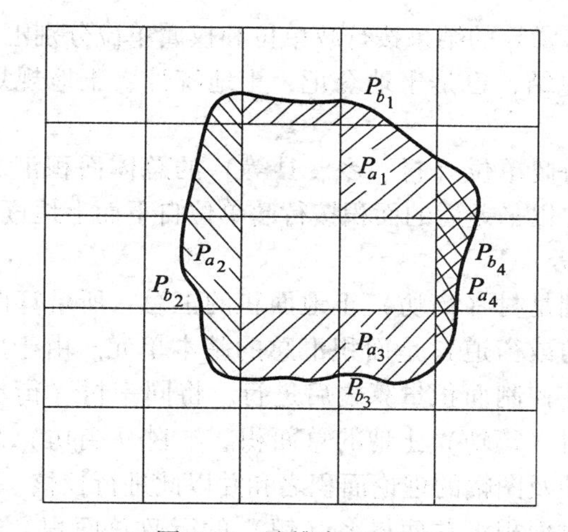

图 5-25　沙维奇法图示

设 P_{a_1}、P_{a_2}、P_{a_3} 与 P_{a_4} 面积的相应分划数为 a_1、a_2、a_3 及 a_4；P_{b_1}、P_{b_2}、P_{b_3} 与 P_{b_4} 面积的相应分划数为 b_1、b_2、b_3、b_4，整格面积的分划数为 a_1+b_1、a_2+b_2、a_3+b_3、a_4+b_4。

已知面积与求积仪分划值读数之间有下列正比关系：

$$\frac{P_{a_1}}{a_i} = \frac{P_i}{a_i + b_i},\quad P_{a_i} = \frac{P_i}{a_i + b_i} a_i$$

则用上式可计算不足整格部分的面积，故所求图形面积为：

$$P = P_0 + P_{a_1} + P_{a_2} + P_{a_3} + P_{a_4} = P_0 + \sum_{i=1}^{n} P_{a_i} \tag{5-15}$$

3. *求积仪法*

求积仪是一种专供在图上量算面积的仪器。其优点是速度快，操作简便，适用于各种几何形状的图形的面积量算，并能保证一定的精度。求积仪主要有机械式与数字式两种类型，其中，数字式求积仪具有操作方便，功能强等特点。有关数字求积仪的功能和具体操作方法，可参阅使用说明书，本章不作详细介绍。

4. GIS 统计法

GIS 统计法面积量算是指将测量的界址点坐标导入到 GIS 中或通过对已有的宗地图、地籍图矢量化，在 GIS 软件中生成面文件，然后利用 GIS 面积统计功能，直接进行面积量算。随着地理信息系统软件的广泛使用，采用 GIS 统计法进行面积量算，不但方便、快捷、高效，而且精度高。

5. 全站仪测量法

在需要量算面积的地方架设全站仪，采用全站仪测量菜单中的面积测量功能，进行设站、定向完成之后，就可以进行面积量算了，测量人员按次序在权属界址点上立尺，当测量完所有权属界址点后，就可以计算出土地面积了。通过这样测量出来的土地面积的误差。主要有已知点误差，设站、定向误差及全站仪系统误差；优点是量算面积的精度高，可以现场得出土地面积。

5.4.3 土地面积的汇总统计

面积量算之后，应将量算的结果按行政单位和权属单位分别汇总统计。汇总土地面积是土地面积量算工作的总结，也是土地登记、土地统计、土地规划等土地管理工作的基础。

面积汇总包括各级行政单位（村、乡、县等）的总体面积汇总及依据权属单位和行政单位按地类汇总。需要以平差后的面积按行政单位自下而上地逐级汇总统计。

1. 行政单位面积汇总

行政单位汇总的基础是村（街坊）土地面积的汇总。所量算图幅上的末级控制（农村为村或乡，城镇为街坊或街道）是面积汇总的基本单元。由于所使用的是量算面积的平差值，所以汇总必须在控制面积量算之后进行。将同一村（街坊）在各涉及图幅内的控制面积相加，即为该村（街坊）土地的总面积。本村（街坊）总面积与涉及图幅的非本村面积之和，应等于涉及图幅的理论面积之和并以此进行校核。

由校核后的所属各村面积汇总而得乡（镇）的行政总面积，进而由乡得到县的总面积，其校核方法可仿照村的汇总统计。

2. 各类土地面积汇总

各权属单位及行政单位的各类土地面积汇总，应在各图幅碎部测量之后进行，汇总单元应为图斑的平差面积。其面积统计仍然应以图幅为基础，先统计一幅图内村（街坊）的各类土地面积之和，其汇总值应当等于该图幅内村（街坊）的总面积（控制面积），两者可以相互检核。将各相关图幅内的村（街坊）的土地分类面积之和汇总，即可得村（街坊）的土地分类面积。村的各类面积总和应等于该村的行政总面积。同法按地类汇总统计乡（镇）及县的各类土地面积，并将乡、县的各类土地面积求和，再与乡、县的控制面积相互检核。

面积量算程序（以两级控制为例）如图 5-26 所示。

3. 特殊地块的处理

①飞地。可利用《飞地通知书》通知所属单位，由该单位汇总。

②图面上接规定未绘出的零星地，可根据外业调查记载的实勘面积，汇总在相应的地

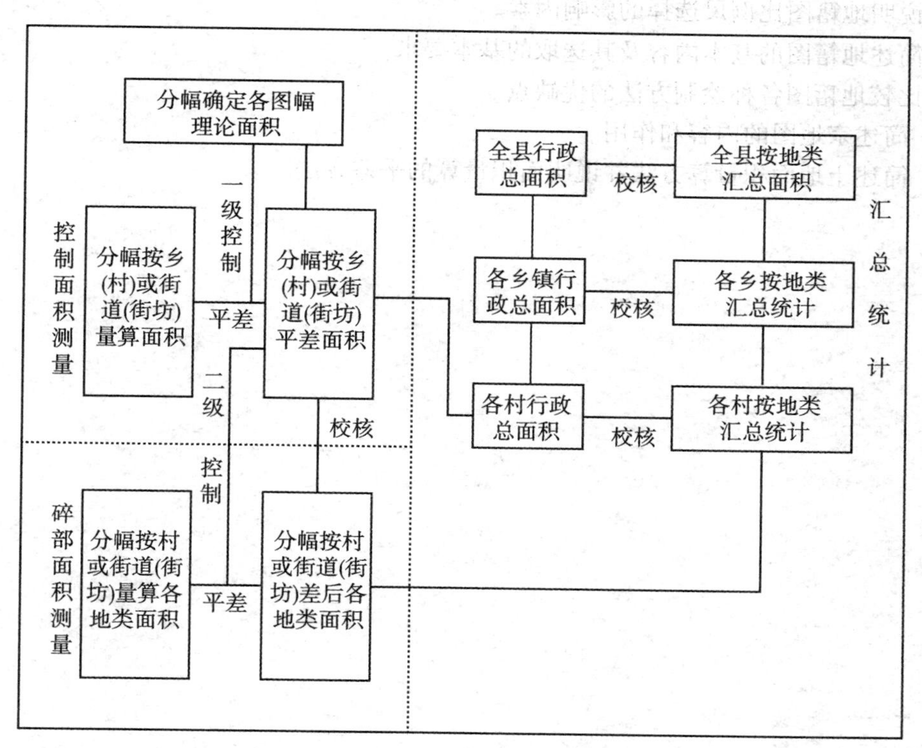

图 5-26　面积量算程序

类中，并在相邻地类中扣除。

③线状地物同上述零星地同样处理。其长度可在图上量出，宽度应是实量值，如宽度不等时，可分段勘丈。

④田坎或田埂也属线状地物。由于其数量过多不可能逐个量测，可分若干类型，依不同类型，抽样实测得出。

净耕地面积=毛耕地面积-田坎面积

从而求出耕地系数：$K_{耕}$=净耕地面积/毛耕地面积；或田坎系数：$K_{坎}$=田坎面积/毛耕地面积，且 $K_{耕}=1-K_{坎}$。

依不同类型求出不同的值。即可在量算出毛耕地面积之后，按上式求出净耕地面积和应扣除的田坎面积。

◎ 思考题

1. 名词解释：地籍勘丈、地籍图、基本地籍图、宗地草图、宗地图。
2. 简述地籍勘丈的目的和内容。
3. 比较界址点主要测量方法的优缺点。
4. 说明界址点坐标的计算方法。
5. 简述地籍图、宗地草图、宗地图的区别与联系。
6. 说明地籍图与地形图的区别。

7. 说明地籍图比例尺选择的影响因素。

8. 简述地籍图的基本内容及其选取的基本要求。

9. 比较地籍图各种绘制方法的优缺点。

10. 简述宗地图的内容和作用。

11. 简述土地面积量算方法并说明面积量算的平差方法。

第6章　变更地籍调查与测量

☞ 本章要点

变更地籍调查与测量概述　变更地籍调查与测量是指在完成初始地籍调查与测量之后，为了适应日常地籍管理工作的需要，保持地籍数据现势性而进行的土地及其附属物的权属、位置、数量、质量和土地利用状况的变更调查。变更地籍调查及测量与初始地籍调查及测量的地理基础、内容、技术方法和原则是一样的。地籍变更的主要内容是宗地信息的变更，包括更改宗地边界信息的变更和不更改宗地边界信息的变更。

变更地籍调查技术要求　变更地籍调查工作包括准备工作底图、外业调查、内业工作和图件更新。工作底图采用原地籍图或土地利用现状图，外业调查中地类调查采用调绘法，内业工作主要是图件修改、面积量算和图件更新。

变更界址点测量　变更界址点测量是为确定变更后的土地权属界址、宗地形状、面积及使用情况而进行的测绘工作，是在变更权属调查的基础上进行的。变更界址测量包括更改界址和不更改界址两种测量。在工作程序上，可分两步进行：一是界址点、线的检查，二是进行变更测量。

界址点的恢复与鉴定　在界址点位置上埋设了界标后，应对界标细心加以保护。界标可能因人为或自然的因素发生位移或遭到破坏，为保护地产拥有者或使用者的合法权益，须及时地对界标的位置进行恢复。恢复界址点的放样方法一般有直角坐标法、极坐标法、角度交会法、距离交会法。

依据地籍资料（原地籍图或界址点坐标成果）在实地鉴定土地界址是否正确的测量作业，称为界址鉴定（简称鉴界）。界址鉴定工作通常是在实地界址存在问题，或者双方有争议时进行。

日常地籍测量　日常地籍测量工作的技术和方法与初始地籍测量基本是一致的。日常地籍测量的目的是及时掌握土地利用现状的变化情况，以便于土地管理部门科学地进行日常地籍管理工作并使之制度化、规范化。日常地籍调查的内容包括界桩放点、界址点测量、制作宗地图和房地产证书附图、房屋调查、建设工程验线、竣工验收测量等，主要内容是变更土地登记和年度土地统计。

土地分割测量　土地分割测量是一种确定新的地块边界的测量作业。土地分割测量是土籍管理工作中一项重要的工作内容，必须依法进行。土地分割测量中确定分割点的方法包括图解法和解析法。土地分割测量的程序包括准备工作、实地调查检核、土地分割测量。

☞ 本章结构

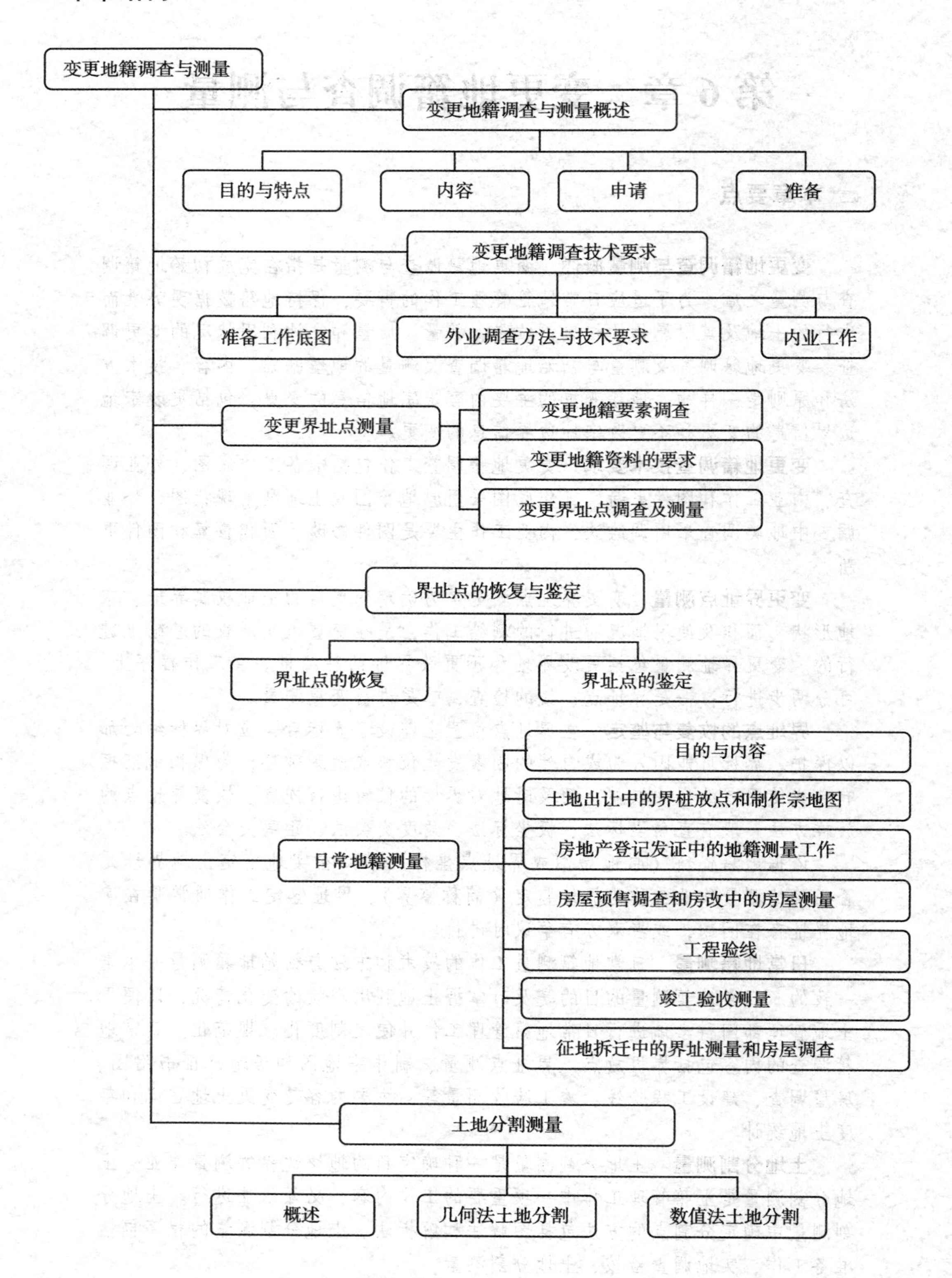
变更地籍调查与测量
变更地籍调查与测量概述
目的与特点
内容
申请
准备
变更地籍调查技术要求
准备工作底图
外业调查方法与技术要求
内业工作
变更界址点测量
变更地籍要素调查
变更地籍资料的要求
变更界址点调查及测量
界址点的恢复与鉴定
界址点的恢复
界址点的鉴定
日常地籍测量
目的与内容
土地出让中的界桩放点和制作宗地图
房地产登记发证中的地籍测量工作
房屋预售调查和房改中的房屋测量
工程验线
竣工验收测量
征地拆迁中的界址测量和房屋调查
土地分割测量
概述
几何法土地分割
数值法土地分割

6.1 变更地籍调查与测量概述

变更地籍调查与测量是指在完成初始地籍调查与测量之后，为了适应日常地籍管理工作的需要，保持地籍数据现势性而进行的土地及其附属物的权属、位置、数量、质量和土地利用状况的变更调查。通过变更地籍调查及测量，可完善地籍资料的内容，使其具有良好的现势性。

6.1.1 变更地籍调查与测量的目的与特点

1. 变更地籍调查与测量的目的

初始地籍建立后，随着社会经济的发展，土地被更细致地划分，建筑物越来越多，用途不断发生变化，以房地产为主题的经济活动，如房地产的继承、转让、抵押等，更加频繁，这就要求地籍管理者必须及时做出反应，对地籍信息进行变更，以维持社会秩序和保障经济活动正常运作。鉴于我国建立初始地籍还处于发展阶段，还需不断消除初始地籍数据中的错误，因此变更地籍调查及测量，除保持地籍资料现势性外，还有以下目的：

①使实地界址点位逐步得到检查、补置、更正；

②使地籍资料中的文字部分，逐步得到核实、更正、补充；

③使初始地籍中可能存在的差错逐步消除；

④使地籍测量成果的质量逐步提高。

2. 变更地籍调查及测量的特点

变更地籍调查及测量与初始地籍调查及测量的地理基础、内容、技术方法和原则是一样的，但又有下列特点：

①主动申请。变更地籍调查无论是否发生界址变更，均由变更单位（土地使用者）申请提交合法变更的缘由证明。

②目标分散，发生频繁，调查范围小。

③政策性强，精度要求高。

④变更同步，手续连续。进行了变更测量后，与本宗地有关的表、卡、册、证、图均需进行变更。

⑤任务紧急，使用者提出变更申请后，需立即进行变更调查与测量，才能满足使用者的要求。

由此可见，变更地籍调查及测量是地籍管理的一项日常性工作。变更地籍调查及测量，通常由同一个外业组一次性完成。

6.1.2 地籍变更的内容

地籍变更的内容主要是宗地信息的变更，包括更改宗地边界信息的变更和不更改宗地边界信息的变更。

1. 更改边界宗地信息变更情况

①征用集体土地。

②城市改造拆迁。

③划拨、出让、转让国有土地使用权，包括宗地分割转让和整宗土地转让。

④土地权属界址调整、土地整理后的宗地重划。

⑤由于各种原因引起的宗地分割和合并。

2. 不更改边界宗地信息变更情况

①转移、抵押、继承、交换、收回土地使用权。

②违法宗地经处理后的变更。

③宗地内地物、地貌的改变等。如新建建筑物、拆迁建筑物、改变建筑物的用途及房屋的翻新、加层、扩建、修缮等。

④精确测量界址点的坐标和宗地的面积。这通常是为了满足转让、抵押等土地经济活动的需要。

⑤土地权利人名称、宗地位置名称、土地利用类别、土地等级等的变更。

⑥宗地所属行政管理区的区划变动，即县市区、街道（地籍区）、街坊（地籍子区）、乡镇等边界和名称的变动。

⑦宗地编号和房地产登记册上编号的改变。

6.1.3 地籍变更的申请

地籍变更申请一般有两种情况：一是间接来自于社会的地籍变更申请，二是来自于国土管理部门的日常业务申请。

所谓间接来自于社会的地籍变更申请是指土地管理部门接到房地产权利人提出的申请或法院提出的申请后，根据申请报告由国土管理部门的业务科室向地籍变更业务部门提出地籍变更申请。土地管理部门的业务科室在日常工作中经常会产生新的地籍信息，例如监察大队、地政部门、征地部门等这些业务科室应向地籍变更业务主管部门提出地籍变更申请。

地籍变更资料通常由变更清单、变更证明书和测量文件组成。一般说来，如果变更登记的内容不涉及界址的变更，并且该宗地原有地籍几何资料是用解析法测量的，则经地籍管理部门负责人同意后，只变更地籍的属性数据，不进行变更地籍测量，继续沿用原有几何数据。

6.1.4 变更地籍调查及测量的准备

变更地籍调查及测量的技术、方法与初始地籍调查及测量相同。变更地籍测量前必须充分检核有关宗地资料和界址点点位，并利用当时已有的高精度仪器，实测变更后宗地界址点坐标。所以，进行变更地籍调查与测量之前应准备下述主要资料：

①变更土地登记或房地产登记申请书；

②原有地籍图和宗地图的复印件；

③本宗地及邻宗地的原有地籍调查表的复制件（包括宗地草图）；

④有关界址点坐标；

⑤必要变更数据的准备，如宗地分割时测设元素的计算；

⑥变更地籍调查表；

⑦本宗地附近测量控制点成果，如坐标、点的标记或点位说明、控制点网图；

⑧变更地籍调查通知书。

根据变更土地登记申请，发送变更地籍调查通知书。通知方法可采用亲自登门送达或挂号邮寄，也可以采用电话通知。变更地籍调查通知书要送给地籍变更申请单位或申请人，变更涉及相邻单位或户主的，应同时发送内容相同的通知书。送达的通知书，应由土地使用者签名并有存根备录，电话须有电话记录。另外有界址变更情况的，应通知申请者预先在实地分割界址点或自然变更的界址点上设立界址标记。变更地籍调查通知书样式如图 6-1 所示。

地籍变更调查通知书

××××：

根据你（或单位）提交的变更土地登记或房地产登记申请书，特定于　月　日时到现场进行变更地籍调查。请你（单位或户主）届时派代表到现场共同确认变更界址。如属申请分割界址或自然变更界址的，请预先在变更的界址点处设立界址标志。

国土管理机关盖章

年　月　日

图 6-1　变更地籍调查通知书样式

6.2　变更地籍调查技术要求

地籍变更调查的工作流程为：准备工作底图→外业调查→内业工作→图件更新。

6.2.1　准备工作底图

变更地籍调查以原地籍图或土地利用现状图作为变更地籍调查和土地统计调查的工作底图。采用的调查工作底图一般一式两份，一份做野外调查用图，一份记录历年调查的土地变更情况。

6.2.2　外业调查方法与技术要求

1. 外业调查方法

①对变更图斑形状规则、附近易找到明显地物点的，可采用距离交会法、直角坐标法、截距法等进行补测，以减少补测的点位误差。

②对变更图斑面积大、形状不规则的，可采用平板仪或经纬仪补测。

③对不易找到补测参照物的个别地区，可借助遥感影像、航片或像片平面图进行修测、补测。

④无论采用何种方法进行外业调查，都要将变更的图斑界线标注在工作底图上，填写《土地变更调查记录表》，并绘制草图，详细标明补测地物的相关位置和量测数据。

2. 技术要求

①地类调查采用调绘法，其中土地分类按第 2 章提到的国家统一分类。当影像反映的界线与实地一致时，调绘的界线应严格与影像反映界线保持一致（重合），移位不得大于图上 0.3mm，否则应重新调绘。当影像反映的界线与实地不一致、影像不清晰、不同地

类分界线不明显（如有林地与疏林地界线等）时，必须在实地依据实地情况或综合判读调绘其界线，判读调绘的界线相对于实地确定的界线移位不得大于图上1.0mm。

②线状地物宽度大于等于图上2mm的，按图斑调查。线状地物宽度小于图上2mm的，调绘中心线，用单线符号表示，称为单线线状地物（以下未作特殊说明的线状地物均指单线线状地物）。单线线状地物除调查其地类外，还须实地量测宽度，用于线状地物面积计算。宽度量测方法和要求为，在实地线状物宽度均匀处（一般不要在路口量测）量测宽度，精确到0.1m，并在调查底图对应的实地位置打点，标记量测点及其宽度值；当线状地物宽度变化大于20%时，须分别量测线状地物宽度，并在实地变化对应的调查底图位置垂直线状地物绘一短实线，分隔宽度不同的线状地物、线状地物与土地权属界线、地类界线重合时，线状地物调绘在准确位置上，其他界线只标绘最高级界线。

③变更图斑最小上图面积：城镇村及工矿用地为4.0mm^2，耕地、园地为6.0 mm^2，林地、草地等其他地类为15.0 mm^2。小于最小上图面积的，可不上图，但需实丈距离、计算面积，作零星地类记录，并作附图。

④若需要调绘零星地类，只对耕地中非耕地，非耕地中的耕地且实地面积大于100m^{2}的零星地物进行调换和实地丈量其面积，并将面积记载在《农村土地调查记录手簿》上，内业面积量算时扣除。

⑤补测的地物点相对临近明显地物点距离中误差，平原、丘陵区不大于图上0.5mm，山地不大于1.0mm。

6.2.3 内业工作

1. 图件的修改

依据《土地变更调查记录表》，野外调查图将变更的权属界线、图斑、线状地物等每年用一种颜色标绘在蓝晒图上，绘制成土地变更示意图，表示年度的土地变更情况。

参照土地变更示意图，使用复式比例尺、分规，按外业补测的数据，用铅笔将变更图斑展绘在工作底图上。

2. 面积量算

①利用求积仪、方格网等方法在工作底图上量算变更图斑面积时，每个图斑要量算两次，其较差要符合《土地利用现状调查技术规程》规定的限差要求。一个图斑分割后，形成新的变更图斑和剩余图斑时，用求积仪、方格网量算面积，要同时量算变更图斑和剩余图斑面积。变更图斑与剩余图斑面积之和与原图斑面积不符值的相对误差，应符合《土地利用现状调查技术规程》的规定。

小于规定限差的，根据原图斑面积，对变更图斑与剩余图斑进行比例平差。超过规定限差的，需检查原因后，进行处理。

②用实测数据计算变更图斑面积时，也应用求积仪或方格网等方法量算剩余图斑面积，以进行校核。用实测数据计算的面积不参加平差。

6.3 变更界址点测量

6.3.1 变更地籍要素调查

在变更地籍调查中，应着重检查和核实以下内容：

①检查变更原因是否与申请书上的一致。

②检查本宗地及邻宗地指界人的身份。

③全面复核原地籍调查表中的内容是否与实地情况一致，如土地使用者名称、单位法人代表或户主姓名、身份证号码、电话号码等；土地坐落、四邻宗地号或四邻使用者姓名；实际土地用途；建筑物、构筑物及其他附着物的情况等。

以上各项内容若有不符的，必须在调查记事栏中记录清楚；遇到疑难或重大事件时，留待以后调查研究处理，有了处理结果后再修改地籍资料。

6.3.2 变更地籍资料的要求

变更地籍调查及测量后，必须对有关地籍资料做相应变更，做到各种地籍资料间有关内容一致。通过变更后，本宗地的图、表、卡、册、证之间，相邻宗地间的边界描述及宗地四邻等内容不得产生矛盾。

地籍资料变更应遵循“用精度高的资料取代精度低的资料，用现势性好的资料取代陈旧的资料”这一原则。考虑到变更地籍资料的规范性和有序性，具体要求如下：

1. 地籍编号变更

在地籍管理中，一个宗地号对应着唯一的一个宗地。宗地合并、分割、边界调整时，宗地形状会改变，这时宗地必须赋以新号，旧宗地号将作为历史，不复再用。同理，旧界址点废弃后，该点在街坊内统一的编号作为历史，不复再用，新的界址点赋予新号。

界址未发生变化的宗地，除行政区划变化引起宗地档案的变更外，所有地籍号不变更。当行政界线区划变化引起宗地地籍号变更后，应利用变更后的街道、街坊编号取代原街道、街坊编号；在原街道、街坊编号上加盖“变更”字样印章，填写新的街道、街坊编号；将宗地档案汇编于新的街道街坊档案；在原街道街坊档案中注明宗地档案去向，取消原宗地编号；在原宗地编号上加盖“变更”字样印章；在新的街坊宗地最大编号后续编宗地号。

《地籍调查规程》（TD/T 1001—2012）规定，无论宗地分割或合并，原宗地号一律不得再用。分割后的各宗地以原编号的支号顺序编列，数宗地合并后的宗地号以原宗地号中的最小宗地号加支号表示。如17号宗地分割成三块宗地，分割后的编号分别为17-1，17-2，17-3；如17-2号宗地再分割成2宗地，则编号为17-4，17-5；如17-4号宗地与10号宗地合并，则编号为10-1；如17-5号宗地与25号宗地合并，则编号为17-6。如有多块宗地的一部分合并成一宗，如6、7、8、9号宗地的一部分合并成一宗，则合并后的宗地编号为6-1，6、7、8、9剩余部分宗地相应的变为6-1，7-1，8-1，9-1。利用计算机管理时，分割后的各宗地可在该街坊的最大宗地号后按顺序续编。

新增宗地地籍号的变更应分两种情况：若新增宗地划归原街道、街坊内，其宗地号须在原街道、街坊内宗地最大宗地号后续编，新增界址点按原街坊编号原则进行编号；若新增宗地属新增街道、街坊，其宗地号、界址点号须按《地籍调查规程》（TD/T 1001—2012）的规定编号，新增街道、街坊编号须在调查区最大街道、街坊号后续编。

2. 界址点号变更

界址未发生变化的宗地，宗地界址点号不变。因行政界线区划变化引起界址点号变更，应取消原宗地界址点号，按新地籍街坊界址点编号原则，编界址点号，并在原界址点编号上加盖“变更”字样印章。

因界址发生变化，需要新增界址点的，新增界址点按宗地所在街坊界址点编号原则编号，其他界址点编号不变。因界址发生变化，需要废除的界址点，取消界址点号，永不再用，并在原宗地界址点编号上加盖“变更”字样印章。

新增宗地界址点号的变更应分两种情况：若新增宗地划归原街道、街坊内，新增界址点按原街坊编号原则编号；若新增宗地属新增街道、街坊，其界址点号须按《地籍调查规程》（TD/T 1001—2012）的规定编号。

3. 宗地草图的变更

变更地籍调查及测量后，宗地草图必须重新绘制，并在原宗地草图上加盖“变更”字样的印章，原宗地草图归到原宗地档案中，新形成的宗地草图归到相应的宗地档案中。

4. 地籍调查表的变更

对界址未发生变化的宗地，地籍调查表的变更应直接在原地籍调查表上进行，在原地籍调查表内变更部分加盖“变更”字样的印章，注记新变更内容，并将新变更内容填写在变更地籍调查记事表内。需要实地调查的，若发现原测距离精度低或量算错误，须在原地籍调查表上用红线划去错误数据，注记检测距离并注明原因。当地籍调查表同一项内容变更超过两次，应重新填制地籍调查表，在原地籍调查表封面及变更部分加盖“变更”字样的印章，与重新填制的地籍调查表一起归档。

在界址发生变化的宗地变更地籍调查中，对新形成的宗地须按变更情况填写地籍调查表，并注明原宗地号。在原地籍调查表封面加盖“变更”字样印章，并注明变更原因及新的宗地号。根据实地调查情况，按《地籍调查规程》（TD/T 1001—2012）有关规定，以新形成的宗地为单位填写地籍调查表。新增设的界址点、界址线须严格履行指界签字盖章手续。对没有发生变化的界址点、界址线，不需重新签字盖章，但在备注栏内须注记原地籍调查表号，并说明原因。同一界址点变更前后的编号如果不一致，还应注明原界址点号。将原使用人、土地坐落、地籍号及变更主要原因在说明栏内注明。

5. 地籍图的变更

地籍图变更测绘方法主要分为两种：数字法和模拟法。

采用数字法测绘地籍图的变更，数字地籍图应随宗地变更随时更改，但要保留历史上每一时期的数字地籍图现状。

采用模拟法测绘地籍图的变更，地籍铅笔原图作为永久性保存资料，不得改动；地籍二底图应随宗地变更随时更改，发生变更时，在二底图复制件（蓝晒图或复印图）上用红色笔标明变更情况，存档备查。也可将一定时间内的变更内容标注在同一张二底图复制件上，一宗地变更两次或全图变更数量超过 1/3 时，应重新绘制二底图。根据变更勘丈成果或变更宗地草图修改二底图的有关内容，去掉废弃的点位、线条和注记，画上变更后的地籍要素。为保证地籍图的现势性；当一幅图内或一个街坊宗地变更面积超过 1/2 时，应对该图幅或街坊进行基本地籍图的更新测量，重新测绘地籍铅笔原图。

6. 宗地图的变更

宗地图是土地证书的附图。变更地籍测量时，无论宗地界址是否发生变化，都应依据变更后的地籍图或宗地草图，按《地籍调查规程》（TD/T 1001—2012）有关规定重新绘制宗地图。原宗地图不得划改，应加盖“变更”字样印章保存。

当变更涉及临宗地但不影响该临宗地的权属、界址、范围时，临宗地的宗地图无需重做制作。

7. 宗地面积的变更

宗地面积的变更应在充分利用原成果资料的基础上，采取高精度代替低精度的原则，即用精度较高的面积值取代精度低的面积值。属原面积计算有误的，在确认重新量算的面积值正确后，须以新面积值取代原面积值。

通常变更地籍测量用解析法测量界址点的坐标，所以可以用解析坐标计算新的宗地面积。用新的较精确的宗地面积取代旧的精度较低的面积值，统计也按新面积值进行。如果新旧面积精度相当，且差值在限值之内，则仍保留原面积。宗地合并时，合并后的宗地面积应与原几宗地面积之和相等；宗地分割时，分割后的几宗地面积之和应等于原宗地面积，闭合差按比例配赋；边界调整时，调整后的两宗地面积之和不变，闭合差按比例配赋，见表 6-1。

表 6-1　**面积量算精度指标**

宗地面积/m^2	较差限差/m^2	宗地面积/m^2	较差限差/m^2
0~100	2	1 000~2 000	7
100~500	3	>2 000	<1/300（相对误差）
500~1 000	5		

8. 界址点坐标的处理

如果原地籍资料中没有该点的坐标，则新测的坐标直接作为重要的地籍资料保存备用。如果旧坐标值精度较低，则用新坐标取代原有资料。如果新测绘坐标值与原坐标值的差数在限差之内，则保留原坐标值，新测资料归档保存。

9. 面积汇总表变更

在以街道为单位的宗地面积汇总表内，划掉发生变更的宗地面积数，并加盖“变更”字样印章，将新增加的宗地面积加在表内。

6.3.3 变更界址点调查及测量

变更界址点测量是为确定变更后的土地权属界址、宗地形状、面积及使用情况而进行的测绘工作，变更界址测量是在变更权属调查的基础上进行的。

变更界址测量包括更改界址和不更改界址两种测量。在工作程序上，可分两步进行：一是界址点、线的检查，二是进行变更测量。

1. 更改界址点的变更界址测量

（1）原界址点有坐标的变更地籍调查

①界址点检查：

a. 这项工作主要是利用界址调查表中界址标志和宗地草图来进行。检查内容包括：界标是否完好、复量各勘丈值、检查它们与原勘丈值是否相符。按不同情况分别做如下处理：

如果界址点丢失，则应利用其坐标放样出它的原始位置，再利用宗地草图上的勘丈值检查并取得有关指界人同意后埋设新界标。

如果放样结果与原勘丈值检查结果不符，则应查明原因后处理。

如果发生分歧，则不应急于做出结论，宜按“有争论界址”处理，即设立临时标志、丈量有关数据、记载各权利人的主张。如果各方对所记录的内容无异议，则签名盖章。

b. 若检查界址点与邻近界址点或与邻近地物点间的距离与原记录不符，则应分析原因，按不同情况处理：

如果原勘丈数据错误明显，则可以依法修改。

如果检查值与原勘丈值的差数超限，经分析这是由于原勘丈值精度低造成的，则用红线划去原数据，写上新数据；如果不超限，则保留原数据。

如果分析结果是标石有所移动，则应使其复位。

②变更测量：

a. 宗地分割或边界调整测量。

宗地分割边界调整测量放样数据准备及新增界址点放样。权属调查前新增界址点放样数据的准备，应根据变更调查申请书提供资料及原地籍调查成果，准备相应的放样数据。经分割双方现场认定，现场先设置界标的，不需要准备放样数据。

宗地分割或边界调整新增界址点测量。放样完成后，宗地分割边界调整新增界址点一般应按照《地籍调查规程》（TD/T 1001—2012）要求采用解析法测量，特殊情况可以采用图解勘丈法。如果变更调查申请书提供坐标，解析测量的新增界址点坐标与申请坐标误差的中误差为±10cm，在允许误差范围内，采用解析测量坐标作为新增界址点坐标成果。

b. 宗地合并测量。宗地合并不重新增设界址点的，除特殊需要外，原则上可不进行变更地籍测量，直接应用原测量结果。申请人提出重新进行地籍测量时，应按照《地籍调查规程》（TD/T 1001—2012）要求采用解析法测量。用解析法测量本宗地所有界址点坐标，并以此为基础，更新本宗地所有的界址资料，包括界址调查表（含宗地草图）、界址点资料、界址图、宗地面积以及宗地图。

（2）原界址点没有坐标的变更地籍调查

①界址点检查：

a. 界址点丢失的处理。利用原栓距及相邻界址点间距、界址标石，在实地恢复界址点位，设立新界标。

b. 检查勘丈值与原勘丈值不符时的处理。判明原因，然后针对不同情况，如原勘丈值明显有错、原勘丈值精度低、标石有所移动等应给予相应的处理（参见上述）。也可先实测全部界址点坐标，然后进行界址变更。

②变更测量：

a. 宗地分割边界调整时，可按预先准备好的放样数据，测设界址点的位置后，埋设标志，也可以在有关方面同意的前提下先埋设界标，再测量界址点的坐标。

b. 宗地合并边界调整时，要销毁不再需要的界标，并在界址资料中做出相应的修改。

c. 用解析法测量本宗地所有界址点的坐标，并以此为基础，更新本宗地所有的界址资料，包括界址调查表（含宗地草图）界址点资料、界址图、宗地面积以及宗地图。

2. 不更改界址点的变更界址测量

（1）界址点检查

包括界址点位检查及用原勘丈值检查界址标志是否移动。具体内容同“更改界址的变更界址测量”。

（2）变更测量

一般是用已有的高精度仪器，实测宗地界址点坐标。具体内容除没有分割、边界调整和合并宗地时设置新界址点及销毁不再需要界址点的工作外，其他与“更改界址的变更地籍测量”基本相同。

6.4 界址点的恢复与鉴定

6.4.1 界址点的恢复

在界址点位置上埋设界标后，应对界标细心保护。界标可能因人为或自然因素发生位移或遭到破坏，为保护地产拥有者或使用者的合法权益，须及时地对界标的位置进行恢复。

某一地区进行地籍测量之后，表示界址点位置的资料和数据一般有：界址点坐标、宗地草图上界址点的点之记、地籍图、宗地图等。对一个界址点，以上数据可能都存在，也可能只存在某一种数据。可根据实地界址点位移或破坏情况、已有的界址点数据和所要求的界址点放样精度以及已有的仪器设备来选择不同的界址点放样方法。

恢复界址点的放样方法一般有直角坐标法、极坐标法、角度交会法、距离交会法。这几种方法其实也是测定界址点的方法，因此测定界址点位置和界址点放样是互逆的两个过程。不管用哪种方法，都可归纳为两种已知数据的放样，即已知长度直线和已知角度的放样。

1. 已知长度直线的放样

这里的已知长度是指界址点与周围各类点间的距离，具体情况如下所述：

①界址点与界址点间的距离。

②界址点与周围相邻明显地物点间的距离。

③界址点与邻近控制点间的距离。

这些已知距离可以通过坐标反算得到，也可以从宗地草图或宗地图上得到，并且这些距离都是水平距离。在地面上，可以用测距仪或鉴定过的钢尺量出已知直线的长度，并且在作业过程中考虑仪器设备的系统误差，从而使放样更加精确。

2. 已知角度的放样

已知角度通常都是水平角。在界址点放样工作中，如用极坐标法或角度交会法放样，才需计算出已知角度，此时已知角度一般是指界址点和控制点连线与控制点和定向点连线之间的夹角。设界址点坐标（X_P，Y_P），放样测站点（X_A，Y_A），定向点（X_B，Y_B）则有

$$\alpha_{AB} = \arctan\left(\frac{Y_B - Y_A}{X_B - X_A}\right), \quad \alpha_{AP} = \arctan\left(\frac{Y_P - Y_A}{X_P - X_A}\right) \tag{6-1}$$

此时放样角度为$\beta = \alpha_{AP} - \alpha_{AB}$，把经纬仪架设在测站上，瞄准定向方向并使经纬仪读数置零，然后顺时针转动经纬仪的读数等于β，移动目标，使经纬仪十字丝中心与目标重合即可，并使其距离为$S_{AP} = \sqrt{(X_A - X_P)^2 + (Y_A - Y_P)^2}$，即可得到界址点位置。

6.4.2 界址点的鉴定

依据地籍资料（原地籍图或界址点坐标成果）在实地鉴定土地界址是否正确的测量

作业，称为界址鉴定（简称鉴界）。界址鉴定工作通常是在实地界址存在问题，或者双方有争议时进行。

界址点如果有坐标成果，且临近还有控制点（三角点或导线点）时，则可参照坐标放样的方法予以测设鉴定。如果无坐标成果，则可在现场附近找到其他的明显界址点，以其暂代控制点，据以鉴定。否则，需要新施测控制点，测绘附近的地籍现状图，再参照原有地籍图、与邻近地物或界址点的相关位置、面积大小等加以综合判定。重新测绘附近的地籍图时，最好能选择与旧图等大的比例尺并用聚酯薄膜测图，这样可以直接套合在旧图上加以对比审查。

正常的鉴定测量作业程序如下：

1. 准备工作

①调用地籍原图、表、册。

②精确量出原图图廓长度，与理论值比较是否相符，否则应计算其伸缩率，以作为边长、面积改正的依据。

③复制鉴定附近的宗地界线。原图上如有控制点或明确界址点时（愈多愈好），要特别小心地转绘。

④精确量定复制部分界线长度，并注记于复制图相应各边上。

2. 实地施测

①依据复制图上的控制点或明确的界址点位，判定图上与实地是否相符，如点位距被鉴定的界址线很近且鉴定范围很小，即在该点安置仪器测量。

②如找到的控制点（或明确界址点）距现场太远或鉴定范围较大，应在等级控制点间按正规作业方法补测导线，以适应界址测量的需要。

③用光电测设法、支距法或其他点位测设方法，将要鉴定界址点的复制图上位置测设于实地，并用鉴界测量结果计算面积，核对无误后，报请土地主管部门审核备案。

6.5 日常地籍测量

6.5.1 日常地籍测量的目的与内容

1. 目的

及时掌握土地利用现状变化，以便于土地管理部门科学地进行日常地籍管理工作并使之制度化、规范化。

2. 内容

日常地籍调查的内容包括界桩放点、界址点测量、制作宗地图和房地产证书附图、房屋调查、建设工程验线、竣工验收测量等，主要内容是变更土地登记和年度土地统计。

具体内容如下：

①土地出让中的界址点放桩、制作宗地图；

②房地产登记发证中的界址测量、房屋调查、制作宗地图；

③房屋预售和房改的房屋调查；

④建筑工程定位的验线测量；

⑤竣工验收测量；

⑥征地拆迁中的界址测量和房屋调查。

地籍测量成果不但具有法律效力而且具有行政效力，因此必须由政府部门完成测量工作和出具成果资料。如果遇某种特殊原因，需委托测量单位承担的，必须事先向主管部门提出申请，经同意才可安排测量单位承担任务，但测量单位必须满足如下两个条件：

①测绘队伍必须在当地注册登记，具有地籍测绘资格，测量人员具有地籍测绘上岗证；

②所有测量成果资料以国土管理部门的测绘主管部门的名义出具，经审核签名和盖章后生效。

6.5.2 土地出让中的界桩放点和制作宗地图

在办理用地手续后，由测绘部门实施界址放桩和制作宗地图及其附图，其工作程序如下：

1. 测绘部门受理用地方案图

用地方案确定后，将用地方案图送到所属的测绘部门办理界址点放桩和宗地图制作手续。受理界桩放点和制作宗地图的依据是：必须有由地政部门提供的盖有印章、编号、在有效期内的红线图或宗地图。

2. 测绘部门处理用地方案图

测绘部门收到用地方案图后在规定时间内，根据如下两种不同情况进行工作。

①用地方案图有明确界址点坐标及红线的，按图上标识的坐标实地放点。放出的点位如与实地建筑物、构筑物或其他单位用地无明显矛盾，则埋设界桩，向委托单位交验桩位。若放出的点位与已建的建、构筑物或其他单位用地有明显矛盾的，则在实地标示临时性记号，并将矛盾情况记录清楚后，通知地政部门。由地政部门重新确定用地方案后，再按上述程序，通知测量部门放桩。如用地红线范围确实需要调整界址点的，则应由地政部门通知业主调整。

②用地方案图中无界桩点坐标的，测量部门可根据用地方案的文字要求实地测量有关数据或测算出所需界桩点坐标后，返回地政部门确认。经确认后，把标有明确界桩点坐标的红线图，再送交测绘部门，测绘部门将根据情况决定是否再到实地放点埋桩。

3. 宗地编号和界址点编号

红线图上界址点经实地放桩确认后，进行宗地编号和界址点编号。编号方法见第3章有关内容。

4. 编写界址界桩放点报告

界桩放点报告是界址放桩的成果资料，它包括实地放桩过程的说明、所使用的起算数据和测量仪器的说明、界址放桩略图、界桩点坐标成果表等。界址放桩报告是建设工程验线的基础资料之一，在申请开工验线时要出示，同时也是征地、拆迁的基础资料。

对未平整土地、未拆迁宗地的测量放桩，若实地放桩困难，测量精度难于保证时，应在放桩报告的备注栏中注明“本界桩点仅供拆迁、平整土地使用，不能用于施工放线”等字样。此类界桩点只能作为临时点，待后要补放。界址放桩报告在规定时限内完成。

5. 制作宗地图

制作宗地图和编写放点报告同时进行。界址点实地放桩完成后，应立即着手制作宗地图。

宗地图主要反映本宗地的基本情况，包括宗地权属界限、界址点位置、宗地内建筑物位置与性质、与相邻宗地的关系等。宗地图要求界址线走向清楚、面积准确、四至关系明确、各项注记正确齐全、比例尺适当。宗地图图幅规格根据宗地实际大小选取，一般为32开、16开、8开等，界址点用1.0mm直径的圆圈表示，界址线粗0.3mm，用红色表示。

6.5.3 房地产登记发证中的地籍测量工作

房地产登记发证中的地籍测量包括宗地确权后的界址测量、宗地上附属建筑物的面积调查、宗地图的制作等工作。

凡原来没有红线，或实际用地与红线不符，或者宗地分割合并等引起权属界线发生变化等情况，在申请登记发证时，要进行界址测量。对出让的土地，在建筑物建好，进行房地产登记时要进行现状测量和建筑面积的丈量。

界址测量、房屋调查以及宗地图由测绘部门负责。具体程序如下：

1. 地籍测量申请

由房地产管理部门通知业主向测量部门申请地籍测量，并要求业主提交如下资料：用地红线图或用地位置略图。申请房屋调查时需提供房屋位置略图和经批准的建筑施工图（必要时还需提供剖、立面图或结构设计图），并填写地籍测量任务登记表。

2. 土地权属调查

接到测量任务委托后，在规定时间内，由房地产管理部门负责权属调查的人员会同业主和测绘人员一起到实地核定权属界线走向，确定界址点位置。界址点位置确定后，测量人员要现场绘制宗地草图，有关人员要签字盖章。

3. 实地测绘

实地测量工作如下：

①埋设标志。

②测量已标定的界址点坐标。

③检查宗地周围的地形地物的变化情况，如有变化，做局部修测补测。

外业测量完成后，内业进行资料整理与计算，对测量坐标，要根据周围已确定的宗地坐标进行调整，相邻两宗地之间不能重叠、交叉，如果内业的坐标调整值较大，应及时更正实地的界址点标志。

如需进行房屋调查，在接到测量申请后要在规定时间内完成房屋调查工作。房屋调查的过程是：先审核建筑设计图，然后持图纸到实地抽查部分房屋建筑，验证图上尺寸与实地丈量尺寸是否相符，如符合精度要求，可按图上数据计算建筑面积；如不相符，误差超过限差规定的，应全部实地调查。

已进行竣工复核的房屋，以复核后的竣工面积为准进行登记。已进行过预售调查，经竣工复核，未更改设计的，不再进行调查，以预售面积作为竣工面积进行登记。竣工复核时，如发现房屋现状与预售时不一致，则应重新调查。

界址测量、房屋调查所使用的仪器设备要通过检定，符合精度方可使用。

4. 宗地编号和界址点编号

宗地编号和界址点编号的方法与土地出让中的规定相同。如登记发证时的宗地和土地出让时的宗地边界完全相同，则无需再编号，原有宗地号即为发证时的宗地号，界址点编号也是原来的编号。

原来没有宗地号的宗地，按新增加宗地办法编号；对宗地的分割合并，编号应按第3章讲的要求进行。

5. 编写界址测量报告、房屋建筑面积汇总表

界址测量、房屋调查完成后，要编写界址测量报告和房屋建筑面积汇总表。界址测量报告的主要内容有：

①界址测量说明，主要说明界址点确定的过程（包括时间、参加人员、定界依据等），界址测量的一般规定（包括依据的规范、精度要求等）。

②界址测量过程叙述（包括起算成果、测量方法、使用的仪器等）。

③界址测量略图。

④坐标成果表。

⑤宗地位置略图。

房屋建筑面积汇总表中包括建筑面积计算和建筑面积分层（分户）汇总。

6. 绘制宗地图

房地产登记发证中的宗地图和土地使用权出让中的宗地图绘制方法和基本要求完全相同，内容基本相同，但用途不同。土地出让中的宗地图附在土地使用合同书后作为合同的组成部分，房地产登记中的宗地图是房地产登记卡的附图。

对于签订土地使用合同，仅进行土地登记时，可以把原土地使用合同书中的宗地图复制后使用，无需重新制作。

在制作宗地图时，要对宗地范围内经批准登记的建筑物进行统一编号，宗地图上的编号应与登记时的编号一致，建筑物编号用圆括弧注记在建筑物左上角，建筑物层数用阿拉伯数字注记在建筑物中间。

宗地附图即房地产证后面的附图，是房地产证的重要组成部分。

7. 提交资料

提交的资料有界址测量报告、房屋调查报告和宗地图。其中界址测量和房屋调查报告，用地单位与测量单位各留存一份，宗地图交付登记发证使用，用地单位不留。

6.5.4 房屋预售调查和房改中的房屋测量

作业程序如下：

1. 调查申请

凡需进行房屋调查的，由有关单位向测绘部门提出申请，填写地籍测量任务登记表。申请房屋调查时应提交房屋建筑设计图（包括平、立、剖面图，发证时还需提供结构设计图）和房屋位置略图。

2. 预售调查

对在建的房屋进行预售（楼花）的调查，使用经批准的设计图计算面积，计算完毕后，必须在所使用的设计图纸上加盖“面积计算用图”印章。

3. 房改中的房屋调查

房改中的房屋调查以实地调查结果为准。原进行过预售调查的需到实地复核，凡在限差范围内的维持原调查结果，不作改变。否则，重新丈量并计算。

4. 提交资料

房屋调查需提交的成果资料包括：房屋调查报告一式两份，一份交申请单位，一份原件由测量部门存档。

6.5.5 工程验线

工程验线是指经批准的建筑设计方案，在实地放线定位以后的复核工作。工程验线时主要检查建筑物定位是否与批准的建筑设计图相符，检查建筑物红线是否符合规划设计要求。

建筑单位申请开工验线时，先进行预约登记，确定验线的具体时间。申请开工验线需提供如下资料：用地红线图，经批准的建筑物总平面布置图，界址界桩点报告，《建设工程规划许可证》（先开工的提交基础开工许可证）。在正式验线前，建设单位应在现场把建筑物总平面布置图上的各轴线放好，撒上白灰或钉桩拉好线，各红线点界桩必须完好，并露出地面。

在建设单位提交的资料齐全，准备工作完善的情况下，验线人员必须在规定间内给予验线，并制作开工验线测量报告，如因特殊原因，无法依约进行，一方提前一天通知另一方，并重新商定验线日期。

验线人员到实地验线时应做如下工作：

①查看地籍图或地籍总图。

②查看界桩点情况，在条件允许的情况下，最好能复核界桩位置。

③实地对照建筑物的放线形状与地籍图或地籍总图是否相符。

④测量建筑物的放线尺寸与图上的数据是否相符。

⑤测量建筑物各外沿边线和红线是否符合规划设计要点。

验线结束后，建设单位交付验线费用，验线人员在《建设工程规划许可证》上签署验线意见，加盖“建筑工程验线专用章”。只有验线合格者，工程方可开工。

6.5.6 竣工验收测量

竣工测量是规划验收的重要环节，同时也是更新地形图内容的重要途径。竣工验收测量成果供竣工验收和房地产登记使用，同时也用于地形图、地籍图内容的更新。竣工测量的主要内容包括竣工现状图测绘、建筑物与红线距离测量和房屋竣工调查。竣工测量程序如下：

①测绘部门在接到《竣工测量通知书》后，根据通知书中的竣工验收项目和有关技术规定在规定时间内完成测量工作。

②竣工现状图比例尺为1：500，采用全数字化方法或一般测量方法测量，竣工图上必须标出宗地红线边界和界址点，测出建筑物与红线边的距离、室内外地坪标高、建筑物的形状以及宗地范围内和四至范围的主要地形地物。

建筑面积复核以实地调查为准。原进行过预售调查的，对预售调查结果进行复核，凡在限差范围内的，维持原调查结果，不作改变，超出限差的，重新丈量计算。

③竣工测量提交的成果资料包括：建设工程竣工测量报告一式三份和房屋调查报告一式两份。建设工程竣工测量报告书一份交建设单位，一份交规划验收部门，一份由测绘部门存档；房屋调查报告交一份给建设单位，一份由测绘部门存档。

④测绘部门根据竣工现状图及时修改更新地形图、地籍图。

6.5.7　征地拆迁中的界址测量和房屋调查

征地拆迁中的界址测量和房屋调查由征地拆迁管理部门向测绘部门下达测量调查任务，或由用地单位提出申请。申请界址测量的由征地部门提供征地范围图或由征地人员到现场指界，申请房屋调查的需提供房屋平面图和位置略图。测量方法同上，但对即将拆除的房屋要拍照存档。

6.6　土地分割测量

6.6.1　土地分割测量概述

1. 土地分割测量的含义

土地分割测量（也称土地划分测量）是一种确定新的地块边界的测量作业。土地分割测量是土地管理工作中一项重要的工作内容，必须依法进行，在得到有关主管部门批准和业主同意后，才能重新划定地块界线。通常遇到以下情况时需要进行土地分割测量：

①用地范围的调整，或相邻地块间的界线调整。

②城市规划的实施和按规划选址。

③土地整理后地块或宗地的重划。

④因规划实施或其他原因引起的地块或宗地内包含几种地价而需要明确界线的。

⑤地块或宗地需要根据新的用途划分出新的地块或宗地。

⑥由其他原因引起的土地分割或重划。

2. 土地分割的方法

土地分割测量中确定分割点的方法可以归纳为图解法和解析法。所谓图解法土地分割，是指从图纸上图解相关数据计算土地分割元素的方法；所谓解析法土地分割，是指利用设计值或实地量测得到的数据计算土地分割元素的方法。这两种方法在实际工作中，可以单独使用，也可根据具体情况结合使用，即用于土地分割元素计算的数据既有图解的，也有解析的。但不论图解法还是解析法，均可采用几何法分割和数值法分割，以适应不同条件的分割业务。

新地块的边界在土地分割测量时，可以在实地临时用篱笆或由参加者以简单方式标出，例如离建筑物和其他边界的距离，与道路平行并相隔一定的距离等。有时新的地块边界线是由给定的面积条件或图形条件，采用几何法或数值法分割计算出相应的土地分割元素后，再实地标定。

3. 土地分割测量程序

土地分割测量的程序为准备工作、实地调查检核、土地分割测量。

（1）准备工作

一般包括资料收集和土地分割测量原图的编制。收集的资料应包括申请文件、审批文件，相关的地籍（形）图、宗地图以及已有的桩位放样图件和坐标册等。根据所收集的资料，在满足给定图形和面积条件下，定出分割点的位置，绘制出土地分割测量原图，以备分割测量时使用。

（2）实地调查检核

土地分割测量的外业工作离不开检核、复测或对被划分地块的周围边界进行调查。具体方法见本章 6.3 节。

（3）土地分割测量

在实地作业时，全面征求土地权属主的意见，充分利用岩石、树桩、田埂、荆棘、篱笆等标示被划分地块的周围边界。否则，须在实地埋设界桩。

6.6.2 几何法土地分割

几何法土地分割，是指依据有关的边、角元素和面积值，利用数学公式，求得地块分割点位置的方法。土地分割的图形条件和面积条件不同，分割点的计算方法也不同。在下面的公式推导过程中，如无特殊说明，则 F 代表整个地块的面积，f 代表预定分割面积，P 及其下标代表三角形或多边形的面积，后面将不再重述。

1. 三角形的土地分割

（1）过三角形一边的定点 P 作一条直线，分割为预定面积 f，如图 6-2 所示。

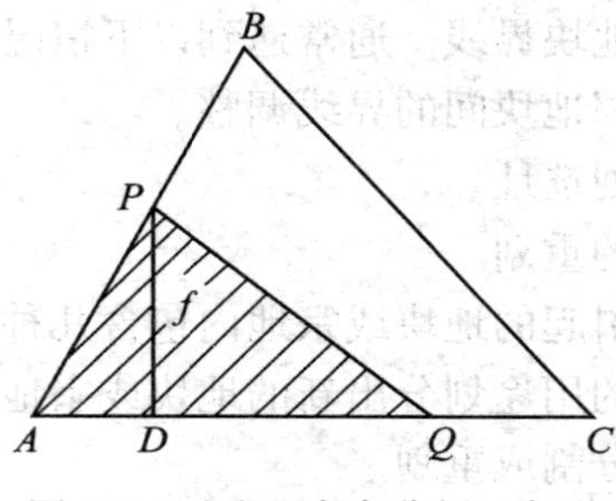

图 6-2 过边上定点分割三角形

自定点 P 作 $PD \perp AC$，并量出 PD，则 $PD \times AQ = 2f$，所以

$$AQ = \frac{2f}{PD} \tag{6-2}$$

若 $\angle A$ 为已知数据或用经纬仪测得，则

$$AQ = \frac{2f}{AP\sin A} \tag{6-2a}$$

即得分割点 Q 的位置。

②过三角形顶点 B 作一条直线，分割为预定面积 f，如图 6-3 所示。

$\triangle ABC$ 与 $\triangle DBC$ 为两同高三角形，其面积分别为 F 与 f。如果已知 $\triangle ABC$ 的底边 AC，则：

$$P_{\triangle ABC} : P_{\triangle DBC} = AC : DC = F : f$$

所以

$$DC = AC \times \frac{f}{F} \tag{6-3}$$

如果已知 $\triangle ABC$ 的高 BE，则 $DC \times \frac{BE}{2} = f$，所以

$$DC = \frac{2f}{BE} \tag{6-3a}$$

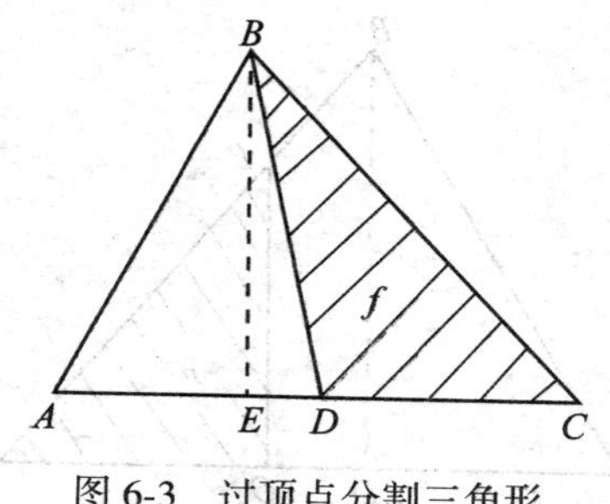

图 6-3　过顶点分割三角形

即得分割点 D 的位置。

③分割线平行于一边（AC），分割为预定面积 f，如图 6-4 所示。

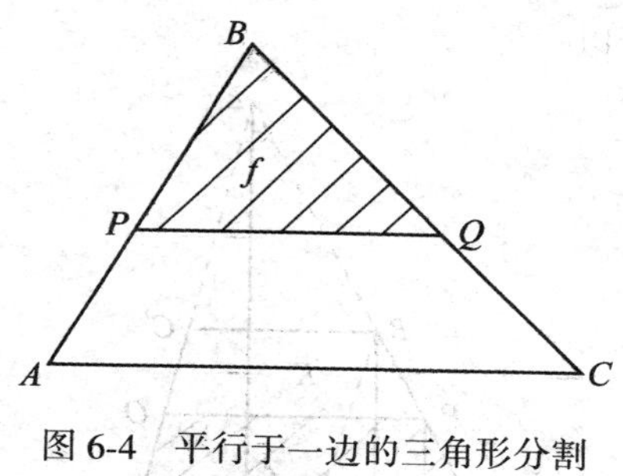

图 6-4　平行于一边的三角形分割

根据两相似三角形面积比等于对应边平方的比，则有

$$P_{\triangle ABC} : P_{\triangle PBQ} = AC^2 : PQ^2 = AB^2 : PB^2 = BC^2 : BQ^2 = F : f$$

即

$$\begin{cases} PB = AB\sqrt{\dfrac{f}{F}} \\ BQ = BC\sqrt{\dfrac{f}{F}} \end{cases} \tag{6-4}$$

其中，B 为已知顶点，根据 PB、BQ 即可求得分割点 P、Q 的位置。

（4）分割线与一边正交，分割为预定面积 f，如图 6-5 所示。

作 $BD \perp AC$，则△BDC 与△PQC 相似，$PQ : BD = CQ : CD$，所以

$$PQ = \frac{BD \times CQ}{CD}$$

但 $PQ \times CQ = 2f$，则 $\dfrac{BD \times CQ^2}{CD} = 2f$，即

$$CQ = \sqrt{\frac{2f \times CD}{BD}} \tag{6-5}$$

过 C 点量 CQ，作 $PQ \perp AC$，则 PQ 为所求分割线，并以 $PQ \times CQ = 2f$ 核验的。

2. 梯形的平行分割

分割线应平行底边，分割为预定面积 f。分割方法有垂线法与比例法。

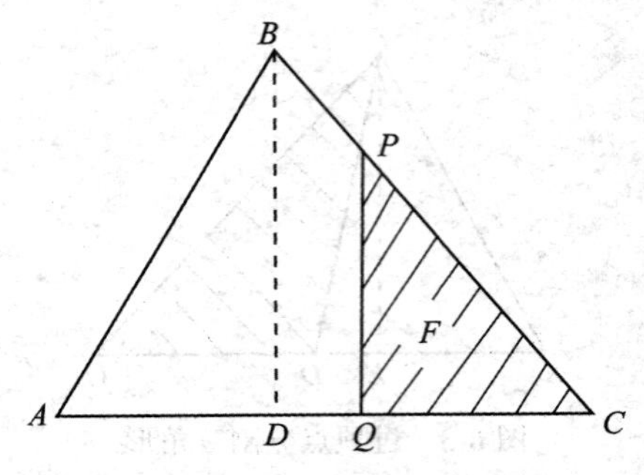

图 6-5　与一边正交的三角形分割

（1）垂线法

如图 6-6 所示，延长 AB、DC 相交于 E，作 $BG/\!/CD$，$BI\perp AD$，$EH\perp AD$，则 $AG:BI=AD:EH$，又 $AG=AD-BC$，所以

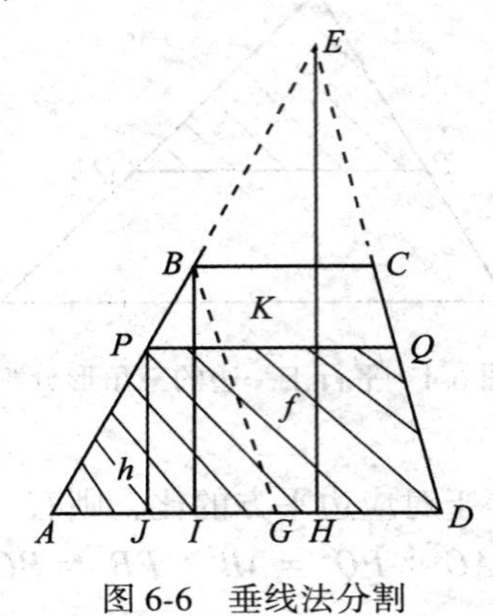

图 6-6　垂线法分割

$$EH=\frac{BI\times AD}{AD-BC} \tag{6-6}$$

又

$$P_{\triangle EDA}=F=\frac{AD\times EH}{2} \tag{6-7}$$

但

$$P_{\triangle EAD}-P_{\triangle APQD}=P_{\triangle EPQ}=F-f$$

$$P_{\triangle EPQ}:P_{\triangle EAD}=EK^2:EH^2$$

$$EK^2=\frac{P_{\triangle EPQ}\times EH^2}{P_{\triangle EAD}}=\frac{F-f}{F}\times EH^2$$

即

$$EK=EH\sqrt{1-\frac{f}{F}}$$

所以

$$h=EH-EK=EH\left(1-\sqrt{1-\frac{f}{F}}\right) \tag{6-8}$$

由式（6-6）与式（6-7）求得 EH 及 F，代入上式可得分割出之梯形的高 h，则 P、Q 即可确定了。

（2）比例法

如图 6-7 所示，已知原梯形上底为 L_0，下底为 L_n，高为 h，分割梯形上底为 L_1，下底为 L_n，高为 h_1，其中 L_1 平行于 L_n，试求分割点 P、Q 的位置。

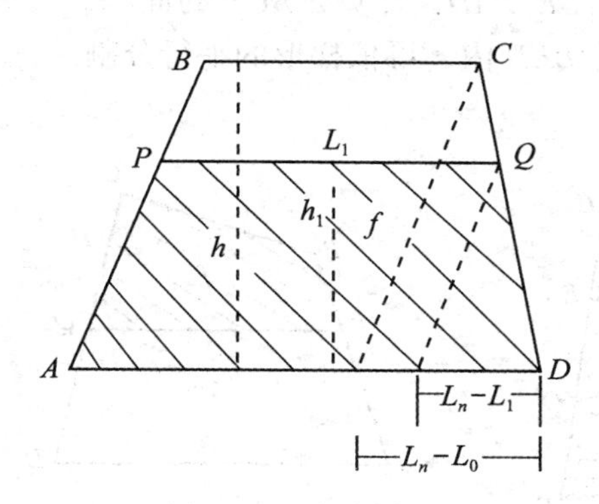

图 6-7　比例法分割

分割梯形与原梯形面积的比：

$$\mathrm{M}=\frac{f}{F}=\frac{(L_1+L_n)h_1}{(L_0+L_n)h} \tag{6-9}$$

分割梯形与原梯形侧边边长的比：

$$\mathrm{m}=\frac{AP}{AB}=\frac{DQ}{DC}=\frac{h_1}{h}=\frac{(L_n-L_1)}{(L_n-L_0)} \tag{6-10}$$

将式（6-9）代入式（6-8），则

$$\mathrm{M}=\frac{f}{F}=\frac{(L_n{}^2-L_1{}^2)}{(L_n{}^2-L_0{}^2)}$$

即

$$L_1=\sqrt{L_n{}^2-M(L_n{}^2-L_0{}^2)} \tag{6-11}$$

将 L_1 代入式（6-9），可求得 m，同时可知

$$h_1=m\times h,\ AP=m\times AB,\ DQ=m\times DC \tag{6-12}$$

AP、DQ 既已求得，则分割线自可定出。如未量测 AB、CD，仅量测 h，则可用 h_1 决定 PQ 的位置。PQ 既定，则可用下式来检核：

$$2f=(L_1+L_n)\ h_1 \tag{6-13}$$

如欲将一梯形平行分割为数个梯形时，因 f 值不同，由此计算的 L_1 也不同，导致 m 也不相同，此时分割点 P、Q 的位置将随之而移动。

3. 任意四边形的分割

①分割线过四边形一边上任一定点，分割为预定面积 f。

如图 6-8 所示，连接 PD，并计算△PAD 的面积，设为 F，若 $f>F$，则以△PQD 补足，Q 点定位法如下：过 P 作 $PE\perp CD$，令 $f-F=P_{PQD}=\frac{1}{2DQ\cdot PE}$，所以

$$DQ=\frac{2\ (f-F)}{PE} \tag{6-14}$$

若$f<F$，可依三角形土地分割中，过三角形的一个顶点作一条直线，按分割为预定面积f的方法处理。

②分割线平行于四边形一边，分割面积预定为f。

如图6-9所示，过B作$BE\,/\!/\,AD$，计算△BCE的面积，设为F。如图6-9（a）所示，$f>F$，则分割线应在四边形$ABED$内，可依梯形的平行分割法，求出分割线PQ的位置。

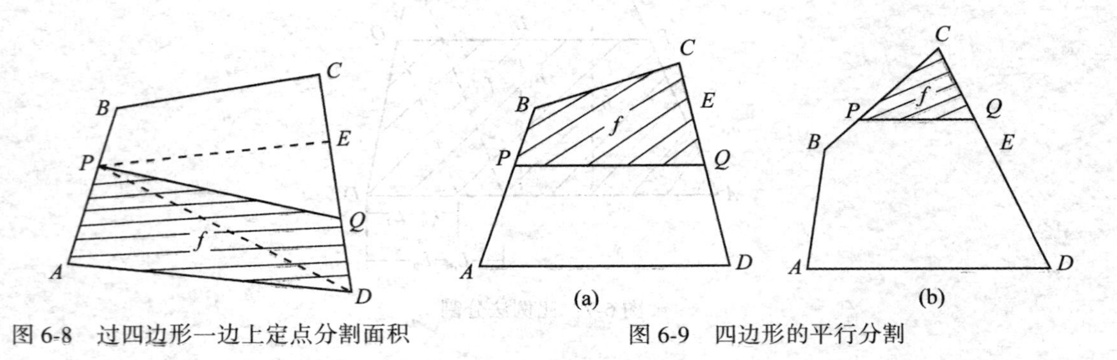

图6-8　过四边形一边上定点分割面积　　　　图6-9　四边形的平行分割

如图6-9（b）所示，$f<F$，则分割线在△BCE内，可按三角形分割线平行于底边的方法加以分割。

4. 地价不等的土地分割

如图6-10所示，已知△ABC的总面积为F，其中△BAD与△BCD的地价单价分别为U与V。则△ABC的总地价

$$W=P_{BAD}\cdot U+P_{BCD}\cdot V$$

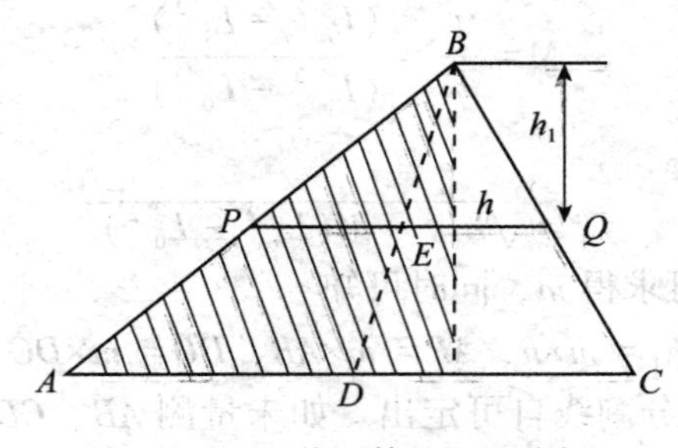

图6-10　地价不等的土地分割

今欲将△ABC分割出△BPQ，分割线$PQ\,/\!/\,AC$，面积设为f，则分割面积△BPQ的地价

$$\omega=P_{BPE}\cdot U+P_{BQE}\cdot V$$

由图可知：

$$\frac{BP}{BA}=\frac{BQ}{BC}=\frac{PQ}{AC}=\frac{h_1}{h}=m$$

但

$$PQ \cdot h_1 = 2f, \qquad AC \cdot h = 2F$$

则

$$\frac{f}{F} = \frac{PQ}{AC} \times \frac{h_1}{h} = m^2 \text{或} m = \sqrt{\frac{f}{F}}$$

今因需按地价分割（即分割其总价应等于预定的 ω），故应以地价代替面积，从而得下式：

$$m = \sqrt{\frac{\omega}{W}} = \sqrt{\frac{\omega}{P_{BAD} \times U + P_{BCD} \times V}} = \sqrt{\frac{2\omega}{(AD \times U + CD \times V)h}} \tag{6-15}$$

依式（6-15）算得 m 后，再依下式求得分割面积的边长与高：

$$BP = m \times BA,\ PE = m \times AD,\ BQ = m \times BC,\ h_1 = m \times h,\ QE = m \times CD \tag{6-16}$$

从而决定 P、Q 的点位，并以下式核验：

$$2\omega = (PE \times U + QE \times V)\ h_1 \tag{6-17}$$

6.6.3 数值法土地分割

数值法土地分割，是指以地块的界址点坐标作为分割面积的依据，利用数学公式，求得分割点坐标的方法。这种方法精度较高，且可长久保存，常用于地域较大及地价较高的地块划分。

已知任意四边形 $ABCD$，其各角点的坐标已知，四边形的总面积为 F，现有一直线分割四边形 $ABCD$ 如图 6-11 所示，与 AB 边的交点为分割点 P，与 CD 边的交点为分割点 Q，已知 $APQD$ 的面积为 f，求分割点 P、Q 的坐标（X_P，Y_P）、（X_Q，Y_Q）。

由上面列出的条件可得到两个三点共线方程。

A、P、B 点的共线方程为：

$$\frac{Y_P - Y_A}{X_P - X_A} = \frac{Y_B - Y_A}{X_B - X_A} \tag{6-18}$$

C、Q、D 点的共线方程为：

$$\frac{Y_Q - Y_C}{X_Q - X_C} = \frac{Y_D - Y_C}{X_D - X_C} \tag{6-19}$$

由于分割面积 f 已知，则可依据各角点坐标列出面积公式：

$$2f = \sum_{i=1}^{n} (X_i + X_{i+1})(Y_{i+1} - Y_i) \tag{6-20}$$

其中，i 为测量坐标系中，图形按顺时针方向所编点号，$i = 1,\ 2,\ \cdots,\ n$。本例中的 1、2、3、4 分别对应 A、B、C、D。

上述三个方程不能解算出四个未知数，必须再给出一个已知条件并列出方程与上述三个方程构成方程组，从而解算出 P、Q 点的坐标，现分述如下。

①当 P、Q 两点所在的直线过一定点 K，如图 6-12 所示，已知 K 点的坐标为（X_K，Y_K），此时，有 P、K、Q 三点共线方程：

$$\frac{Y_K - Y_P}{X_K - X_P} = \frac{Y_Q - Y_P}{X_Q - X_P} \tag{6-21}$$

联立方程（6-18）、方程（6-19）、方程（6-20）、方程（6-21），即可求得 P 和 Q 点的坐标。

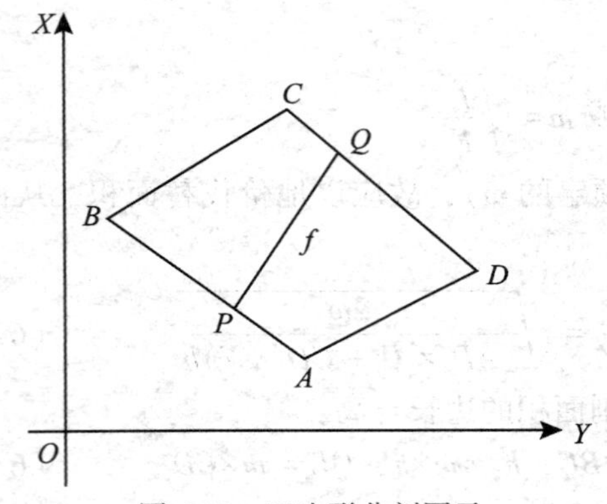

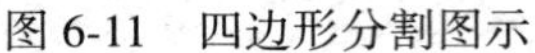
图 6-11　四边形分割图示

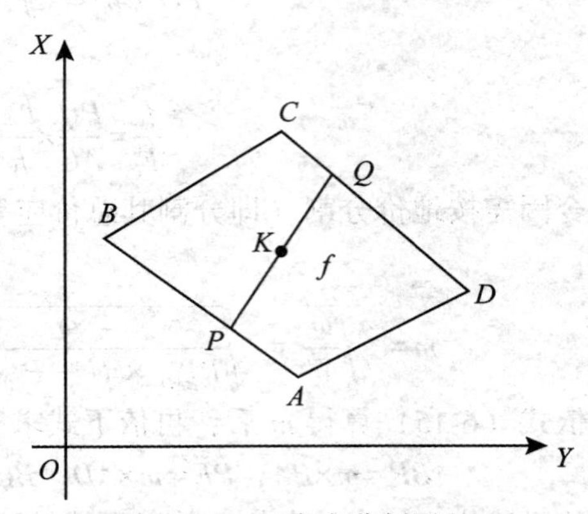

图 6-12　过定点分割图示

如果 K 点在 AB 边上，则 K 点与 P 点重合，联立方程（6-19）和方程（6-20），即可求得 P 和 Q 点的坐标。

如果 K 点在 CD 边上，则 K 点与 Q 点重合，联立方程（6-18）和方程（6-20），即可求得 P 和 Q 点的坐标。

②当 PQ 平行多边形一边时，即已知 PQ 所在的直线方程的斜率。如图 6-13 所示，$PQ \parallel AD$，则 $K_{PQ} = K_{AD}$， 所以

$$\frac{Y_Q - Y_P}{X_Q - X_P} = \frac{Y_D - Y_A}{X_D - X_A} \tag{6-22}$$

联立方程（6-18）、方程（6-19）、方程（6-20）、方程（6-22），即可求得 P 和 Q 点的坐标。

③当 PQ 垂直于多边形一边时，即已知 PQ 所在的直线方程的斜率。如图 6-14 所示，$PQ \perp AB$， 则 $K_{PQ} = \frac{1}{K_{AB}}$， 所以

$$\frac{Y_Q - Y_P}{X_Q - X_P} = \frac{X_B - X_A}{Y_B - Y_A} \tag{6-23}$$

联立方程（6-18）、方程（6-19）、方程（6-20）、方程（6-23），即可求得 P 和 Q 点的坐标。

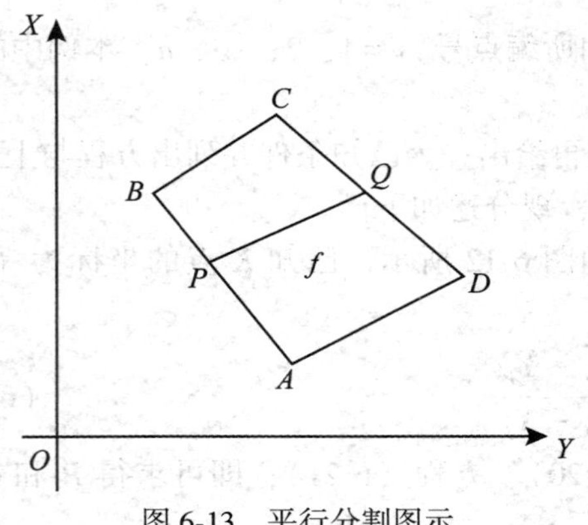

图 6-13　平行分割图示

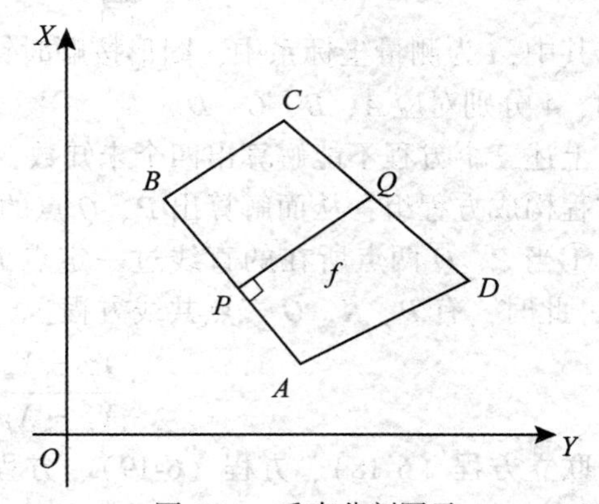

图 6-14　垂直分割图示

上述结论适用于不同形状地块的土地分割计算，包括三角形、四边形以及多边形地块。

运用数值法进行土地分割计算时，应注意如下几个问题：

①坐标系的转换：上述方程组是在测量坐标系中给出的。当所给出的坐标系为数学坐标系或施工坐标系时，应先将坐标系转换为测量坐标系。

②点的编号顺序：由于方程组中含有坐标法面积公式，此时需注意点的编号顺序应为顺时针，以保证面积值为正。如果采用逆时针编号，则应取绝对值。

③当地块边数较多时，可将其划分为几个简单图形分别计算。若无法定出分割点 P、Q 所在的边，则可将邻近边的直线方程列出，分别参与方程组的计算，并依据面积条件进行取舍，以求得最终的分割点坐标。

土地分割及界线调整的案例很多，每个案例条件各不相同，只要灵活应用上述方程组，并做到具体问题具体分析，则对于一般的分割业务均能应付自如。

◎ 思考题

1. 名词解释：变更地籍调查与测量、界址点鉴定、土地分割测量、几何法土地分割、数值法土地分割。
2. 试述变更地籍调查及测量的目的和特点。
3. 在宗地信息变更中，哪些情况需要更改宗地边界信息？哪些情况不需要更改宗地的边界信息？
4. 简述变更地籍调查与测量的准备工作。
5. 宗地合并或新增宗地时，分别如何进行变更地籍测量。
6. 简述农用地变更地籍调查技术要求及外业调查技术要求。
7. 说明变更地籍资料应满足的要求。
8. 简述界址恢复的缘由及放样方法。
9. 简述界址鉴定的工作内容及作业程序。
10. 说明日常地籍测量的目的和内容。
11. 简述土地出让中的界桩放点和制作宗地图的工作程序。
12. 简述什么情况下需进行土地分割测量，说明其应采用的方法。

第7章 建设项目用地勘测定界

☞ 本章要点

概述 建设项目用地勘测定界可使建设项目用地审批工作科学化、制度化和规范化，进而加强土地管理，具有综合性、专门性和精确性等特点。一般由具有相关资质的技术单位，在接受用地单位的勘测定界委托后，按一定程序进行勘测定界。

准备工作 建设项目用地勘测定界的准备工作主要包括：接受委托、组建队伍、搜集与查阅有关文件及图件、现场踏勘、技术设计等内容。

外业工作 建设项目用地勘测定界外业调查是勘测定界中的基础性工作，其工作内容包括权属调查和地类调查，调查内容可归纳如下：查清用地范围内的村、农、林、牧、渔场、居民点外的厂矿、机关、团体、部队、学校等企、事业单位的土地权界和使用权界；查清用地范围内的土地利用类型及分布。权属调查的成果应及时准确地反馈于外业测量人员，以便进行权属界址桩的测量。

勘测定界图编制和面积量算 勘测定界图编制和面积量算是建设项目用地勘测定界的重要内业工作，是编制建设项目用地勘测定界技术报告的基础。勘测定界图是集各项地籍要素、土地利用现状要素和地形、地物要素为一体的区域性综合图件。面积量算应在勘测定界图上进行。

勘测定界技术报告 勘测定界技术报告是勘测定界成果的最终体现。勘测定界技术报告分为征地报告和供地报告，主要内容包括：勘测定界技术说明、勘测定界表、勘测面积表、土地分类面积表、勘界图、界址点坐标成果表、土地利用现状图、权属审核表等。

勘测定界成果检查验收和归档 勘测定界成果主要包括勘测定界图、外业记录、计算手簿、控制网点图、平差计算资料等内外业资料及建设项目用地勘测定界技术报告书。依法批准的建设项目用地范围、面积与呈报的不一致时，须根据审批结果对变化的部分重新进行勘测定界。

☞ **本章结构**

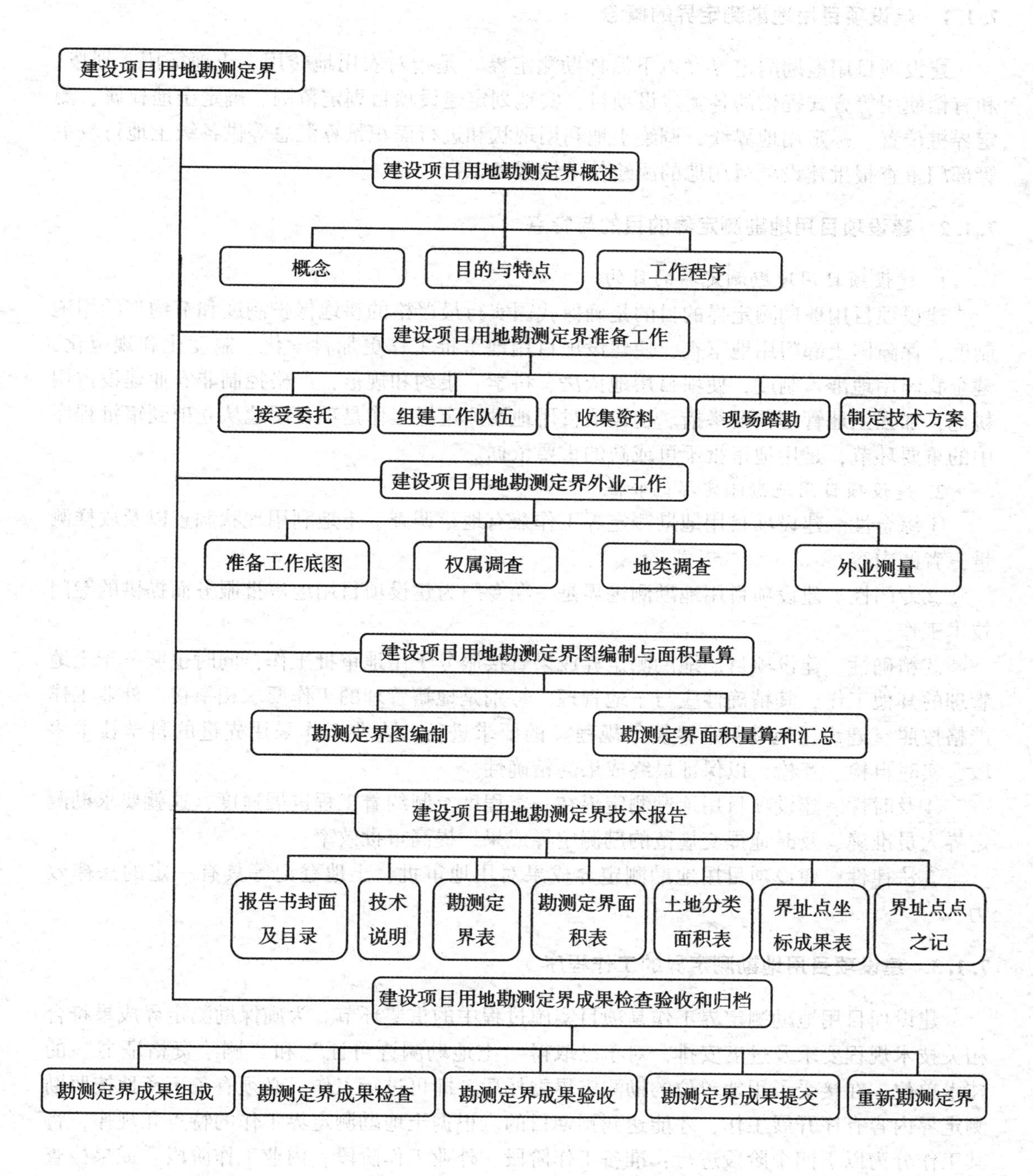
建设项目用地勘测定界
建设项目用地勘测定界概述
概念
目的与特点
工作程序
建设项目用地勘测定界准备工作
接受委托
组建工作队伍
收集资料
现场踏勘
制定技术方案
建设项目用地勘测定界外业工作
准备工作底图
权属调查
地类调查
外业测量
建设项目用地勘测定界图编制与面积量算
勘测定界图编制
勘测定界面积量算和汇总
建设项目用地勘测定界技术报告
报告书封面及目录
技术说明
勘测定界表
勘测定界面积表
土地分类面积表
界址点坐标成果表
界址点点之记
建设项目用地勘测定界成果检查验收和归档
勘测定界成果组成
勘测定界成果检查
勘测定界成果验收
勘测定界成果提交
重新勘测定界

7.1 建设项目用地勘测定界概述

7.1.1 建设项目用地勘测定界的概念

建设项目用地勘测定界（以下简称勘测定界）是指对农用地转用、土地征用、划拨、和有偿使用等方式提供的各类建设项目，实地划定建设项目划定范围、确定土地权属、测定界桩位置、标定用地界线、调绘土地利用现状和进行面积量算汇总等供各级土地行政主管部门审查报批建设项目用地的测绘技术性服务工作。

7.1.2 建设项目用地勘测定界的目的与特点

1. 建设项目用地勘测定界的目的

建设项目用地勘测定界的目的是确保我国实行最严格的耕地保护制度和节约集约用地制度，保障国土部门用地审查，使建设项目用地审批工作更加科学化、制度化和规范化，健全我国用地准入制度，使项目用地依法、科学、集约和规范，严格控制非农业建设占用耕地，加强土地管理重要举措。建设项目用地勘测定界工作是项目用地从立项到审批程序中的重要环节，是用地审批不可或缺的重要依据。

2. 建设项目用地勘测定界的特点

①综合性。建设项目用地勘测定界工作兼有地籍调查、土地利用现状调查以及放样测量三者的内容。

②专门性。建设项目用地勘测定界是一项专门为建设项目用地审批服务而提供的专门技术工作。

③精确性。建设项目用地勘测定界成果直接服务于用地审批工作，同时也服务于土地管理的其他工作，其精确性应与土地管理，特别是地籍管理的工作要求相衔接。外业工作严格按照《建设用地勘测定界技术规程》的要求进行，内业工作采用先进的科学技术手段，实时自检、互检，以保证最终成果的精确性。

④及时性。建设项目用地勘测定界在一定程度上制约着工程进展速度，这就要求勘测定界人员准确、及时地提交规范的勘测定界成果，提高审批效率。

⑤法律性。建设项目用地勘测定界成果对用地审批、土地登记等具有一定的法律效力。

7.1.3 建设项目用地勘测定界的工作程序

建设项目用地勘测定界工作是项目实施过程中的重要环节。为确保勘测定界成果符合相关技术规程要求及进度安排，对于已取得“土地勘测许可证”和“测绘资格证书”的技术单位，在接受了用地单位的勘测定界委托后，即可进行工作。必须有条不紊地按照勘测定界内容有序开展工作，才能达到预期目的。根据土地勘测定界工作的特点和规律，将其工作分为以下四个阶段进行：准备工作阶段、外业工作阶段、内业工作阶段、成果检查验收及归档阶段。各个阶段之间的关系如图 7-1 所示。

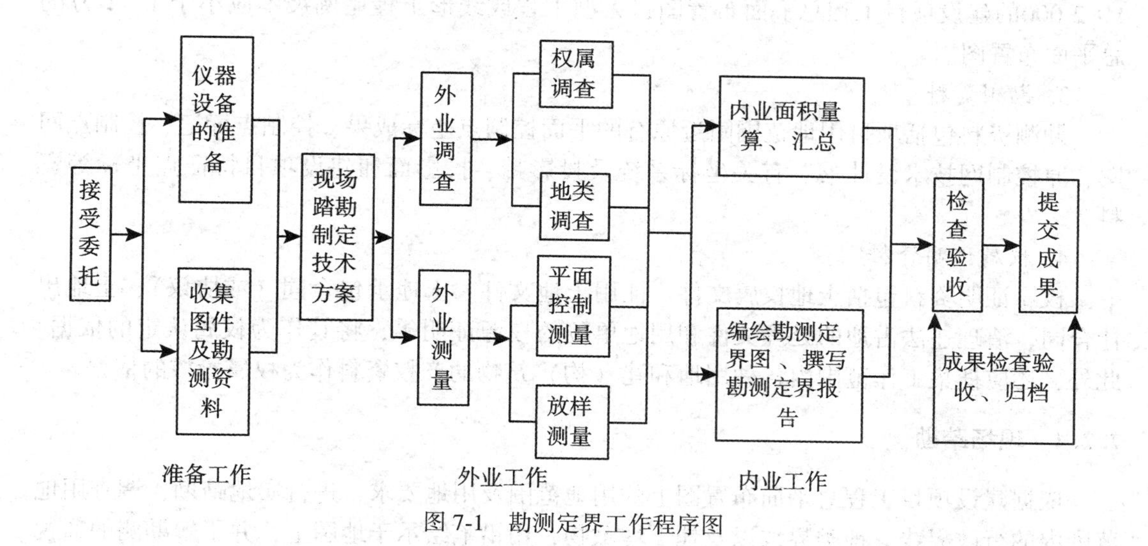

图 7-1　勘测定界工作程序图

7.2　建设项目用地勘测定界的准备工作

勘测定界的准备工作主要包括：接受委托、组建队伍、搜集与查阅有关文件及图件、现场踏勘、技术设计等内容。

7.2.1　接受委托

经审核后，具备勘测定界的勘测单位，须持有用地单位或有权批准该建设项目用地的人民政府土地管理部门的勘测定界委托书，方可开展此项工作。

7.2.2　组建工作队伍

根据建设项目的大小和建设项目用地勘测定界的工作程序，成立领导小组，确定项目总负责人，组建分工明确的外业调查组、外业测量组、内业整理汇总组等具体工作小组，并分配相应的人员。

7.2.3　收集资料

建设项目用地勘测定界收集的资料主要有建设项目相关文字材料、图件资料、勘测资料以及权属证明材料等。

1. 文字资料

文字资料主要包括：用地单位提交的城市规划区域内建设用地规划许可证或选址意见书；经审批的初步设计方案及有关资料；土地管理部门在前期对项目用地的审查意见等。

2. 图件资料

勘测定界工作应尽量搜集用地范围内的地籍图和地形图，比例尺不小于1：1万的土地利用现状调查图、土地利用总体规划图、基本农田界线图、测区范围内的航片图、土地权属界线图，用地单位提供的由专业设计单位承担设计的用地范围图以及比例尺不小于

1：2 000的建设项目工程总平面布置图，大型工程或线形工程比例尺不应小于1：1万的总平面布置图。

3. 勘测资料

勘测资料包括项目用地范围附近原有的平面控制点坐标成果、控制点标记、控制点网图、原控制网技术设计书、有关坐标系统及投影带、投影面和建设项目特征点坐标等资料。

4. 权属证明资料

权属证明资料包括土地权属文件、征用土地文件、土地承包合同（或协议）、土地出让合同、清理违法占地的处理文件和用地单位的权源证明等，将其作为权属认定的依据。此外，还应搜集工作范围内各种用地和建（构）筑物的产权资料作为权属检核的依据。

7.2.4 现场踏勘

依据建设项目工程总平面布置图上的用地范围及用地要求，进行实地踏勘，调查用地范围内的行政界线、地类界线以及地下埋藏物，用铅笔绘示于地图上，并了解勘测的通视条件及控制点标石的完好情况。

除此之外，对于大型和线性建设项目用地，还应调查了解建设项目沿线地理和交通条件。

7.2.5 制定技术方案

根据收集、查阅的资料和现场踏勘情况制定建设项目用地勘测定界工作技术议案。其主要内容包括：

①项目概况、用地范围、地理位置、交通条件、权属状况和地形地貌等。

②工作程序、时间要求、经费安排和人员配备情况。

③工作底图的选择、测量方法、测量精度和测图比例尺的确定以及最终成果和要求。

④控制网的布设方法、测量所需仪器和技术依据等。

7.3 建设项目用地勘察定界的外业工作

建设项目用地勘测定界外业调查是勘测定界中的基础性工作，其工作内容包括权属调查和地类调查，调查内容包括查清用地范围内的村、农、林、牧、渔场、居民点外的厂矿、机关、团体、部队、学校等企、事业单位的土地权界和使用权界；查清用地范围内的土地利用类型及分布。权属调查成果应及时准确地反馈于外业测量人员，以便进行权属界址桩的测量。

7.3.1 准备工作底图

工作底图是指开展建设项目用地勘测定界调查工作的底图，是外业调查、转绘、面积量算、编制土地勘测定界图的基础图件。

勘测定界所用工作底图应是用地范围内现势性较好的地籍图或地形图。工作底图的比例尺应与勘测定界图的比例尺相同，一般不小于1：2 000。大型工程经有权批准该项目用地的政府国土资源管理部门批准，工作底图比例尺可不小于1：10 000。

城市批次用地的土地勘测定界工作一般用地籍图作为工作底图。大型工程用地，例如水库库区、大型线状工程等的土地勘测定界一般用航片与地形图相结合作为工作底图。

7.3.2 权属调查

对建设用地占用的各权属单位土地，在土地利用现状调查、城镇地籍调查时已形成的土地权属界线协议书核定的权属界线经复核无误的，本次勘测定界调查时不再重新调查，否则应重新调查。因此，权属调查的工作程序应根据准备工作阶段的收集资料情况分两种进行：一种是具备土地权属定界资料的调查，另一种是不具备土地权属定界资料的调查。

7.3.3 地类调查

地类调查应在土地利用现状调查的基础上，按照《土地利用现状调查地（市）级汇总技术规程》（TD 1002—1993）及《土地利用现状分类》（GB/T 21010—2007）的要求，以接受勘测定界委托时为调查时点，通过现场调查及实地判读，将用地范围内及其附近的各地类界线测绘或转绘在工作底图上，并标注地类编号。在地类调查的同时，实地调绘基本农田界线和农用地转用范围界线。

7.3.4 外业测量

外业测量是指根据项目用地的初步设计图或规划用地范围图实地放样界址点，然后对用地界址点（包括权属界址点、行政界址点）进行解析测量，并埋设界址桩及实施放线。土地勘测定界外业测量工作程序一般是：平面控制测量—界址点放样—界址点测量—实施放线。

1. 平面控制测量

控制测量是为细部测量服务的，建设项目用地勘测定界一般是在控制测量的基础上放样界址点。当测区已具备施测控制网时，可直接引用进行放样；但界址点测量的精度应满足《建设用地勘测定界技术规程（试行）》的要求，否则就要重新进行平面控制测量。建设项目用地勘测定界平面控制测量的主要标准见表 7-1～表 7-5。

表 7-1 首级控制网等级的确定

测区面积/ km^2	首级平面控制等级	测区面积/ km^2	首级平面控制等级
> 10	四等以上控制网	0. 4～3	二级导线
3～10	一级导线	<0. 4	图根导线

表 7-2 GPS 网的主要技术指标

等级	平均距离/ km	a/mm	$b/10^{-6}$	最弱边相对中误差
二等	9	10	2	1/120 000
三等	5	10	5	1/80 000
四等	2	10	10	1/45 000
一级	1	10	10	1/20 000
二级	1	15	20	1/10 000

表 7-3　　三角网的主要技术要求

等级	平均边长/km	测角中误差/(″)	起始边相对中误差	最弱边相对中误差
二等	9	±1	1/300 000	1/120 000
三等	5	±1.8	1/200 000	1/80 000
四等	2	±2.5	1/120 000	1/45 000
一级小三角	1	±5	1/40 000	1/20 000
二级小三角	0.5	±10	1/20 000	1/10 000

表 7-4　　电磁波测距导线的主要技术要求

等级	复合导线长度/km	平均边长/m	每边测距中误差/mm	测角中误差/(″)	导线相对闭合差
三等	15	3 000	±18	±1.5	1/60 000
四等	10	1 600	±18	±2.5	1/40 000
一级	3.6	300	±18	±5	1/14 000
二级	2.4	200	±18	±8	1/10 000
三级	1.5	120	±18	±12	1/6 000

表 7-5　　图根导线的主要技术要求

等级	导线长度/km	平均边长/m	测回数		方位角闭合差/(″)	导线全长相对闭合差	坐标闭合差/m
			DJ_2	DJ_6			
一级	1.2	120	1	2	$\pm 24\sqrt{N}$	1/5 000	0.22
二级	0.7	70		1	$\pm 40\sqrt{N}$	1/3 000	0.22

2. 建设项目用地界址点放样

当测区的控制网逐级布设完成后，进行界址点的勘测放样。界址点放样的依据是建设项目用地条件。建设项目用地条件多为用地边界与规划道路或指定地物的相对关系，在地物稀少地区也可确定为界址点的设计坐标。建设项目用地条件是用地测量的法定文件，作业者不得擅自改动。

(1) 根据建设项目用地条件确定放样数据和放样方法

①项目用地条件提供拟用地界址点坐标时，可根据拟用地界址点坐标用全站仪或RTK测量技术进行放样；也可根据拟用地界址点坐标、控制点坐标和地物点坐标计算出拟用地界址点同控制点及地物点的相关距离和角度，采用极坐标法、距离交会法、前方交会法进行放样。

②项目用地条件提供拟用地界址点相对于控制点及地物点的距离和角度等有关数据

时，可选用距离交会法或前方交会法进行放样。

③项目用地条件只提供用地图纸，而没有提供拟用地界址点坐标或拟用地界址点相对于控制点及地物点的距离和角度等有关数据时，可以根据初步设计图或规划用地范围图，在图上拟定界址桩位置，量取拟用地界址点坐标或拟用地界址点与控制点、地物点的相关距离和角度，按照前述两种方法进行放样。

（2）线形工程和大型工程的放样

① 线形工程的放样。线形工程包括公路、铁路、河道、输水渠道、输电线路、地上和地下管线等。线形工程的勘测定界，其放样方法可根据具体情况，采用图解法或解析法。

a. 图解法。当线形工程的线路不长且线路基本为直线时，可采用图解法放样。根据设计图纸上所列出的定线条件，即线状地物中线与附近地物的相对关系，实地以有关线状地物点为基准采用全站仪测出中线位置。直线段每隔 150m 应定出一个中线点。

b. 解析法。当线形工程的线路较长且有折点或曲线时，应采用解析法放样。首先布设控制测量点。根据设计图纸给出的定线条件，线路中线的端点、中点、折点、交点及长直线加点的坐标，反算出这些点与控制点间的距离和方位。以控制点为基准，采用经纬仪、钢尺或测距仪放样出线路的中线。平曲线测设，可采用偏角法、切线支距法或中心角放射法等。圆曲线和复曲线应定起点、中点、终点，回头曲线应定半径、圆心、起终点。

②大型工程的放样。大型工程放样根据具体情况可以利用不小于 1∶10 000 的土地利用现状调查图或地形图，根据设计图纸上的折点和曲线点，在现场根据图上判读，实地定桩。

（3）界址桩的设置

界址点是用地相邻界址线的交点，界址桩是埋设在界址点上的标志。界址桩之间的距离，直线最长为 150m。

①界址桩的类型。勘测定界界址桩类型主要有：混凝土界址桩、带帽钢钉界址桩及喷漆界址桩。界址桩应用范围如下：

a. 混凝土界址桩。用地范围地面建筑已拆除或界址点位置在空地上，可埋设混凝土界址桩。

b. 带帽钢钉界址桩。在坚硬的路面、地面或埋设混凝土界址桩困难处，可钻孔或直接将带帽钢钉界址桩钉入地面。

c. 喷漆界址桩。界址点位置在永久明显地物上（如房角、墙角等），可采用喷漆界址桩。

②界址点的编号及点之记。界址点编号时，用地单位的界址桩在图纸上须从左到右、自上而下统一按顺序编号。新用地的界址点与原用地界址点重合的，采用原界址桩编号。

项目用地界线的界址点一般采用“JX”表示。权属界线（行政界线）与用地范围线的交叉界址点编号应冠以字母表示。其中，s 表示省界，E 表示地区（市）界，A 表示县界，X 表示乡（镇）界，c 表示村界或村民小组界，J 表示基本农田界，G 表示国有土地的界线。

铁路、公路等线型工程的界址点编号可以采用“里程十里程尾数”的格式进行编号，按 km 里程增加为前进方向，在里程数前冠以字母 L 为左边界桩，R 为右边界桩。例如，PK45+400 表示 45. 4km 处的前进方向右边界桩。

界址桩的位置在实地确定以后，对埋石点或主要转折点均应在现场测记“界址点点之记”。“界址点点之记”略图应反映界址桩邻近四周地形、地物情况和必要的文字注记（路名、水系名等）。量取与附近地物点的撑线三条（不少于两条，如附近地物稀少，可借助于附近的明显地物，如田埂交叉点、道路交叉点、池塘边角打辅助桩量取撑线），并用红漆在地物点上标出点号和尺寸，以便他人根据点之记在现场寻找界址桩位置。“点之记”用 0. 2mm 线条绘制，撑线用虚线表示，测量数据注记到厘米，文字注记力求端正整齐，避免倒置，界址桩点用相应图例符号绘制。界址点撑线应尽量选取用地范围外不拆除的建筑物。

3. 界址测量

为保证界址放样的可靠性及界址坐标的精度，在界址桩放样埋设后，须用解析法进行界址测量。界址测量应按照《城镇地籍调查规程》（TD 1001—2012）的要求进行。政府用于审批的项目用地的界址点必须进行测量，经测量的界址点坐标才能作为审批坐标。项目用地初步设计的界址点坐标、项目工程总平面布置图上的界址点坐标只能作为勘测定界放样数据准备的依据，不能作为审批坐标。个别项目用地经有权批准项目用地的政府国土资源管理部门认可，可以不进行界址测量。

（1）测量方法

界址测量一般采用极坐标法，须在已知控制点上设站。角度采用半测回测定，经纬仪对中误差不得超过±5mm。一测站结束后必须检查后视方向，其偏差不得大于±1′。距离测量可用电磁波测距仪或钢尺，用钢尺测量时一般不得超过二尺段，使用电磁渡测距仪可放宽至 300m。

（2）精度要求

①解析测定界址点坐标相对邻近图根点的点位中误差，不得大于 5cm。

②界址线与邻近地物或邻近界线的距离中误差，不得大于 5cm。

③勘测定界图上的界址点平面位置精度，以其相对于邻近图根点的点位中误差及相邻界址点的间距中误差，在图上不得大于表 7-6 的规定。

表 7-6 **勘测定界图的精度指标**

图纸类型	1 : 500	1 : 1 000 或 1 : 2 000
薄膜图	0. 8mm	0. 6mm
蓝晒图	1. 2mm	0. 8mm

④勘测定界图上所给的用地界线与邻近地物界线的间距差不得大于 1. 2mm。

⑤界址边丈量中误差不得大于 5cm。

7.4 建设项目用地勘测定界图编制与面积量算

7.4.1 建设项目勘测定界图编制

建设项目用地勘测定界图是用于建设用地审批的主要图件材料，是量算项目用地占用各权属单位土地面积、基本农田面积、不同地类面积的基本图件。勘测定界图不但要有较高的精度，还要准确地反映出用地周边的土地利用状况。勘测定界图是集各项地籍要素、土地利用现状要素和地形、地物要素为一体的区域性综合图件。勘测定界图可利用实测界址点坐标和实地调查测量的权属、地类等要素在地籍图或地形图上编绘或直接测绘。为了便于勘测定界图件资料的储存、管理、编辑和资料更新，应尽可能地采用计算机对其进行数字管理。

1. 勘测定界图的内容

勘测定界图的主要内容包括用地权属界线、界址点位置和用地总面积（大型项目用地，因土地勘测定界图分幅较多，可以不标注用地总面积）；用地范围内各权属单位名称及地类符号或名称；用地范围内占用各权属单位土地面积及地类面积；用地范围内的行政界线、各权属单位的界址线、基本农田界线、土地利用总体规划确定的城市和村庄集镇建设用地规模范围内农用地转为建设用地的范围线、地类界线；地上物、地下管线、地下埋藏物、各种文字注记、数学要素等。

（1）界址点与用地界线

用地界线是建设项目占用土地的范围线，建设项目完工后，它就是该宗地的界址线。为了与地籍工作衔接及利用勘测定界成果进行土地登记发证，编制勘测定界图时，用地界线及界址点的绘制应与地籍图一致。

（2）用地范围内的行政界线、权属界线

用地范围内的行政界线及各权属单位的界址线是量算建设项目占用各权属单位土地面积的主要依据。用地范围内的行政界线主要有：省、自治区、直辖市界；自治州、地区、盟、地级市界；县、自治县、旗、县级市及城市内的区界；各权属单位的界址线；乡、镇、村界，国有农、林、牧、渔场界及国有土地使用界线。两级行政界线重合时取高级界线，境界线在拐角处不得间断，应在拐角处绘出点或线。用地范围内的行政界及各权属单位的界址线用红色表示，图例按照《地籍调查规程》（TD/T 1001—2012）的要求表示。

土地权属界线原则上一般应由权属双方的法人代表现场指界，双方认可。一种方法是，测量人员根据权属双方指定的界线进行测绘，并将其坐标成果展绘在土地勘测定界图上；另一种方法是，到有关部门搜集测区的土地利用现状调查资料、土地登记资料，根据搜集的权属界线描述资料，将测区范围内的所有权属界线一一描绘在土地勘测定界图上。

（3）地物、地貌、地类界线及文字注记

地物及地貌包括用地范围内及外延区域的各类垣栅管线、房屋、水面界线、道路界线、斜坡、陡坎、路堤、台阶及地类符号注记等。地物及地貌图例按《地形图图例》的要求表示，地类符号图例则按照《土地利用现状调查技术规程》（省级、地市级）的要求表示。地物、地貌和地类界线原则上采用原有地形图或地籍图上所反映的一切信息。现场调绘时如发现地物的增减与变化，或用地界线改变时，要及时进行修测或补测。地类界线是用地范围内各种不同图斑的界线，它是量算建设项目占用各权属单位的不同地类面积及征地补偿的主要依据。文字注记包括地名、权属单位名称、道路名称、水系名称及有特色的地物名称等。

（4）用地范围内占用各权属单位土地面积及地类面积

用地范围内占用各权属单位土地面积及地类面积在编辑好的勘测定界图上量算，用红色分式在相应的权属单位或地块上表示，分子是用地范围内占用各权属单位土地面积及地类面积，单位是 m^2 或 hm^2，分母是地类编号或权属单位名称。

（5）基本农田界线和农用地转用范围线

基本农田界线是项目用地占用基本农田的范围界线，也是量算项目用地占用基本农田面积的主要依据。农用地转用范围线是项目用地占用已批准的土地利用总体规划确定的城市和村庄、集镇建设用地规模范围内农用地转为建设用地的范围线。

（6）数学要素

数学要素包括图廓线、坐标格网线及坐标注记、控制点及其注记、图框外比例尺说明等。

2. 勘测定界图的编绘

勘测定界图是集各项地籍要素、土地利用线状要素和地形、地物要素为一体的区域型综合图件。利用现有的地籍图或地形图，应检查其现势性，发生变化的，应及时进行修测或补测。若没有现势性较好的地籍图或地形图，可以将工作底图扫描或数字化形成电子底图，编绘工作直接在电子底图上进行。勘测定界图的比例尺一般不应小于1∶2 000，在其编绘完成后必须加盖实施勘测定界单位的“勘测定界专用章”。大型工程勘测定界图的比例尺不应小于1∶1万。

在编绘勘测定界图时，注意选择适当的比例尺，以保证用图的精度。按《建设用地勘测定界技术规程（试行）》的要求，勘测定界图的平面位置精度为其相对于邻近图根点的点位中误差及相邻平面点间距的中误差，在图上不得大于表7-7的规定。

表7-7　**勘测定界图的平面位置精度**　单位：mm

图纸类型	1∶500	1∶1 000或1∶2 000
薄膜图	0.8	0.6
蓝晒图	1.2	0.8

勘测定界图的分幅方法与地形图的分幅方法相似。勘测定界图分幅编号应以小比例尺图件为基础，逐级编定较大比例尺的地籍图图幅号。

为了便于土地勘测定界图件资料的储存、管理、编辑和资料更新，勘测定界资料和图件应尽可能采用计算机进行数字图形管理。

（1）勘测定界图的分幅

勘测定界图的分幅方式，原则上采用地形图或地籍图的分幅方式，即幅面采用50cm×

50cm 和 50cm×40cm。线性用地或大型项目用地的勘测定界图，可以采用自由分幅。项目用地范围涉及多幅图纸，应编绘用地范围接合图。

（2）界址点及界址线的绘制

利用放样后复测的界址点坐标，直接展绘在工作底图上，在图上连接界址点形成界址线。如果没有实测界址点坐标，可根据实地丈量界址点与附近明显地物的关系距离，在图上用距离交会的方法绘出界址点位置。界址点分为埋石（包括建筑物拐角界址点）和不埋石两种。将界址点按一定顺序连接成界址线。界址桩在图上必须从左到右、自上而下统一按顺时针编号。界址桩之间的直线距离，最长为 150m，转折点处必须设置界址桩。对于大型线性工程，直线段距离可适当延长。界址点位置用直径为 0. 8mm 的红线圆圈表示。界址点编号形式图用地面积较小，可按阿拉伯数字 1、2、3……顺序编制；如果用地面积较大，可采用地名或工程名的汉语拼音头一个字母作为代号顺编。所有界址点的编号或代号一律写在用地范围外侧。

为了清楚地表示各种界线，勘测定界图上项目用地边界线可根据用地范围的大小用 0. 2~0. 4mm 红色实线表示；基本农田界线用绿色实线绘制；农用地转为建设用地范围线用黄色实线绘制；地类界线用直径 0. 3mm、点间距 1. 5mm 的点线表示。

（3）行政界线、权属界线、基本农田界线、农用地转用范围线及地类界线的绘制

用地范围内的行政界线、各权属单位界址线的编绘，应充分利用土地利用现状调查资料或农村集体土地产权调查资料进行编绘。按照土地利用现状调查时签署的土地权属界线协议书及界址走向描述或农村集体土地产权调查时填写的集体土地权属调查表，直接在工作底图上绘制用地范围内的行政界线、各权属单位的界址线。

当土地权属界线协议书或集体土地权属调查表上界线走向模糊且文字说明较简单，无法直接编绘时，应由相邻权属单位代表实地指定用地范围线与行政界线及各权属单位界址线的交点，并实地丈量其与附近明显地物的关系距离，在图上用前方交汇的方法绘出用地范围线与行政界线及各权属单位界址线的交点位置。当进行较高精度的勘测定界时，应实地测量用地范围线与行政界线及各权属单位界址线的交点坐标，并将其展绘在工作底图上。

外业期间一定要搞清楚行政界线、权属界线，内业绘图时应按《地籍调查规程》及《土地利用现状调查技术规程》的规定执行。基本农田界线应根据土地利用现状图或土地利用总体规划上的基本农田界线转绘到工作底图上；农用地转用范围线应按照土地利用总体规划或土地利用年度计划等进行转绘；地类界线应利用地籍图、地形图及土地利用现状图上的地类或图斑界线转绘，当发生变化时，应根据地类调查资料进行修改。

（4）用地面积、各种符号绘制及文字数字的注记

勘测定界图上用地范围内每个权属单位均应在适当位置注记权属单位名称和面积，每个地块也均应在适当的位置注记地类号和面积。各种符号的绘制一般情况下按照《地籍调查规程》及《土地利用现状调查技术规程》的规定执行。对于上述两个规程未作规定的图式，则应按照国家颁布的现行比例尺图式执行。

7. 4. 2　勘测定界面积量算和汇总

建设项目用地勘测定界面积量算和汇总的数据是用地审批中的一项关键数值，因此要

求作业人员在量算面积及汇总统计时必须具有严谨的工作作风和认真负责的工作态度，必须按规定的表格认真填写，字迹工整清晰，不得涂改。面积量算应在勘测定界图上进行，其计算单位以 m^2计，并保留小数点后一位，当量算面积值较大时，可用公顷为单位，并保留小数点后四位。

1. 建设项目面积量算内容

建设项目面积量算主要内容包括项目用地的总面积；项目占用集体土地、国有土地的面积和占用农用地、建设用地、未利用地的面积；量算出征用面积和其中占耕地、基本农田的面积；划拨土地的数量；出让土地的数量；代征土地面积和其中占耕地、基本农田的面积；临时用地面积；规划道路面积；同时还要把占用他项权利的集体土地或国有土地的面积量算出来，以便为土地登记提供数据。

2. 面积量算的方法

与其他面积量算的方法相同，可采用坐标法、几何图形法、求积仪法。对于目前已广泛采用的数字图，则由计算机直接进行统计面积。

3. 面积量算的原则与精度

（1）面积量算的原则

图上面积量算应遵循分级量算，按比例平差、逐级汇总的原则。以项目用地总面积作控制，先量算起控制作用的各土地使用单位的面积（如县、乡、村面积或国有单位面积），再量算其内部的地类面积。从上而下，分级量算。各量算面积之和与控制面积之间的误差称作闭合差，在容许误差范围内（小于1/200）可根据面积的大小按比例平差。平差后的面积，再自下而上，逐级汇总。

（2）精度要求

①图上两次独立进行的面积量算较差限差：

$$\Delta \leqslant 0.000\,3M\sqrt{P}$$

式中：P 为量算面积，m^2；M 为勘测定界图纸比例尺分母。

满足要求后，取其平均值为量算地块的最终面积。

②几何图形法计算面积的误差应满足：

$$\Delta \leqslant 2.04\mathrm{ML}\sqrt{P}$$

式中：P 为量算面积，m^2；ML 为界址边量算的中误差，m。

满足要求后，取其平均值为量算地块的最终面积。

4. 面积量算数据汇总

为保持资料及数据的一致性、科学性和实用性，面积单位及土地分类及填表格式必须全国一致。具体要求如下：

①地类统计要求。地类分类按国土资源部〔2001〕255 号文件规定填写。现状地类与土地利用现状调查图上个不一致时，应在勘测定界技术报告及面积量算表中注明。

②在同一宗报批用地中，如果有不同的权属地块，如代征（国家征用集体土地后安置移民）、征用（国家征用集体土地）、使用（原国有单位及国有性质的土地需改变用途）应分别列表量算统计、汇总。具体格式见表 7-8：

表 7-8　　×××县×××项目用地土地分类面积表（代征、征用或使用）　　单位：公顷

乡镇	村用地合计	农用地										建设用地								未利用地		备注
		合计	小计	耕地				园地	林地	牧草地	其他农用地	商服用地	工矿仓储用地	公共设施用地	化工建筑用地	住宅用地	交通运输用地	水利设施用地	特殊用地	未利用地	其他土地	
				灌溉水田	水浇地	旱地	菜地															
合计																						

7.5 建设项目用地勘测定界技术报告

勘测定界最后成果体现于技术报告书。建设项目用地勘测定界技术报告分为征地报告和供地报告，两者内容大同小异。以征地报告为例学习，其内容包括：建设项目勘测定界技术说明、勘测定界表、勘测面积表、土地分类面积表、勘界图、界址点坐标成果表、土地利用现状图、权属审核表等。

7.5.1 勘测定界技术报告书封面及目录

勘测定界技术报告书封面及目录如图 7-2 所示。

7.5.2 勘测定界技术说明

技术说明主要包括：勘测定界的目的和依据、施测单位、施工日期、勘测定界外业调查情况、勘测定界外业测量情况、勘测定界面积量算与汇总情况、工作底图的选择、勘测

定界图编绘（测量）方法、对成果资料的说明以及自检情况等。建设项目勘测定界技术说明如图 7-3 所示。

编号： **建设项目用地勘测定界** **成果报告书** 用地单位：×××× 建设项目名称：×××× 勘测定界单位：×××× ××年×月×日	目 录 页次 1. 建设项目勘测定界技术说明 2. 勘测定界表 3. 勘测面积表 4. 土地分类面积表 5. 勘界图 6. 界址点坐标成果表 7. 土地利用现状图 8. 权属审核表

图 7-2　勘测定界技术报告书封面及目录

为核定 ××接线工程 征用土地面积和使用土地的界址，由 ××市××公司 于 ××年 10 月 19 日 进行勘测定界，实测面积为 42 857 平方米（ 64. 29 亩）设置界址标志 92 个。施测方法是采用 全站仪按全解析法施测， 各种内外业资料均进行了自检，符合《规程》要求。

项目负责人：王×
××年××月××日

图 7-3　勘测定界技术说明

7. 5. 3　勘测定界表

勘测定界表主要填写内容有：用地单位名称及经办人单位地址及主管部门土地给坐落及用途、相关文件、图幅号、勘界单位的签注。勘界单位主管领导、项目负责人及审核人应在勘测定界表上签字，建设项目勘测定界表见表 7-9。

表 7-9

勘测定界表

建设单位名称	××××	联系人	
单位地址		联系电话	
主管部门		单位性质	
测量单位	××市××公司		
土地坐落			
用途	交通用地	申请日期	××年×月×日
提供相关文件	规划红线图	界址点数	92
图幅号			
勘测定界单位	符合勘界要求 项目负责人：李×　　××年×月×日		
地籍部门复核意见	复核人：		
审核单位意见	审核人：		

7.5.4 勘测定界面积表

勘测定界面积表是集体土地及国有土地的总面积，申请用地占用农用地、建设用地未利用地的总面积，征用集体土地的总面积，国有土地划拨的总面积，国有土地出让的总面积，代征的集体土地总面积，由用地单位申请作为规划道路的总面积，临时使用土地的总面积等。建设项目勘测定界面积表见表 7-10。

表 7-10

勘测定界面积表

单位：m^2

性 质	面 积	其中（供地方式）			备 注
		出 让	划 拨	租 赁	
征 收	42 857.0				
拨 用					
使 用					
临时使用					
合 计	42 857.0				

7.5.5 土地分类面积表

勘界面积量算和汇总的数据是用地审批中一项关键的数据。项目用地面积核定内容包括项目用地总面积、项目占用集体土地、国有土地的面积，占用农用地、建设用地、未利用地的面积，量算出征用面积和其中占用耕地、基本农田的面积，划拨或出让土地的数量，起征土地面积和其中占用耕地、基本农田的面积，临时用地面积，规划道路面积。同时还要把占用他项权利的集体土地或国有土地的面积量算出来，以便为土地登记提供依据。土地分类面积表见表 7-11。

表 7-11

土地分类面积表

单位：m^2

被征(用)地单位	农用地													建设用地				未利用地		合计	备注
	总面积	耕地						园地	林地	牧草地	其他农用地			总面积	居民点及独立工矿用地	交通运输用地	水利设施	总面积	其他土地		
		总面积	灌溉水田	望天田	水浇地	旱地	菜地				农村道路	坑塘水面	农田水利用地		农村居民点				河流水面		
××区先锋街道办事处城西村民委员会三组	16 715	14 792	14 792								1 428	14	481	407	407			2 593	2 593	17 715	
××区先锋街道办事处城西村民委员会二组	4 898	4 712	4 712										186	676	676			382	382	5 956	
××区先锋街道办事处城西村民委员会五组	12 158	10 685	10 685								1 074		399	3 059	3 059			1 969	1 969	17 186	
合计集体	33 771	30 189	30 189								2 502	14	1 066	4 142	4 142			4 944	4 944	42 857	
合计国有																					
合 计	33 771	30 189	30 189								2 502	14	1 066	4 142	4 142			4 944	4 944	42 857	

7.5.6 界址点坐标成果表

界址点坐标成果表见表 7-12。

表 7-12　　　　　　　　　　**界址点坐标成果表**

图号____________　　　　　　　　　　　　　　　　　　　　单位：m

点号	距离（M）	纵坐标（X）	横坐标（Y）	界桩材料	备注

测量者：　　　　　　　　复核者：　　　　　　　　日期：

7.5.7 界址点点之记

界址点点之记格式表 7-13。

表 7-13 **界址点点之记**

地籍区名（号）	地籍子区		坐　落		编号区				恢复或重埋记要
					100km		1km		
03	21		××市新城区 友谊东路 124 号		横	纵	横	纵	
友谊路地籍区					335	38	08	27	
点名（号）	等 级	标志类型	X/m	Y/m	公里格网内编号	旧点号			
A	一 级	混	3 827 371. 151	33 508 456. 232					
B	保	钉	375. 151	453. 232					
C	保	钉	370. 263	459. 545					
D	保	钉	376. 589	457. 689					
点位略图									

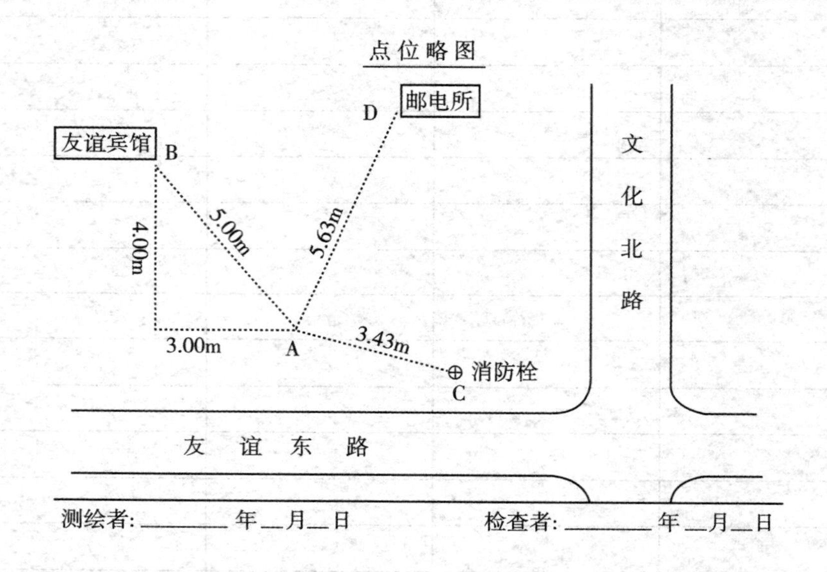

7.6 建设项目用地勘测定界成果检查验收和归档

7.6.1 勘测定界成果组成

勘测定界内业工作结束后，应提交勘测定界图、外业记录、计算手簿、控制网点图、平差计算资料等内外业资料及建设项目用地勘测定界技术报告书，供土地管理部门审查核定。

7.6.2 勘测定界成果检查

检查工作是勘测定界过程中的重要环节，应以本规程为依据，严格进行内外业检查，发现问题及时纠正。检查内容主要包括平面控制、细部测量、勘测定界图和技术报告书等内外业观测记录、计算资料及图件，实施单位须提供详细的自检报告。

7.6.3 勘测定界成果验收

勘测定界工作完成后，应由有权批准用地的人民政府的土地管理部门指派已取得“土地勘测许可证”的勘测单位，按本技术规程的要求验收，提交验收报告。

7.6.4 勘测定界成果提交

承担机构将验收合格后的勘测定界成果资料一式三份，分别提交给用地单位、呈报和审批该建设项目用地的政府土地管理部门。

7.6.5 重新勘测定界

依法批准的建设项目用地范围、面积与呈报的不一致时，须根据审批结果对变化的部分重新进行勘测定界。重新勘测定界成果经验收合格后，按勘测定界成果提交要求进行提交。

◎ 思考题

1. 简述建设项目用地勘测定界的概念、目的和特点。
2. 简述建设项目用地勘测定界的工作程序。
3. 简述建设项目用地勘测定界外业工作的主要内容。
4. 简述建设项目用地勘测定界图的内容。
5. 简述建设项目勘测定界面积量算的原则及面积汇总的主要内容。
6. 简述建设项目用地勘测定界的成果。
7. 简述建设项目勘测定界技术报告的内容。

第8章　现代技术在地籍测量中的应用

☞ 本章要点

全站仪在地籍测量中的应用　全站仪全称为全站型电子速测仪，由于只需安置一次仪器就可以完成本测站所有的测量工作，故称为"全站仪"。一般全站仪均有角度测量、距离测量、三维坐标测量、后方交会、悬高测量、放样测量、对边测量、面积计算和地形测量等功能。

全站仪在现代地籍测量中发挥着重要作用，利用全站仪，可以大大提高地籍测量的作业精度和作业效能。全站仪在地籍测量中的应用主要表现在加密地籍控制点和测绘宗地图等方面。

GPS技术在地籍测量中的应用　全球卫星定位系统（Global Positioning System）简称为GPS，GPS作为一种导航系统具有全天候作业、全球连续覆盖、定位精度高和应用广泛等特点。

实时动态（Real Time Kinematic，RTK）测量系统是以载波相位观测量为基础的实时差分GPS（RTK GPS）测量技术。GPS技术的出现。可以高精度、大范围地快速确定控制点坐标，特别是RTK新技术可以高精度快速测定界址点、地形点和地物点的坐标。

RS技术在地籍测量中的应用　遥感是通过对电磁波敏感的遥感器，在远离目标和非接触目标物体条件下探测目标地物，获取其反射、辐射或散射电磁波信息（如电场、磁场、电磁、地震波导信息），并进行接收、提取、加工处理、判读、分析与应用的一门科学技术。遥感技术系统包括：被测目标的信息获取、信息记录与传输、信息处理与信息应用。

遥感技术在地籍测量中的应用主要表现在利用航测法进行地籍控制测量和界址点测量、利用遥感影像制作地籍图和宗地草图、航测数字化地籍成图等方面。

GIS技术在地籍测量中的应用　GIS是在计算机硬、软件系统支持下，以计算机科学、地理学、地图学、测绘遥感学等相关学科为基础，对地球表面空间中的有关地理分布数据进行采集、储存、管理、运算、分析、显示和描述的技术系统。GIS对于地理空间数据的强大的管理分析功能是数字地籍测量实现的前提。数字地籍测量包括数据采集、数据处理、成果输出以及数据库管理等内容。

☞ **本章结构**

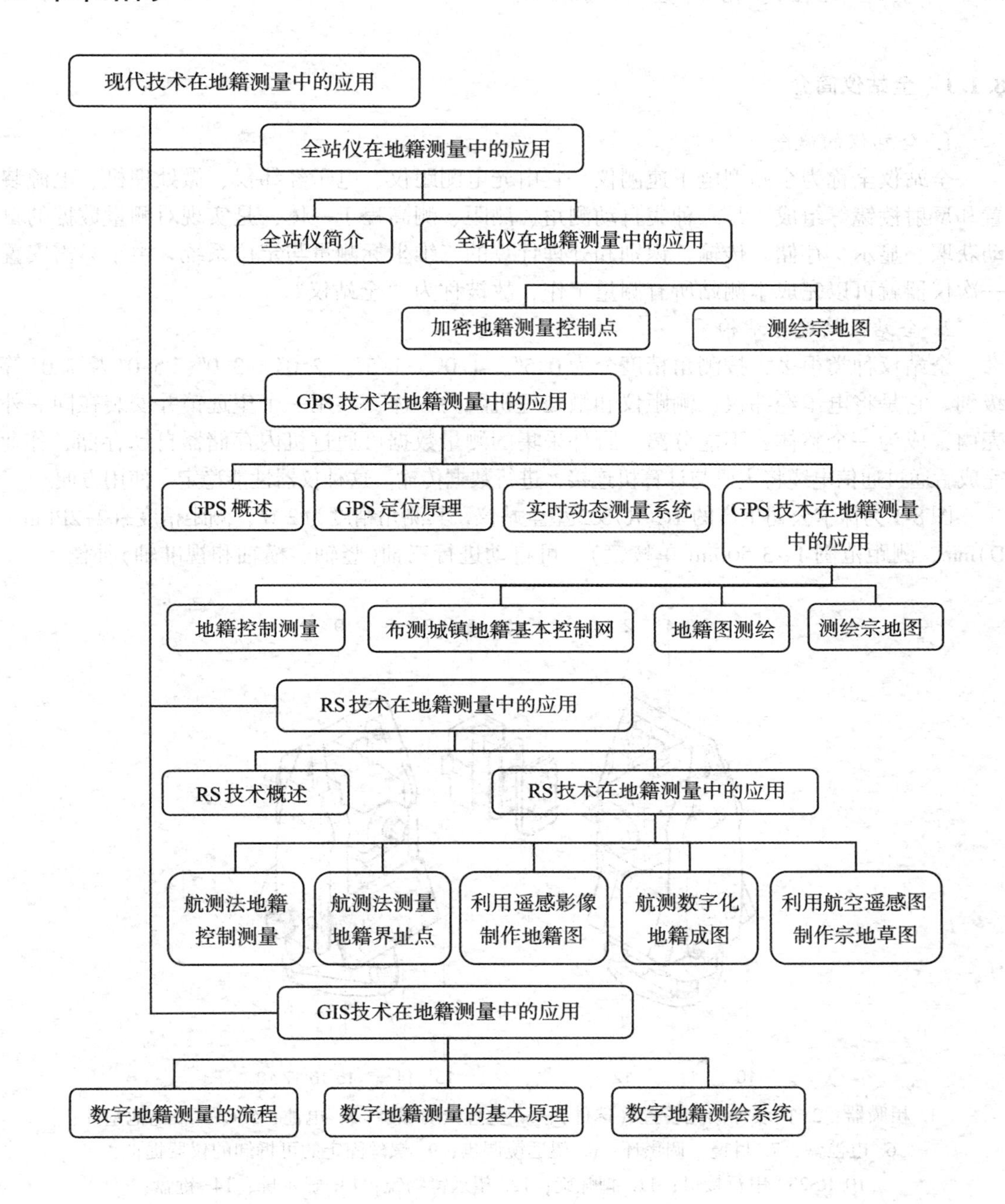
现代技术在地籍测量中的应用
全站仪在地籍测量中的应用
全站仪简介
全站仪在地籍测量中的应用
加密地籍测量控制点
测绘宗地图
GPS 技术在地籍测量中的应用
GPS 概述
GPS 定位原理
实时动态测量系统
GPS 技术在地籍测量中的应用
地籍控制测量
布测城镇地籍基本控制网
地籍图测绘
测绘宗地图
RS 技术在地籍测量中的应用
RS 技术概述
RS 技术在地籍测量中的应用
航测法地籍控制测量
航测法测量地籍界址点
利用遥感影像制作地籍图
航测数字化地籍成图
利用航空遥感图制作宗地草图
GIS技术在地籍测量中的应用
数字地籍测量的流程
数字地籍测量的基本原理
数字地籍测绘系统

8.1 全站仪在地籍测量中的应用

8.1.1 全站仪简介

1. 全站仪的概念

全站仪全称为全站型电子速测仪。它由光电测距仪、电子经纬仪、微处理机、电源装置和反射棱镜等组成，是一种集自动测角、测距、测高程于一体，是实现对测量数据的自动获取、显示、存储、传输、识别和处理计算的三维坐标测量与定位系统。由于只需安置一次仪器就可以完成本测站所有测量工作，故被称为“全站仪”。

2. 全站仪精度与结构

全站仪种类很多，按测角精度分为0.5″、1.0″、1.5″、2.0″、3.0″、5.0″及7.0″等级别。它是将电子经纬仪、测距仪和微处理机融为一体，共用一个望远镜并安装在同一外壳内，成为一个整体，不能分离。野外采集的测量数据可通过机内存储器自动存储，作业完成后通过通信电缆将主机与计算机连接，进行数据传输。这种仪器性能稳定，使用方便。

图8-1为徕卡公司生产的TC(R)802型全站仪，其测角精度为2.0″，测距精度±(2+2PPm·D)mm，测距范围1~3 500m(单棱镜)，可自动进行三轴(竖轴、横轴和视准轴)补偿。

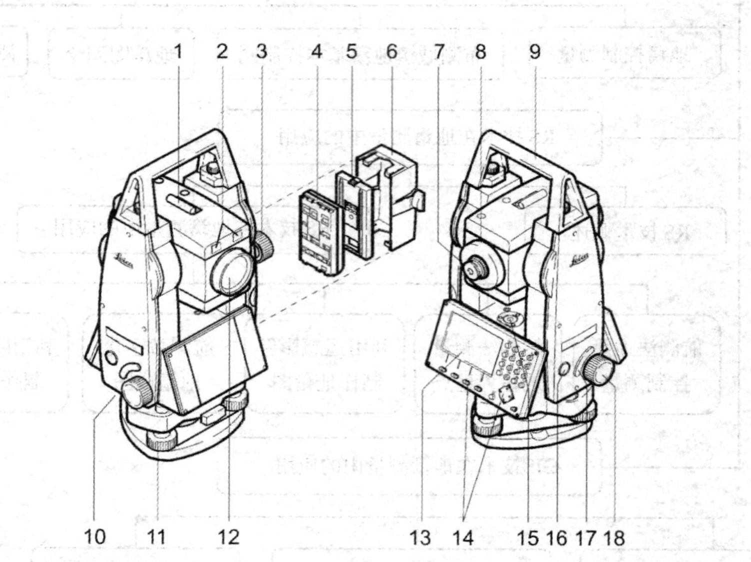

1. 粗瞄器；2. 内装导向光装置（选件）；3. 垂直微动螺旋；4. 电池；5. GEB11电池垫片；6. 电池盒；7. 目镜，调焦环；8. 望远镜调焦；9. 螺丝固定的可拆卸的仪器提把；10. RS232串行接口；11. 脚螺旋；12. 望远镜物镜；13. 显示屏；14. 键盘；15. 圆水准器；16. 电源开关；17. 热触发键；18. 水平微动螺旋

图8-1 电子全站仪

3. 全站仪的结构原理

全站仪的结构原理如图8-2所示。图中上半部分包含有测量的四大光电系统，即测距、测水平角、测竖直角和水平补偿。电源是可充电电池，供各部分运转和望远镜十字丝、显示器的

照明。键盘是测量过程的控制系统，测量人员通过键盘可调用内部指令，指挥仪器的测量工作过程和测量数据处理。以上各系统通过 I/O 接口接入总线与计算机系统联系起来。

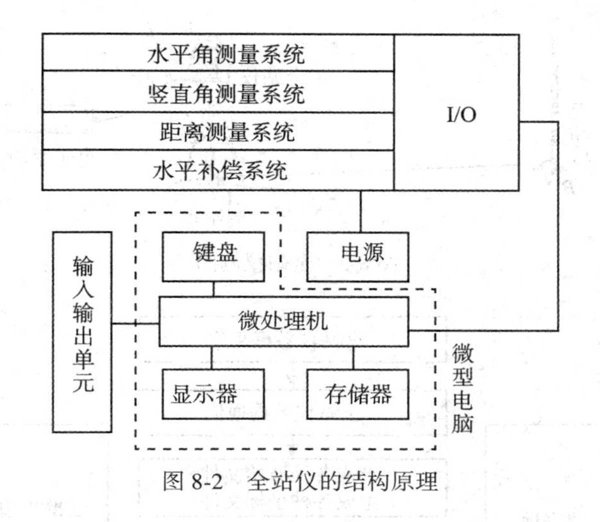

图 8-2　全站仪的结构原理

微处理机是全站仪的核心部分，它如同计算机的中央处理器，主要由寄存器系列（缓冲寄存器、数据寄存器和指令寄存器等）、运算器和控制器组成。微处理机的主要功能是根据键盘指令启动仪器进行测量工作，执行测量过程的检核和数据的传输、处理、显示和储存等工作，保证整个光电测量工作有条不紊地完成。输入输出单元是与外部设备连接的装置（接口）。为便于测量人员设计软件系统，处理某种目的的测量工作，在全站仪的微型电脑中还提供有程序存储器。

8.1.2　全站仪在地籍测量中的应用

一般全站仪均有角度测量、距离测量、三维坐标测量、后方交会、放样测量、对边测量、面积计算和地形测量等功能。这些功能在现代地籍测量中发挥着重要作用，利用全站仪，可以大大提高地籍测量的作业精度和作业效能。

1. 加密地籍测量控制点

全站仪加密地籍测量控制点的方法是在高一级的控制点之间，利用全站仪测设附合导线、支导线或支点，以解决地籍测量中控制点密度不足的问题。

2. 测绘宗地图

全站仪测绘宗地图标志着数字化地籍测量的初步形成，它具有传统方法绘制宗地图无可比拟的优越性。其作业状况如图 8-3 所示。

利用全站仪进行野外测量，点号记录时采用一定的规则以便后续的自动成图工作顺利进行，利用全站仪内存进行野外观测数据记录，生成全站仪数据内部记录文件，形成各种格式的文本文件供后续的控制平差和细部计算，生成界址点和地物点的坐标文件。对于测量不规范的控制点及其他内容进行警告提示，严重错误进行出错提示，输入勘丈表及全站仪采集时所编的点号与勘丈时的界址点号及最终界址点号间的对应关系。

最后可利用 AutoCAD 绘制宗地图。其内外业一体化的作业流程如图 8-4 所示，其宗地图绘制效果图如图 8-5 所示。

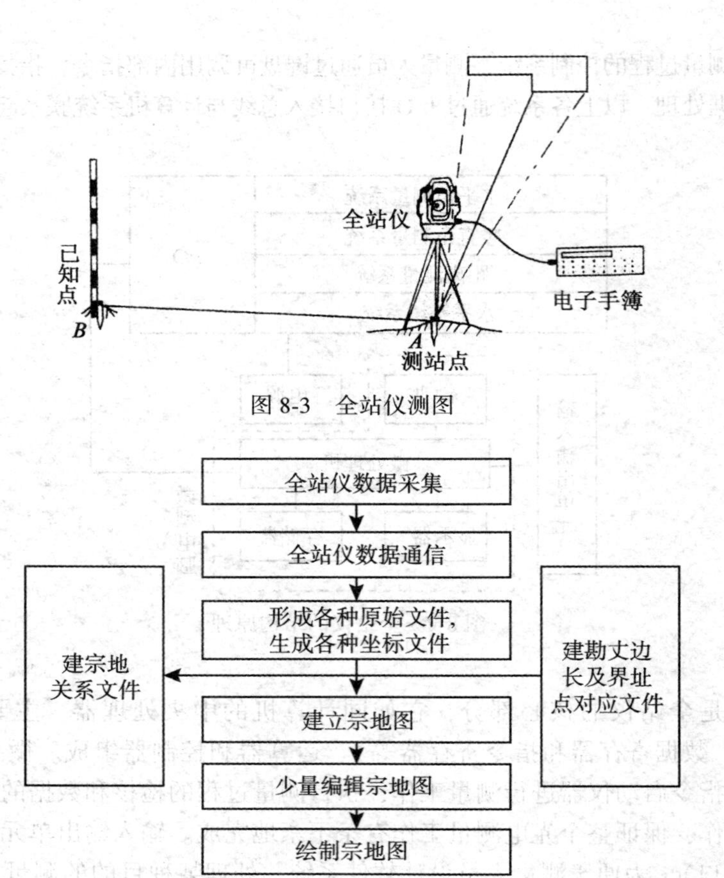

图 8-3　全站仪测图

图 8-4　宗地内外业一体化的作业流程

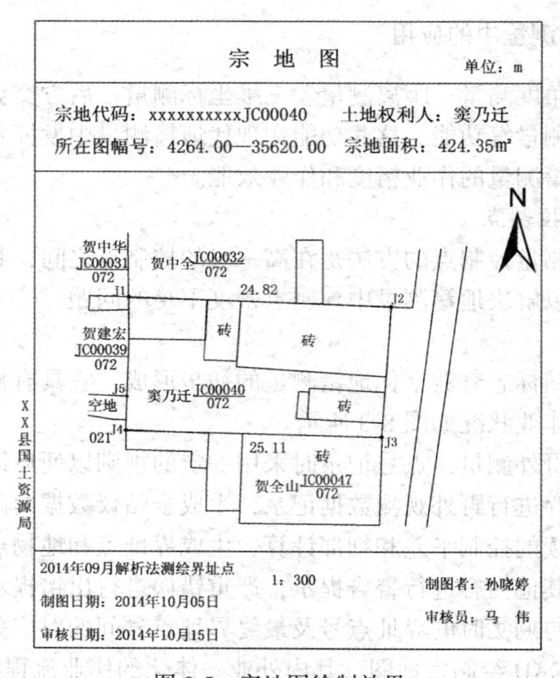

图 8-5　宗地图绘制效果

由于 AutoCAD 系统是开放式结构，便于用户进行二次开发。利用这一特点，通过编制程序，可快速、准确地实现宗地图的自动生成，无需人工干预，大大提高了工作效率。同样，图幅的裁边也可以通过类似方法来实现，而绘图则通过与计算机相连的绘图仪来完成。

8.2 GPS 技术在地籍测量中的应用

8.2.1 GPS 概述

全球卫星定位系统（Global Positioning System）简称为 GPS，它是利用人造卫星发射的无线电信号进行导航、定位的系统。该系统由美国国防部于 1973 年开始组织研制，历经 20 年，耗资 200 多亿美元，于 1993 年成功建成并投入使用。GPS 的出现引起了测绘技术的一场革命，它可以高精度、全天候和快速测定地面点的三维坐标，使传统的测量理论与方法产生深刻的变革，促进了测绘科学的现代化。

1. GPS 的特点

GPS 作为一种导航系统具有以下主要特点：

①全天候作业。GPS 观测工作，可以在任何地点，任何时间连续进行，一般不受天气状况的影响。

②全球连续覆盖。由于 GPS 卫星数目较多，其空间分布和运行周期经精心设计，可使地球上（包括水面和空中）任何地点在任何时候都能观测 4 颗以上卫星（不考虑障碍物和气候等外界因素的影响），从而保证全天候连续三维定位。

③定位精度高。利用 GPS 系统可以获得动态目标的高精度坐标、速度和时间信息，在较大空间尺度上对静态目标可以获得 $10^{-6} \sim 10^{-7}$ 的相对定位精度。

④静态定位观测效率高。根据精度要求不同，GPS 静态观测时间从数分钟到数十天不等，从观测采集到数据处理基本上是自动完成。

⑤应用广泛。GPS 以其全天候、高精度、自动化、高效率等显著特点成功地应用于资源勘探、环境保护、农林牧渔、运载工具导航和地壳运动监测等多个领域。

2. GPS 系统的组成

GPS 系统由空间星座、地面监控和用户设备三大部分组成，如图 8-6 所示。

（1）空间星座部分

GPS 卫星星座：设计为 21 颗卫星加 3 颗轨道备用卫星，实际已有 31 颗卫星在轨道运行，如图 8-7 所示。其星座参数为：卫星平均高度：20 200km；卫星轨道周期：11 小时 58 分钟；卫星轨道面：6 个，每个轨道至少 4 颗卫星；轨道的倾角：55°，为轨道面与地球赤道面的夹角。

（2）地面监控部分

地面监控部分是支持整个系统正常运行的地面设施，由分布在全球的 5 个地面站组成，其中包括主控站、监测站和注入站，其分布如图 8-8 所示。

①主控站。主控站有 1 个，设在美国科罗拉多州的施瑞福空军基地。它是整个 GPS 系统的“中枢神经”。其主要作用：根据本站和其他监测站的所有观测数据，推算各卫星的星历、卫星钟差、大气改正等参数，并把这些数据传送到注入站；提供全球定位系统的

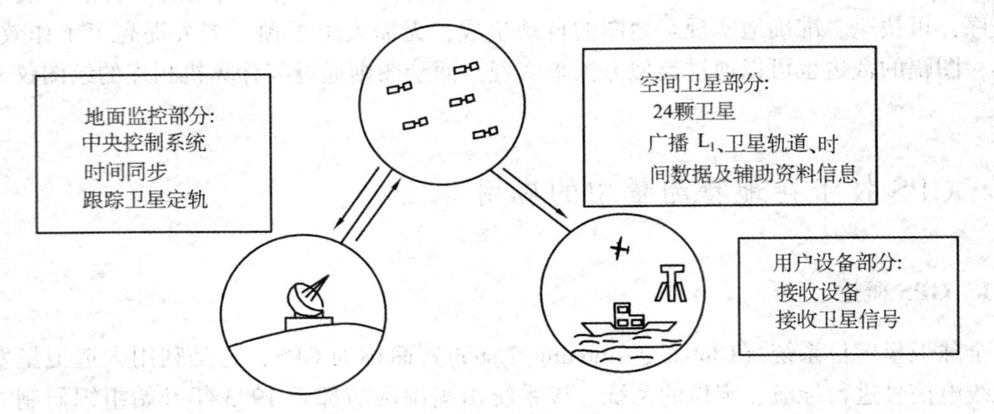

图 8-6 GPS 系统的组成

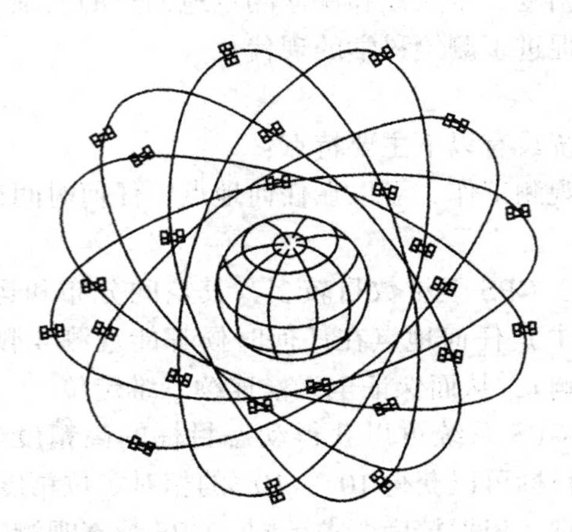

图 8-7 GPS 的空间星座

图 8-8 GPS 地面监控系统

时间基准；甄别偏离轨道的 GPS 卫星，发出指令使其沿预定轨道运行；判断卫星工作状态，启用备用卫星代替失效的卫星。

②监测站。监测站共有 5 个，是在主控站直接控制下的数据自动采集中心。主要作用就是对 GPS 卫星数据和当地的环境数据进行采集、存储并传送给主控站。站内配备有 GPS 双频接收机、高精度原子钟、计算机和若干环境参数传感器。接收机用来采集 GPS 卫星数据、监测卫星工作状况。原子钟提供时间标准，环境参数传感器则收集当地有关的

气象数据。所有数据经计算机初步处理后存储并传送给主控站，再由主控站做进一步的数据处理。

③注入站。注入站共有 3 个，分别设在大西洋的阿松森群岛、印度洋的迭哥伽西亚和太平洋的卡瓦加兰。其主要功能是在主控站的控制下，将主控站推算和编制的卫星星历、钟差、导航电文和其他控制指令等，注入相应卫星的存储系统，并监测注入信息的正确性。

（3）用户设备部分

GPS 用户设备部分由 GPS 接收机硬件和相应的数据处理软件及微处理机及其终端设备组成。GPS 接收机硬件包括接收机主机、天线和电源，它的主要功能是接收 GPS 卫星发射信号，以获得必要的导航和定位信息及观测量，并经简单数据处理而实现实时导航和定位。GPS 软件是指各种后处理软件包，通常由厂家提供，其主要作用是对观测数据进行精加工，以便获得精密定位结果。

GPS 接收机的种类很多，按用途不同分为导航型、测量型和授时型三类：

①导航型：定位精度较低，体积小，价格便宜。用于船舶、车辆和飞机等运载体的实时定位和导航。

②测量型：定位精度高，结构比较复杂，价格昂贵。用于控制测量、工程测量及变形测量中的三维坐标精密定位。

③授时型：主要用于天文台或地面监测站进行时间频标的同步测定。

8.2.2 GPS 定位原理

GPS 定位是以 GPS 卫星和用户接收机天线之间的距离（或距离差）为基础，并根据已知的卫星瞬时坐标，确定用户接收机所对应的点位，即待定点的三维坐标（X，Y，Z）。因此，GPS 定位的基本原理是空间后方交会，显然其基本观测量是卫星到接收机天线之间的空间距离，如图 8-9 所示，分伪距定位测量和载波相位测量两种。

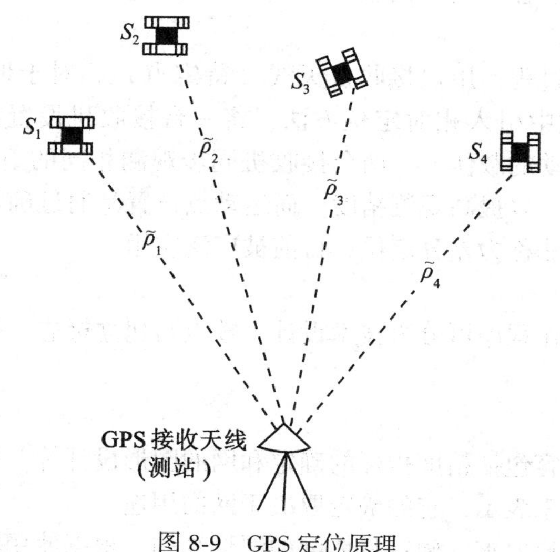

图 8-9 GPS 定位原理

1. GPS 定位原理

（1）伪距定位测量

接收机测定调制码由卫星传播至接收机的时间，再乘以电磁波传播的速度，便得到卫星到接收机之间的距离。由于所测距离受到大气延迟和接收机时钟与卫星时钟不同步的影响，它不是真正星站间的几何距离，因此称为“伪距”。通过对四颗卫星同时进行“伪距”测量，即可解算出接收机的位置。

（2）载波相位测量

载波相位测量是把接收到的卫星信号和接收机本身的信号混频，从而得到混频信号，再进行相位差测量。根据相位差和载波信号的波长，可以解算出各卫星到接收机的“伪距”，通过对四颗卫星同时进行“伪距”测量，即可解算出接收机的位置。

2. GPS 定位方法

（1）按定位模式不同 GPS 定位方法分为绝对定位和相对定位。

①绝对定位又称单点定位。即在协议地球坐标系中，确定观测站相对地球质心的位置。如图 8-9 所示，在一个待测点上，用一台接收机独立跟踪 GPS 卫星，测定待测点（天线）的绝对坐标。由于单点定位受卫星星历误差、大气延迟误差等影响，其定位精度较低，一般为 25~30m。

②相对定位，即在协议地球坐标系中，确定观测站与某一地面参考点之间的相对位置。相对定位是用两台或多台接收机在各个测点上同步跟踪相同的卫星信号，求定各台接收机之间的相对位置（三维坐标或基线向量）的方法。只要给出一个测点（可以是某已知固定点）的坐标值，其余各点的坐标即可求出。由于各台接收机同步观测相同的卫星，这样卫星钟的钟误差、卫星星历误差和卫星信号在大气中的传播误差等几乎相同，在解算各测点坐标时，可以通过做差有效地消除或大幅度削弱上述误差，从而提高了定位精度，其相对定位精度可达±（$5mm+1\times10^{-6}D$）。

（2）按接收机天线所处的状态分为静态定位、动态定位。

①静态定位：定位过程，用户接收机天线（待定点）相对于地面，其位置处于静止状态。

②动态定位：定位过程，用户接收机天线（待定点）相对于地面，其位置处于运动状态。在 GPS 动态定位中引入相对定位方法，将一台接收机设置在基准站上固定不动，另一台接收机安置在运动的载体上，两台接收机同步观测相同的卫星，通过观测值求差，消除具有相关性的误差，以提高观测精度。而运动点位置是通过确定该点相对基准站的相对位置实现的，这种方法称为差分定位，目前被广泛应用。

3. GPS 测量的实施

GPS 测量实施的工作程序可分为技术设计、选点与建立标志、外业观测、成果检核与数据处理等几个阶段。

（1）技术设计

技术设计的主要内容包括精度指标的确定和网的图形设计等。精度指标通常是以网中相邻点之间的距离误差来表示，它的确定取决于网的用途。

网形设计是根据用户要求，确定具体网的图形结构。根据使用的仪器类型和数量，基本构网方法有点连式、边连式、网连式和混连式 4 种。

（2）选点与建立标志

由于GPS测量观测站之间不要求通视，而且网的图形结构比较灵活，故选点工作较常规测量简便。但GPS测量又有其自身的特点，因此选点时应满足如下要求：点位应选在交通方便、易于安置接收设备的地方，且视场要开阔；GPS点应避开对电磁波接收有强烈吸收、反射等干扰影响的金属和其他障碍物体，如高压线、电台、电视台、高层建筑和大范围水面等。点位选定后，按要求埋设标石，并绘制点之记。

（3）外业观测

外业观测包括天线安置和接收机操作。观测时天线需安置在点位上，工作内容有对中、整平、定向和量天线高。由于GPS接收机的自动化程度很高，一般仅需按几个功能键（有的甚至只需按一个电源开关键），就能顺利地完成测量工作。观测数据由接收机自动记录，并保存在接收机存储器中，供随时调用和处理。

（4）成果检核与数据处理

按照《全球定位系统（GPS）测量规范》（GB/T 18314—2009）要求，应对各项观测成果严格检查、检核，确保准确无误后，方可进行数据处理。由于GPS测量信息量大、数据多，采用的数学模型和解算方法有很多种，在实际工作中，一般是应用电子计算机通过一定的计算程序来完成数据处理工作。其数据处理程序如图8-10所示。

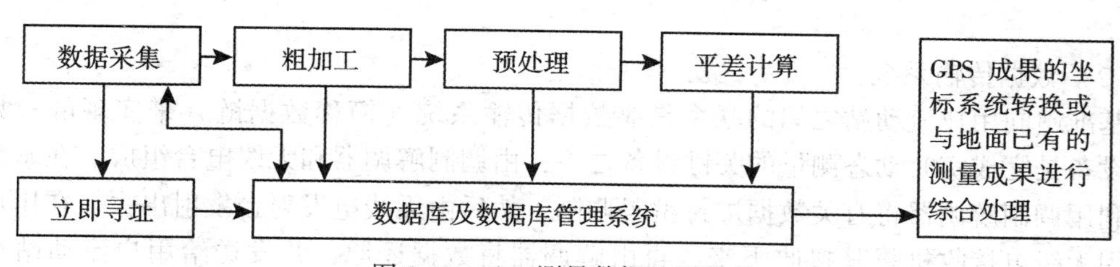

图8-10　GPS测量数据处理流程

4. 影响GPS定位精度的因素

影响GPS定位精度的因素有很多，首先是与GPS卫星有关的因素，如卫星钟差、卫星天线相位中心偏差和卫星轨道误差；其次是与信号传播介质有关的因素，如对流层折射、电离层折射、多路径效应和相对论效应；再次是与接收机有关的因素，如接收机钟差、接收机天线相位中心偏差以及地球旋转和固体潮等。

8.2.3　实时动态测量系统

1. RTK GPS测量概述

实时动态（Real Time Kinematic，RTK）测量系统，是GPS测时技术与数据传输技术相结合而构成的组合系统。它是以载波相位观测量为基础的实时差分GPS（RTK GPS）测量技术。RTK技术的基本思想是：在基准站上安置一台GPS接收机，对所有可见GPS卫星进行连续观测，并将其观测数据通过无线电传输设备，实时地发送给用户流动站；在用户站上，GPS接收机在接收卫星信号的同时，通过无线电接收设备接收基准站传输的观测数据；然后根据相对定位的原理，实时地计算并显示用户站的三维坐标及其精度。

2. RTK GPS测量系统的设备

RTK GPS测量系统主要由GPS接收机、数据传输系统和软件系统三部分组成。

（1）GPS接收机

GPS 接收机可以是单频或双频。当 RTK GPS 测量系统中至少应包含两台 GPS 接收机，其中一台安置于基准站上，另一台或若干台分别安置于不同的用户流动站上。作业时，基准站的接收机应连续跟踪全部可见 GPS 卫星，并将观测数据实时发送给用户站，如图 8-11 所示。

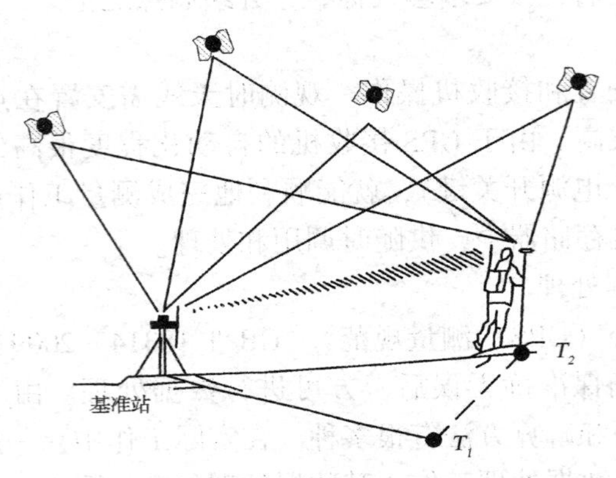

图 8-11　GPS RTK 工作模式

（2）数据传输系统

基准站同用户流动站之间的联系是靠数据传输系统（简称数据链）来实现的。数据传输设备是完成实时动态测量的关键设备之一，由调制解调器和无线电台组成。在基准站上，利用调制解调器将有关数据进行编码调制，然后由无线电发射台发射出去。在用户站上利用无线电接收机将其接收下来，再由解调器将数据还原，并发送给用户流动站上的 GPS 接收机。

（3）软件系统

RTK 测量软件系统的功能和质量，对于保障实时动态测量的可行性、测量结果的可靠性和精确性具有决定性意义。一个实时动态测量的软件系统应具备的基本功能为：

①整周未知数的快速解算。

②根据相对定位原理，实时解算用户站在 WGS-84 坐标系中的三维坐标。

③根据已知转换参数，进行坐标系统的转换。

④求解坐标系之间的转换参数。

⑤解算结果的质量分析与评价。

⑥作业模式（静态、准动态和动态等）的选择与转换。

⑦测量结果的显示与绘图。

8.2.4　GPS 技术在地籍测量中的应用

1. GPS 技术在地籍控制测量中的应用

GPS 卫星定位技术的迅速发展，给测绘工作带来了革命性的变化，也对地籍测量工作，特别是地籍控制测量工作带来了巨大的影响。应用 GPS 进行地籍控制测量，点与点之间不要求互相通视，这样避免了常规地籍测量控制时，控制点位选取的局限条件，并且布设成 GPS 网状结构对 GPS 网精度的影响也甚小。由于 GPS 技术具有布点灵活、全天候观测、观测及计算速度快和精度高等优点，使 GPS 技术在国内各省市的城镇地籍控制测量中得到广泛应用。

利用 GPS 技术进行地籍控制测量具有如下优点：

①它不要求通视，避免了常规地籍控制测量点位选取的局限条件；

②没有常规三角网（锁）布设时要求近似等边及精度估算偏低时应加测对角线或增设起始边等繁琐要求，只要使用的 GPS 仪器精度与地籍控制测量精度相匹配，控制点位的选取符合 GPS 点位选取要求，那么所布设的 GPS 网精度就完全能够满足地籍规程要求。

由于 GPS 技术的不断改进和完善，其测绘精度、测绘速度和经济效益都大大地优于常规控制测量技术。目前，常规静态测量、快速静态测量、RTK 技术和网络 RTK 技术已经逐步取代常规的测量方式，成为地籍控制测量的主要手段。边长大于 15km 的长距离 GPS 基线向量，只能采取常规静态测量方式。边长为 10~15km 的 GPS 基线向量，如果观测时刻的卫星很多，外部观测条件好，可以采用快速静态 GPS 测量模式；如果是在平原开阔地区，可以尝试 RTK 模式。边长小于 5km 的一级、二级地籍控制网的基线，优先采用 RTK 方法，如果设备条件不能满足要求，可以采用快速静态定位方法。边长为 5~10km 的二等、三等、四等基本控制网的 GPS 基线向量，优先采用 GPS 快速静态定位的方法；设备条件许可和外部观测环境合适，可以使用 RTK 测量模式。

2. 利用 GPS 技术布设城镇地籍基本控制网

在一些大城市中，一般已经建立城市控制网，并且已经在此控制网的基础上做了大量的测绘工作。但是，随着经济建设的迅速发展，已有控制网的控制范围和精度已不能满足要求，为此，迫切需要利用 GPS 技术来加强和改造已有的控制网作为地籍控制网。

①由于 GPS 技术的不断改进和完善，其测绘精度、测绘速度和经济效益，都大大地优于目前的常规控制测量技术，GPS 定位技术可作为地籍控制测量的主要手段。

②对于边长小于 8~10km 的二等、三等、四等基本控制网和一级、二级地籍控制网的 GPS 基线向量，都可采用 GPS 快速静态定位的方法。由试验分析与检测证明，应用 GPS 快速静态定位方法，施测一个点的时间，从几十秒到几分钟，最多十几分钟，精度可达到 1~2cm，完全可以满足地籍控制测量的需求，可以大大减少观测时间和提高工作效率。

③建立 GPS 定位技术布测城镇地籍控制网时，应与已有的控制点进行联测，联测的控制点最少不能少于 2 个。

3. GPS 技术在地籍图测绘中的应用

地籍碎部测量和土地勘测定界（含界址点放样）工作中，主要是测定地块（宗地）的位置、形状和数量等重要数据。

由《地籍调查规程》（TD/T 1001—2012）可知，在地籍平面控制测量基础上的地籍碎部测量，对于城镇街坊外围界址点及街坊内明显的界址点，间距允许误差为±10cm，城镇街坊内部隐蔽界址点及村庄内部界址点，间距允许误差为±15cm。在进行土地征用、土地整理、土地复垦等土地勘测定界工作中，相关规程规定测定或放样界址点坐标的精度为：相对邻近图根点点位中误差及界址线与邻近地物或邻近界线的距离中误差不超过±10cm。因此，利用 RTK 测量模式能满足上述精度要求。

此外利用 RTK 技术进行勘测定界放样，能避免解析法等放样方法的复杂性，同时也简化了建设用地勘测定界的工作程序，特别是对公路、铁路、河道和输电线路等线性工程和特大型工程的放样更为有效和实用。

RTK 技术使精度、作业效率和实时性达到了最佳融合，为地籍碎部测量提供了一种崭新的测量方式。现在，许多土地勘测部门都购置了具有 RTK 功能的 GPS 接收系统和相应的数据处理软件，并且取得十分显著的经济效益和社会效益。

4. RTK GPS 测绘宗地图

地籍和房地产测量中应用 RTK 技术测定每一宗土地的权属界址点以及测绘地籍与房地产图，同上述测绘地形图一样，能实时测定有关界址点及一些地物点的位置并能达到厘米级精度。将 GPS 获得的数据处理后直接录入 GPS 测图软件系统，可及时、精确地获得地籍和房地产图。但在影响 GPS 卫星信号接收的遮蔽地带，应使用全站仪、测距仪等测量工具，采用解析法或图解法进行细部测量。

8.3 RS 技术在地籍测量中的应用

8.3.1 RS 技术概述

1. 遥感与遥感技术系统

遥感（Remote Sensing，RS）是 20 世纪 60 年代蓬勃发展起来的空间探测技术。其含义为遥远的感知，是指观测者不与目标物直接接触，从远处利用光学的，电子的仪器接收目标物反射、发射和散射来的电磁波信息，并记录下来，经过处理、判读，进而识别目标物属性（大小、形状、质量、数量、位置和种类等）的过程。

遥感技术是指对目标物反射、发射和散射来的电磁波信息进行接收、记录、传输、处理、判读与应用的方法与技术。

根据遥感的含义，遥感技术系统应包括：信息源、信息获取、信息记录和传输、信息处理、信息应用 5 大部分，如图 8-12 所示。

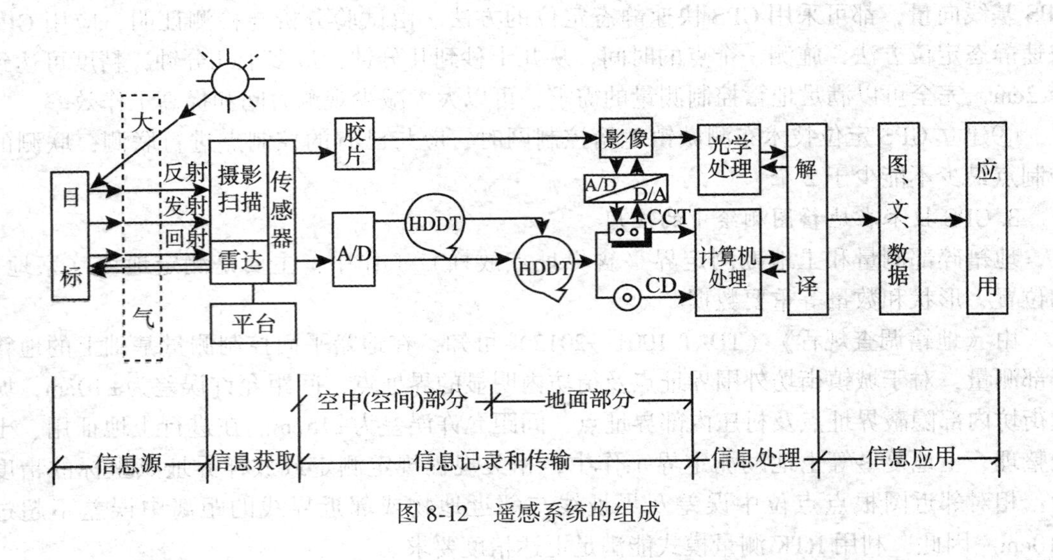

图 8-12　遥感系统的组成

被测目标物信息特征是指任何目标（如地籍测量中的河流、道路、房屋、围墙等）都具有不同的发射、反射和吸收电磁波的性质，它是遥感探测、识别目标物的依据。

目标物信息获取是将传感器装载在遥感平台上，根据生产和科研需要，获得某地区地物、地形的电磁辐射信息。传感器有扫描仪、摄影仪、摄像机、雷达等，遥感平台有机动高架车、气球、飞机、航天飞机、宇宙飞船、卫星等。

信息记录是指将传感器获得目标物的电磁波信息记录在磁性介质上或胶片上。

信息处理是指将记录在磁性介质或胶片上的信息进行一系列处理。如对记录在胶片上的信息经过显影、定影、水洗获得底片再经曝光印晒成图像，或对记录在磁性介质上的信息经信息恢复、辐射校正、几何校正和投影变换等，变换成用户可使用的通用数据格式，或转换成模拟图像（记录在胶片上）供用户使用。

信息的应用是遥感的最终目的，在地籍测量中，就是利用通过遥感技术获得的图像，进行控制测量和绘制地籍图。

2. RS 分类

RS 的类型很多，按不同标准可分为不同的 RS 类型。

根据所采用的遥感平台不同，遥感探测可分为地面遥感、航空遥感、航天遥感和航宇遥感。在地籍测量中，主要采用区域航空遥感方法获得图像。其做法是将航摄仪（摄影机）安装在飞机上，沿着东西向或南北向逐航带往返飞行，最后得到需进行地籍测量区的航空图像，如图 8-13 所示。用来做地籍测量的航空图像，航向重叠应在 60%以上，旁向重叠一般不少于 15%。随着传感器地面分辨率的不断提高，测绘人员也不断尝试利用航天遥感获得的图像编制地籍图。

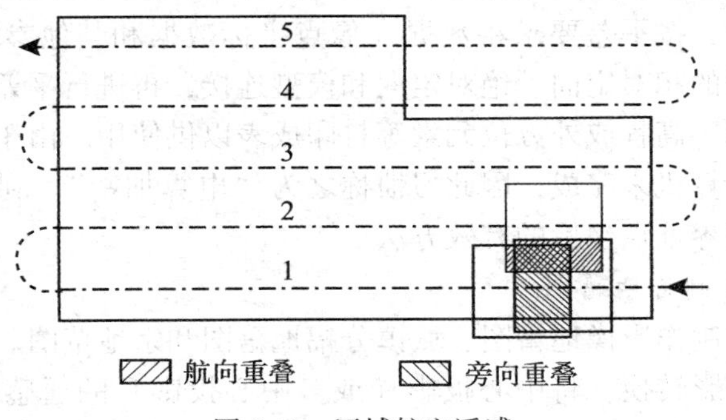

图 8-13　区域航空遥感

根据遥感探测的波段，可分为紫外线遥感、可见光遥感、红外遥感、微波遥感、多波段遥感和高光谱遥感。在地籍测量中，多采用可见光遥感和红外遥感获得的图像。可见光遥感获得的波段为 0. 38～0. 76mm，通过可见光遥感获得的图像一般印晒成黑白图像；红外遥感，探测波段为 0. 76～1 000mm，根据波长又可分为近红外、中红外、远红外和超远红外 4 种。在地籍测量中，常用近红外波段成像，印晒成彩色图像，被称为彩红外图像。

根据遥感探测的工作方式，可分为主动遥感和被动遥感、成像遥感和非成像遥感。在地籍测量中采用的是被动成像遥感技术。

根据遥感应用领域不同，可分为资源遥感、环境遥感、农业遥感、林业遥感、地质遥感、气象遥感、城市遥感、工程遥感、灾害遥感和军事遥感等。把遥感技术应用到地籍测量工作中，也可称为地籍遥感。

8.3.2 RS 技术在地籍测量中的应用

一些发达的工业化国家，已采用 RS 技术提供的图像进行地籍测量工作。特别是利用航空摄影遥感图像，采用航测方法测绘地籍图，比采用平板仪图解测绘地籍图，具有质量好、速度快、经济效益高且精度均匀的优点。并可用数字航空摄影测量方法，提供精确的数字地籍数据，实现自动化成图。同时，为建立地籍数据库和地理信息系统提供广阔的前景。

我国自 20 世纪 80 年代开始大规模的地籍测量以来，测绘工作者利用遥感图像进行地籍测量实践，取得一定的成果。实践证明，航测法地籍测量无论在地籍控制点、界址点的坐标测定，还是在地籍图细部测绘中都可满足《地籍调查规程》（TD/T 1001—2012）的规定。归纳起来，利用遥感技术提供的图像，可以做如下几方面的地籍测量工作。

1. 航测法地籍控制测量

利用航空摄影图像，采用航测法进行控制点测量，包括图像控制点（像控点）和图根控制点（图根点）的坐标测定。像控点是航测内业加密和测图的依据，它的布点密度，位置、目标的选择和点位的精度对成图精度的影响很大，因此，像控点的布设必须满足航测成图的要求。

2. 航测法测量地籍界址点

摄影测量方法测定界址点坐标始于 20 世纪 50 年代中期，是采用解析空中三角测量的方法求算出界址点的坐标。主要过程是：用精密立体坐标量测仪观测左、右航摄像片上同名像点、界址点坐标，按平差要求将数据（像点坐标数据和其他参数）输入计算机，并按计算程序进行像对的相对定向、绝对定向和模型连接，再进行平差计算，计算机将平差后的界址点平差坐标、高程或外方位元素等打印成表以供使用。由于它的构网和平差等整个解算过程都是用计算机来完成，因此习惯称之为“电算加密”。利用航测电算加密方法是快速测定大量地籍界址点坐标的有效方法。

3. 利用遥感影像制作地籍图

利用遥感图像可制作影像地籍图、城镇分幅地籍图和宗地草图。所谓影像地籍图，是利用遥感图像，经投影转换，将中心投影（或多中心投影）的遥感图像变成垂直投影的影像图，并在正射投影的影像上加绘宗地界、界址点、宗地号、宗地名称、土地利用状况等注记而成。

4. 航测数字化地籍成图

“地籍图的航测数字化成图”是解析测图仪和计算机技术发展的产物。它从根本上改变了只有图纸为载体的地图和地籍图产品，而以数据软盘形式保存图件，便于建立地籍数据库和地图数据库。根据有关生产单位试验资料，有的航测数字化成图采用“三站一库”的工艺流程形式，即数字化测图工作站、数字化图形编辑工作站、数字化图形输出工作站和图件数据库。如果进行地籍调查和界址点加密等工作，则形成为航测数字化地籍成图工艺，其具体情况如图 8-14 所示。该工艺的硬件环境如图 8-15 所示。作业时，解析测图仪联机进行解析空中三角测量加密；各种地物要素特征码用立体量测仪在航片上进行数据采集，用机助制图系统对数据进行批处理；用性能优良的平差程序将特征点、像控点等坐标转换成大地坐标的坐标串数据文件；利用数字化测图软件，将数据形成图形文件；在系统软件的驱动下，将上述文件和外业调绘资料（如屋檐改正等）实行微机图形编辑。再加上图廓整饰，生成地形图或地籍图，也可将数据存盘，生成数据图形文件。

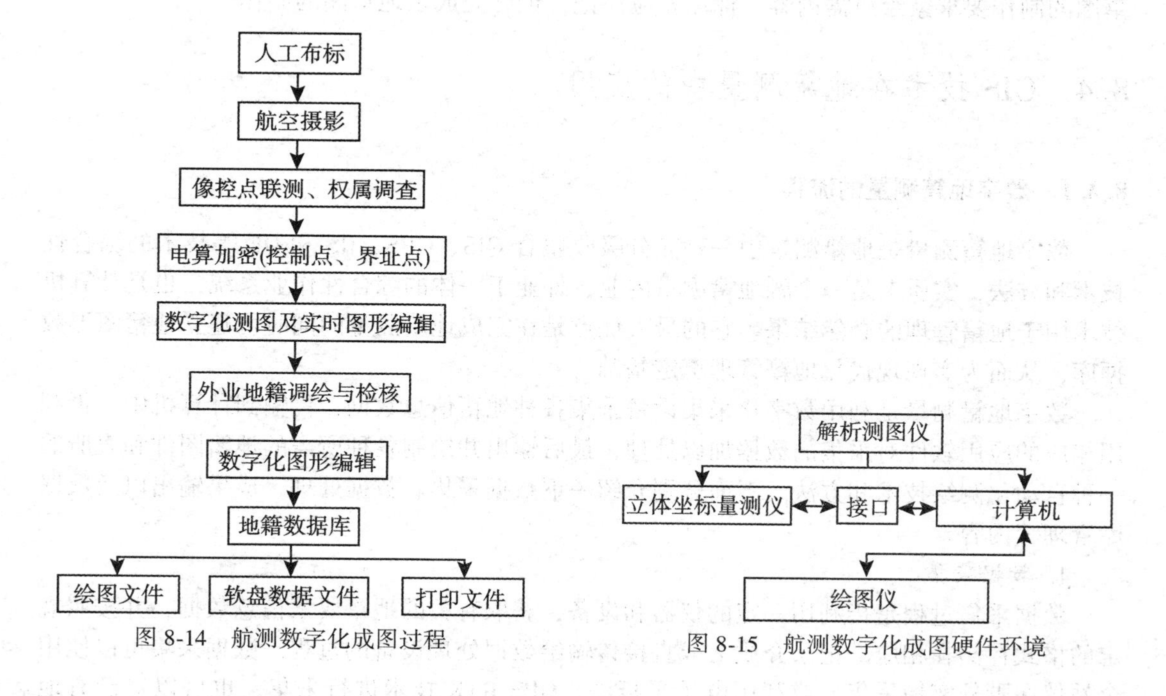

图 8-14　航测数字化成图过程

图 8-15　航测数字化成图硬件环境

5. 利用航空遥感图制作宗地草图

结合外业地籍调绘，利用放大的航空摄影图像绘制宗地草图会收到事半功倍的效果。

宗地草图是表示单宗地或数宗地的图件，常作为土地证上的附图，它的比例尺较大，一般采用 1∶250 或 1∶200，当宗地范围较大时采用 1∶500。宗地草图也是宗地图的一种，是土地权属调查、土地勘丈的成果图件，也是测制地籍图的重要参考资料。这种图的特点是除图形外，还注记有勘丈尺寸，其图形比例尺是概略的，但图上的各种注记所标尺寸必须是准确的。

利用放大的航空摄影图像制作宗地图草图的工作内容有：摄影图像的复印放大、外业勘丈、宗地草图的绘制等。

由于宗地草图的比例尺是概略比例尺，在放大航空遥感图像时，首先采用航摄部门提供的航片比例尺 $1:m$ 和需制作宗地草图的宗地面积大小及概略比例尺 $1:M_{概}$，计算出放大倍数 K，再利用复印机将相应部分放大（可经多次放大）。提供野外勘丈时使用。例如某航摄遥感图像的比例尺为 1∶2 800 需制作 1∶250 宗地草图，那么放大倍数 K 为：

$$K=\frac{m}{M_{概}}=\frac{2\,800}{250}=11.2 \tag{8-1}$$

在野外地籍勘丈时，将放大复印的航摄影像图与实地对照，确定土地权属界的走向，界址点的位置及地物的相关位置等。在图像上用相应的符号标出界址点，用皮尺实地丈量界址点到界址点的距离和地物（房屋建筑物）的长宽，并用铅笔标注在相应的位置上。若需补调新增地物，则采用截距法、距离交会法、延长线法、直角坐标法等方法进行补测，并将补测的结果描绘到图像上。

宗地草图绘制的具体做法是：将透明膜片蒙在调绘（勘丈）后的图像上，根据宗地草图的制作要求蒙绘所需内容，标注相应注记，最终完成宗地草图的制作。

8.4 GIS 技术在地籍测量中的应用

8.4.1 数字地籍测量的流程

数字地籍测量是地籍测量中一种充分吸收整合 GIS、GPS、RS 和 DE 等技术的综合性技术和方法，实质上是一个融地籍测量内业、外业于一体的综合性作业系统，也是计算机技术用于地籍管理的必然结果。它的最大优点是在完成地籍测量的同时可建立地籍图形数据库，从而为实现现代化地籍管理奠定基础。

数字地籍测量是利用数字化采集设备采集各种地籍信息数据，传输到计算机中，再利用相应的应用软件对采集的数据加以处理，最后输出并绘制各种所需的地籍图件和表册的一种自动化测绘技术和方法。下面分别介绍一下数据采集、数据处理、成果输出以及数据库管理等内容。

1. 数据采集

数据采集过程是指利用一定的仪器和设备，获取有关的地籍要素信息数据，并按照规定的格式存储在相应的记录介质上或直接传输给数据处理设备的过程。数据采集可以使用全站仪在野外实地采集，或利用电子平板法、GPS RTK 技术进行采集，也可以对已有地形图进行数字化。随着遥感图像的分辨率不断提高，利用遥感图像也可获取符合精度要求的数据。

不论采用哪种方法，所获取的数据都必须经过一定的处理，然后在相应的软件支持下计算宗地面积，汇总分类面积，绘制宗地图、地籍图，打印界址点坐标表等。

2. 数据处理

对于用不同的方法采集到的数据，经过通信接口及相应的通信软件传输给计算机，然后经过相应的软件处理，将数据转化为某种标准的数据格式，最后经数据处理软件处理计算出各宗地的面积，绘制宗地图和地籍图等。

3. 成果输出

经过数据处理之后，便可按照《地籍调查规程》（TD/T 1001—2012）输出地籍测量所需的各项成果。

4. 数据库管理

为了便于今后地籍变更以及地籍信息的自动化管理，所采集的原始数据和经过处理的有关数据均加以存储，并建立地籍数据库，为地籍信息系统提供数据。

在数字地籍测量中，由于数据源的多样性和地籍（地形）要素的复杂性，使数据处理过程成为一个最复杂、最重要的环节，因此数据处理的方法也呈现其复杂性、多样性的特点。

8.4.2 数字地籍测量的基本原理

数字地籍测量的目的是建立外业施测的图形数据与地籍要素属性数据的一一对应关系。图形数据可以通过数据采集获取；地籍要素包括反映隶属关系的行政名称、地理名称和宗地名称，反映权属关系的界址点和界址线，反映土地利用现状的独立地物、线状地物和面状地物，反映位置关系的定位坐标，反映数量关系的土地占有面积和土地利用面积，以及反映地物特征的某些说明、注记等。地籍要素数据往往通过对其数字化获取得到。

计算机只能识别数码，因此必须将地籍要素数字化。从地籍要素的图形特征和属性特征来分，地籍要素可分为两类信息：一类是图形信息，用平面直角、编码和连接信息表示；另一类是属性信息，用数码文字表示，这涉及地籍信息编码。

1. 地籍信息编码

地籍信息编码是指采用规定的代码表示一定的地籍信息，从而简化和方便对地籍信息的各种处理。在数字地籍测量中，地籍信息编码是一种有效地组织数据和管理数据的手段，它在数据采集、数据处理、成果输出及数据库管理的全过程中都起着重要的作用。

（1）地籍信息编码的内容

地籍信息是一个多层次、多门类的信息，对地籍信息如何分类、编码，应按照有效组织数据和充分利用数据的原则，对地籍信息的编码至少考虑如下 4 个信息系列：

①行政系列，包括省（市）、市（地）、县（市）、区（乡）、村等有行政隶属关系的系列，这个系列的特点是呈树状结构。

②图件系列，包括地籍图、土地利用现状图、行政区划图、宗地图等。这些图件均是地籍信息的重要内容。

③符号系列，包括各种独立符号、线状符号、面状符号以及各种注记。

④地类系列，包括土地利用现状分类和城镇土地利用现状分类。

（2）地籍信息编码的一般规则

由于数字化地籍测量采集的数据信息量大、内容多、涉及面广，数据和图形应一一对应，只有构成一个有机的整体，它才具有广泛的使用价值。因此，必须对其进行科学的编码。编码方法是多样的，但不管采用何种编码方式，应遵循的一般性原则基本相同，具体如下：

①一致性，即非二义性。要求野外采集的数据或测算的碎部点坐标数据，在绘图时能唯一地确定一个点。

②灵活性。要求编码结构充分灵活，适应多用途地籍的需要，以便在地籍信息管理等后续工作中，为地籍数据信息编码的进一步扩展提供方便。

③简易实用性。传统方法容易被观测人员理解、接受和记忆，并正确执行。

④高效性。能以尽量少的数据量容载尽可能多的外业地籍信息。

⑤可识别性。编码一般由字符、数字或字符与数字的组合构成，设计的编码不仅要求能够被人识别，还要能被计算机用较少的机时加以识别，并能有效地对其管理。

（3）地籍信息编码的方式

关于编码的方式，应根据自己设计的数据结构（图形结构）制定出编码方式。众多的编码方式归结起来有 3 种类型：全要素编码、提示性编码和块结构编码。

①全要素编码：适用于计算机自动处理采集的数据。编码要求对每个测点进行详细的说明。即每个编码能唯一地、确切地标识该测点。通常，全要素编码都由若干位十进制数组成，有的还带有“±”符号。其中每一个数字按层次分，都具有特定的含义。首先，参考图式符号，将地形要素进行分类，然后在每一类中进行次分类。另外加上类序号（测区内同类地物的序号）、特征点序号（同一地物中特征点的连接序号）。

全要素编码的优点是：各点编码具有唯一性，易识别，适合计算机处理。但它的缺点是：层次多、位数多，难以记忆；当编码输入错漏时，在计算机的处理过程中不便于人工干预；同一地物不按顺序观测时，编码相当困难。

②提示性编码：当作业员在计算机屏幕上进行图形编辑时，提示性编码方式可以起到提示的作用。屏幕上编制好的图形，可由数控绘图机绘制出来。

提示性编码也是由若干位十进制数组成，分两部分：一部分为几何相关性，另一部分为类别。几何相关性由个位上的数字（0~9）表示，若不够，再扩展至百位。十位编码规则是：水系“1”；建筑物“2”；道路“3”；其他类自定义。个位上的编码规则是：孤立点“0”；与前点连接“1”；与前点不连接“2”（此处前点是指数据采集时的序列点号）。

提示性编码的优点是：编码形式简明，野外工作量少并易于观测员掌握；编码随意性大，允许缺省甚至是错误的存在；提供了人机对话式的图形编辑过程，界面便于图形及时更新。同时，提示性编码存在如下缺点：提示的图形不详细，必须配合野外的详细草图；预处理工作和图形编辑工作量大；对于实际为曲线的图形则需要大量的外业观测点。

③块结构编码：也适用于计算机自动处理采集的数据。首先，参考图式符号的分类，用三位整数将地形要素分类编码。按此规则事先编制一张编码表，将常用编码排在前面，以方便外业使用。每一点的记录，除观测值外，同时还有点号（点号大小同时代表测量顺序）、编码、连接点和连接线型4种信息。其中连接点是记录与测点相连接的点号，连接线型是记录测点与连接点之间的线型。规定“1”为直线；“2”为曲线；“3”为圆弧线。

块结构编码的优点是：

a. 点号自动累加，编码位数少。编码可以自动重复输入或者编码相同时不输入。

b. 连接点和连接线型简单，因此，整个野外输入信息量少。

c. 采用块结构记录十分灵活方便。

d. 根据测点编码的不同，利用图式符号库解决复杂的线型（直线、曲线、圆弧线、实线、虚线、点划线、粗线、细线等），避免了测量员在野外输入复杂的线型信息，只要记住直线、曲线还是圆弧线就够了。

e. 记录中设计了连接点这一栏，较好解决了断点的连接问题。断点是指测量某一地籍（形）要素时的中断点。

f. 避免了野外详细草图的绘制。当断点很多时，采用在手簿上记录断点号来代替画详细草图，减少了野外工作量。如果地形特别复杂，同时断点又太多时，也需要绘出相应点号处的简图，作为手簿上记录断点的补充说明，以保证断点的正确连接。

g. 野外跑尺选择性较大。只要清楚断点号就可以正确的连接测点。

2. 地籍信息的数据结构

数据结构是对数据元素相互之间存在的一种或多种特定关系的描述。在数字地籍测量中，数据结构应当反映出各种地籍要素间的层次关系和必要的拓扑关系，并经数据处理后所生成的图、数、文三者之间呈一一对应关系，这样才便于对数据进行各种操作，如检索、存取、插入、删除和分类等。

目前，在数字地籍测量中使用较普遍的是矢量数据结构，在此结构中，通常把地物从几何上分为3类空间：点、线和面。点实体以表示其空间位置的坐标值的数字形式存放，线实体以一系列有序的或成串的坐标值存放，面实体用表示其周边的字符串的坐标值或用一些与确定该面相关的点来存放。常用的矢量数据结构大致有以下3种。

（1）顺序结构

这是一种线性结构表示方法，是机助制图初期常采用的数据结构形式，如图 8-16 所示。对于各种制图实体和面积计算单元，其数据记录如下：

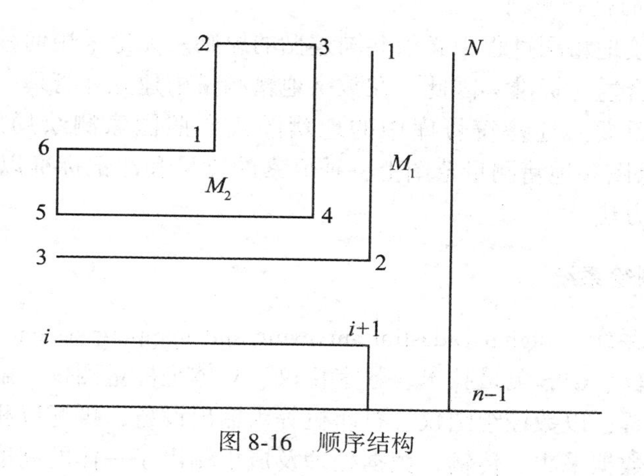

图 8-16　顺序结构

M_0

$M_1 - X_1,\ Y_1;\ X_2,\ Y_2;\ \cdots;X_i,\ Y_i;\ X_{i+1},\ Y_{i+1};\ \cdots;X_{n-1},\ Y_{n-1};\ X_n,\ Y_n$

$M_2 - X_1,\ Y_1;\ X_2,\ Y_2;\ \cdots;X_6,\ Y_6$

数据记录 M_0 为道路闭合标志，指示按记录 M_1 的数据结构计算道路面积。记录 M_2 是一个闭合的多边形的数据，可以计算其面积。这种数据结构的优点很明显，一是便于数控绘图仪绘图，二是便于计算面积，但利用这种结构信息进行其他空间分析和数据管理，比较困难。

（2）链-结点结构

在采用这种结构的多边形中，线段的交点称节点。两个节点（起点和终点）之间的线段称为链，对于链的数据只采集一次，一条链可以和一个或多个地物要素发生联系。由于无需多次数字化，多次存储，从而提高了数据质量，减少了冗余。如果道路发生了变化，也只需修改一次，绝不会产生裂隙。

在顺序结构中，是一个要素对应一条线段的关系，而在链-节点结构中，关系可以是一个要素对应一条或多条线段，也可以多要素对应一条线段。

链、结点和它们之间的关系构成了链-结点结构，与顺序结构相比，其建立难度较大。在采集数据时，不仅要获取其位置、属性等基本信息，还要获取其相互之间的逻辑关系信息。

（3）拓扑结构

拓扑结构按拓扑学原理设计，用于表示多边形实体的数据结构。拓扑学中，把 3 条以上线段的交点称为结点，两个结点之间的曲线或折线称为链。由若干链组成的封闭图形称为区。拓扑结构以链为基础，每一条链至少包括一条线段。链文件由链的编码、链的长度、起点号、闭合号、有区号及地址指针组成。拓扑数据文件由点、节点、链和多边形文件组成。

采用拓扑结构比较简洁，可以有效地存储地籍要素的点、线、面之间的关联、包含及邻接关系。以上介绍的顺序结构、链-结点结构和拓扑结构这三种数据结构，主要反映了制图实体的位置及其空间关系，很少与制图实体的属性联系起来。实际上，目前一些商品化开发的系统大多采用拓扑结构加关系结构的数据结构，即以拓扑数据结构表示地物的位置和空间关系，以关系结构表示地物的属性数据。

3. 地籍符号库的设计原则

图式符号是测绘地籍图过程中必须共同遵循的原则。无论采用何种方式或手段测绘的地籍图，都必须符合这一标准。因此，在数字地籍测量中建立并管理一个由地籍符号组成的地籍符号库十分重要。地籍符号库中的地籍图式参照国家测绘局发布的《地籍图图式》，它规定了地籍图和地籍测量草图上各种要素的符号和注记标准以及使用这些符号的原则、要求和基本方法。

8.4.3 数字地籍测绘系统

数字地籍测绘系统（digital cadastral surveying and mapping system，DCSM）是以计算机为核心，以全站仪、GPS 测量技术、数字化仪、立体坐标量测仪、解析测图仪等自动化测量仪器为输入装置，以数控绘图仪、打印机等为输出设备，再配以相应的数字地籍测绘软件，构成一个集数据采集、传输、数据处理及成果输出于一体的高度自动化地籍测绘系统，其主要功能大致相同，如图 8-17 所示。

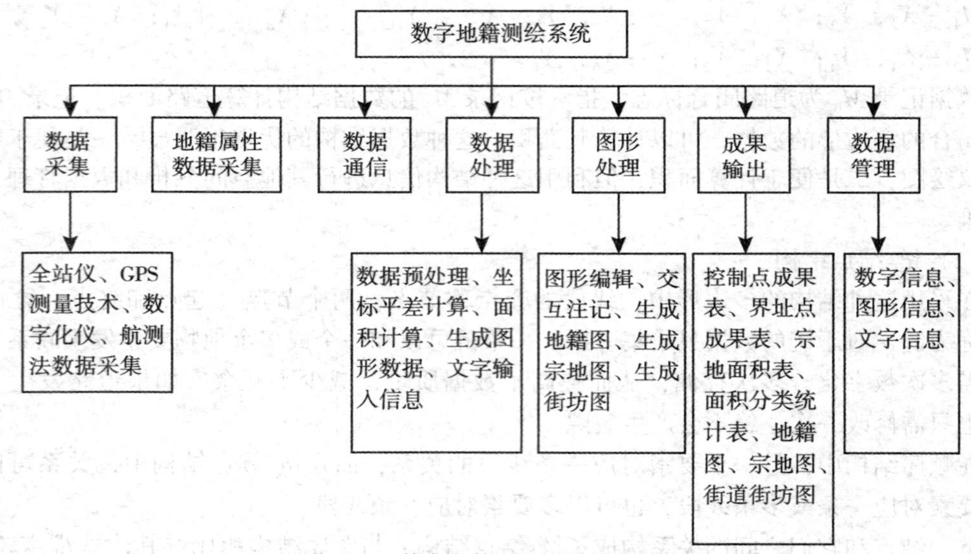

图 8-17 数字地籍测绘系统功能框图

数字测图技术已基本成熟，将全面取代人工模拟测图，成为地籍测绘的主流。显而易见，数字地籍测绘技术将为实现地籍管理的现代化，加强土地管理做出重要的贡献。

◎ 思考题

1. 名词解释：遥感技术、影像地籍图、数字地籍测量、地籍信息编码、数字地籍测绘系统。

2. 简述如何利用全站仪测绘宗地图。

3. 说明 GPS 技术在地籍测量方面如何应用。

4. 简述 GPS 的特点及其定位方法。
5. 说明遥感技术在地籍测量中的作用，其应用前景如何。
6. 简述航测数字化成图与解析测图仪测绘地籍图的作业过程。
7. 简述数字地籍测量的流程。
8. 说明数据采集的几种主要方法。
9. 简述地籍信息编码的内容和一般规则。
10. 简述地籍信息的数据结构类型。

第9章　房产测量概述

☞ 本章要点

房产测量概述　房产测量是运用测绘仪器、测绘技术、测绘手段来测定房屋、土地及其房产的自然状况、权属状况、位置、数量、质量以及利用状况的专业测绘，其目的是为房产产权、管理、开发利用和征收税费服务，还为城镇规划建设、住房制度改革和城市地理信息系统、房地产管理信息系统和数字城市提供数据和资料。任务包括：对房屋本身以及与房屋相关的建（构）筑物进行测量调查并绘图；对土地及土地上人为或天然荷载物进行测量调查并绘图；对房产的权属、位置、界线、质量、数量及利用状况等进行测定调查并绘制成图。其作用有：为房产管理提供依据；财政税收经济功能；社会服务及决策支持功能；是城市地理信息管理的重要数据源。房产测量具有规范性、法制性和精确性的特点。

房产测量的内容和精度要求　房产测量包括房产平面控制测量、房产调查、房产要素测量、房产图绘制、房产面积量算、房产变更测量、房产测绘成果资料的检查与验收。房产平面控制点布设，应遵循从整体到局部、从高级到低级、分级布网的原则，基本控制点和图根控制点密度根据其成图方法和测图比例尺大小确定。

房产平面控制测量　测量房产平面控制网的工作称为房产平面控制测量，包括房产基本控制测量和图根控制测量。主要为测绘大比例尺房产平面图、地籍平面图提供原始数据，为房产变更测量、面积测算、拨地划界和各种建设工程放线验线等日常工作提供测绘基础。

☞ **本章结构**

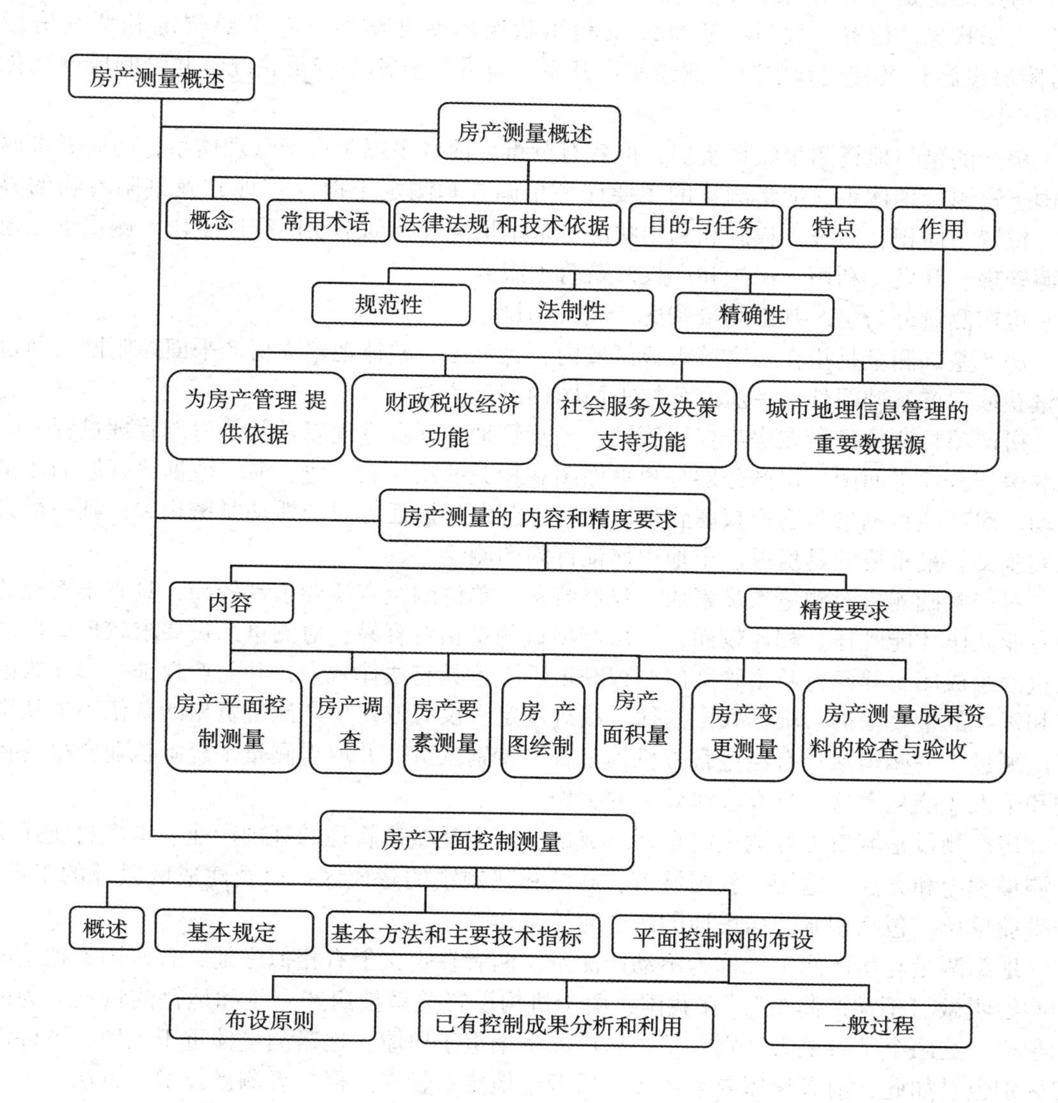

房产测量概述
房产测量概述
概念
常用术语
法律法规 和技术依据
目的与任务
特点
作用
规范性
法制性
精确性
为房产管理 提供依据
财政税收经济功能
社会服务及决策支持功能
城市地理信息管理的重要数据源
房产测量的 内容和精度要求
内容
精度要求
房产平面控制测量
房产调查
房产要素测量
房 产图绘制
房产面积量
房产变更测量
房产测 量成果资料的检查与验收
房产平面控制测量
概述
基本规定
基本 方法和主要技术指标
平面控制网的布设
布设原则
已有控制成果分析和利用
一般过程

9.1 房产测量概述

9.1.1 房产测量的概念

房产测量是指运用测绘仪器、测绘技术和测绘手段测定房屋、土地及其房产的自然状况、权属状况、位置、数量、质量以及利用状况的专业测绘。它主要测定和调查房屋（含附属设施）及其用地状况，测绘房产开发、合并、分割等变更状况，并绘制成规范化的房产图。

房产测量与地籍测量联系密切，但各有侧重。前者隶属于房产管理体系，而后者隶属于国土资源管理体系。地籍测量的主要任务是调查和测定土地（宗地）及其附着物的界线、位置、面积、等级、权属和利用状况等基本情况及几何形状的测绘工作，侧重于土地资源管理、开发、利用、保护和产权产籍管理服务。

房产测量分为房产基础测量和房产项目测量。

房产基础测量是指在一个城市或区域内，大范围、整体地建立房产平面控制网，通过测量获取房产基础图件——房产分幅平面图的测量活动。

房产项目测量是指在房产权属管理、经营管理、开发管理以及其他房产管理过程中为获取房产分丘平面图、房产分层分户平面图和相关的图、表、册、簿、数据等开展的测量活动。房产项目测量与房产权属管理、交易、开发、拆迁等房产活动紧密相关，其中最具现实意义、最重要的是房屋、土地权属证件附图测绘。

房产基础测量对测量人员素质、仪器装备、单位测绘资质要求都较高，具有丰富经验的专业队伍才能胜任。相比较而言，房产项目测量相对容易，对测量人员要求较低。房产经过测绘成图，并经行政主管部门产权登记后，才具有法律效力，并与产权证一起作为财产和资产的重要依据。根据我国法律、法规规定，没有取得房产测量资格的队伍不能从事房产测量。一些国家只有经过官方机构审查和特别认可，并取得测量工程师执业资格的机构和个人才能从事这一具有法律效力的工作。

房产测量是城市工程测量的重要组成部分，也是城市管理的基础产业。本教材所述房产测量理论和方法，适用于我国城市、县城和建制镇的建成区，以及建成区以外的工矿、企事业单位，包括相毗连居民地的房产测绘工作。

地籍测量与房产测量统称为不动产测量。两者在定义上有相似之处，有些国家把这两种测绘叫做“不动产测绘”。在我国，由于机构设置关系把房产测量和地籍测量划分为两个学科，这两个学科最大区别在于，房产测量偏重于房屋，地籍测量偏重于土地。图件内容区别也是如此，前者房屋要素较多，后者土地要素较多。但二者测量技术、方法、手段等基本相同。

9.1.2 常用的房产测量术语

在房产调查、测绘和管理中，经常用到一些与房产业有关的名词、术语，这是进行房产测绘必备的知识。

1. 土地、房屋的概念

土地是地球表面陆地和水域的总称。

房屋是四周有墙或围护结构，顶上有盖，供人们从事生产、工作、学习、生活、文化娱乐等与人类活动有关的建筑物。

建筑物，包括房屋及与房屋有关的配套设施，如水塔、烟囱、大坝、挡土墙、囤仓、码头、车棚等。这些配套设施不能用房屋来称呼，通常在建筑学上把它们叫做构筑物。

土地是人类活动的场所，也是人类赖以生存的基础。房屋是特定土地上的定着物。土地是房屋的载体，土地价值与房屋价值互为关联，有时土地价值隐没于房屋价值之中，有时黄金地段的土地标志着房屋的价值，两者休戚与共，密不可分。

2. *地产、房产、房地产的概念*

地产是指土地的经济形态，即在一定土地所有制关系下作为财产的土地，称为土地财产或土地资产。它既指城市地产，也包括农村地产。

房产是住宅、楼宇、厂房、店堂、馆所、写字楼、办公楼、度假村等房屋的经济意义和价值形态，是在一定所有制关系下作为财产的房屋。在城市，房屋可分为住宅和非住宅两大类。住宅类是市民起居场所；非住宅类主要用于工作、劳动、生产、教育、商业和公益等社会活动。

房产是建筑物财产的简称，地产是土地财产的简称。建筑物含房屋与构筑物，而房屋与构筑物均是有价值的，所以房产含有房屋财产和构筑物财产；而土地有生地与熟地之分，所以地产又有生地财产与熟地财产之分。

房地产一般是房产和地产的总称。通常来说，房地产既不能移动又无法取走，所以房地产又称为不动产。作为固定资产而存在的房地产是社会经济中的一笔巨大财富，它关系到国计民生和社会政治经济的稳定与发展。因此，房地产测量是属于政治经济性质的测绘工作。

3. *房产权、房产业、房产产籍的概念*

房产权是指作为财产的房产所有权或使用权。财产所有者在法律允许范围内，对作为财产的房屋及附属设施享有占有、使用、收益和处分的权利。产权人通过合法手续在政府房产管理部门进行产权登记，即通过登记申请、勘测绘图、产权审查、权证制作等过程后，核发产权证，取得国家对其产权的认可。由此可见，房产测绘是产权管理中一项基础性的必不可少的工序。

房产业是房产开发、经营、流通、消费和服务管理的行业。改革开放后，随着我国住房制度、土地使用制度的改革，房产业得到了快速发展，已从建筑业中分离出来。按照我国国民经济行业分类代码的规定，建筑业为第四类，房产业为第六类。国家统计局则把房产业归于第三产业。房产综合开发、房产行政管理、评估、科研设计等，都离不开房产测量，否则，设计、施工、管理将无法进行。

房产产籍广义上指房地产产籍，集房产产籍和地产产籍于一体。产籍是对产权登记过程中产生的文件档案，经过整理、分类、归档而形成的图件、表册、卡片、证件和数据信息等资料的总称。这些资料反映了产权主体与客体的关系，反映了该房产的历史、现状和变化，包括产权取得、变更、转移等记录，是房产管理非常重要的信息资源。

9.1.3 房产测量的法律法规和技术依据

1. *房产测量要遵循的法律法规*

①《中华人民共和国测绘法》；

②《中华人民共和国城市房地产管理法》。

2. 城镇房产测量要遵循的技术依据

①《房产测量规范》(GB/T 17986—2000), 它是由建设部和国家测绘局制定、国家质量技术监督局颁布的国家标准，是实施房产测量的主要技术依据。它包括《房产测量规范 第1单元：房产测量规定》GB/T 17986. 1—2000和《房产测量规范 第2单元：房产图图式》GB/T17986. 2—2000两部分。

②房产图图式符号不够用时，可引用《地形图图式》的有关规定和符号。

③《地籍调查规程》(TD/T 1001—2012)。

④利用航空摄影测量方法编绘房产图时，可按《1∶500　1∶1 000　1∶2 000地形图航空摄影规范》(GB/T 6962—2005)、《1∶500　1∶1 000　1∶2 000地形图航空摄影测量外业规范》(GB/T 7931—2008) 的有关规定执行。

⑤数字化测图时，遵循相应的数字化地图和地图数字化规范，《1∶500　1∶1 000　1∶2 000地形图数字化规范》(GB/T 17160—1997) 以及地图要素分类与代码规定。

⑥当有特别需要时，如需测量高程时，可参照执行《城市测量规范》(CJJT8—2011) 的有关部分，但须在技术设计书中给予说明。

9.1.4　房产测量的目的与任务

房产测量是一项专业测绘。房产测绘单位受政府或房屋权利相关当事人的委托从事房产测绘活动。房产测量主要为委托人提供所需要的图件、数据、资料等相关信息。

房产测量的目的：第一，为房产管理包括产权产籍管理、开发管理、交易管理和拆迁管理服务，并为评估、征税、收费、仲裁、鉴定等活动提供基础图、表、数字、资料等相关信息；第二，为城镇规划、城镇建设（如基础设施、地下管网、通信线路、环境保护)、住房制度改革、城市地理信息系统、房地产管理信息系统和数字城市等提供基础数据和资料。

房产测量的任务主要是通过测量和调查来确定城镇房屋的位置、权属，界线、质量、数量和现状等，并以文字、数据及图件表示出来。调查房地产的产权，使用权的范围、界线和面积，房屋建筑物的分布、坐落的位置和形状，建筑物的结构，层数和建成年份，以及建筑物的用途和土地的使用情况等基础资料，为房产的产权和房籍管理、房地产的开发利用以及城镇的规划建提供基础依据，促进房屋管理、维修、保养和建设工作经济效益和社会效益提高，归纳起来就是：①提供核发房屋所有权证和土地使用权证的图件，建立产权、产籍档案等房产管理基础资料；②为发给年产的产权管理测制分幅图、分丘图和分户图；③为城镇住宅建设和旧城改造提供设计所需的图纸资料。

9.1.5　房产测量的特点

1. 房产测量的规范性

房产测量作为关系到产权人财产利益的政府行为，必须严格执行统一的技术法规，以保证不动产图件的统一性。为了确保毗邻的四至间不出现矛盾，同一城市的行业间也不能出现房产图表示上的矛盾，这就要求坐标统一、分幅统一、界址点和房产表示精度统一以及房产图图式符号统一。

2. 房产测量的法制性

房产管理不仅依靠行政行为和经济手段，更重要的是依靠法律手段规范产权人和不动产行为人的社会义务和权利。因此，房产图和房产测量的法律意义要贯彻到不动产测量的始终。房产图件和数据作为产权证件的组成部分，可以作为民事行为的法律依据。

3. 房产测量的精确性

房产测量对房屋特征点的精度要求比地形测量更为严格，建成区中心地段尤为如此。例如，闹市区各店铺间的界址坐标要求精度高，规范规定无论是 1∶500 还是 1∶1 000、1∶2 000房产图，一级界址点对基本控制点的中误差都不得大于 2cm。

9.1.6 房产测量的作用

与地形图、地籍图并列的房产图，是城市管理和发展必不可少的地理信息保障。房产测量的作用归纳起来主要有以下几个方面：

1. 为房产管理提供依据

房产测量为房产产权、产籍和产业管理，房产开发、交易等管理提供房屋和房屋用地的权属界线、权属界址点、房产面积、各种产别及有关权属，权源，产权纠纷等数据、图卡、表、册资料。这些房产测绘成果，经过检查验收，由房产行政管理部门对其适用性、界址点准确性、面积测算依据与方法等内容进行审核后方可用于房产管理。房产测绘成果是处理各种产权纠纷，恢复产权关系，确定产权的法定基础资料。

2. 财政税收经济功能

房产测量成果包括房产各种数据、资料、质量及使用和被利用现状，是进行房产价格评估、房产契税征收、房产租赁活动以及交易活动的主要依据，也是进行房产抵押贷款、房产保险服务不可缺少的依据。

3. 社会服务及决策支持功能

房产测量成果，经过统计整理，可以派生出许多重要资料，例如可统计出一个城市或地区房屋总数量、总质量、人均建筑面积、人均使用面积，住宅数量、质量、所有权、使用权状况等。这些资料无疑将为城市整体建设布局、住房制度改革、老城区改造、危旧房屋改造等提供决策依据，也为城镇规划、市政工程、公用事业、环保绿化、社会治安、文教卫生、水利、旅游、地下管网、通信、电、气等提供基础资料和有关信息，其服务对象非常广泛。

4. 是城市地理信息管理的重要数据源

房产测量是城市大比例尺测绘的一种，虽然其方法手段与其他测量并无多大区别，但不同于一般大比例尺工程测量和地形测量。它具有更多的信息源，更大的信息量，复杂的图表，是建立现代城市地理信息系统重要的基础信息，也是城市大比例图更新的主要基础资料。

9.2 房产测量的内容和精度要求

9.2.1 房产测量的内容

房产测量包括房产平面控制测量、房产调查、房产要素测量、房产图绘制、房产面积量算、房产变更测量、房产测量成果资料的检查与验收。

1. 房产平面控制测量

房产平面控制测量主要为测绘大比例尺房产平面图、地籍平面图提供原始数据，为房产变更测量、面积测算、拨地划界和各种建设工程放线验线等日常工作提供测绘基础。

2. 房产调查

房产调查包括房屋调查、房屋用地调查和行政境界与地理名称调查。

房屋调查内容包括房屋坐落、产权人、产别、层数、所在层次、建筑结构、建成年份、用途、墙体归属、权源、产权纠纷、他项权利等基本情况，以及绘制房屋权界线示意图。房屋用地调查是确认土地权属、地块坐落、界址状况、权属性质等情况的调查。现场填写房屋调查表和房屋用地调查表，经各方签章确认后，测绘单位才能对房屋用地进行测绘。行政境界调查应依照各级地方人民政府划定的行政境界位置，调查区、镇、县的行政区划范围。对于街道或乡的行政区划，可根据需要进行调查。

3. 房产要素测量

房产要素测量包括界址点测量、境界测量、房屋及附属设施测量等。房屋应逐幢测绘，不同产别、不同建筑结构、不同层数的房屋应分别测量。

4. 房产图绘制

房产图按照房产管理需要分为分幅房产图、分丘房产图和分户房产图。

分幅房产图按规定比例尺进行分幅，以幅为单位满幅作业。分幅图需覆盖整个城市或城镇建成区，是产籍管理的基础图件。

分丘房产图中的“丘”是指某房产单元的用地界线封闭形成的地块，是地表上一个有界空间的地块。房产分丘图是以丘的范围为绘图“幅面”而绘成的局部明细图。

分户房产图以每户产权人为一个“幅面”。如果是多层楼房，则以分层分户为“幅面”，称为房产分层分户图，是房屋产权登记发证时的附图。

5. 房产面积量算

房产面积量算分为房屋面积和用地面积测算两类，其中房屋面积测算包括房屋建筑面积、共有建筑面积、产权面积、使用面积等测算。房屋用地面积测算包括房屋占地面积测算、丘面积测算、各项地类面积测算及共用土地面积的测算和分摊。

6. 房产变更测量

房产变更测量包括现状变更和权属变更测量，现状变更测量为产权变更创造了条件；权属变更测量直接为房产产权变更提供测绘保障。

7. 房产测量成果资料的检查与验收

房产测量成果包括：房产簿册、房产数据和房产图集。分类整理图件和分类装订资料是房产测量必不可少的工作内容。一方面是将外业资料描绘、检查、整理、清绘，完善外业成果以建立册籍；另一方面是将图件资料分类装订，为建立房产档案和后续管理工作打下基础。

9.2.2 房产测量的精度要求

1. 房产平面控制测量的精度要求

房产平面控制点布设，应遵循从整体到局部、从高级到低级、分级布网的原则。

基本控制点包括一、二、三、四等国家平面控制网点，二、三、四等城市平面控制网点，二、三、四等城镇地籍控制网点，一、二级小三角测量网点，一、二级小三边测量网点，一、二级导线测量网点，这些均可作为房产测量的首级控制。

末级相邻基本控制点的相对点位中误差不超过±0.025m。图根控制点相对于邻近基本控制点的点位中误差不超过图上±0.1mm。

房产测量基本控制点和图根控制点密度根据其成图方法和测图比例尺大小确定；为满足测图和后期变更测量以及界址点恢复需要，每幅图应保证一定数量埋石点，埋石点密度规定见表 9-1。

表 9-1　**埋石点密度规定**

比例尺	埋石点最小密度（点/幅）
1∶500	3
1∶1 000	4

房产测量坐标系采用国家坐标系统或沿用该地区已有坐标系统。城镇地区尽可能沿用该地区已有城市坐标系统，若无法利用或无坐标系统可利用时，可根据测区地理位置和平均高程，以投影变形值不超过 2.5cm/km 为原则选择坐标系，面积小于 $25km^2$ 的测区，可不经投影采用平面直角坐标系。房产分幅平面图一般不表示高程，对测区内地形、地物及宗地内部道路可根据房产管理需要进行取舍。

2. 房产分幅平面图与房产要素测量的精度要求

①模拟方法（利用传统方法直接在白纸上成图）测量的房产分幅平面图上的地物点，相对于邻近控制点的点位中误差不超过图上±0.5mm。

②对全野外采集数据或野外解析测量等方法所测的房产要素点和地物点，相对于邻近控制点的点位中误差不超过±0.05m。

③利用已有地籍图、地形图编绘房产分幅图时，地物点相对于邻近控制点的点位中误差不超过图上±0.6mm。

④采用已有坐标或已有图件，展绘成房产分幅图时，展绘中误差不超过图上±0.1mm。

3. 房产界址点与房产面积的精度要求

房产界址点（以下简称界址点）的精度分三级，各级界址点相对于邻近控制点的点位误差和间距超过 50m 的相邻界址点的间距误差不超过表 9-2 的规定。

表 9-2　**房产界址点的精度要求**

界址点等级	界址点相对于邻近控制点的点位误差和相邻界址点的间距误差	
	限差	中误差
一	±0.04	±0.02
二	±0.10	±0.05
三	±0.20	±0.10

界址点坐标计算的边长与实量边长较差的限差计算如下：

$$\Delta D = \pm (m_j + 0.02 m_j D) \tag{9-1}$$

式中：m_j 为相应等级界址点的点位中误差，m；D 为相邻界址点的距离，m；ΔD 为界址点坐标计算的边长与实量边长较差的限差，m。

房产面积的精度亦分为三级，各级面积的限差和中误差不超过表 9-3 的规定。

表 9-3　　**房产面积的精度要求**　　单位：m^2

房产面积的精度等级	限差	中误差
一	$0.02\sqrt{S}+0.0006S$	$0.01\sqrt{S}+0.0003S$
二	$0.04\sqrt{S}+0.002S$	$0.02\sqrt{S}+0.001S$
三	$0.08\sqrt{S}+0.006S$	$0.04\sqrt{S}+0.003S$

注：S 为房产面积，m^2。

一般城市房产测量采用二级精度标准为宜，大中城市地价与房产指数较高的地段应采用一级精度标准，而对于一般县域城镇可采用三级精度标准。

9.3　房产平面控制测量

9.3.1　房产平面控制测量概述

每个城镇在其所辖房产产权产籍管理区域内，必须布设具有必要精度的平面控制网，作为房产平面图测绘和日常变更测量的基础。测量房产平面控制网的工作称为房产平面控制测量。

房产平面控制测量主要为测绘大比例尺房产平面图、地籍平面图提供原始数据，为房产变更测量、面积测算、拨地划界和各种建设工程放线验线等日常工作提供测绘基础。

房产平面控制测量可利用或改造原有城市测量控制网成果。这样不但省时省工，而且避免了重复投资和一市多网、重复布网（或多个坐标系统）的现象，便于测量资料综合利用和城市管理。

房产平面控制测量也有其现势性。由于城市建设扩展和旧城改造，原有控制成果部分遭到破坏，为保证房产平面图的现势性，必须及时布设新的控制点，以确保房产平面图的变更测量和其他日常测量工作正常进行。

房产平面控制测量有其阶段性和经济区域性。首先，房产平面控制测量要考虑城市远景规划，在精度上要留有余地，以便于控制网的扩展。其次，对于经济发达区域和一般区域在布设控制网点时，其精度应有所区别，发达区域测图比例尺大，所需控制测量精度要高；一般地区测图比例尺较小，控制测量精度可低一些。这样区别对待，既可避免不必要的浪费或损失，又能满足房产测绘工作的需要。

房产平面控制测量方法，随着测绘仪器设备及测绘技术的现代化，已由三角测量、量距导线测量逐步过渡到三边测量，测距导线测量和 GPS 相对定位测量，大大节省了建网费用，减轻了劳动强度，提高了测量精度和生产效率。

9.3.2 房产平面控制测量的基本规定

国家坐标系统及大地控制网的基本情况已由第一篇地籍控制测量部分阐述，本节主要介绍房产平面控制测量的一般规定，三等以下房产平面控制网的布设方法，测角、测距、GPS 定位原理和简易的平差计算等内容，供实际工作中参考。

房产平面控制测量包括基本控制测量和图根控制测量。基本控制测量包括二、三、四等房产平面控制测量和一、二、三级平面控制测量。由第 4 章可知，国家布设一、二等控制网，而三、四等则由用户单位按国家统一标准在一、二等下进行加密，其成果也应纳入国家控制网范围。四等以下，如一、二级平面控制测量，则为用户根据工程和生产需要自选布测。

房产平面控制网布设原则：从整体到局部、从高级到低级、分级布设，也可越级布设。

房产平面控制点的内容：房产平面控制点包括二、三、四等平面控制点和一、二、三级平面控制点。房产平面控制点均应埋设固定标志。

房产平面控制点的密度：建筑物密集区的控制点平均间距在 100m 左右，建筑物稀疏区的控制点平均间距在 200m 左右。

房产平面控制测量的方法：房产平面控制测量可选用三角测量、三边测量、导线测量、GPS 定位测量等方法。

房产测量的坐标系统：房产测量应采用 1980 年西安坐标系或地方坐标系，采用地方坐标系时应和国家坐标系联测。

房产测量的平面投影：房产测量统一采用高斯投影。

高程测量基准：房产测量一般不测高程，需要进行高程测量时，由设计书另行规定，高程测量采用 1985 年国家高程基准。

9.3.3 房产平面控制测量基本方法和主要技术指标

平面控制测量可选用三角测量、三边测量、导线测量、GPS 相对定位测量等方法，技术指标在《房产测量规范》（GB/T 17986.1—2000）中均有规定。

1. 各等级三角测量的主要技术指标

各等级三角网的主要技术指标应符合表 9-4 中的规定。三角形内角不应小于 30°，确有困难时，个别角可放宽至 25°。

表 9-4　　各等级三角网的技术指标

等级	平均边长 /km	测角中误差 /（″）	起算边边长相对中误差	最弱边边长相对中误差	水平角观测测回数			三角形最大闭合差/（″）
					DJ_1	DJ_2	DJ_6	
二等	9	±1.0	1/300 000	1/120 000	12			±3.5
三等	5	±1.8	1/200 000（首级）					
		·	1/120 000（加密）	1/80 000	6	9		±7.0

续表

等级	平均边长/km	测角中误差/（″）	起算边边长相对中误差	最弱边边长相对中误差	水平角观测测回数			三角形最大闭合差/（″）
					DJ_1	DJ_2	DJ_6	
四等	2	±2.5	1/120 000（首级）					
			1/8 000（加密）	1/45 000	4	6		±9.0
一级	0.5	±5.0	1/6 000（首级）					
			1/45 000（加密）	1/20 000		2	6	±15.0
二级	0.2	±10.0	1/2 000	1/10 000		1	3	±30.0

2. 三边测量

各等级三边网的主要技术指标应符合表 9-5 中的规定。三角形内角不应小于 30°，确有困难时，个别角可放宽至 25°。

表 9-5　**各等级三边网的技术指标**

等级	平均边长/km	测距相对中误差	测距中误差/mm	使用测距仪等级	测距测回数	
					往	返
二等	9	1/300 000	±30	Ⅰ	4	4
三等	5	1/160 000	±30	Ⅰ、Ⅱ	4	4
四等	2	1/120 000	±16	Ⅰ Ⅱ	2 4	2 4
一级	0.5	1/33 000	±15	Ⅱ	2	
二级	0.2	1/17 000	±12	Ⅱ	2	
三级	0.1	1/8 000	±12	Ⅱ	2	

3. 导线测量

各等级测距导线的主要技术指标应符合表 9-6 的规定。导线应尽量布设成直伸导线，并构成网状。导线布成结点网时，结点与结点、结点与高级点间的附合导线长度，不超过表 9-6 中附合导线长度的 0.7 倍。当附合导线长度短于规定长度的 1/2 时，导线全长闭合差可放宽至不超过 0.12m。各级导线测量的测距测回数等规定，依照表 9-5 相应等级执行。

表 9-6　**各等级测距导线的技术指标**

等级	平均边长/km	附合导线长度/km	每边测距中误差/mm	测角中误差/（″）	导线全长相对闭合差	水平角观测的测回数			方位角闭合差/（″）
						DJ_1	DJ_2	DJ_6	
三等	3.0	15	±18	±1.5	1/60 000	8	12		$\pm3\sqrt{n}$
四等	1.6	10	±18	±2.5	1/40 000	4	6		$\pm5\sqrt{n}$

续表

等级	平均边长/km	附合导线长度/km	每边测距中误差/mm	测角中误差/(")	导线全长相对闭合差	水平角观测的测回数			方位角闭合差/(")
						DJ₁	DJ₂	DJ₆	
一级	0.3	3.6	±15	±5.0	1/14 000		2	6	$\pm 10\sqrt{n}$
二级	0.2	2.4	±12	±8.0	1/10 000		1	3	$\pm 16\sqrt{n}$
三极	0.1	1.5	±12	±12.0	1/6 000		1	3	$\pm 24\sqrt{n}$

4. GPS 静态相对定位测量

各等级 GPS 静态相对定位测量的主要技术要求应符合表 9-7 和表 9-8 的规定。GPS 网应布设成三角网形或导线网形，或构成其他独立检核条件可以检核的图形。GPS 网点与原有控制网的高级点重合应不少于 3 个。当重合不足 3 个时，应与原控制网的高级点进行联测，重合点与联测点的总数不得少于 3 个。

表 9-7 **各等级 GPS 相对定位测量要求**

等级	平均边长/km	GPS 接收机性能	测量量	接收机标称精度优于	同步观测接收机数量
二等	9	双频（或单频）	载波相位	10mm+2ppm	≥2
三等	5	双频（或单频）	载波相位	10mm+2ppm	≥2
四等	2	双频（或单频）	载波相位	10mm+2ppm	≥2
一级	0.5	双频（或单频）	载波相位	10mm+2ppm	≥2
二级	0.2	双频（或单频）	载波相位	10mm+2ppm	≥2
三级	0.1	双频（或单频）	载波相位	10mm+2ppm	≥2

表 9-8 **各等级 GPS 相对定位测量的技术指标**

等级	卫星高度角(°)	有效观测卫星总数	时段中任一卫星有效观测时间/min	观测时段数	观测时段长度/min	数据采样间隔/s	点位几何图形强度因子 PDOP
二等	≥15	≥6	≥20	≥2	≥90	15~60	≤6
三等	≥15	≥4	≥5	≥2	≥10	15~60	≤6
四等	≥15	≥4	≥5	≥2	≥10	15~60	≤8
一级	≥15	≥4		≥1		15~60	≤8
二级	≥15	≥4		≥1		15~60	≤8
三级	≥15	≥4		≥1		15~60	≤8

9.3.4 房产平面控制网的布设

1. 房产平面控制网的布设原则

房产平面控制网的布设，应遵循从整体到局部、从高级到低级、分级布设的原则进行，以达到经济上合理和技术上科学。根据仪器设备的精度和工作需要也可越级布网。

房产平面控制网布设范围应考虑城镇发展的远景规划，首网布设一个主控制网作为骨干，然后视建设和管理要求，分区分期逐步有计划地进行加密；精度方面要留有适当余地，特别是要使控制网外围边长的精度留有余地，以使主控制网有扩大控制范围的可能性，避免将来因控制范围不够而重新布设控制网。

目前我国城镇地区的房产图、地籍图和地形图采用 1∶500 或 1∶1 000 两种比例尺。通常城市繁华地段、中心区域和老城区采用 1∶500 比例尺成图，其他地区一般采用 1∶1 000比例尺成图。《房产测量规范》（GB/T17986.1—2000）规定：建筑物密集区分幅图一般采用 1∶500 比例尺，其他区域分幅图可采用 1∶1 000 比例尺。由此可见，房产平面控制网的布设，必须有足够的精度和密度，以满足 1∶500 比例尺房产分幅图测绘的需要。

全国范围内已有一、二等水平控制网，大部分城市也已由城建勘察部门建成了二、三、四等水平控制网。因此，应考虑利用已有控制网，避免重复布网、标石紊乱、资料混杂和资金浪费等不良局面。如果已有水平控制网符合《房产测量规范》（GB/T17986.1—2000）的规格和精度要求，可在已有成果基础上布设低等级平面控制点，城建勘察部门已有的一、二级导线点精度一般可达到《房产测量规范》（GB/T17986.1—2000）的要求，也可使用。新布设的控制网点应与城建勘察部门已有控制网点相区别，采用不同式样的保护盖和不同字样。新旧点不要混杂在一起，要相隔一段距离，避免误用。

若已有的等级控制网点不符合《房产测量规范》（GB/T17986.1—2000）的技术、精度要求，可选择一个高级点作为整个测区的起算点，选择该点至另一高级点间的方向作为该测区的起算方向，建立房产平面控制网。布设新网时，适当联测一些原有网点，旧边作为检核，原控制网点规格、埋设合乎规范要求时，应充分考虑利用。

房产平面控制网可越级布设，除二、三级以外，均可作为房产测绘的首级控制。

2. 已有控制成果分析和利用

为使测量成果统一和节省测量费用，对测区原有测绘资料，应该充分利用。在使用前，首先进行必要的实地踏勘和检查。然后对其精度进行综合分析评定，以确定其利用程度，如利用平差成果，利用观测成果，利用觇标、标石等。

分析和鉴定原有测绘资料质量时，对各项主要精度数据要仔细审阅，逐一复核：原有起算数据来源、等级和质量情况；投影带和投影面的选择，其综合误差的影响是否满足房产测绘的需要；起算边（或扩大边）精度、基线尺检定间隔时间和基线长度中误差。

依据控制网几何条件检查原观测质量，如三角形闭合差分布是否符合偶然误差的特性，平差后测角的改正数通常应接近测角中误差，若改正数超过 2 倍的测角中误差，应分析是由起算数据误差引起还是由观测误差所致。

复核仪器检验项目和精度，归心元素的测定精度，观测成果取舍是否合理，成果中是否存在比较严重的系统误差和其他有关误差，对最后成果质量有何影响。

对符合《房产测量规范》（GB/T 17986.1—2000）要求的已有控制点成果，在使用中应注意原点位是否有变动，点位和成果是否对应，有无标移位。特别要警惕标石毁坏后重新埋设标石的现象，此种情况往往是将其作为另一控制网点而测设的。

房产平面控制网还要尽量利用原有点位，以测区内布网的最高精度联测附近高等级国家平面控制网点。联测点和重合点之和不得少于2个，以便于把地方坐标换算成国家统一坐标。

3. 房产平面控制网布设的一般过程

（1）收集相关资料

首先了解测区地理位置、形状大小，今后发展远景，测量成果使用的精度要求，完成任务的期限以及生产上对控制点位置、密度的要求等。房产测绘人员应到测绘业务及管理部门收集有关资料。如设计时需用的地形图（比例尺为1∶1 000~1∶50 000），测区已有控制成果，并到测区踏勘了解旧标石、标架的保存情况，为确定布网方案、设计和施测做好准备工作。

（2）确定布网方案

根据控制测量成果的使用要求和已收集到的测量资料及拥有的仪器设备、技术力量等条件，确定布设控制网方案。例如，确定是在国家水平控制网基础上加密还是布设独立网；确定测量方法采用三角测量还是三边测量、导线测量或GPS相对定位测量；确定是一次全面布设还是分区、分级、分期布设；确定是采用3°带还是1.5°带投影等。

图上设计宜在1∶10 000或1∶25 000地形图上进行：首先展绘已知点和网；按照已定布网方案从图上判断点与点之间是否彼此通视；各点组成的图形是否满足规范所规定的精度和其他要求；布设位置是否满足测量要求。图上选点后，须到实地确定是否切实可行。为保证控制网精度和避免返工浪费，还应估算控制网中推算元素的精度。

（3）编写技术设计说明书

编写技术设计说明书目的在于拟定房产平面控制测量的实施计划，从整体规划上、技术上和组织上作出说明，其要点是：

①概况内容。包括设计目的和任务，测区地理位置、地形地貌基本特征，测区原有成果作业情况、成果质量情况及利用的可能性和利用方案。

②设计方案。说明平面控制网的等级、图形、密度，起算数据的确定，控制网的图上设计及精度估计。

③作业原则、方法和要求。包括提出觇标类型及埋设标石规格、标志建造和委托保管要求、测角及测边仪器的检验、边长及角度观测精度，外业成果记录方法，成果检验和质量评估办法和要求等。

④各种附表附图编制。工作量综合、进程表，需用主要物资一览表，控制网设计图及其他各种辅助图表等。

（4）造标埋石

确定控制点位置后，须着手进行造标埋石工作，埋设的标石作为点的标志，建造的觇标作为观测时照准的目标，一切观测成果和点的坐标都归算到标石中心上。

（5）外业观测

待所建造的觇标和埋设的标石稳定后，即可开展观测工作。观测前，须按规范要求对仪器进行检校，测距仪还须进行检测。

对于经纬仪，应满足下列技术要求：

①照准部旋转各位置气泡不超过1格；

②光学测微器行差及隙动差，DJ_1不超过 1″，DJ_2不超过 2″；

③横轴不垂直于竖轴之差，DJ_1不超过 10″，DJ_2不超过 15″，DJ_3不超过 10″；

④垂直微动螺旋使用时，视准轴在水平方向上不产生偏移；

⑤视准轴不垂直于横轴之差，DJ_1不超过 5″，DJ_2不超过 8″，DJ_6不超过 10″；

⑥光学对点器视轴与竖轴的偏差，0. 8~1. 5m 高度范围内不超过±1mm。

对于测距仪，应满足下列技术要求：

①发光、接收、照准三轴的不平行性不超过±30″；

②测尺频率变化不大于比例误差的 2/3；

③照准误差和幅相误差均不超过固定误差的 1/2；

④仪器内部符合标准偏差不超过标准精度的 1/4；

⑤周期误差振幅不大于周定误差的 3/5；

⑥加常数和乘常数检定的单位权标准差不超过标准精度的 1/2；

⑦电压变化对测距的影响不超过标准精度的 1/3；

⑧光学对中器的对中误差在仪器高 1. 5m 范围内不超过 1mm。

还须对气压计、干湿温度计进行检验与校正。观测过程中，一定要严格遵守观测规则和操作规程。在观测过程中和观测工作完成后，必须进行全面的外业检查，以检查外业观测工作是否符合规范要求。只有全部外业工作都符合要求之后，观测工作才算完成。

(6) 内业计算

内业计算包括概算、平差计算和坐标计算三部分。

概算是把地面上观测成果投影到高斯平面上的计算工作和平差前其他准备工作，如三角测量概算主要有以下内容：外业成果整理和检查；编制已知数据表和绘制三角网络图；三角形近似边长和球面角超计算；归心改正计算，并将观测方向化归至标石中心，如为分组观测，当两组测站归心元素不同时，需分别归心改正后，再进行测站平差；近似坐标计算；方向计算改正；水平方向值表的编制；验算各种几何条件闭合差，并按三角形闭合差计算测角中误差。三角网中的观测边长，应先将其化算到椭球面上，再由椭球面上的边长化算到高斯平面上，三角测量概算程序如图 9-1 所示。

平差计算就是消除多余观测带来的几何图形的矛盾，鉴定观测值与平差元素的精度，求出各推算元素（如边长、方位角或坐标值）的最或然值。

坐标计（正）算是根据已知点的坐标以及已知点与未知点直线的边长、坐标方位角计算未知点坐标的工作。

(7) 编写技术总结

全部计算工作完成后，列出成果表，即将所有点的坐标、各边边长和方位角列成表格，最后编写技术总结，以供测量成果使用者参考。房产平面控制测量技术总结主要内容应包括：

①测区概况、任务概述、作业起止时间及完成的工作量；

②布设的锁（网）或导线的名称及点位密度，边长（最大、最小、平均）和角度（最大、最小）情况；

③作业技术依据；

④觇标规格与标石埋设；

⑤对已有成果资料的利用与联测情况，观测成果使用的坐标系统、投影系统，起算数

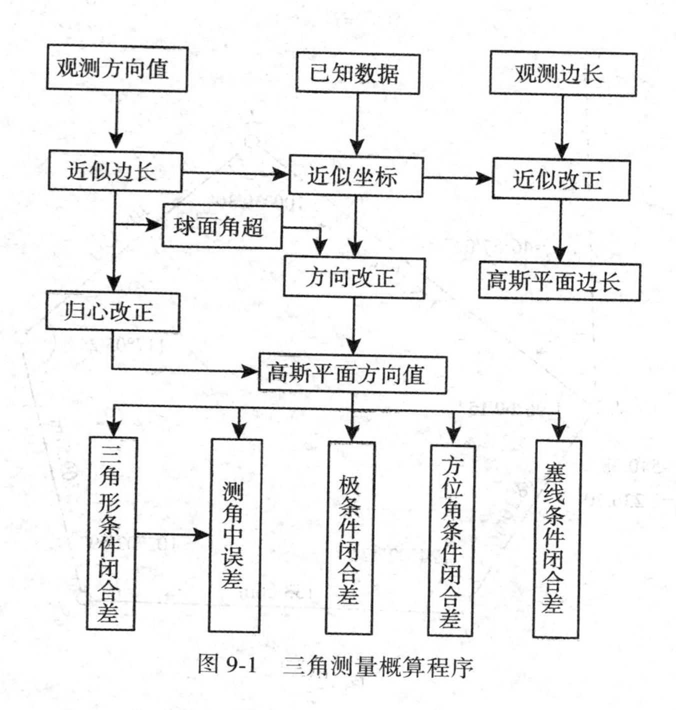

图 9-1　三角测量概算程序

据精度；

⑥平差计算方法与成果精度统计，重合点统计说明；

⑦质量评估，存在的问题及处理情况，取得的经验等。

◎ 思考题

1. 名词解释：房产测量、房地产、房产权、房产业、房产产籍。

2. 简述房产测量的任务和作用。

3. 简述房产测量的内容与特点。

4. 简述房产平面控制网布设的原则与一般过程。

5. 说明房产平面控制测量主要方法。

6. 设有闭合导线 $J_1J_2J_3J_4J_5$ 的边长和角度（右角）观测值如图 9-2 所示。已知 J_1 点的坐标 $x_1=540.38\text{m}$，$y_1=1\,236.70\text{m}$，J_1J_2 边的坐标方位角 $\alpha_{1,2}=46°51'02''$，进行该闭合导线的计算。

7. 设有附合导线 $ABK_1K_2K_3CD$ 的边长和角度（右角）观测值如图 9-3 所示。两端 A、B、C、D 为已知点，B、C 点的坐标为：$x_B=864.22\text{m}$，$y_B=413.35\text{m}$，$x_C=970.21\text{m}$，$y_C=986.42\text{m}$，两端已知坐标方位角为 $\alpha_{AB}=45°00'00''$，$\alpha_{CD}=293°51'33''$，进行该附合导线的计算。

8. 如图 9-4 所示，A、B 两点为已知点，用前方交会测定 P 点的位置。已知数据为：$x_A=500.000\text{m}$，$y_A=500.000\text{m}$，$x_B=526.825\text{m}$，$y_B=433.160\text{m}$；观测值为：$\alpha=91°03'24''$，$\beta=50°35'23''$

9. 如图 9-5 所示，A、B 两点为已知点，用测边交会测定 P 点的位置。已知数据为：$x_A=500.000\text{m}$，$y_A=500.000\text{m}$，$x_B=526.825\text{m}$，$y_B=433.160\text{m}$；观测数据为：$a=153.112\text{m}$，$b=161.361\text{m}$。

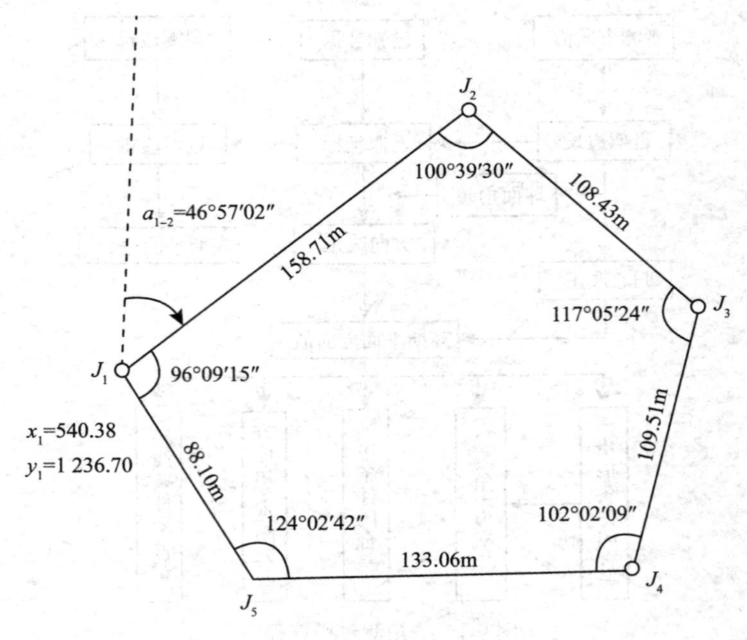

图 9-2

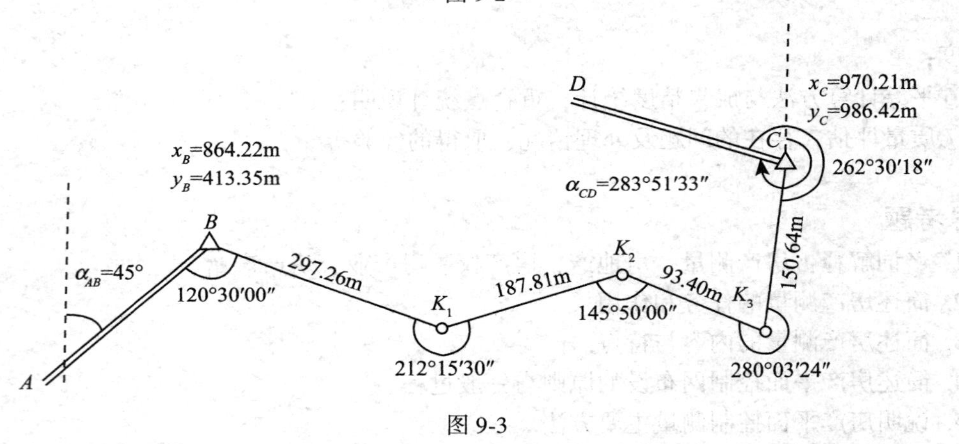

图 9-3

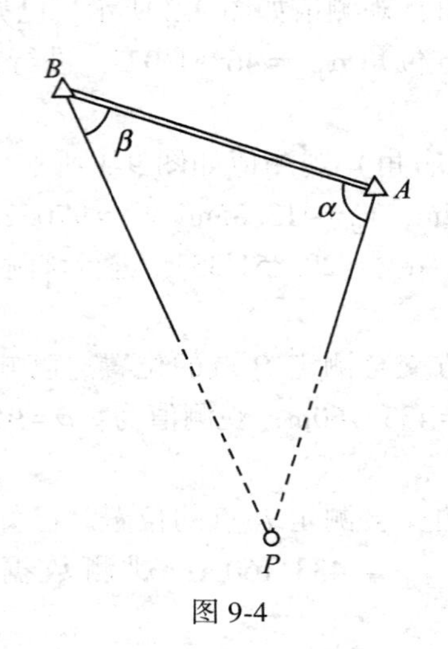

图 9-4

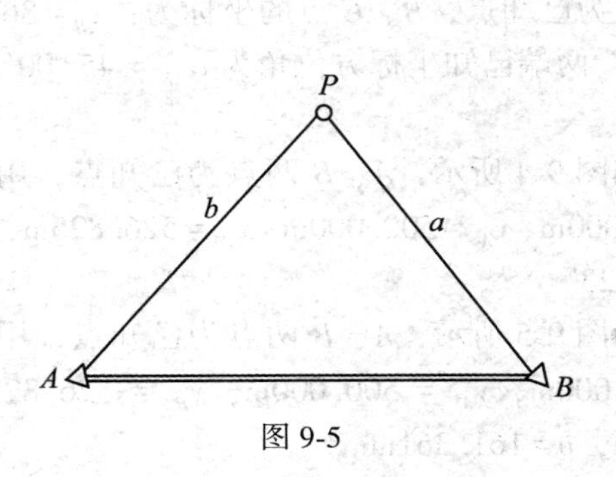

图 9-5

第10章 房产调查

☞ **本章要点**

房产调查 房产调查是指在房产行政管理部门的主持下，会同勘测人员、房屋权属主、相邻四至权利人等有关人员，必要时邀请地籍部门派员，到现场确认界址线。各方认可后，经填写权属调查表并签名盖章方为有效。

房产调查的任务是调查确定房屋及其用地的位置、权属、权界、特征、质量及数量，并为房产测量作好准备。房产调查的内容包括：房屋用地权界、房屋状况调查、房产数量调查及示意图的绘制、房产权属状况调查、地理名称和行政境界调查。

房产调查的目的是获取房产各要素资料，通过确权审查、实物定质定量，认定房产权界及其归属，最终充实完善房产测绘的各种资料，为房产管理提供可靠并能直接服务的基础资料。

房产调查是房产测绘的重要环节，它贯穿于整个房产测绘过程始终。房产调查一般应经过政府公告、资料准备、实地调查、确权定界、成果归整五个阶段。房产调查一般采取“先阅后查”的办法进行。

房屋用地调查 房屋用地调查前，必须进行充分的准备，包括调查单元的划分与编号，取得城市相应的土地等级资料，搜集调查所需的图件、行政境界资料和标准化地名表等。同时，向调查区内各单位发出调查通知。

房屋用地调查以丘为单位进行，调查内容包括：用地坐落、产权性质、用地等级、税费、用地人、用地单位所有权性质，权源、界址、用地分类、用地面积和用地纠纷等基本情况。房屋用地调查记簿应采用专门的“房屋用地调查表”，并绘制用地范围略图。

房屋调查 房屋调查内容包括房屋坐落、产权人、产别、层数、所在层次、建筑结构、建成年份、用途、墙体归属、权源、产权纠纷和他项权利等基本情况，以及绘制房屋权界线示意图。房屋调查应在房屋调查表的配合下进行，并同时绘制出房屋调查略图。在房产调查中除对房屋用地进行调查外，还要对行政境界与地理名称进行调查，并标绘在房产平面图上。

行政境界与地理名称调查 行政境界调查应依照各级地方人民政府划定的行政境界位置，调查区、镇、县的行政区划范围。对于街道或乡的行政区划，可根据需要进行调查。行政境界与地理名称调查在房产图的上表示和注记应符合《房产测量规范》规定。

☞ 本章结构

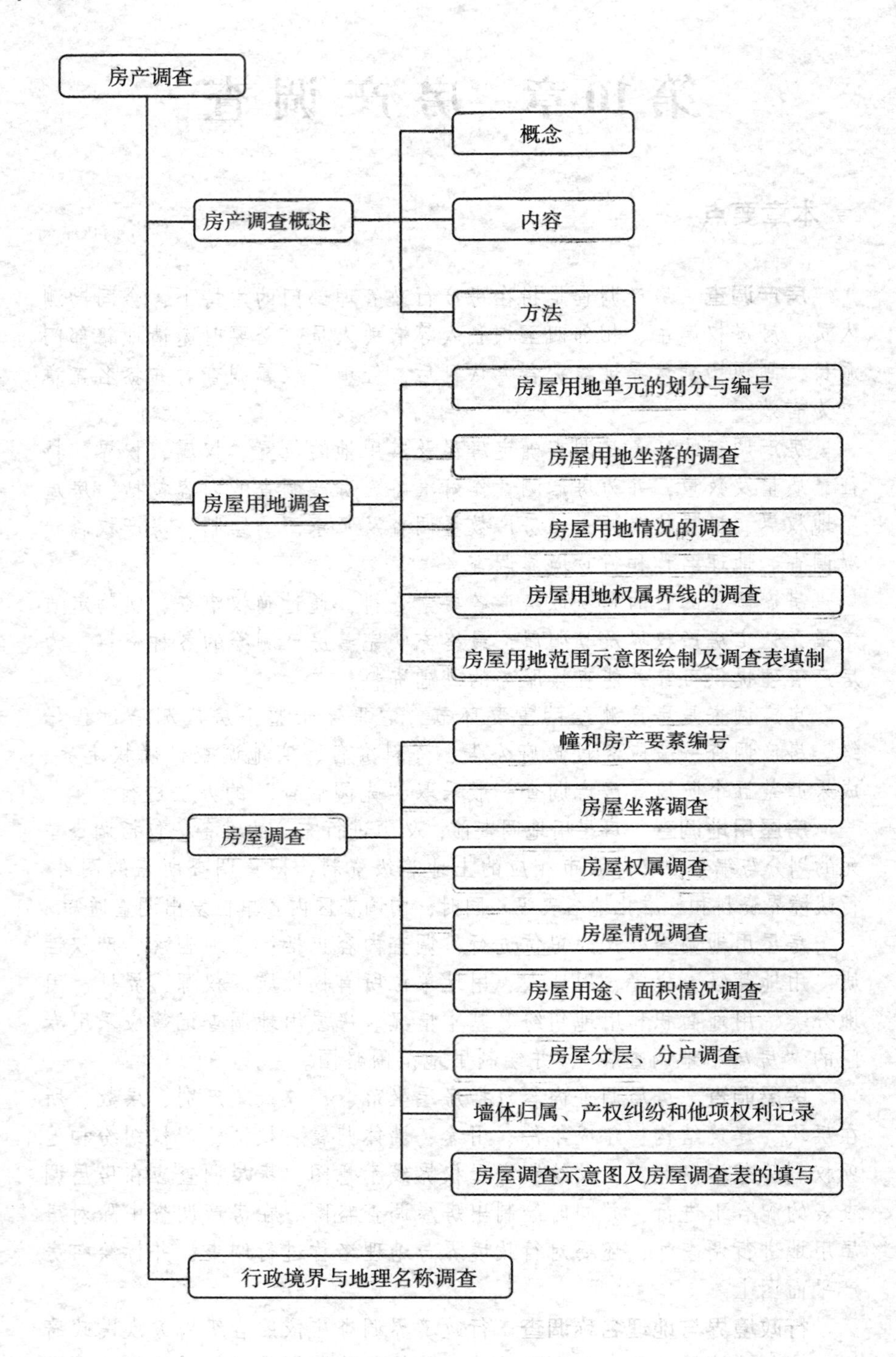
房产调查
房产调查概述
概念
内容
方法
房屋用地调查
房屋用地单元的划分与编号
房屋用地坐落的调查
房屋用地情况的调查
房屋用地权属界线的调查
房屋用地范围示意图绘制及调查表填制
房屋调查
幢和房产要素编号
房屋坐落调查
房屋权属调查
房屋情况调查
房屋用途、面积情况调查
房屋分层、分户调查
墙体归属、产权纠纷和他项权利记录
房屋调查示意图及房屋调查表的填写
行政境界与地理名称调查

10.1 房产调查概述

10.1.1 房产调查的概念

房产调查是指在房产行政管理部门的主持下，会同测绘工作的勘测员、房屋权属主、相邻四至的权利人等有关人员，必要时邀请地籍部门派员，在有准备的基础上，到现场指界确认界址线。各方认可后，经填写权属调查表并签名盖章方为有效。

房产调查，包括房屋调查和房屋用地调查两部分。调查内容包含每个权属单元的坐落位置、权属界线、权属主（或法人），房屋数量、用地面积以及利用状况等基本情况。同时，还应进行地理名称和行政境界的调查核实。必要时，房屋用地会同地籍管理部门、行政境界会同民政部门共同确认。

房产调查是根据房产测量的目的和任务，结合房产行政管理和经营管理的需要，对房屋和房屋用地的位置、权界、属性、数字等基本情况及地理名称和行政境界进行的调查。

房屋调查应利用现势好的资料，例如大比例尺地形图、地籍图和新近航摄像片，以及有关产籍按房屋调查表（见表 10-1）和房屋用地调查表（见表 10-2）调查的项目，前者以幢为单元分户进行，后者以丘为单元分户进行，在调查实地逐项填写调查表。

表 10-1 **房屋调查表**

市区名称或代码　　房产区号　　房产分区号　　丘号　　序号

坐落	区（县） 街道（镇） 胡同（街巷） 号												邮政编码		
产权主								住址							
用途								产别					电话		
房屋状况	幢号	权号	户号	总层数	所在层次	建筑结构	建成年份	占地面积 m^2	使用面积 m^2	建筑面积 m^2	墙体归属				产权来源
											东	南	西	北	
房屋权界线示意图														附加说明	
														调查意见	

调查者：　　　年　　月　　日

表 10-2　　　　　　　　　　　　**房屋用地调查表**

图幅号：　　　　　宗号：　　　　　序号：

<table>
<tr><td colspan="2">坐落</td><td colspan="7">区（县）　街道（镇）　胡同（巷）　　号</td><td colspan="2">电话</td><td colspan="2"></td><td>邮政编码</td><td></td></tr>
<tr><td colspan="2">产权性质</td><td></td><td colspan="2">产权人</td><td colspan="2"></td><td>土地
等级</td><td colspan="2"></td><td colspan="2">税费</td><td></td><td colspan="2">用地范围
示意图</td></tr>
<tr><td colspan="2">使用人</td><td></td><td colspan="2">住址</td><td colspan="5"></td><td colspan="2">所有制性质</td><td></td><td colspan="2" rowspan="11"></td></tr>
<tr><td colspan="2">权　源</td><td colspan="11"></td></tr>
<tr><td rowspan="12">用地状况</td><td rowspan="2">四　至</td><td colspan="2">东</td><td colspan="3">南</td><td colspan="3">西</td><td colspan="3">北</td></tr>
<tr><td colspan="2"></td><td colspan="3"></td><td colspan="3"></td><td colspan="3"></td></tr>
<tr><td rowspan="2">界　标</td><td colspan="2">东</td><td colspan="3">南</td><td colspan="3">西</td><td colspan="3">北</td></tr>
<tr><td colspan="2"></td><td colspan="3"></td><td colspan="3"></td><td colspan="3"></td></tr>
<tr><td rowspan="6">用地
分类
面积
/m²</td><td>合计</td><td>住宅</td><td>工业</td><td>共共
设施</td><td>铁路</td><td>民航</td><td>航运</td><td>公交
运输</td><td>道路</td><td>仓储</td><td>商业
服务</td></tr>
<tr><td></td><td></td><td></td><td></td><td></td><td></td><td></td><td></td><td></td><td></td><td></td></tr>
<tr><td></td><td>旅游</td><td>金融
保险</td><td>教育</td><td>医疗</td><td>科研</td><td>文化</td><td>新闻</td><td>娱乐</td><td>园林
绿化</td><td>体育</td></tr>
<tr><td></td><td></td><td></td><td></td><td></td><td></td><td></td><td></td><td></td><td></td><td></td></tr>
<tr><td></td><td>办公</td><td>军事</td><td>涉外</td><td>宗教</td><td>监狱</td><td>农用</td><td>水域</td><td>空隙</td><td></td><td></td><td colspan="2" rowspan="2">调查意见</td></tr>
<tr><td></td><td></td><td></td><td></td><td></td><td></td><td></td><td></td><td></td><td></td><td></td></tr>
<tr><td rowspan="2">用地
面积
/m²</td><td>合计</td><td colspan="2">房屋占地</td><td colspan="2">院落</td><td colspan="2">分摊共用
院落</td><td colspan="2">室外楼梯
占地</td><td colspan="2"></td><td colspan="2" rowspan="2">备　注</td></tr>
<tr><td></td><td colspan="2"></td><td colspan="2"></td><td colspan="2"></td><td colspan="2"></td><td colspan="2"></td></tr>
</table>

调查者：　　　年　　月　　日

10.1.2　房产调查的内容

房产调查的目的是获取房产各要素资料，通过确权审查、实物定质定量，认定房产权界及其归属，最终充实完善房产测绘的各种资料，为房产管理提供可靠并能直接服务的基础资料。房产调查的主要成果是各种房产平面图、有关数据及文档。房产调查的图件和调查成果资料一经审核批准作为权证的附件，便具有了法律效力。因此，对房产调查而言，必须有严格的要求。

因此房产调查的内容包括：

①房屋用地权界，即丘界的调查；②房屋状况调查；③房产数量调查及示意图的绘制；④房产权属状况调查；⑤地理名称和行政境界调查。

房产调查的任务是调查确定房屋及其用地的位置、权属、权界、特征、质量及数量，并为房产测量做好准备。

10.1.3 房产调查的方法

房产调查是一项极其细致而又严肃的工作。房产调查资料是房产测绘成果的重要内容，而房产测绘成果经过确权、登记、发证后便具有法律效力。因此，在组织管理上，房产调查必须在当地房产管理部门的领导下进行。房产调查一般应经过政府公告、资料准备、实地调查、确权定界、成果归整五个阶段。调查人员应熟练掌握房产法规、政策、办法以及了解调查的程序，在房产调查工作中广泛收集测绘、土地划拨、房屋批建、房产等级评估、标准地名及房产产权产籍等有关资料，采取“先阅后查”的办法进行。

所谓“先阅”，即在实施房产调查前，对房产权属单元的有关权属文件，结合产籍档案，按房产法规、政策、办法等对照审阅。其根本目的在于明确其权属是否合法属实。如果资料不全，应及时通知权利人补充有关权属证明文件。否则如果在毫无准备的情况下，贸然直赴现场调查，往往会因过多权属纠纷或无从下手而影响调查工作的顺利开展和造成大量后续工作“尾巴”，同时也可能因权属调查时的偏听而给调查成果质量留下难以预料的隐患。

房产调查应在广泛审阅产权产籍资料后在现场进行调查。现场调查的基本原则：①不允许将产权产籍资料原件带至现场，以防散失；②调查者通常必须携带工作用图、房屋产权产籍资料、调查表、“房屋用地调查表”、审阅记录、其他房产调查用具等到现场；③调查者应会同房产各方权利人代表共同到现场指界认定，如果其中一方因故而不能到场，必要时应按法律程序完善委托代理手续；④必须现场如实记录各权属单元房产调查情况，对于房产权属纠纷要客观记载，由上级主管部门调处，调查者不能越权仲裁。

房产调查是房产测绘的重要环节，它贯穿于整个房产测绘过程始终。在分幅平面图测绘阶段，通过房产调查获得各用地单元的范围，坐落及相互关系，并按房产管理要求对各用地单元编“丘号”；在分丘图测绘阶段，房产调查是为了确定各用地单元的权属、界线，对界址点进行等级划分和编号，了解丘内房屋的情况并编立“幢号”；在房屋分栋测绘过程中，房产调查着重围绕房屋产权来源、产别及房屋等基本情况展开，并确定房屋中各部分功能及结构，为合理测算房屋面积做好准备，在多元产权房屋分户测丈阶段，通过房产调查，确定各分户自用范围，公共面积范围及共有共用情况，并搜集公共面积的分摊协议或文件。

10.2 房屋用地调查

房屋用地调查可以与房屋调查同时进行，也可分别进行。

调查前，必须进行充分的准备，包括调查单元的划分与编号，取得城市相应的土地等级资料，搜集调查所需的图件、行政境界资料、标准化地名表等。同时，向调查区内各单位发出调查通知。

房屋用地调查以丘为单位进行，调查内容包括：用地坐落、产权性质、用地等级、税费、用地人、用地单位所有权性质，权源、界标、用地分类、用地面积和用地纠纷等基本情况。房屋用地调查记簿应采用专门的“房屋用地调查表”，并绘制用地范围略图。

10.2.1 房屋用地单元的划分与编号

房屋用地调查以丘为单元分户进行，并以表10-2所列项目于实地做出记录。

1. 丘的定义与丘的划分

房屋权属用地单元的最小单位是丘，它和地籍测量中宗地的含义是相同的，按照惯例在房产测绘中我们称其为丘。所谓丘，规范定义为地表上一个有界空间的地块。根据丘内产权单元的情况，丘有独立丘与组合丘之分。一个地块只属于一个产权单元时称为独立丘；一个地块属几个产权单元共有时，称组合丘。

丘在划分时，有固定界标的按固定界标划分，没有固定界标的按自然界线划分。能清楚划分出权属单元的用地范围（如一个单位、一处院落、一个门牌号），划分为独立丘。一个产权单元的用地由不相连的若干地块组成时，则每一地块均应划分为独立丘。一个地块内当多个权属单元的用地范围相互渗透，权属界线相互交错不齐，难以划分时（如一个院落内有三个权属单元），或各权属单元的用地范围较小，在分幅图上难以逐一表示各自范围（如对私房集合划分为组合丘）时，将地块划分为组合丘。

2. 丘号的编立方法

丘号是按照分丘原则划分房屋用地单元地块的编号，它是房产测量与产权产籍管理中的重要编码，也是房产档案管理中的重要索引。建立科学的编号方法，实行统一编号，并能为收集整理资料，建立房产地理信息系统以及广泛应用电子计算技术等方面创造有利条件。

每一丘均应编号，且组合丘除编丘号外，各房屋用地单元还应分别编立丘支号。

（1）按市、市区、房产区、房产分区、丘五级进行丘号的编立

丘号编立格式如下：

市代码+市辖区（县）代码+房产区代码+房产分区代码+丘号
（2位）　　（2位）　　（2位）　　（2位）　（4位）

市码、市辖区（县）代码采用《中华人民共和国行政区划代码》（GB/T2260—2013）规定的代码。房产区以行政建制的区、街（或镇、乡）行政辖区，或房产管理部门划分的区域为基础划定。根据实际情况和需要，可以街坊或主要街道围成的方块为基础将房产区再划分为若干房产分区。房产区码和房产分区码由当地人民政府和房产管理部门统一编立，没有划分房产分区时，用相应的编码单位“01”表示。丘号的编立以房产分区为编号区，采用四位自然数字0001~9999进行编列。

丘号编立顺序，以房产分区（或房产区）为单位，从北到南、从西向东呈反“S”形编列。在变更测量或修补测中，新增的丘号接原编号顺序连续编立。

由于房产区及房产分区随着城市发展变化而不断地变动，且其编码本身是一系统庞大的工程，因此实际工作中进行小范围的房产基础测绘时，丘号的编立也可临时以图幅为单位进行，待全市基础测绘工作进行到一定阶段，再作统一的调整。

在丘号编立的实际工作中，客观上存在各丘的形状不一、大小不等等诸多复杂状况，因此应根据丘的平面分布情况，从编立首号起，按编号的前进方向，综合考虑毗连地块编号的连贯性以及跨图接边等具体情况进行编号，以便利于管理及资料的检索与查询。

（2）支丘号的编立

在组合丘内，各丘支号的编立按面向主丘大门从左到右，从外到内呈反“S”形顺序编立。丘支号的表示方法为：丘号在前，支号字级小一号，前加短线，如“48—6”。

丘号、丘支号使用时，必须同房产区及房产子区的编码或分幅图图号一起使用，否则丘号、丘支号是没有意义的。

在任何情况下，丘的编号在编号单元中皆应具有唯一性，丘的编号一经确定，就不得更改。只有当丘范围发生变更时，才能对变化丘的丘号进行调整。

10.2.2 房屋用地坐落的调查

房屋用地坐落是指其在实地由民政部门统一命名的行政区划名称和自然街道名称以及由公安部门统一订立的门牌号。

调查中，当房屋用地实地位于较小里弄、胡同、小巷时，坐落前要加注主要自然街道名称；房屋用地临近两个以上的街道或有两个以上的门牌号时，均应按其主次顺序分别注明；当房屋用地暂缺街道门牌号时，可以与其毗邻或临近房屋用地坐落的相对位置加以说明，也可以房屋用地中主要标志性建筑物名称代替；组合丘内，应根据各权属单元实际用地的位置加以说明，实际地名改变时，应在老名称前加注“老”字，新名称前加注“新”字。

在房产产权产籍档案管理中，图号或房产分区号也是坐落的重要内容，图号是指房屋用地主门牌号所在的分幅图号，而房产分区号是指房屋用地所在房产的分区编码。对于范围较大的地块，它可能同时跨两个或两个以上的行政区，调查用地的坐落时行政区名以其用地大部分所在区或其行政隶属关系为准。

10.2.3 房屋用地情况的调查

1. 用地人、用地人的所有制性质

用地人是指房屋用地使用权人的名称或姓名，用地人的所有制性质按第四节中房屋所有人所有制性质填写。

2. 权源

权源是指房屋用地（土地）使用权的来源。权源调查主要调查房屋用地使用权的单位和个人取得其使用权的时间、方式及数量。时间以获得土地使用权正式文件的日期为准。取得土地使用权的方式有征用、划拨、出让和转让等。数量以文件规定范围内的面积为准。

3. 土地等级调查

城镇土地等级是指根据市政建设情况、经济繁荣程度、商业发展程度、公用事业及交通状况、城市发展规划、工程地质条件及自然生态环境等条件综合评估而划分的等级。

各地方人民政府根据国家土地等级划分的总原则，结合本地区的特点制定适合本地区的地区性土地等级评估标准，并按该标准划分土地各等级的区域。房屋用地等级根据其所在区域的土地等级填写。房屋用地的等级是指经土地分等定级以后确定的土地级别。

4. 土地税费调查

房屋用地税费是指用地人每一年向土地管理部门或税务机关缴纳的土地使用税。土地税费的调查按税务机关提供的征税资料或者缴税人提供的缴税证明，按年计征额填写。其中属于免征对象应注明“免征”，并简注原因。对于外资企业和中外合资企业的用地，依照国家法律和国务院有关规定执行，调查中也必须向征收部门收集有关资料填写。

5. 土地所有权性质调查

《中华人民共和国土地管理法》规定，城市市区的土地属国家所有。农村和城市郊区的土地，除由法律规定属于国家所有以外，属于集体所有。土地的所有制性质不受土地使用权人性质和土地上附着物产权性质的限制。即土地的所有制性质只有国家所有（简注“国有”）和集体所有（简注“集体”）两种情况。

6. 用地分类调查

城镇房屋用地的类别按表10-3执行。一块用地内的房屋类别不完全相同时，以其主要的或多数的类别为准。一般来说，一块用地应分为一类，特殊情况下，可按用地内各栋房屋用地的实际情况分别划分类别。

表10-3　**城镇房屋用地用途分类**

一级分类		二级分类		含　义
编号	名称	编号	名称	
10	商业金融用地			指商业服务业、旅游业、金融保险业等用地
		11	商业服务业	指各种商店、公司、修理服务部、生产资料供应站、饭店、旅社、对外经营的食堂、文印誊写社、报刊门市部、蔬菜销转运站等用地
		12	旅游业	指主要为旅游业服务的宾馆、饭店、大厦、乐园、俱乐部、旅行社、旅游商店、友谊商店等用地
		13	金融保险业	指银行、储蓄所、信用社、信托公司、证券交易所、保险公司等用地
20	工业、仓储用地			指工业、仓储用地
		21	工业	指独立设置的工厂、车间、手工业作坊、建筑安装的生产场地、排渣（灰）场等用地
		22	仓储	指国家、省（自治区、直辖市）及地方的储备、中转、外贸、供应等各种仓库、油库、材料堆积场及其附属设备等用地
30	市政用地			指市政公用设施、绿化用地
		31	市政公用设施	指自来水厂、泵站、污水处理厂、变电（所）站、煤气站、供热中心、环卫所、公共厕所、殡葬场、消防队、邮电局（所）及各种管理线工程专用地段等用地
		32	绿化	指公园、动植物园、陵园、风景名胜、防护林、水源保护林以及其他公共绿地等用地

续表

一级分类		二级分类		含义
编号	名称	编号	名称	
40	公共建筑用地			指文化、体育、娱乐、机关、科研、设计、教育、医卫等用地
		41	文、体、娱	指文化馆、博物馆、图书馆、展览馆、纪念馆、体育场馆、俱乐部、影剧院、游乐场、文艺体育团体等用地
		42	机关、宣传	指党政事业机关及工、表、妇等群众组织驻地，广播电台、电视台、出版社、报社、杂志社等用地
		43	科研、设计	指科研、设计机构用地。如研究院（所）、设计院及其试验室、试验场等用地
		44	教育	指大专院校、中等专业学校、职业学校、干校、党校，中、小学校、幼儿园、业余进修院（校）、工读学校等用地
		45	医卫	指医院、门诊部、保健院、（站、所）、疗养院（所）、救护站、血站、卫生院、防治所、检疫站、防疫站、医学化验、药品检验等用地
50	住宅用地			指供居住的各类房屋用地
60	交通用地			指铁路、民用机场、港口码头及其他交通用地
		61	铁路	指铁路线路及场站、地铁出入口等用地
		62	民用机场	指民用机场及其附属设施用地
		63	港口码头	指供客、货运船停靠的场所用地
		64	其他交通	指车场（站）、广场、公路、街、巷、小区内的道路等用地
70	特殊用地			指军事设施、涉外、宗教、监狱等用地
		71	军事设施	指军事设施用地。包括部队机关、营房、军用工厂、仓库和其他军事设施等用地
		72	涉外	指外国使馆、驻华办事处等用地
		73	宗教	指专门从事宗教活动的庙宇、教堂等宗教用地
		74	监狱	指监狱用，包括监狱、看守所、劳改场（所）等用地
80	水域用地			指河流、湖泊、水库、坑塘、沟渠、防洪堤坝等用地

续表

一级分类		二级分类		含　义
编号	名称	编号	名称	
90	农用地			指水田、菜地、旱地、园地等用地
		91	水田	指筑有田埂（坎）可以经常蓄水用于种植水稻等水生作物的耕地
		92	菜地	指以种植蔬菜为主的耕地，包括温室、塑料大棚等用地
		93	旱地	指水田、菜地以外的耕地，包括水浇地和一般旱地
		94	园地	指种植以采集果、叶、根、茎等为主的集约经营的多年生木本和草本作物，覆盖度大于50%或每亩株数大于合理株数70%的土地，包括果树苗圃等用地
0	其他用地			指各种未利用土地、空闲地等其他用地

注：资料来源于《中华人民共和国国家标准房产测量规范》附录A表A3。

7. 用地面积调查

调查房屋用地面积时，应根据用地单位合法取得土地使用权的文件或已进行过房屋用地登记的产权产籍档案资料进行调查。

房屋用地面积是指用地单位实得面积，即为实红线内的面积，实红线外、虚红线内的面积为代征面积。根据文件调查时，除记录实得面积外，还应对虚红线范围内的代征路、市政设施及各类通道所用面积进行调查记录。根据产权资料调查时，直接记录用地数量。

组合丘内，对丘面积和各权属单元的用地面积应逐一调查。几个权属单元因权属界线相互交错，分幅图上难以表示而划分的组合丘，丘内各权属单元用地面积总和应与丘面积比较。对其不符值应进行分析，查找原因，属于误差范畴的按各权属单元用地面积比例进行配赋，省去不符值，即保证各权属单元用地面积总和与丘面积相等。

由于各权属单元用地范围过小而集约划分的组合丘，丘范围内又包含有公共隙地和市政道路及设施范围。此时丘的面积已没有太大的意义，用地面积调查时只对各权属单元用地面积逐一进行调查。

房产面积测算中，房屋用地面积指房屋实际合法使用的土地面积。测算方法参见房产面积量算一章内容。

10.2.4　房屋用地权属界线的调查

1. 房屋用地权属界址线的调查

房屋用地权属界址线是指用地单位合法使用土地范围的边界线，它是一条闭合曲线。

房屋用地使用权的合法取得方式有征用、划拨、出让和转让等，其相应文件中对用地范围都有明确的说明，文件中所说明的用地范围即为红线范围，一般包含有：用地单位实得土地使用权的范围、消防通道、代征路及通过用地范围的国家交通干道和高压输电走道。

房产管理与房产测绘中的房屋用地界址线是指用地单位实际合法使用土地范围的边界线，理论上应与红线范围内的实得土地范围相一致，但实际中往往并非如此，导致不相一致的原因有：界址线放样的偏差、历史违章、重新征用、划拨、出让与转让、土地灭失等。房产调查中对房屋用地界址线调查时，已进行确权登记的，以相关产权产籍资料为准，未进行确权的，调查人员必须根据资料档案结合实地情况，会同用地权利人和所涉及相邻关系的权利人现场共同指界确定，这也是土地权属调查的工作程序。对于资料档案和双方皆无法确定或存在争议的界址线，调查人员应如实详细做好记录，报请相关主管部门进一步落实解决。

2. 界标

界标是指房屋用地范围权属界址线的界址标志。

界标有“硬界”和“软界”之分。硬界是有明显和固定的线状地物作界线，包括房屋的墙沿、围墙、栅栏、铁丝网以及固定的坎、坡等。软界是没有明显的地物作界线。界标的“硬”、“软”界与界址线的“实”、“虚”界是两个不相同的概念。如前所述，“硬”、“软”界是从界址的界标上区分的，而“实”、“虚”界则是根据界址线位置是否明确来区分的。无论界址线上有无明显的硬界标志，当界址线有明确的位置时（包括实地的明确位置和资料中以界线定位点坐标约定的位置）即为实界，无明确的位置时便为虚界。但一般情况下虚界多为软界，虚界在房屋用地与公益事业用地相邻时或者以里弄划分为丘时出现的机会较多，此时，界址线内的房屋用地面积为概略值。

3. 用地的四至关系

房屋用地四邻地块情况为房屋用地的四至。房屋用地的四至一般按东、南、西、北概略方位，分别调查。与之相邻的是房屋用地时调查其权利人名称及其主要情况。与之相邻的是自然街道、沟、渠等一类线性地物或者空地植被时，则应填记自然街道或地形、植被名称。

10.2.5 房屋用地范围示意图的绘制及调查表的填制

1. 房屋用地范围示意图绘制

房屋用地范围示意图是以丘为单位，主要表示房屋用地范围及其权属界线，并用概略比例尺绘制的略图。

房屋用地范围示意图应表示的内容有：

①用地位置；

②用地界线及其权属，包括共用院落界线；

③界标及其类别；

④用地范围内房屋的位置及形状；

⑤注记房屋用地界线边长，包括共用院落的相对定位关系尺寸；

⑥标注用地四至方位符号。

2. 房屋用地调查表的填制

房屋用地调查表是进行房屋用地调查的标准表格。进行房屋用地调查时，应以丘为单位，按表中内容认真调查填制。对于组合丘，填制中还应注意如下问题：

①整丘的调查表是各支丘房屋用地调查表的索引，只需填写图幅号或房产分丘号、坐落、用地等级与分类、用地面积和用地示意图等共性项目，各支丘应分别另按调查表逐项填写。

②房屋用地调查表和房屋调查表相关内容应相互配套。

③房屋用地调查表整编时，序号栏应以整丘编序号，各支丘所用的调查表编为该整丘调查表所编序号的分号。序号与分号间用短直线联结。

④房屋用地调查表按房产（分）区进行或按图幅编订成册。

房屋用地调查表见表 10-4。

表 10-4

房屋用地调查表示例

市区名称或代码号 13 房产区号 06 房产分区号 05 丘号 0193 序号 193

<table>
<tr><td colspan="2">坐落</td><td colspan="7">区（县）洛川县 街道（镇）凤栖镇 胡同（街巷）号 146 号</td><td>电话</td><td>××××××</td><td>邮政编码</td><td>710054</td></tr>
<tr><td colspan="2">产权性质</td><td colspan="2">集体土地所有权</td><td>产权主</td><td>屈西林</td><td colspan="2">土地等级</td><td></td><td>税费</td><td></td><td rowspan="7">附加说明</td><td rowspan="7"></td></tr>
<tr><td colspan="2">使用人</td><td>屈西林</td><td>地址</td><td colspan="5">陕西省洛川县凤栖镇作善村 146 号</td><td>所有制性质</td><td>个人</td></tr>
<tr><td colspan="2">用地来源</td><td colspan="7">划拨宅基地</td><td>用地用途分类</td><td>72</td></tr>
<tr><td rowspan="4">用地状态</td><td rowspan="2">四至</td><td>东</td><td>南</td><td>西</td><td>北</td><td rowspan="2">界标</td><td>东</td><td>南</td><td>西</td><td>北</td></tr>
<tr><td>屈四保</td><td>巷道</td><td>屈榜银</td><td>巷道</td><td>J182-J183</td><td>J180-J183</td><td>J179-J180</td><td>J179-J182</td></tr>
<tr><td rowspan="2">面积</td><td colspan="2">合计用地面积</td><td colspan="2">房屋占地面积</td><td colspan="2">院地面积</td><td>分摊面积</td><td></td><td></td></tr>
<tr><td colspan="2">638.4 平方米</td><td colspan="2">171.0 平方米</td><td colspan="2">467.4 平方米</td><td>0 平方米</td><td></td><td></td></tr>
<tr><td colspan="2">用地略图</td><td colspan="11">12.30 巷道 22.30
7.67 砖混2 171.0
屈榜银 18.45 屈西林 193/72 638.4 屈四保
巷道 34.60</td></tr>
</table>

调查者：××× ×××年×月×日

10.3 房屋调查

房屋是人们直接或辅助生产、生活、办公与学习的场所。它应具备门、窗、顶盖及围护设施。房产测绘及管理的主要对象是房屋及其用地，因此对房屋各要素的调查是房产调查的重要内容。

房屋调查内容包括房屋坐落、产权人、产别、层数、所在层次、建筑结构、建成年份、用途、墙体归属、权源、产权纠纷和他项权利等基本情况，以及绘制房屋权界线示意图。房屋调查应在房屋调查表的配合下进行，并同时绘制出房屋调查略图。

10.3.1 幢和房产要素编号

1. 幢的定义

幢是房屋的计量单位，指一座独立的、包括不同结构和不同层次的房屋。几种特殊情况的分幢处理如下：

①房屋建成后又扩建、修建，其扩修部位无论其结构与原房屋结构是否相同，只要形成整体的，仍作为一幢。

②紧密相连的房屋，不可分割的，可作为一幢。

③多功能的综合楼，其主楼和裙楼合为一幢。

④房屋间以过道或通廊相连的，可独立分栋，过道或通廊作为房屋的共有共用设施处理。

2. 房产编号

这里的房产是指一个宗地内的房产。房产编号全长 17 位，字符型，如表 10-5 所示。编号前 13 位为该房产或户地所属宗地的编号。第 14 位为特征码（二值型）以“0”代表房产，以“1”代表户地（宅基地）。第 15~17 三位为该房产或户地在所属地块范围内按“弓”形顺序编的房产序号或户地序号（户地指农村居民点的宅基地）。

表 10-5　**房 产 编 号**

第 1~13 位	第 14 位	第 15~17 位
宗地	（一位数字）房产——“0”	房产序号（三位数字）
编号（同全国土地分类）	户地——“1”	000~999

3. 房屋及构筑物要素编号

房屋及构筑物编号可依据《房产测量规范》的有关规定进行编制。

房屋、构筑物编号全长 9 位，字符型，如表 10-6 所示。第 1 位、第 2 位，房屋产别，用两位数字表示到二级分类。第 3 位，房屋结构用一位数字表示。第 4 位、第 5 位，房屋层数，用两位字符表示。1~99 层用 1~99 表示，100 层以上（含 100 层）用字母加数字表示，如 100 层用“AO”表示，115 层用“B5”表示，其中 A 表示“10”，B 表示“11”依次类推。第 6 位、第 7 位，建成年限，用两位字符表示，取建成年份末两位数。如“85”代表 1985 年建成，对 1999 年以后建成的房屋用字母加数字表示，如“AO”代

表2000年（1900+100=2000），“C4”代表2024年（1900+124=2024），对1900年以前建成的房屋，可在宗地图上特殊注记。第8位、第9位，房屋用途，用两位数字表示到二级分类。

表10-6 **建筑物及建筑物编号**

第1位、第2位		第3位		第4位、第5位		第6位、第7位		第8位、第9位	
产别（两位）		结构（一位）		层次（两位）		建成年限（两位）		房屋用途（两位）	
10	国有房产	10	国有房产	01	1层	00	1900年	11	成套住宅
11	直管产	11	直管产	02	2层	⋮	⋮	12	非成套住宅
12	自管产	12	自管产	⋮	⋮	85	1985年	13	集体宿舍
13	军产	13	军产	99	99层	⋮	⋮	21	工业
20	集体所有房产	20	集体所有房产	A0	100层	99	1999年	22	公用设施
30	私有房产	30	私有房产	⋮	⋮	A0	2000年	23	铁路
31	部分产权	31	部分产权	A9	109层	⋮	⋮	24	民航
40	联营企业房产	40	联营企业房产股份	B0	110层	A9	2009年	⋮	⋮
50	股份制企业房产	50	股份制企业房产	⋮	⋮	B0	2010年		
70	涉外房产	70	涉外房产	B9	119层	⋮	⋮		
80	其他房产	80	其他房产	C0	120层	B9	2019年		
				⋮	⋮	C0	2020年		
				C9	129层	⋮	⋮		
						C9	2029年		

10.3.2 房屋坐落调查

房屋坐落同10.2节房屋用地坐落。对于多元产权房屋各权属单元，还应分别按其实际占有的建筑部位，调查单元号、层次、户号和室号。对于建立有档案资料的房屋，其图、册及页号也是房屋坐落的内容。图号为房屋所在分幅平面图的图号，册、页号是按房屋图卡整装订成册时，房屋所在的册、页所编定的序号。

10.3.3 房屋权属调查

房屋的权属包括权利人、权属来源、产权性质、产别、墙体归属、房屋权属界线草图。

1. *房屋产权人调查*

房屋产权人（或称权利人）是指依法享有房屋所有权和该房屋占用范围内的土地使用权、房产他项权利的法人、其他组织或自然人。

调查房屋产权人，一般应与有关房产产籍资料所记载的依法建设或取得房屋所有权的法人、其他组织或自然人的名称或姓名保持一致，法人和其他组织名称按其法定名称完整记录，不得简化注记，自然人用身份证件上姓名注记，必要时同时调查注记曾用名、别名和化名。

私人所有房屋，有产权证的按产权证上产权人姓名记录。产权人已死亡的，应注明代理人的姓名；产权是共有的，应注明全体共有人姓名；房屋是典当的，应注明典当人姓名及典当情况；产权人已死亡又无代理人，产权归属不清或无主房产，以“已亡”、“不清”、“无主”注记。没有产权证的私有房屋，其产权人应为依法建房或取得房屋户主的户籍姓名，并应调查未办理产权的原因。

单位所有的房屋，应注明具有法人资格的所有权单位的全称，不具备法人资格的单位不能作为房屋的所有权人。主管部门作为所有权人，但房产为其下属单位实际使用，除注记主管部门全称外，还应注明实际使用房产的单位全称。

两个以上单位共有的房屋，所有权人应注明全体共有单位名称。

房产管理部门直接管理的房屋，包括公产、代管产、托管产和拨用产，产权人均应注明市一级市（县）政府房产管理机关的全称。其中，代管产还应注明代管及原产权人姓名；托管产还应注明托管及委托人的姓名或单位名称；拨用产应注明房产管理部门的全称及拨借单位名称。

2. 产别调查

房屋产别是根据不同的产权占有主体而划分的类别。按两级分类调记，分类标准详见表 10-7。

3. 产权来源

产权来源是指房屋产权人取得房屋所有权的时间和方式，如继承、分析、买受、受赠、交换、自建、翻建、征用、收购、调拨、价拨、拨用等。房屋有两种以上产权来源并存时，应分别注明，并分别注明其各权源形式的房产份额。

表 10-7 房屋产别分类

一级分类		二级分类		含义
编号	名称	编号	名称	
10	国有房产			指归国家所有的房产。包括由政府接管、国家经租、收购、新建以及国有单位用自筹资金建设或购买的房产
		11	直管产	指由政府接管、国家经租、收购、新建、扩建的房产（房屋所有权已正式划拨给单位的除外），大多数由政府房产管理部门直接管理、出租、维修，部分免租拨借给单立使用
		12	自管产	指国家划拨给全民所有制单位所有以及全民所有制单立自筹资金购建的房产
		13	军产	指中国人民解放军部队所有的房产，包括由国家划拨的房产、利用军费开支或军队自筹资金构建的房产

续表

一级分类		二级分类		含　义
编号	名称	编号	名称	
20	集体土地所有权			指城市集体所有制单位所有的房产，即集体所有制单位投资建设、购买的房产
30	私有房产			指私人所有的房产，包括中国公民、海外华侨、在华外国侨民、外国人所投资建造、购买的房产，以及中国公民投资的私营企业（私营独资企业、私营合伙企业和私营有限公司）所投资建造、购买的房产
		31	部分产权	指按照房改政策，职工个人以标准价购买的住房，拥有部分产权
40	联营企业房产			指不同所有制性质的单位之间共同组成新的法人型经济实体所投资建造、购买的房产
50	股份制企业房产			指股份制企业所投资建造或购买的房产
60	港、澳、台投资房产			指港、澳、台地区投资者以合资、合作或独资在祖国大陆举办的企业所投资建造或购买的房产
70	涉外房产			指中外合资经营企业、中外合作经营企业和外资企业、外国政府、社会团体、国际性机构所投资建造或购买的房产
80	其他房产			凡不属于以上各类别的房屋，都归在这一类，包括因所有权人不明，由政府房产管理部门、全民所有制单位、军队代为管理的房屋以及宗教、寺庙等房屋

注：资料来源于《中华人民共和国国家标准房产测量规范》附录 A 中的 A4。

权源依房屋所有权分类不同，其表现形式也不尽相同。

对于直管公产，其权源有接管、没收、捐献、抵赃、移交、收购、交换、新建、“由代改接”、“由经改接” 等；对于单位自管公产，其权源有新建、调拨、价拨、交换等；对于私产，其权源有继承、分析、买受、受赠、发还、自建、翻建等。

权源的表现形式，各地还会有其他提法，应根据具体情况按《房产测量规范》要求进行归纳统一，以提高标准化水平。

权源应填记最近一次的权源事实表现形式。因为只要房屋发生权属转移事实，就要相对应地依法重新确立产权人，其权源即被另一种表现形式所取代。例如，在落实私房政策工作中对“文革产”的处理问题，按政策依法准予发还，这样其房产就发生了权属转移事实。对于重新取得房屋所有权的产权人来讲，其权源应是“发还”，而不是原“文革交公”前取得所有权的权源。

时间是指房屋所有权人取得该栋房屋所有权的有关文件上规定的日期。

10.3.4 房屋情况调查

1. *房屋层数*

房屋层数是指房屋自然层次的总层数。房屋层数是指房屋的自然层数，一般按室内地坪±0以上计算；采光窗在室外地坪以上的半地下室，其室内层高在2.20m以上的，计算自然层数。房屋总层数为房屋地上层数与地下层数之和。假层、附层（夹层）、插层、阁楼（暗楼）、装饰性塔楼，以及突出屋面的楼梯间、水箱间不计层数。

计算房屋层数，一般从房屋室外地坪以上的楼层起算，对于按自然地形起伏变化竖向设计建造的房屋，从首层室外地坪以上起算，如图10-1所示。

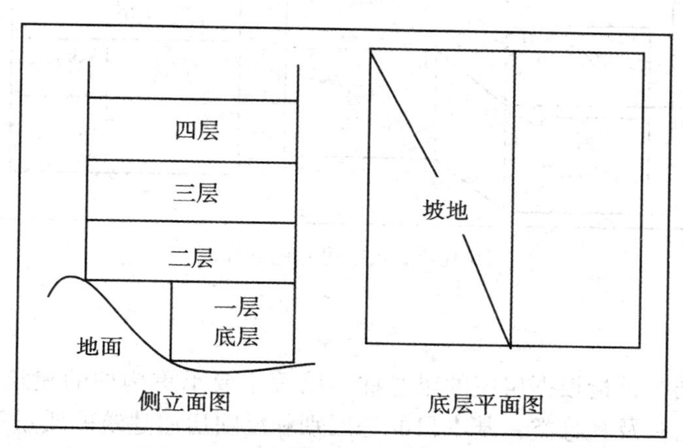

图10-1　房屋侧立面图和底层平面图

调查房屋层数应注意以下几个问题：

①采光墙在室外地坪以上的半地下室，其室内高度在2.2m（含2.2m）以上的应计层；

②地下室、假层、附层（夹层）、不足2.2m高的技术层、阁楼（暗楼）、装饰性塔楼，以及突出屋面的楼梯间、水箱间等均不计层；

③利用屋面搭盖的与正屋不同结构的房屋不计层；

④房屋建筑无论是现代还是历史的，各地建筑风格不同，形式多样且差异甚大，因此调查房屋层数，不应在室外凭直观获得调查结果，而应到房屋内部勘查。屋面上添建的不同结构的房屋不计算层数，但仍需测绘平面图且计算建筑面积。

在房屋调查统计汇总时，根据房屋的总层数，对房屋层数分类见表10-8。

表10-8　**房屋按层分类表**

房屋	单层	多层	中高层	高层	超高层	地下室
房屋	一层	2~6层	7~9层	11~29层	30层以上	地下室

2. *层次*

层次指本权属单元的房屋在该幢楼房中的第几层。地下层次以负数表示。层次与层数是两个不同的概念。层次是一序号，层数是描述房屋层次多少的一个量。多元产权房屋中，层次与户号、室号一起组成该房产权属单元的具体坐落。

在存在跃层（复式结构）的房屋中，一般将其各部分首层划为第一层，以上相应部位划为同一层次。假层、附层（夹层）、阁楼（暗楼）不另编层次，将其划入相应层次之中，说明为“某层附层”等，如图 10-2 所示。

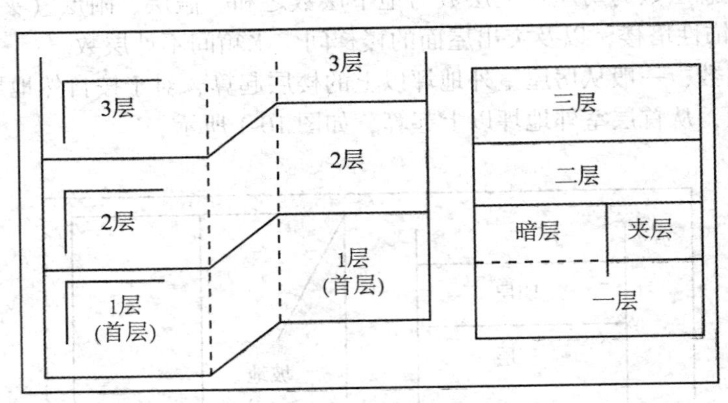

图 10-2　跃层房屋侧立面图

3. 建筑结构

房屋的建筑结构是指根据房屋的梁、柱、墙等主要承重构件的建筑材料划分的类别。确定房屋的建筑结构及其分类，基本目的是区别和反映房屋建筑的质量等级，按照其承重体系所采用的建筑材料而划分建筑结构的类别。房屋建筑结构分类及缩写见表 10-9。

表 10-9　　**房屋建筑结构分类标准**

类型		内容
编号	名称	
1	钢结构	承重的主要结构是用钢材料建造的，包括悬索结构
2	钢、钢筋混凝土结构	承重的主要结构是用钢、钢筋混凝土建造的，如一幢房屋一部分梁柱采用钢筋混凝土构架建造
3	钢筋混凝土结构	承重的主要结构是用钢筋混凝土建造的，包括薄壳结构、大模板现浇结构及使用滑模、开板等先进施工方法施工的钢筋混凝土结构的建筑物
4	混合结构	承重的主要结构是用钢筋混凝土和砖木建造的，如一幢房屋的梁是用钢筋混凝土制成，以砖墙围承重墙，或者梁用木材制造，柱用钢筋混凝土建造
5	砖木结构	承重的主要结构是用砖、木材建造的，如一幢房屋是木制房架、砖墙、木柱建造的
6	其他结构	凡不属于上述结构的房屋都归此类，如竹结构、砖拱结构、窑洞等

随着建材工业的更新换代和建筑科学的发展，大量采用新材料、新工艺，设计建造的高层建筑，大型综合楼不断涌现，房屋的结构也从单一趋向多元化，因此各地可根据需要，在现行六个分类基础上，自行拟定二级分类，并按正常手续报请有关主管部门审批。

房屋建筑结构调查中，因房屋的粉刷和装饰掩盖了房屋的结构，使其很难直观分辨，因此要仔细勘查确认，必要时还应参考结构设计资料，切忌凭直觉判定。

4. *建成年份调查*

房屋建成年份是指实际竣工年份。拆除翻建的，应以翻建竣工年份为准。调查房屋建成年份，不应用建成年代或时期取代。只有当较古老的房屋建筑调查其具体年份确有困难时，方可按建成年代或建成时期或地方上的习惯方法调查填表，但这种情况是少数。

建成年份仅用数字填表即可。此外，拆除原房后在原基础上翻修重建的房屋，以翻修竣工的年份为准，一幢房屋有两个以上的建成年份，应分别注明。

10.3.5 房屋用途、面积情况调查

1. *房屋用途调查*

房屋用途指房屋目前的实际用途，即房屋现在的使用状况。房屋的用途按两级分类，一级分8类，二级分28类，具体分类标准、编号及分类含义见表10-10。一幢房屋有两种以上用途的，应分别调查注明。

表10-10　**房屋用途分类**

一级分类		二级分类		内　容
编号	名称	编号	名称	
10	住宅	11	成套住宅	指有若干卧室、起居室、厨房、卫生间、室内走道或客厅等组成的供一户使用的房屋
		12	非成套住宅	指人们生活起居的但不成套的房屋
		13	集体宿舍	指机关、学校、企事业单位的单身职工、学生居住的房屋。集体宿舍是住宅的一部分
20	工业交通仓储	21	工业	指独立设置的各类工厂、车间、手工作坊、发电厂等从事生产活动的房屋
		22	公用设施	指自来水、泵站、污水处理、变电、燃气、供热、垃圾处理、环卫、公厕、殡葬、消防等市政公用设施的房屋
		23	铁路	指铁路系统从事铁路运输的房屋
		24	民航	指民航系统从事民航运输的房屋
		25	航运	指航运系统从事水路运输的房屋
		26	公交运输	指公路运输公共交通系统从事客、货运输、装卸、搬运的房屋
		27	仓储	指用于储备、中转、外贸、供应等各种仓库、油库用房

续表

一级分类		二级分类		内　容
编号	名称	编号	名称	
30	商业金融信息	31	商业服务	指各类商店、门市部、饮食店、粮油店、菜场、理发店、照相馆、浴室、旅社、招待所等从事商业和为居民生活服务的房屋
		32	经营	指各种开发、装饰、中介公司从事经营业务活动所用的场所
		33	旅游	指宾馆、饭店、乐园、俱乐部、旅行社等主要从事旅游服务所用的房屋
		34	金融保险	指银行、储蓄所、信用社、信托公司、证券公司、保险公司等从事金融服务所用的房屋
		35	电讯信息	指各种邮电、电讯部门、信息产业部们、从事电讯与信息工作所用的房屋
40	教育医疗卫生科研	41	教育	指大专院校、中等专业学校、中学、小学、幼儿园/托儿所、职业学校、业余学校、干校、党校、进修学校、工读学校、电视大学等从事教育所用的房屋
		42	医疗卫生	指各类医院、门诊部、卫生所（站）、检（防）疫站、疗养院、医学化疗、药品检验等医疗卫生机构从事医疗、保健、防疫、检验所用的房屋
		43	科研	指各类从事自然科学、社会科学、等研究设计、开发所用的房屋
50	文化	51	文化	指文化馆、图书馆、展览馆、博物馆、纪念馆等从事文化活动所有的房屋
		52	新闻	指广播电视台、电台、出版社、报社、杂志社、通讯社、记者站等从事新闻出版所用的房屋
	娱乐园林体育	53	娱乐	指影剧院、游乐场、俱乐部、剧团等从事文艺演出所用的房屋
		54	园林绿化	指公园、动物园、植物园、陵园、苗圃、花圃、花园、风景名胜、防护林等所用的房屋
		55	体育	指体育场、馆、游泳池、射击场、跳伞塔等从事体育所用的房屋
60	办公	61	办公	指党、政机关、群众团体、行政事业等单位所用的房屋
70	军事	71	军事	指中国人民解放军军事机关、营房、阵地、基地、机场、码头、工厂、学校等所用的房屋
80	其他	81	涉外	指外国使、领馆、驻华办事处等涉外所用的房屋
		82	宗教	指寺庙、教堂等从事宗教活动所用的房屋
		83	监狱	指监狱、看守所、劳改场（所）等所用的房屋

资料来源：来自《中华人民共和国国家标准房产测量规范》附录 A 中的 A5。

2. 房屋面积调查

房屋面积包括建筑占地面积、建筑面积、使用面积、共有面积、产权面积、宗地内的总建筑面积（简称总建筑面积）、套内建筑面积等。

（1）建筑占地面积（也称地基面积）

房屋的建筑占地面积是指房屋底层外墙（柱）所围水平面积，一般与底层房屋建筑面积相同。

（2）建筑面积

建筑面积是指房屋外墙（柱）勒脚以上各层的外围水平投影面积，包括阳台、挑廊、地下室、室外楼等，且具备上盖，结构牢固，层高 2.2m 以上（含 2.20m）的永久性建筑。水平建筑面积是指房屋外墙勒脚以上的墙身外围的水平面积，楼房建筑面积则指各层房屋墙身外围水平面积的总和。房屋建筑面积是房屋各层建筑面积的总和，它包括使用面积和共有面积两个部分。

（3）使用面积

使用面积是指房屋户内全部可供使用的空间面积，按房屋的内墙面水平投影计算，包括直接为办公、生产、经营或生活使用的面积和辅助用房的厨房、厕所或卫生间以及壁柜、户内过道、户内楼梯、阳台、地下室、附层（夹层）、2.2m 以上（指建筑层高，含 2.2m 以下同）的阁（暗）楼等面积。

（4）共有面积

共有面积是指各产权主共同占有或使用的面积，主要包括：层高超过 2.2m 的单车库、设备层或技术层、室内外楼梯、楼梯悬挑平台、内外廊、门厅、电梯及机房、门斗、有柱雨篷、突出屋面有围护结构的楼梯间、电梯间及机房、水箱等面积。

（5）房屋的产权面积

房屋的产权面积是指产权主依法拥有房屋所有权的房屋建筑面积。房屋产权面积由直辖市、市、县房产行政主管部门登记确权认定。

（6）总建筑面积

总建筑面积等于计算容积率的建筑面积和不计算容积率的建筑面积之和。计算容积率的建筑面积包括使用建筑面积（含结构面积）（以下简称使用面积）、分摊的共有面积（以下简称共有面积）和未分摊的共有面积。面积测量计算中要明确区分计算容积率的建筑面积和不计算容积率的建筑面积。

（7）成套房屋的建筑面积

成套房屋建筑面积由套内建筑面积和分摊的共有共用建筑面积两部分组成。成套房屋的套内建筑面积由套内的房屋使用面积、套内墙体面积、套内阳台面积 3 部分组成。

（8）套内房屋使用面积

套内房屋使用面积是套内房屋使用空间的面积，水平投影面积按以下面积计算：套内使用面积为套内卧室、起居室、门厅、过道、厨房、卫生间、厕所、藏室、壁橱、壁柜等空间面积的总和。套内楼梯按自然层数的面积总和计入使用面积。不包括在结构面积内的套内烟囱、通风道、管道井均计入使用面积。内墙面装饰厚度计入使用面积。

（9）套内墙体面积

套内墙体面积是套内使用空间周围的围护或承重墙体或其他承重支撑体所占的面积，其中各套之间的分隔墙和套内公共建筑空间的分隔墙以及外墙（包括山墙）等共有墙，均按水平投影面积的一半计入套内墙体面积。套内自由墙体按水平投影面积全部计入套内墙体面积。

（10）套内阳台建筑面积

套内阳台建筑面积均按阳台外围与房屋墙体之间的水平投影面积计算。其中封闭的阳台按水平投影全部计算建筑面积。未封闭的阳台按水平投影的一半计算建筑面积。

10.3.6 房屋分层、分户调查

1. 分层调查

房屋的分层调查是准确测算房屋各层建筑面积，进而准确测算整栋建筑面积的基础工作。通过分层调查，定性确定房屋各部位及其附属构件的范围及功能，以利于面积逐一准确测算。

（1）层的说明

①自然层：房屋中供人们正常生产、工作与学习的楼层。

②技术层：高层建筑为方便房屋上下部位使用而建设的楼层，主要功能为管网改道，承重部位变换等。

③地下层：设置于室外地坪面之下的楼层，其墙体和地坪一般经过防潮处理。与地下层相似的地下架空层是利用房屋架空基础而建造的楼层。

④平台层：房屋屋面层。在平台层上一般设有梯间、电梯控制间及水箱或水箱间等。

⑤假层：房屋的最上一层，四面外墙的高度一般低于自然层外墙的高度，内部房间利用部分屋架空间构成的非正式层，其净空高大于1.7m、面积不足底层1/2的部分叫假层。

⑥气层：利用房屋人字架的高度建成，并设有老虎窗。

⑦夹层和暗楼：建筑设计时，安插在上下两正式层之间的房屋，叫做夹层；房屋建成后，利用房屋上、下两正式层之间的空间添加建成的房间，叫暗楼。

⑧过街楼和吊楼：横跨里巷两边房屋建造的悬空房屋，叫做过街楼；一边依附于相邻房屋，另一边为支柱支撑的悬空房屋叫做吊楼，两者其上层均计为正式层，下面空间部分不计为层。

（2）附属结构房屋

①阳台：按其位置分类为：凹阳台、凸阳台、半凹半凸阳台；按其结构分类为：内阳台、挑阳台；按其形式分类为：封闭阳台、不封闭阳台。

②走廊：按其位置分为：内走廊、外走廊、通廊、檐廊；按其结构分为：柱廊、挑廊；

③天井、天篷：房屋中心用于采光和通风的中空部分为天井，当天井有顶篷时，称天篷。与天井结构上形式相似的还有通风井、垃圾道等。

④室外楼梯：建设于房屋主体外的楼梯。

（3）层高

上下两层楼面或楼面与地面之间的垂直距离。

2. 分户调查

多元产权房屋中，分户调查确定各户（即权属单元）独立用房范围和共有共用的用房范围、户间界墙的权属以及共有共用房的共有共用关系，并同时收集各权属单元对房产的划分约定协议。

10.3.7 墙体归属，产权纠纷和他项权利记录

1. 墙体归属的调查

房屋墙体是房屋的主要结构，严格地讲墙体和其他结构本身是整栋房屋所公共的，这里讲的墙体归属主要指墙体投影面积的产权归属，其产权归属涉及产权人的权利范围与关系。调查房屋墙体归属是定界确权和测绘房产分丘图、分户图的重要依据。

墙体归属以权属单元为单位调查。墙体的归属根据具体情况可划分为自有墙、共有墙和借墙三种。墙体归属调查时，依据相应的产权产籍资料，由毗邻各权利人共同确定，并及时在权界示意图中加以记录表示。如果产权产籍资料及权利人双方对某一界墙的归属存在争议、难以确定时，应及时做好协调工作，并在主管部门的指导下尽量对争议部位的权属依法加以明确。

2. 他项权利

他项权利是指房屋所有权上设置有其他的权利。种类有典权、抵押权等。

典权，典权俗称“典当”，亦称“活卖”，是指房屋产权人将其房产以商定的典价典给承典人，承典人取得使用房屋的权利。

抵押权指房屋产权人为清偿自身或他人债务，通过事先约定将自己所有房产作为担保物，抵押给抵押权人的权力。

房屋所有权上发生他项权利时，调查时，应根据产权产籍资料记载事实结合实际情况加以记录。

10.3.8 房屋调查示意图及房屋调查表的填写

（1）分幢调查示意图

逐幢调查房屋房产要素的同时，应以丘为单位按概略方位和比例尺绘制房屋调查示意图。示意图反映出各房屋的形状、相对位置、四邻关系以及各房屋的编号。对于单栋房屋各层结构变化较大的还应以层为单位，逐层绘制各层房屋示意图，反映出各层的主体形状和各附属设施的位置及用途。

（2）房屋分层、分户调查示意图

绘制房屋分层、分户示意图时，首先应收集房屋施工平面图及分户资料，再依据资料结合实际调查情况，以层为单位，按概略比例逐户进行绘制。

表示的内容包括分层房屋主体及该层附层构件位置及名称，各分户范围及分户用房界线，共有共用部位范围及其用途，墙体归属和争议权界。

绘制房屋调查示意图时，应按“规范”图式绘制。房屋调查示意图可以作为房屋测丈记录略图。

（3）房屋调查表的填写

房屋调查表以丘和幢为单位逐项实地调查。组合丘内支丘中的房屋，填制房屋调查表时还需说明以下几点：

①以用地单元丘为单位填制索引表，项目只填序号，房屋坐落，产别、幢号、总层数、建筑结构、建成年份、总占地面积和总建筑面积等（其他项目均可不予填写）；再以权属单元为单位分别填表，各权属单元按表式据实填写各自占有情况和房屋基本情况的具体内容。

②各权属单元填表完毕，其面积等计量项目必须与索引表填列项目实现归口平衡。

③表的序号栏，应连同索引表和各权属单元的分表一并记数编号；总号（页）在前，分号在后，中间用短直线连接；分号则以索引表在前，各权属单元在后并按所在层次，房（室）号的有序排列规则依次编号。房屋调查表见表10-11与表10-12。

表10-11　　　　**房屋调查表实例**

市区名称或代码 13 房产区号 06 房产分区号 11 丘号 0048-6 序号 17

<table>
<tr><td>坐落</td><td colspan="12">雁塔区（县）人民路　街道（镇）太平巷　胡同（街巷）3-8号</td><td colspan="2">邮政编码</td><td>710054</td></tr>
<tr><td>产权主</td><td colspan="3">张嘉义</td><td colspan="3">住址</td><td colspan="9">西安市雁塔区太平巷3-8号</td></tr>
<tr><td>用途</td><td colspan="6">住宅</td><td colspan="2">产别</td><td colspan="3">私产</td><td colspan="3">电话</td><td>85585367</td></tr>
<tr><td rowspan="5">房屋状况</td><td rowspan="2">幢号</td><td rowspan="2">权号</td><td rowspan="2">户号</td><td rowspan="2">总层数</td><td rowspan="2">所在层数</td><td rowspan="2">建筑结果</td><td rowspan="2">建成年份</td><td rowspan="2">占地面积 m²</td><td rowspan="2">使用面积 m²</td><td rowspan="2">建筑面积 m²</td><td colspan="4">墙体归属</td><td rowspan="2">房权来源</td></tr>
<tr><td>东</td><td>南</td><td>西</td><td>北</td></tr>
<tr><td>6</td><td>B</td><td>17</td><td>6</td><td>5</td><td>4</td><td>1976</td><td>266.77</td><td>47.00</td><td>61.10</td><td>共</td><td>共</td><td>共</td><td>共</td><td>房改房</td></tr>
<tr><td></td><td></td><td></td><td></td><td></td><td></td><td></td><td></td><td></td><td></td><td></td><td></td><td></td><td></td><td></td></tr>
<tr><td></td><td></td><td></td><td></td><td></td><td></td><td></td><td></td><td></td><td></td><td></td><td></td><td></td><td></td><td></td></tr>
<tr><td rowspan="2">房屋权界线示意图</td><td colspan="12" rowspan="2">25.90
10.30
梯共用　梯共用
(17)　(18)　(19)　(20)</td><td>附加说明</td><td colspan="2">房屋产权100%</td></tr>
<tr><td>调查意见</td><td colspan="2"></td></tr>
</table>

调查员：李冒　×××年×月×日

表 10-12

房屋调查表实例

市区名称或代码 610113 房产区号 06 房产分区号 08 丘号 0036 序号 56

坐落	雁塔区翠华路 166 号										邮政编码				710054
产权主	雁塔区法院				住址		西安市雁塔区翠华路 166 号								
用途	机关团体用房				产别		国有								
房屋状况	幢号	权号	户号	总层数	所在层次	房屋结构	建成年份	占地面积	使用面积	建筑面积	墙体归属				产权来源
											东	南	西	北	
	(1)			1		5	1997	69. 27		69. 27	自	自	自	自	自建
	(2)			2		4	1997	48. 36		96. 72	自	自	自	自	自建
	(3)			6		3	2004	266. 77		1 465. 2	自	自	自	自	自建
	(4)			6		3	2005	266. 77		1 465. 2	自	自	共	自	自建
房屋权界线示意图	巷道 翠华路 (1) 雁塔区人民法院 (2) (3) (4) 雁塔区公安局 262家属院												附加说明 调查意见		

调查员：李多　×××年×月×日

10.4 行政境界与地理名称调查

在房产调查中除对房屋用地进行调查外，还要对行政境界与地理名称进行调查，并标绘在房产平面图上。行政境界调查应依照各级地方人民政府划定的行政境界位置，调查区、镇、县的行政区划范围。对于街道或乡的行政区划，可根据需要进行调查。行政境界调查按下述要求进行：

①调查应符合国务院、国家测绘行政主管部门、地方政府及其测绘行政主管部门的有关法规、办法的要求。调查必须以相应的定界文件等资料为依据。

②各级行政境界调查，在参照收集的有关资料的基础上，必须现场核实并反映最新境界现状。

③有争议的行政境界线，应符合有关法规和办法所规定的要求。

④调查对象，一般调查到县、区、镇以上的境界。其他境界可视其需要调查。

⑤相邻的行政区相互渗透、插花时，也应逐一调查核实。

地理名称调查（地名调查）包括居民地、道路、河流、广场等自然名称，镇以上人民政府等各级行政机构名称，工矿、企事业等单位名称的调查。

自然名称调查是指居民点、街道、里、巷等地名和山岭、沟谷、江、河流、湖泊等。自然名称应根据各地人民政府地名管理机构公布的标准名称，或公安机关编定的地名进行调查。凡在调查区域范围内的所有地名及名胜均应调查。

用地单位名称调查是指实际使用房屋用地的工矿、企事业等单位的名称。使用单位的名称应调查实际使用该房屋及其用地的企事业单位全称。

行政机构名称调注是指各级政府行政机构的名称。其调查不分级别，要求与房屋用地实际使用单位名称调查相同。当行政名称与自然名称相同时，亦应分别注记，其自然名称于前，行政名称于后，并加以括号区别。对于地名或副名与曾用名一般应全部调查，并用不同的字级分别注记。若同一地名被线状或线状图廓线分割，或不能概括的大面积和延伸较长的地域、地物，则应分几处注记。

通过实地调查所填写的“房屋调查表”及“房屋用地调查表”的内容，可以作为建立房产卡片，统计房产各项数据及信息的基础资料。房产调查是房产平面图测绘的前提与依据，两者结合起来可以全面掌握房产的现状，为房产的经营和管理打好基础。

上述行政境界与地理名称调查在房产图上的表示和注记应符合《房产测量规范》（GB/T 17986—2000）相关规定。

◎ 思考题

1. 名词解释：房产调查、丘、幢、夹层、假层、房屋用地权属界址线、共有面积。
2. 简述房产调查的目的与内容。
3. 说明丘号及丘支号的编立的方法。
4. 简述房屋用地调查与房屋调查的内容。
5. 简述房屋用地情况和房屋用地权属界线调查的内容。

6. 简述房屋建筑面积、使用面积和建筑占地面积的区别。
7. 简述房屋产别的划分依据、种类及含义。
8. 说明房屋产权的主要来源。

第11章　房产图测绘与房产变更测量

☞ 本章要点

房产图测绘概述　房产图是房屋产权、产籍管理的基本资料。按房产管理的需要，房产图分为房产分幅平面图（分幅图）、房产分丘平面图（分丘图）和房屋分层分户平面图（分户图）。房产图的测绘，是在房产平面控制测量及房产调查完成后所进行的对房屋和土地使用状况的细部测量，是房产图测绘的重要内容。

房产要素测量　房产要素测量指在房产平面控制测量和房产调查的基础上，进行的房产细部测量。其内容包括：房屋用地界址测量、房屋及其附属设施测量。房产要素测量的主要方法有：野外解析法、航空摄影测量法、全野外数据采集法。

房产图基本知识　房产图是房屋产权、产籍、产业管理的重要资料，它分为房产分幅平面图、房产分丘图和房产分户图。因它们各自所反映的内容和侧重点不同，因此，房产分幅图、分丘图、分户图和房产测量草图的作用、内容与要求、范围、坐标系统与测图比例尺和精度要求也各不相同。

房产图测绘方法　房产图的测绘方法有平板仪测量法、航空摄影测量法、数字化测量以及编绘法。

房产分幅图测绘　房产分幅图是全面反映房屋、土地的位置、形状、面积和权属状况的基本图，是测绘或绘制房产分丘平面图和分层分户平面图的基础图。分幅房产图的测绘方法有房产分幅图实测法，房产分幅图的增测编绘法，城市地形图、地籍图、房产分幅图的三图并出法和航空摄影测量法。

房产分丘和分层分户图测绘　房产分丘和分层分户图是房产分幅图的局部明细图，是绘制房产权证附图的基本图，是保护房屋所有权人和土地使用权人合法权益的凭证。分户图表示的主要内容包括房屋权界线、四面墙体的归属、楼梯和走道等共有部位以及门牌号、所在层次、户号、室号、房屋建筑面积和房屋边长等。

房产变更测量　房产变更是动态变更，它是房产产权管理工作中经常性的工作内容之一。房产变更测量包括现状变更测量和权属变更测量。现状变更测量为主。房产变更测量的工作程序是：变更测量前的准备工作、房产变更调查、权界位置和面积的测定。房产变更测量的方法有图解复丈法和解析复丈法。

☞ **本章结构**

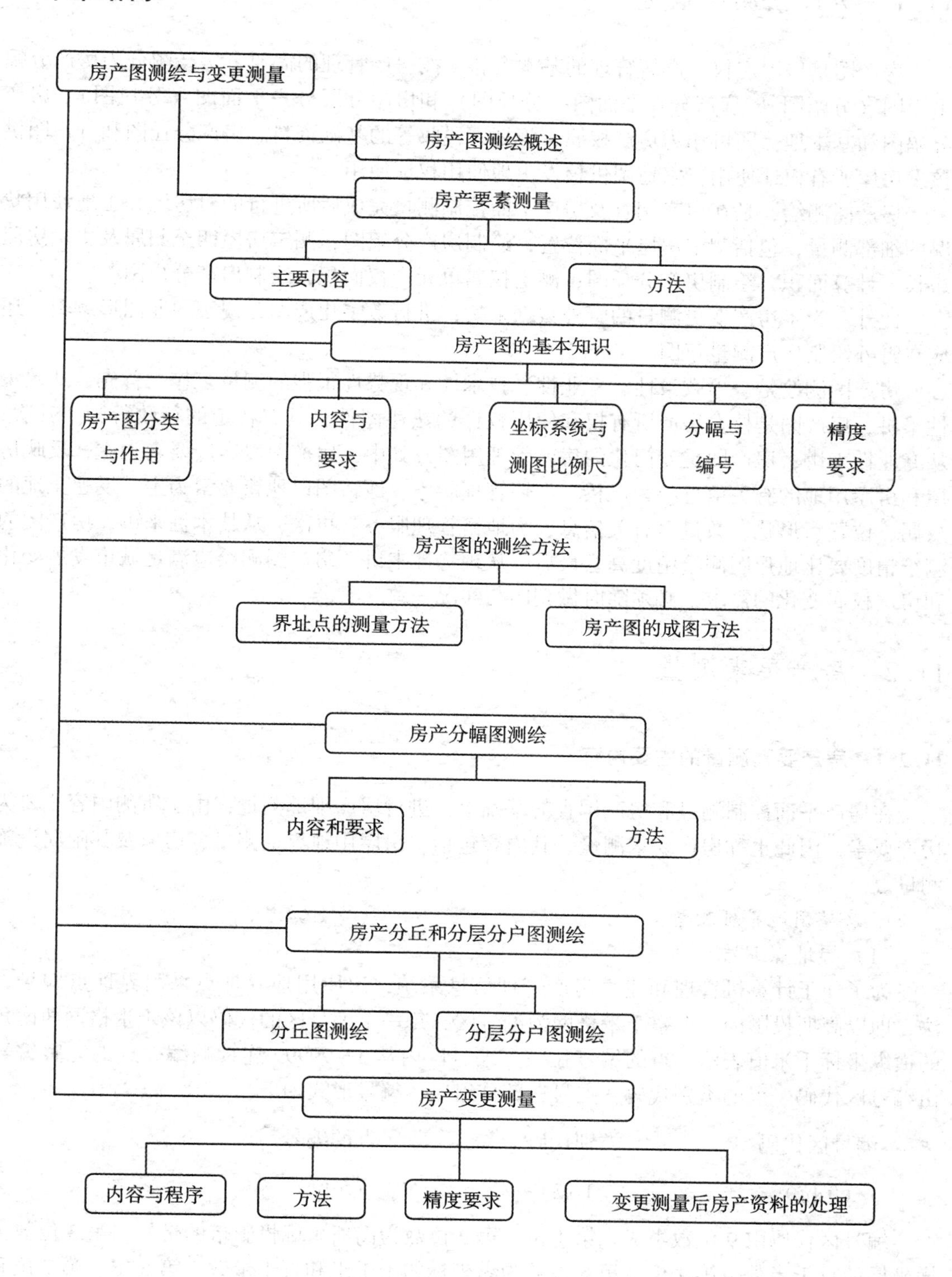
房产图测绘与变更测量
房产图测绘概述
房产要素测量
主要内容
方法
房产图的基本知识
房产图分类与作用
内容与要求
坐标系统与测图比例尺
分幅与编号
精度要求
房产图的测绘方法
界址点的测量方法
房产图的成图方法
房产分幅图测绘
内容和要求
方法
房产分丘和分层分户图测绘
分丘图测绘
分层分户图测绘
房产变更测量
内容与程序
方法
精度要求
变更测量后房产资料的处理

11.1 房产图测绘概述

房产图是房屋产权、产籍管理的基本资料。按房产管理的需要，房产图分为房产分幅平面图（分幅图）、房产分丘平面图（分丘图）和房屋分层分户平面图（分户图）。房产分幅图和基本地籍图可作为房产权属、规划、税收等的基础资料。房产分丘图和分户图供核发房屋所有权证使用，宗地图供核发土地使用权证使用。

房产图测绘，是在房产调查及房产平面控制测量完成后所进行的对房屋和土地使用状况的细部测量，包括测定房屋平面位置，绘制房产分幅图；测定房屋四至归属及丈量房屋边长，计算面积，绘制房产分丘图；测定权属单元产权面积，绘制房产分户图。

此外，为了房产变更测量的野外数据采集，进行数字化成图，便于内业图形编辑，还应在野外绘制房产测量草图。

房产图测绘是一项政策性、专业性、技术性和现势性很强的测量工作。首先，从政策性来讲，房产图是核发房产所有权和使用权证的法律图件，具有特定的行政行为。其次，从专业性来讲，房产图是专门化的房产管理用图，其中，房产图以房产要素为主，反映房屋和房屋用地的有关信息，为产权、产籍管理服务。地籍图以地籍要素为主，反映土地的权属、位置、形状、数量等有关信息，为地籍管理服务。再次，从技术性来讲，房产图的测绘精度要比地形图测绘精度高。最后，从现势性来讲，房产图测绘应满足城市发展变化和房产权属变化的需求，必须随时做到图与实况一致。

11.2 房产要素测量

11.2.1 房产要素测量的主要内容

在房产平面控制测量和房产调查的基础上，进行房产细部测量，由于所测内容主要为房产要素，因此也称房产要素测量。其内容包括：房屋用地界址测量、房屋及其附属设施测量。

1. *房屋用地界址测量*

(1) 界址点编号

为了便于计算机管理和建立房产管理信息系统，房屋用地界址点采用界址点编号方法，即以高斯投影的一个整千米格网为编号区，每一个编号区的代码以该千米格网西南角的横纵坐标千米值表示。点的编号在一个编号区内从1~99999连续顺编。点的完整编号由编号区代码、点的类别代码、点号三部分组成，编号形式如下：

编号区代码	类别代码	点的编号
(9位)	(1位)	(5位)

编号区代码由9位数组成，第1位、第2位数为高斯坐标投影带的带号，第3位数为横坐标的百千米数，第4位、第5位数为纵坐标的千千米和百千米数，第6位、第7位和第8位、第9位数分别为横坐标、纵坐标的十千米和整千米数。

类别代码用1位数表示，其中3表示界址点。

点的编号用5位数表示，从1~99999连续顺编。

（2）界址点测量

从邻近基本控制点或高级界址点起算，以极坐标法、支导线法或正交法等野外解析法测定，也可在全野外数据采集时和其他房产要素同时测定。

（3）丘界线测量

测定丘界线边长时，可用鉴定过的钢尺丈量其边长，也可由相邻界址点的解析坐标计算丘界线长度，丘界线丈量精度应符合相关规范规定。对不规则的弧形丘界线，可按折线分段丈量。测量结果应标示在分丘图上，为计算丘面积及复丈检测提供依据。

（4）界标地物测量

应根据设立的界标类别、权属界址位置（内、中、外）选用不同测量方法测定，测量结果应标示在分丘图上。界标与邻近较永久性的地物宜进行联测。

2. 房屋及其附属设施测量

房屋是最主要的房产要素，为了详细准确地获得房屋信息，房屋的附属设施也需详细丈量和测绘，这是房产测量与其他测量不同之处。

①房屋应逐幢测绘，不同产权、不同建筑结构、不同层数的房屋应分别测量，独立成幢房屋，以房屋四面墙体外侧为界测量；毗连房屋四面墙体，在房屋所有人指界下，区分自有、共有或借墙，以墙体所有权范围为界测量。每幢房屋除按规范要求的精度测定其平面位置外，还应用鉴定过的钢尺分幢分户丈量房屋边长。丈量房屋以勒脚以上墙角为准；测绘房屋以外墙水平投影为准。

②房屋附属设施测量，柱廊以柱外围为准；檐廊、架空通廊以外轮廓垂直投影为准；门廊以柱或围护物外围为准，独立柱的门廊以顶盖投影为准；挑廊以外轮廓投影为准；阳台以底板投影为准；门墩以墩外围为准；门顶以顶盖投影为准；室外楼梯和台阶以外围水平投影为准。

③房角点测量，指对建筑物角点测量，其点的编号方法除点的类别代码不同外，其余均与界址点相同，房角点的类别代码为4。

房角点测量不要求在墙角上都设置标志，可以房屋外墙勒脚以上（100±20）cm处墙角为测点。房角点测量一般采用极坐标法或正交法测量。对正规的矩形建筑物，可直接测定三个房角点坐标，另一个房角点的坐标可通过计算求出，对非正规的建筑物，需要测定每一个房角点坐标

④其他建（构）筑物测量是指不属于房屋，不计算房屋建筑面积的独立地物以及工矿专用或公用的贮水池、油库、地下人防干支线等。

共有部位测量前，须对共有部位认定，认定时可参照购房协议、房屋买卖合同中设定的共有部位，经实地调查后予以确认。

11.2.2 房产要素测量方法

1. 野外解析法

（1）极坐标法

采用极坐标法时，由平面控制点或自由设站的测量站点，通过测量方向和距离，来测定目标点的位置。界址点的坐标一般应有两个不同测站点测定的结果，取两成果的中数作为该点的最后结果。对间距很短的相邻界址点应由同一条线路的控制点进行测量。道路、

胡同两侧和大丘内的房产要素特征点也可用该法测量。

可增设辅助房产控制点，补充现有控制点的不足；辅助房产控制点参照三级房产平面控制点的有关规定布设，但可以不埋设永久性的固定标志。

极坐标法测量可用全站型电子速测仪，也可用经纬仪配以光电测距仪（或钢尺）实现。

如图 11-1 所示，将经纬仪安置在临近基本控制点 A 上，后视另一控制点 B 读取后视方向值后瞄准各界址点（j_i），从而计算水平夹角 β_i；用测距仪或钢卷尺测得水平距离 S_i。算得 AB 边的方向角 α_0，则测站至界址点的方向角为（$\alpha_0+\beta_i$），界址点 j_i 的坐标可按下式计算：

$$\begin{cases} X_i = X_A + S_i \cdot \cos(\alpha_0 + \beta_i) \\ Y_i = Y_A + S_i \cdot \sin(\alpha_0 + \beta_i) \end{cases} \tag{11-1}$$

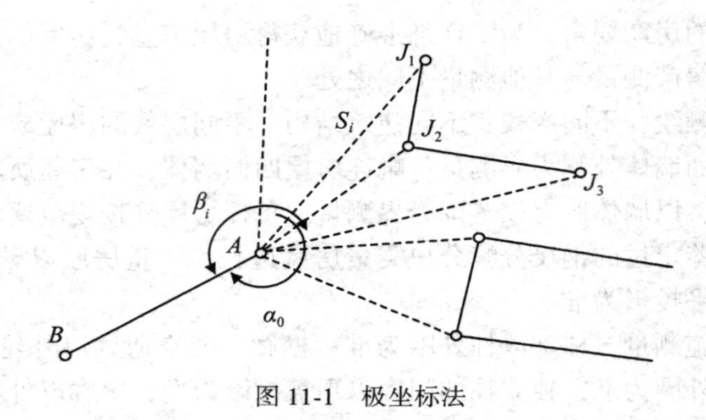

图 11-1　极坐标法

极坐标法测定界址点的观测记录及计算表格见表 11-1。

表 11-1　**界址点观测记录及计算**

日期____年____月____日　　仪器编号________　观测者______　记录者____

测站点号	目标点号	水平角 ° ′ ″	方向角 ° ′ ″	边长 S（m）	坐标		备注
					X（m）	Y（m）	
A	B	0 00 00	237 30 18		4 256. 44	3 724. 36	
	J1	160 01 36	37 31 54	38. 129	4 386. 67	3 747. 58	
	J2	173 48 12	51 18 30	24. 364	4 369. 79	3 741. 03	
	J3	199 02 42	76 33 00	40. 875	4 365. 94	3 764. 11	

（2）支导线法

将邻近控制点与界址点组成支导线，测量转折角和距离，根据已知边方位角和邻近控制点的坐标，按支导线解算方法解算出各界址点的坐标。

（3）正交法

正交法又称直角坐标法，它是借助测线和短边支距测定目标点的方法。正交法使用钢尺丈量距离配以直角棱镜作业。支距长度不得超过 50m。正交法测量使用的钢尺须经检定合格。建筑物规则分布的建筑小区可采用此法测量房角点。

（4）线交会法

线交会法又称距离交会法，它是借助控制点、界址点和房角点的解析坐标值，按三边测量定出测站点坐标，以测定目标点的方法。对仪器观测不到的隐蔽界址点或房角点采用此法很有效。

2. 航空摄影测量

用航空摄影测量方法测绘 1∶500、1∶1 000 房产分幅平面图，可采用精密立体测图仪，解析测图仪和数字测图方法，其成图过程为：像片控制点测量，像片调绘，外业补测，屋檐宽度测量与屋檐改正，数据采集，数据处理与图形编辑。

3. 全野外数据采集

（1）全野外数据采集的主要内容

全野外数据采集系指利用电子速测仪和电子记录簿或便携式计算机所组成的野外数据采集系统，将采集记录的房产要素特征点坐标数据直接传输至计算机，通过人机交互处理生成图形数据文件，可自动绘制房产图。

（2）主要技术指标与技术要求

每个测站应输入测站点点号、测站点坐标、仪器号、指标差、视轴误差、观测日期和仪器高等参数。仪器对中偏差不超过±3mm；仪器高、觇点高取至厘米；加、乘常数改正不超过 1cm 时可不进行改正。以较远点定向，以另一已知点作检核，检核较差不得超过±0. 1m，数据采集结束后，应对起始方向进行检查。观测时，水平角和垂直角读至 1′，测距读到 1mm，最大距离一般不超过 200m，施测困难地区可适当放宽，但距离超过 100m 时，水平角读至 0. 1′。观测棱镜时，棱镜气泡应居中，如棱镜中心不能直接安置于目标点的中心时，应作棱镜偏心改正。野外作业过程中应绘制测量草图，草图上的点号和输入记录的点号应一一对应。

（3）作业代码

野外作业时可以使用自编的房产要素代码，代码应以有利于对数据的编辑处理，且易为观测人员记忆和减少野外作业的工作量。

（4）数据采集的软件

每日施测前，应对数据采集软件进行测试；当日工作结束以后，应检查录入数据是否齐全和正确。

（5）图形编辑

将外业采集的图形数据在计算机屏幕上进行编辑修改和检查，形成图形文件。生成绘图文件，通过数据绘图仪可自动绘制房产图。

11.3 房产图的基本知识

11.3.1 房产图的分类

房产图是房屋产权、产籍、产业管理的重要资料，按房产管理需要，分为房产分幅平面图、房产分丘图和房产分层分户图。此外，为了野外施测的需要，通常还绘制房产测量草图。

11.3.2 房产图的作用

房产分幅图、分丘图、分层分户图以及房产测量草图，因图上所反映的内容不同，各有侧重，因此房产分幅图、分丘图、分层分户图和房产测量草图所起的作用也各不相同。

1. 房产分幅图的作用

房产分幅图是全面反映房屋及其用地位置和权属等状况的基本图件，也是测绘分丘图和分户图的基础资料，同时也为房产登记和建立产籍资料提供索引和参考。房产分幅图以幅绘制。

2. 房产分丘图的作用

房产分丘图是房产分幅图的局部图，用于反映本丘内所有房屋及其用地情况、权界位置、界址点、房角点、房屋建筑面积、用地面积、四至关系、权利状态等各项房产要素。同时，也是绘制房产权证附图的基本图。房产分丘图以丘为单位绘制。

3. 房产分层分户图的作用

房产分层分户图是在分丘图基础上绘制的以一户产权人为单位，表示房屋权属范围的细部图。它是根据各户所有房屋的权属情况，分幢或分层对本户所有房屋的坐落、结构、产别、层数、层次、墙体归属、权利状态、产权面积、共有分摊面积及其用地范围等各项房产要素，以明确异产毗连房屋的权利界线，供核发房屋所有权证附图使用。房产分户图以产权登记户为单位绘制。

4. 房产测量草图的作用

房产测量草图包括房产分幅图测量草图和房产分户图测量草图。房产分幅图测量草图是地块、建筑物、位置关系和房产调查的实地记录，是展绘地块界址、房屋、计算面积和填写房产登记表的原始根据。在进行房产图测量时，应根据项目内容要求绘制房产分幅图测量草图。房产分户图测量草图是产权人房屋的几何形状、边长及四至关系的实地记录，是计算房屋权属单元套内建筑面积、阳台建筑面积、共用分摊系数、分摊面积及总建筑面积的原始资料凭证。

11.3.3 房产图测绘内容与要求

1. 房产分幅图测绘的内容与要求

房产分幅图应表示的内容包括：控制点、行政境界、丘界、房屋、房屋附属设施、房屋围护物等房产要素及其编号和房产有关的地籍地形要素和地理名称注记等。

①平面控制点包括基本控制点和图根控制点。

②行政境界一般只表示区（县）和乡（镇）境界，其他境界根据需要时表示。境界线重合时，用高一级境界线表示；境界线与丘界线重合时，用丘界线表示；境界线跨越图幅时，应在内外图廓间的界端注出行政区划名称。

③丘界线不分组合丘和独立丘。权属界线明确又无争议的丘界和有争议或未明确丘界，分别用丘界线和未定丘界线表示；丘界线与房屋轮廓线重合时，用丘界线表示；丘界线与单线地物重合时，单线地物符号线按丘界线线粗表示。

④一般房屋不分种类和特征，均以实线绘出；架空房屋用虚线表示；临时性过渡房屋

及活动房屋不表示。墙体凹凸小于0.2m以及装饰性的柱、垛和加固墙等均不表示。

⑤房屋附属设施包括：廊、阳台、门和门墩、门顶、室外楼梯、台阶等。房屋附属设施均应测绘，其中室外楼梯以水平投影为准，宽度小于图上1mm的不表示；门顶以顶盖投影为准；与房屋相连的台阶按水平投影表示，不足五阶的台阶不表示。

⑥房屋围护物包括：围墙、栅栏、栏杆、篱笆和铁丝网等均应实测，其他围护物根据需要表示。临时性的、残缺不全的和单位内部的围护物不表示。

⑦房产要素及其编号包括：丘号、房产区号、房产分区号、丘支号、幢号、房产权号、门牌号、房屋产别、结构、层数、房屋用途及用地分类等。根据调查资料以相应的数字、代码、文字和符号表示。注记过密容纳不下时，除丘号、丘支号、幢号和房屋权号必须注记外，门牌号可首尾两端注记、中间跳注，其他注记按上述顺序从后往前省略。

⑧与房产管理有关的地形要素包括铁路、道路、桥梁、水系和城墙等地物均应表示。铁路以两轨外缘为准；桥梁以外围投影为准；道路以路缘为准；城墙以基部为准；水系以坡顶为准。水塘游泳池等应加简注。亭、塔、烟囱以及水井、停车场、球场、花圃、草地等可根据需要表示。

⑨地理名称注记包括：自然名称、镇以上人民政府等行政机构名称、工矿、企事业单位名称。单位名称只注记区（县）级以上和使用面积大于图±100cm^{2}的单位。

2. *房产分丘图测绘内容和要求*

房产分丘平面图的内容除表示分幅图的内容外，还应表示房屋的权界线、界址点、界址点点号，窑洞的使用范围，挑廊、阳台、房屋建成年份，丘界长度，房屋边长，用地面积，建筑面积，墙体归属和四至关系等各项房产要素。

测绘本丘的房屋和用地界限时，应适当绘出邻丘相邻地物。

共有墙体以中间为界，量至墙体的1/2处；借墙量至墙体内侧；自有墙量至墙体外侧；窑洞、庭湖使用范围量至洞壁内侧。

房屋的权界线与丘界线重合时，用丘界线表示；房屋的权界线与轮廓线重合时，用房屋权界线表示。

挑廊、挑阳台、架空通廊以外围投影为准，用虚线表示。

3. *房产分户图测绘的内容和要求*

房产分户图的内容包括：房屋权界线、房屋边长、墙体归属、建筑面积、分摊共用面积、楼梯、走道、地名、门牌号、图幅号、丘号、幢号、层次、室号等。房屋边长应实量，取位注记至0.01m。不规则房屋边长丈量应加量辅助线，共有部位应在范围内加简注。

4. *房产分幅图测量草图的内容*

房产分幅图测量草图的内容应包括：

①平面控制点和控制点点号；

②界址点和房角点；

③道路、水域；

④有关地理名称、门牌号；

⑤观测手簿中所有未记录的测定参数；

⑥为检校而量测的线长和辅助线长；

⑦测量草图的必要说明；

⑧测绘比例尺、精度等级、指北方向线；

⑨测量日期、作业员签名。

11.3.4 房产图测绘的范围

1. 房产分幅图的测绘范围

房产分幅图的测绘范围包括城市、县城、建制镇的建成区和建成区以外的工矿、企事业单位及与其毗连的居民点的房屋测绘，应与开展城镇房屋所有权登记的范围相一致。

2. 房产分丘图的测绘范围

丘是指地表上一块有界空间的地块。一个地块只属于一个产权单元时称独立丘，一个地块属于几个产权单元时称组合丘。有固定界标的按固定界标划分，没有固定界标的按自然界线划分。房产分丘图以房产分区为单元划分进行实地测绘或利用房产分幅图和房产调查表编绘而成。

3. 房产分户图的测绘范围

房产分户图的测绘范围是以各户房屋权利范围大小等为一产权单元户，即以一幢房屋和几幢房屋及一幢房屋的某一层中的某一权属单元户为单位绘制而成的分户图。

4. 房产测量草图的测绘范围

房产测量草图的测绘范围，一般包括房屋、用地草图测量、全野外数据采集测量草图和房屋分户草图测绘。

11.3.5 房产图的坐标系统与测图比例尺

1. 房产图的坐标系统

房产分幅图应采用国家坐标系统或沿用该地区已有的坐标系统，地方坐标系统应尽量与国家坐标系统联测。根据测区的地理位置和平均高程，以投影长度变形角不超过2.5cm/km为原则选择坐标系统。面积小于25km的测区，可不经投影，直接采用平面直角坐标系统。房产图一般不表示高程。

2. 房产图的测图比例尺

(1) 房产分幅图的比例尺

房产分幅图成图比例尺可分为：城镇建成区一般采用1∶500比例尺测图；远离建成区的工矿区、企事业单位及其相毗连的居民点也可采用1∶1 000的比例尺测图。

(2) 房产分丘图的比例尺

房产分丘图成图比例尺如按分幅图描绘，可依房产分幅图比例尺大小来确定。如需另外测绘，分丘图的比例尺应根据丘面积的大小在1∶100~1∶1 000比例尺之间选用。

(3) 房产分户图比例尺

房产分户图成图比例尺一般为1∶200，当房屋图形过大或过小时比例尺可适当放大或缩小。

(4) 房产测量草图比例尺

房产测量草图应选择合适的概略比例尺，使其内容清晰、易读，在内容较集中的地方可移位出局部图形。

11.3.6　房产图的分幅与编号

1. 房产分幅图的分幅与编号

房产分幅图的分幅方式：按《房产测量规范》（GB/T17986—2000）规定为50cm×50cm正方形分幅。

房产分幅图的编号以高斯-克吕格坐标的整公里格网为编号区，由编号区代码加各种比例尺的分幅图代码组成，编号区代码以该公里格网西南角的横纵坐标公里值表示。

编号形式如图11-2所示。

分幅图的编号：	编号区代码	分幅图代码
完整编号：	×××××××××	××
	（9位）	（2位）
简略编号：	××××	××
	（4位）	（2位）

图11-2　分幅图编号形式

分幅图代码如图11-3所示。

30	40
10	20

33	34	43	44
31	32	41	42
13	14	23	24
11	12	21	22

图11-3　分幅图分幅和代码

编号区代码由9位数组成，第1位、第2位数为高斯坐标投影带的带号，第3位数为横坐标的百公里数，第4位、第5位数为纵坐标的千公里和百公里数，第6位、第7位和第8位、第9位数分别为横坐标和纵坐标的十公里和整公里数。

另外，房产分幅图编号也可以按图廓西南角坐标公里数编号，X在前，Y在后，中间加短线连接。对已有房产分幅图的地区可沿用原有的编号方法。

除正方形分幅与矩形分幅等正规分幅方式和编号方式外，还有按自然街道分幅方式、流水编号方式、行列编号或其他编号方式等。

按自然街道分幅方式即以街区为单位在平面图上独立表示，避免了建筑物被几幅图的分割。

流水编号法一般是从左到右、从上至下用阿拉伯数字编定。

行列编号法一般由左到右为纵行，由上而下为横行，以一定代号“先列后行”编定。

其他编号法中，有以图幅西南角X，Y坐标分别除以图廓X、Y方向的坐标差ΔX、Δy作为图号，图号前冠以比例尺分母。

2. 房产分丘图的编号

这部分内容具体讲解见第10章。

3. 房产分户图的编号

房产分户图是在分丘图基础上绘制的细部图，以一户产权人为单位表示房屋权属范围的详图。分户图上房屋的丘号、幢号应与分丘图上的编号一致。若一幢房屋属多元产权时，应编列户号（户权号），编号方式以面对分户门从左至右的顺序编号：01，02，…，位于第N层，户号为N01，N02，…。

4. 房产测量草图的编号

房产测量草图应在图纸的右上方注记地号及房屋坐落，在分户测量草图上应注记楼房幢号及层数。

11.4 房产图的测绘方法

房产图的测绘方法有平板仪测量法、航空摄影测量法、数字化测量以及编绘法。不管采用何种方法（除编绘法外）对房产图进行测绘，首先是对界址点的测量，这一点，无论是房产图的测量还是地籍图的测量都是相同的。

11.4.1 界址点的测量方法

界址点的测量方法多种多样，且随成图方法不同而有所不同，如果采用数字化测绘法成图，则多采用极坐标法、支导线法等；如果用平板仪测量，则多采用极坐标法、半导线法和前方交会法、平板仪导线法等。各种方法具体描述如下：

1. 方位与方位交会

（1）方向交会法

方向交会分前方交会法、后方交会法、侧方交会法等。最典型的方向交会可描述如下：如图11-4所示，设已知点A、B到未知点P的方位角分别为α_{AP}、α_{BP}，则由已知点坐标X_A、Y_A、X_B、Y_B解出未知点坐标X_P、Y_P，具体公式如下：

$$\begin{cases} x_P = \dfrac{x_A \tan\alpha_{AP} - x_B \tan\alpha_{BP} - y_A - y_B}{\tan\alpha_{AP} - \tan\alpha_{BP}} \\ y_P = y_A + (x_P - x_A)\tan\alpha_{AP} \text{ 或者 } y_P = y_B + (x_P - x_B)\tan\alpha_{BP} \end{cases} \tag{11-3}$$

方向交会法适合测定难以到达或难以量距的明显界址点，所需方位角一般通过在已知点设站联测定向点和未知点之间的夹角推算求得，常与极坐标法测定其他界址点同时进行。

为了检核，最好多测一个角度。

方向交会法包括前方交会、单三角形侧方交会、后方交会。

①前方交会。如图11-5所示，在已知点A、B分别观测水平角α和β，根据已知点坐标和观测值，可推求出待定点P的坐标，称为前方交会。P点位置精度除了与α、β角的观测精度有关外，还与γ角的大小有关。γ角接近90°时精度最高，在不利条件下，γ角也不应小于30°或大于150°。

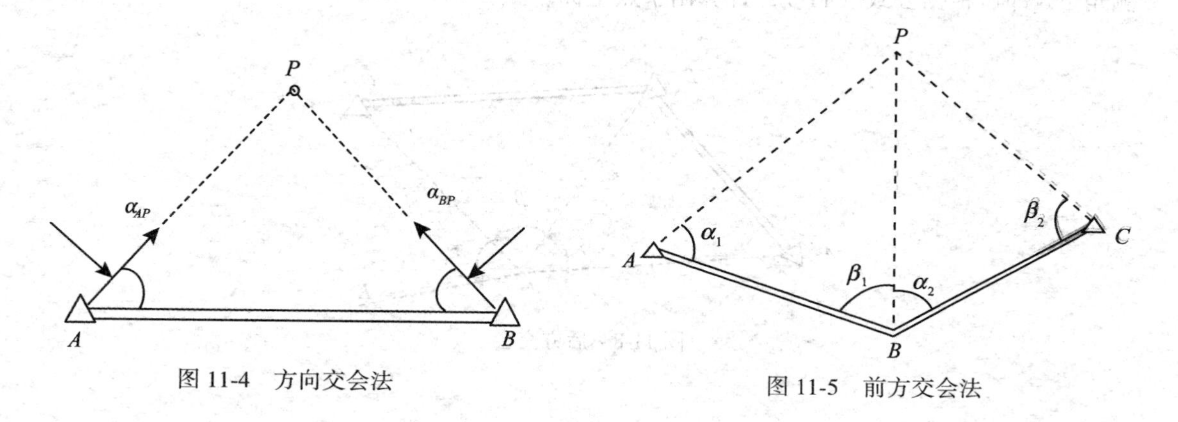

图 11-4　方向交会法　　图 11-5　前方交会法

分别由 A 点和 B 点按式（11-4）或式（11-5）推算 P 点坐标，并校核。

$$\begin{cases} x_P = x_A + D_{AP}\cos\alpha_{AP} \\ y_P = y_A + D_{AP}\sin\alpha_{AP} \end{cases} \tag{11-4}$$

$$\begin{cases} x_p = x_B + D_{BP}\cos\alpha_{BP} \\ y_p = y_B + D_{BP}\sin\alpha_{BP} \end{cases} \tag{11-5}$$

再从根据已知点 B、C，观测角 α_2、β_2，使用公式（11−6）计算出 P 点的另一组坐标，如果两组坐标的较差在限差以内，则可取两组坐标的中数作为待定点 P 点的坐标。

$$\begin{cases} x_P = \dfrac{x_A\cot\beta + x_B\cot\alpha + (y_B - y_A)}{\cot\alpha + \cot\beta} \\ y_P = \dfrac{y_A\cot\beta + y_B\cot\alpha - (x_B - x_A)}{\cot\alpha + \cot\beta} \end{cases} \tag{11-6}$$

②单三角形及侧方交会。如图 11-6 所示为单三角形，利用观测三角形的内角 α、β、γ 先求出三角形的闭合差，若在限差以内，则进行配赋平差，把平差后的角度 α、β 和已知点 A、B 代入公式（11-6），即可计算出待定点的坐标。如图 11-7 所示，已知侧方交会观测角度 α、γ, $\beta = 180° - (\alpha + \gamma)$，根据式（11−6）可计算出 J 点坐标。侧方交会应尽量用图形计算出两组 J 点坐标，其较差应在规定限差内。

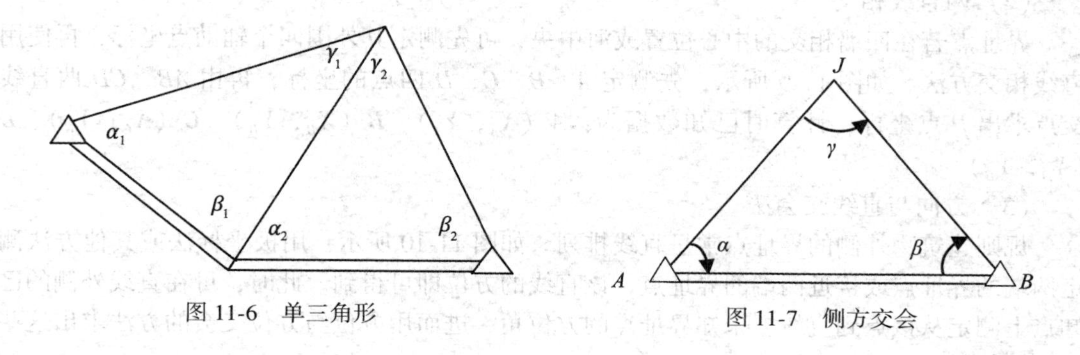

图 11-6　单三角形　　图 11-7　侧方交会

③后方交会。

如图 11-8 所示。A、B、C 为已知点，J 点为界址点或测站点，已知观测角 α、β 和检

测角 ε，即可根据公式（11-7）计算出 J 点坐标。

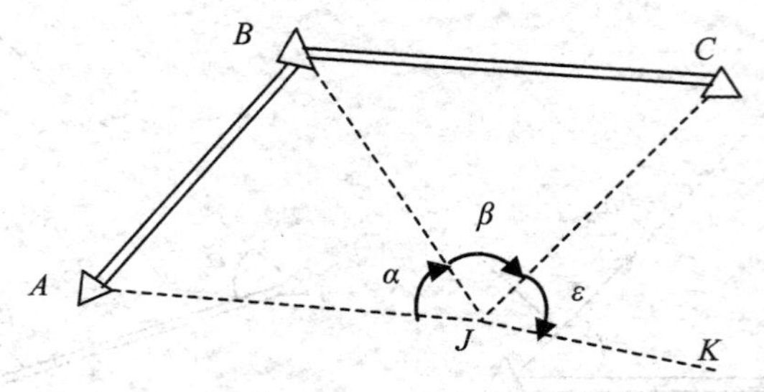

图 11-8 后方交会

$$\begin{cases} a = (x_B - x_A) + (y_B - y_A)\cot\partial \\ b = (y_B - y_A) + (x_B - x_A)\cot\partial \\ c = (x_B - x_C) + (y_B - y_C)\cot\beta \\ \mathrm{d} = (y_B - y_C) + (x_B - x_C)\cot\beta \\ K = \dfrac{a - c}{d - b} \\ \Delta x_{BJ} = \dfrac{-a + Kb}{1 + K^2} \\ \Delta y_{BJ} = -K\Delta x_{BJ} \\ x_J = x_B + \Delta x_{BJ} \\ y_J = y_B + \Delta y_{BJ} \end{cases} \tag{11-7}$$

后方交会应该以两组交会结果计算出待定点坐标，两组坐标较差应在规定限差内，当不以两组图形计算待定点坐标时，也可把 ε 当成检查角，即以 JC 和 JK 的夹角和观测角 ε 比较，较差应在规定的限差以内。

当待定点 J 落在通过 A、B、C 三个已知点的圆周上时，则无解（无穷多解），这时后方交会无法解算，因此把过 A、B、C 三个已知点的圆叫做危险圆，待定点不应选在危险圆上或危险圆附近。

（2）两直线相交

界址点若在四墙相交的中心位置或河中央，可先测定其外围四个辅助点坐标，再使用直线相交方法。如图 11-9 所示，先测定 A、B、C、D 四点的坐标，再由 AB、CD 两直线交点求出 P 点坐标，计算时已知数据为：A（X_A，Y_A）、B（X_B，Y_B）、C（X_C，Y_C）、D（X_D，Y_D）。

（3）方向与直线交会法

规则建筑物外侧的界址点常呈直线排列。如图 11-10 所示，用极坐标法或其他方法测定两端的界址点或接近两端的界址点，该直线的方位即可得到。此时，可在直线外侧的已知点上测定从该点到直线上未知界址点的方位角，进而用方位与方位交会的方法求出这些点的坐标。

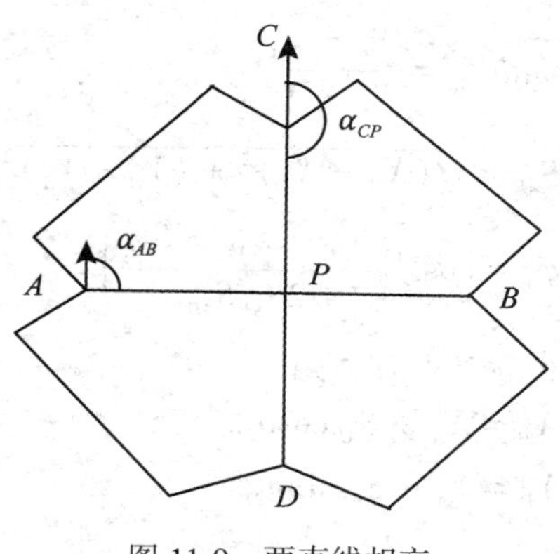

图 11-9　两直线相交

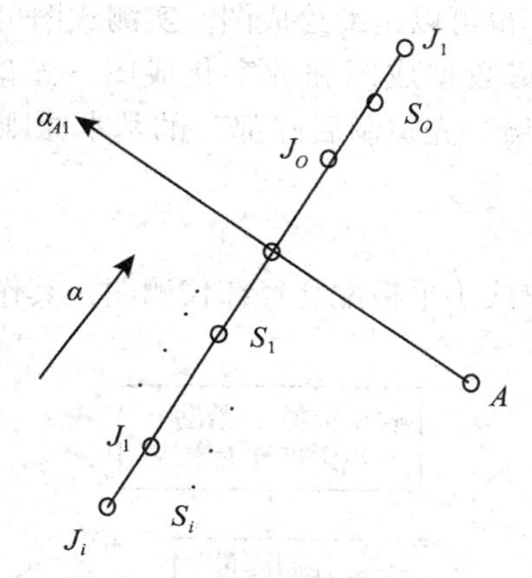

图 11-10　界址点呈直线排列

2. 距离与距离交会法

距离交会广泛应用于测定二类界址点。如图 11-11 所示，用测距仪或钢尺丈量已知点 A、B 到未知点 P 的距离 S_{AP}、S_{BP}，便可按式（11−8）计算 P 点坐标。

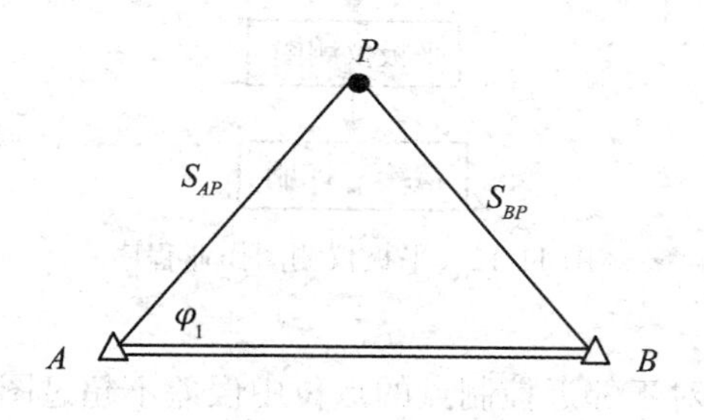

图 11-11　距离交会法

使用距离交会法时，已知点和未知点的点号顺序必须与图 11-11 和公式（11-8）的规定一致，因为距离交会结果是双解的。应尽量再从第三个已知点进行距离交会，既可检粗差，又可给出未知点确定解而不需规定点的顺序。

其他方法在本书第5章及11.2节均有详细讲述，在此不再赘述。

$$
\begin{cases}
\tan\partial_{AB} = \dfrac{Y_B - Y_A}{X_B - X_A} \\
S_{AB} = \sqrt{(X_B - X_A)^2 + (Y_B - Y_A)^2} \\
\varphi_1 = \cos^{-1}\left(\dfrac{S_{AP}^2 + S_{AB}^2 - S_{BP}^2}{2S_{AP}S_{AB}}\right) \\
\partial_{AP} = \partial_{AB} - \varphi_1 \\
X_P = X_A + S_{AP}\cos\partial_{AP} \\
Y_P = Y_A + S_{AP}\sin\partial_{AP}
\end{cases}
\tag{11-8}
$$

11.4.2 房产图的成图方法

房产图可以是实测成图，也可以是编绘成图。实测成图可分为用平板仪测图、全野外数据采集成图、航摄像片采集数据成图和数字化成图。无论哪种成图方法都必须遵循“从整体到局部、从高级到低级、先控制后碎部”的基本原则。即要先做控制测量，然后再进行碎部测量。

1. 平板仪测图

平板仪测图指用大平板仪或小平板配合经纬仪测图，其作业程序如图11-12所示。

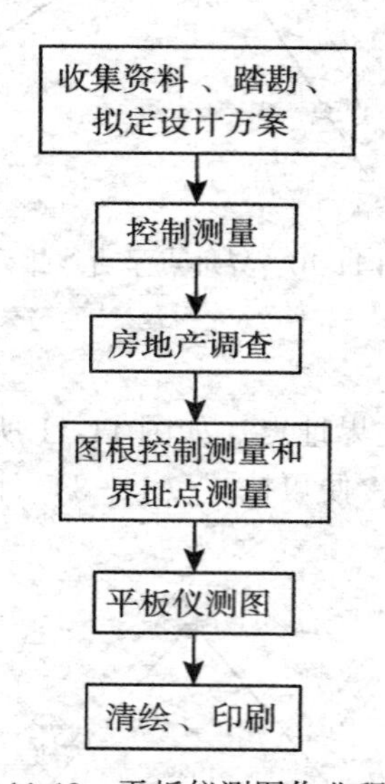

图11-12 平板仪测图作业程序

①测站点点位精度相对于邻近控制点的点位中误差不超过图上±0.3mm。

②当现有控制点不能满足平板测图控制时，可布设图根控制点。图根控制点相对于起算点的点位中误差不超过图上±0.1mm。

③采用图解交会法测定测站点时，前、侧方交会不得少于三个方向，交会角不得小于30°或大于150°，前、侧方交会的示误三角形内切圆直径应小于图上0.4mm。

④平板仪对中偏差不超过图上0.05mm。

⑤测图板的定向线长度不小于图上 6cm，并用另一点进行检校偏差不超过图上 0.3mm。

⑥地物点测定，其距离一般实量。使用皮尺丈量时，最大长度 1∶500 测图不超过 50m。1∶1 000 测图不超过 75m，采用测距仪时可放长。

⑦采用交会法测定地物点时，前、侧方交会的方向不应少于三个，其长度不超过测板定向距离。

⑧原图的清绘整饰根据需要和条件可采用着色法、刻绘法。各项房产要素必须按实测位置或底图位置准确着色（刻绘），其偏移误差不超过图上 0.1mm。各种注记应正确无误，位置恰当，不压盖重要地物。着色线条应均匀光滑，色浓饱满；刻绘线应边缘平滑、光洁透亮，线划粗细、符号大小，应符合图式规格和复制要求。

2. 全野外数据采集成图

利用全站型电子速测仪系统在野外采集的数据，通过计算机编辑，生成图形数据文件，经检查修改，准确无误后，可通过绘图仪绘出所需成图比例尺的房产图。全野外数据采集成图作业程序如图 11-13 所示。

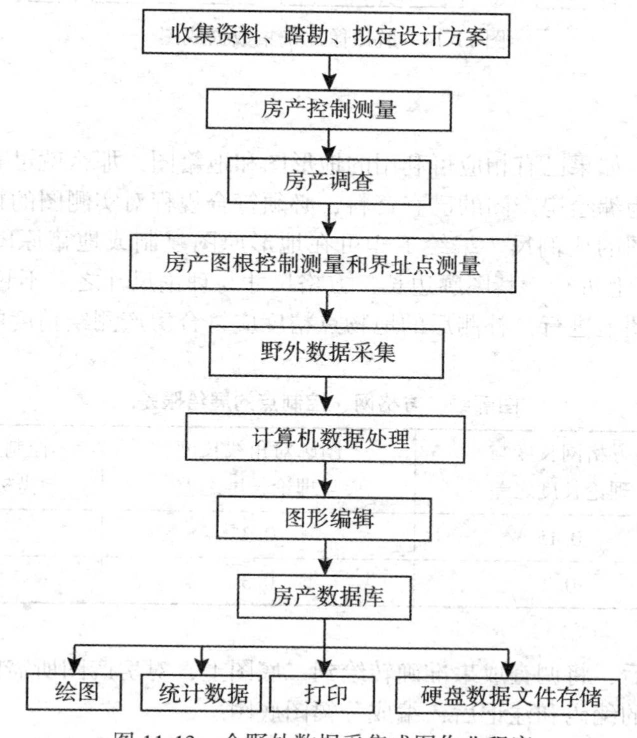

图 11-13 全野外数据采集成图作业程序

3. 航摄像片采集数据成图

航摄像片采集数据成图可以用精密立体测图仪、解析测图仪和全数字化测图，其作业程序如图 11-14 所示。将各种航测仪量测的测图数据，通过计算机处理生成图形数据文件，在屏幕上对照调绘片进行检查修改。对影像模糊的地物，被阴影和树林遮盖的地物及摄影后新增的地物应到实地检查补测。待准确无误后，可通过绘图仪按所需成图比例尺绘出规定规格的房产图。

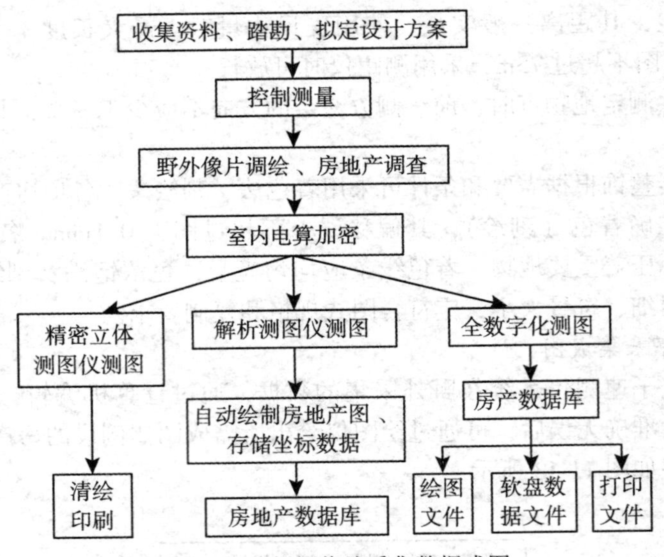

图 11-14　航摄像片采集数据成图

4. 编绘法成图

在测区范围内，如果已有相应可利用的地形图和地籍图，那么就可利用这些已有资料编绘成房产图。作为编绘房产图的已有资料，必须符合规程对实测图的精度要求，比例尺应等于或大于绘制图的比例尺。编绘工作可在地形原图复制或地籍原图复制的等精度图（以下简称二底图）上进行，其图廓边长，方格尺寸与理论尺寸之差不超过表 11-4 中的规定。补测应在二底图上进行，补测后的地物点精度应符合房产测绘精度的规定。

表 11-4　**图廓线、方格网、控制点的展绘限差**　单位：mm

仪器	方格网长度与理论长度之差	图廓对角线长度与理论长度之差	控制点间图上长度与坐标反算长度之差
仪器展点	0.15	0.3	0.2
格网尺展点	0.2	0.3	0.3

补测工作结束后，将调查成果准确转绘到二底图上，对房产图所需的内容经过清绘整饰，加注房产要素的编码和注记后，编成分幅图底图。

11.5　房产分幅图测绘

11.5.1　房产分幅图测绘的内容和要求

房产分幅图是全面反映房屋、土地的位置、形状、面积和权属状况的基本图，是测绘或绘制房产分丘平面图和分层分户平面图的基础图。分幅图的测绘范围包括城市、县城、建制镇的建成区和建成区以外的工矿企事业等单位及其相毗连的居民点，并应与开展城镇房屋所有权登记的范围相一致。城镇建成区的分幅图一般采用 1∶500 比例尺，远离城镇建成区的工矿企事业等单位及其相毗连的居民点可采用 1∶1 000 比例尺。

分幅图中包括行政境界、丘界线、房屋及其附属设施等内容，行政境界和丘界线已在 11.3 节中叙述，不再冗述。

房屋包括一般房屋、架空房屋和窑洞等。房屋应逐幢测绘，不同产别、不同建筑结构、不同层数的房屋应分别测量，独立成幢房屋，以房屋四面墙体外侧为界测量；毗连房屋四面墙体，在房屋所有人指界下，区分自有、共有或借墙，以墙体所有权范围为界测量。每幢房屋除按《房产测量规范》（GB/T 17986—2000）要求的精度测定其平面位置外，应分幢分户丈量作图。丈量房屋以勒脚以上墙角为准；测绘房屋以外墙水平投影为准。墙体凹凸小于图上以及装饰性的柱、垛和加固墙等均不表示。临时性房屋不表示。架空房屋以房屋外围轮廓投影为准，用虚线表示，虚线内四角加绘小圆表示支柱。窑洞只测绘住人的那些，符号绘在洞口处。

房屋附属设施包括柱廊、檐廊、架空通廊、门廊、挑廊、阳台、门、门墩、门顶和室外楼梯等。测绘时，柱廊以柱外围为准；檐廊、架空通廊以外轮廓垂直投影为准；门廊以柱或围护物外围为准；独立柱的门廊以顶盖投影为准；挑廊以外轮廓投影为准。阳台以底板投影为准；门墩以墩外围为准；门顶以顶盖投影为准；室外楼梯和台阶以外围水平投影为准。

其他建（构）筑物是指天桥、站台、阶梯路、游泳池、消火栓、检阅台、碑以及地下构筑物等。消火栓、碑不测其外围轮廓，以符号中心定位。天桥、阶梯路均依比例绘出，取其水平投影位置。站台、游泳池均依边线测绘，内加简注。地下铁道、过街地道等不测出其地下物位置，只表示出入口位置。

11.5.2 房产分幅图的测绘方法

房产分幅图的测绘方法与一般地形测量并无本质不同，主要是为了满足房产管理的需要。以房产调查为依据，突出权属关系，以确定房屋所有权和土地使用权的权属界线为重点，按地块正确、合理地编定丘号，准确地反映房屋和土地的利用现状，精确地测算房屋建筑面积和土地使用面积。测绘作业可按照国家质量技术监督局发布的《房产测量规范》的有关技术规定进行。在测绘房产分幅图时，若测区已经有了大比例尺地形图或地籍图，可采用增测编绘法成图，否则采用实测法成图。

1. 房产分幅图实测法

房产分幅图实测方法有：平板仪测绘法、小平板仪与经纬仪测绘法、经纬仪与光电测距仪测距法、全站型电子速测仪采集数据法等。这些方法前面章节已有介绍，在此不再详述。

2. 房产分幅图的增测编绘法

（1）利用地形图增测编绘

利用城市 1∶500 或 1∶1 000 大比例尺地形图编绘成房产图时，在房产调查的基础上，以门牌、院落、地块为单位，实测用地界线，构成一个用地单元——丘。用地界线的转折点——界址点如果不是明显的地物点，则应补测，并实量界址边长；逐幢房屋实量外墙边长和附属设施的长宽，丈量房屋与房屋或其他地物之间的距离，经检查无误后方可展绘在图上；对原地形图上已不符合现状部分应进行修测或补测；最后注记房产要素。

（2）利用地籍图增补测绘

利用地籍图增补测绘成房产图是房产图成图的方向。因为房产和地产是不可分割的，房屋建筑是土地上的附着物，土地是房屋的载体。从城市房产管理上来说，应首先进行地籍调查和地籍测量，确定土地的权属、位置、面积等，而其利用状况、用途分类、分等定级和地价等又与土地上的房产有密切的关系。因此，在地籍图编绘中也需要测绘宗地范围内的主要房屋。房产调查和房产测量是对该地产范围内的房屋作更细致的调查和测绘，在已确定土地产权的基础上，对宗地范围内房屋的产权性质、面积、数量和利用状况作分幢、分层、分户的细致调查、确权和测绘，以获得对城市房产管理必不可少的基础资料。这样的作业程序也符合“从整体到局部”的原则。

土地的权属单元为“宗”，房屋用地的权属单元为“丘”。在我国，土地只有国家所有和集体所有两种所有制。因此在绝大多数情况下，宗与丘的范围是一致的；在个别情况下，一宗地可能分成若干丘。在地籍图编绘房产图时，其界址点一般只需进行复核而不需重新测定。但对于图上的房屋则不仅需要复核，还需要根据房产测绘的要求，增测房屋的细部和附属物，以及增补房产要素：产别、建筑结构、幢号、层数、建成年份、建筑面积等。

3. 城市地形图、地籍图、房产分幅图的三图并出法

城市地形图是一种多用途地图，主要用于城市规划、建筑设计、市政工程设计和管理；地籍图主要用于土地管理；房产图主要用于房产管理。这三种图的用途虽有不同，但都应根据城市控制网来进行细部测量，其最大比例尺都是 1∶500，图面上都需要表示出城市地面上的主要地物：道路、河流、桥梁、房屋建筑及市政工程设施等。正因为这三种图具有上述共性，因此其最合理与最经济的施测方法应该是在城市有关职能部门（城市规划局、国土资源局、房产管理局、测绘院）共同协作之下，采用三图并出的测绘方法。

三图并出法的基本思想是：首先建立统一的城市基本控制网和图根控制网，施测三图的共性部分，绘制成基础图，并进行复制。然后在此基础上按地形图、地籍图、房产图分别测绘各自的特殊需要部分。对于地形图，增测高程注记（或等高线）、电力线、通信线、各种管道以及窨井、消防龙头、路灯等。对于地籍图，在地籍调查的基础上，增测界址点和各种地籍要素。对于房产图，在房产调查的基础上，增测丘界点和各种房产要素，而且仍然是在地籍图的基础上来完成房产图的测绘是最合理的。

4. 航空摄影测量法

航空摄影测量法是利用飞机等飞行器上所拍摄的地面像片，依其几何特性和物理特性进行量测与分析，从而确定地面上物体的形状、大小、空间位置及相互关系。

航空摄影测量的整个作业过程可以分成四个阶段：航空摄影、航测外业、航测内业加密和航测内业测图。

航测法测绘房产分幅图可采用精密立体测图仪测图、解析测图仪测图、精密立体坐标量测仪机助测图和全数字化测图。

房产分幅图示例如图 11-15 所示。

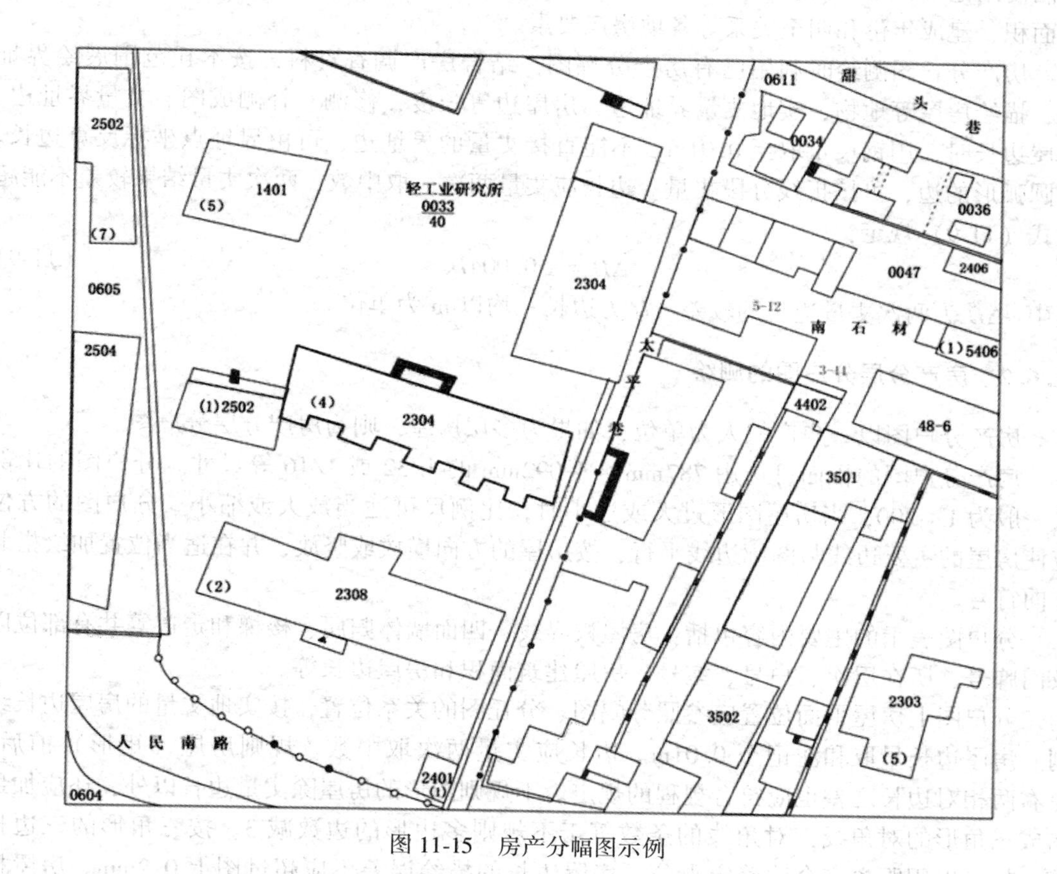

图 11-15　房产分幅图示例

11.6　房产分丘图和分层分户图测绘

房产分丘平面图是房产分幅图的局部明细图，是绘制房屋产权证附图的基本图。因此，应根据核发房屋所有权证和土地使用权证的需要，以门牌、户院、产别及其所占用土地的范围，分丘绘制，且每丘单独绘成一张。由于房产分丘平面图是作为权属依据的产权图，具有法律效力，是保护房屋所有权人和土地使用权人合法权益的凭证，故必须以较高精度绘制。

房产分层分户图是在分丘图的基础上，以一户产权人为单位，表示出房屋权属范围而绘制的细部图。用于明确异产毗连房屋的权利界线，供核发房屋所有权证的附图使用。

11.6.1　房产分丘图的测绘

房产分丘图的坐标系统应与房产分幅图相一致，其作图比例尺可根据每丘房产面积的大小，在 1∶100~1∶1 000 之间选用，一般尽可能采用与分幅图相同的比例尺。图幅大小可选用 32K、16K、8K、4K 四种尺寸。

房产分丘图的内容除与分幅图相同的内容以外，还应表示房屋权界线、界址点点号、窑洞使用范围，用地面积、房屋建筑的细节（挑廊、阳台等）、墙体归属、房屋边长、建筑面积、建成年份和四至关系等各项房产要素。

房产分丘图测绘时利用已有房产分幅图，结合房产调查资料，按本丘范围展绘界址点，描绘房屋等地物，实地丈量界址边、房屋边等长度，修测、补测成图。丈量界址边、房屋边长时，用钢尺量取至0.01m。不能直接丈量的界址边，可由界址点坐标反算边长。对圆弧形的边，可按折线分段丈量。边长应丈量两次，取中数，两次丈量结果较差不能超过式（11-9）规定：

$$\Delta D = \pm 0.004D \tag{11-9}$$

式中：ΔD 为两次丈量边长的较差，D 为边长，均以 m 为单位。

11.6.2 房产分层分户图的测绘

房产分户图以一户产权人为单位，如果为多层房屋，则为房产分层分户图。

房产分户图的幅面可选用 787mm × 1 092mm 的 1/32 或 1/16 等尺寸。分户图的比例尺一般为 1∶200，当房屋图形过大或过小时，比例尺可适当放大或缩小。分户图的方位应使房屋的主要边线与图廓边线平行，按房屋的方向横放或竖放，并在适当位置加绘指北方向符号。

分户图表示的主要内容包括：房屋权界线、四面墙体归属、楼梯和走道等共有部位以及门牌号、所在层次、户号、室号、房屋建筑面积和房屋边长等。

分户图上房屋平面位置应参照分幅图、分丘图的关系位置，按实地丈量的房屋边长绘制。房屋边长量取和注记至0.01m。边长应丈量两次取中数。规则房屋（矩形）前后、左右两相对边长之差也应符合规程的规定。不规则图形的房屋除丈量边长以外，还应加量构成三角形的对角线，对角线的条数等于不规则多边形的边数减3。按三角形的三边长度，就可以用距离交会法确定点位。房屋边长的描绘误差不应超过图上0.2mm。房屋权界线在图上表示为0.2mm 粗的实线。房屋的墙体归属分为自有墙、借墙和共有墙三种。

图 11-16 为房产分户图示例，本户所在的丘号、幢号、户（室）号、坐落、结构、层数、层次、套内建筑面积、共有分摊面积、产权面积均标注在房屋图形上方。在一幢楼中，楼梯、走道等共有共用部位需在图上加简注。分户房屋权属面积包括共有共用部位分摊的积。

更为详尽的房屋分户图应参考建筑设计图纸，测绘出本户范围内各间房屋的配置、门窗及室内的固定设施，供房产经营管理之用。

11.7 房产变更测量

房产变更是动态变更，它是房产产权管理工作中经常性的工作内容之一，因为满足原登记在册的房产发生权利转移、变更、注销和他项权利的需要，保障已建制的房产资料的完整，必须进行房产变更测量，提供准确的房产变更测量成果，包括权利位置的定位图籍和权属面积等数据。

房产变更测量包括现状变更和权属变更测量，现状变更测量为产权变更创造了条件；权属变更测量直接为房产产权变更提供测绘保障，可以这样认为：现状变更测量属于修补测量；权属变更测量属于产权证明测量，是产权的几何证明。

丘号	0048-6	结构	混合	室内建筑面积，m²	61.10
幢号	6	层数	06	共有分摊面积，m²	7.56
户号	17	层次	5	产权面积，m²	68.66
坐落	太平巷 3-8 号 1 单元 501 室				

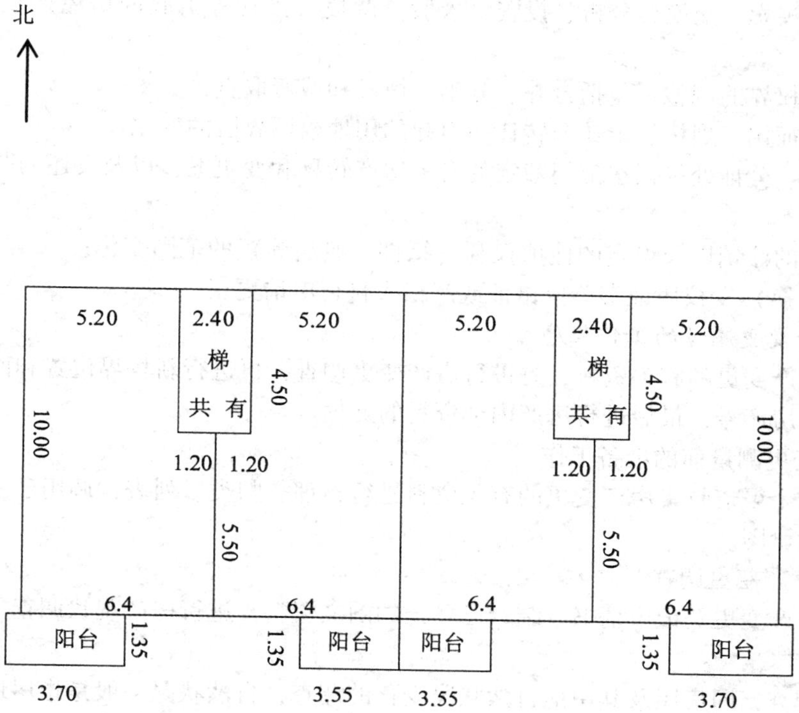

北

5.20 2.40 5.20 5.20 2.40 5.20

梯 共 有 4.50 梯 共 有 4.50

10.00 10.00

1.20 1.20 1.20 1.20

5.50 5.50

6.4 6.4 6.4 6.4

阳台 1.35 1.35 阳台 阳台 1.35 阳台

3.70 3.55 3.55 3.70

桐南市房地产管理局

2015 年 9 月 14 日

1:200

图 11-16　房产分户示意图

11.7.1　房产变更测量的内容与程序

1. 房产变更测量的内容

（1）现状变更测量的内容

①房屋的新建、翻建、改建、扩建，房屋建筑类别（结构、层数、用途）和平面位

置的变化；

②房屋的损坏或灭失，包括部分拆除、焚毁、倒塌；

③房屋围护物和附属设施的变化；

④道路、街巷等交通的开拓、改造，河流、沟渠等水系的边界变化；

⑤行政境界的调整，房屋坐落、门牌号的更新；

⑥房屋及其用地面积的增减变更；

⑦纠正测量错误，主要是房屋平面图形、建筑类别的更正。

（2）权属变更测量的内容

①房屋买卖、交换、分析、投资、入股、调拨、接管等引起的房屋产权的转移和变更；

②用地权界的调整，包括合并、分割、坍没和截弯取直；

③土地征用、划拨、出让、转让而引起的用地权属界区的变化；

④法院、公证处等司法部门裁定的有关房产转移和变更案，以及发还的落实政策的房屋；

⑤产权的注销以及设定的他项权利（抵押、典当等）的范围变化；

⑥颁（换）发权属证书单位错证或产权人自行申请更正。

2. 房产变更测量的工作程序

根据房产变更的有关资料，先进行房产变更调查，再进行新权界位置和面积测定，调整好有关的房产号，最后进行房产内部资料的处理。

（1）变更测量前的准备工作

通过各个渠道收集房产变更的有关资料进行整理、归类、列表，调用已登记在案的资料和房产地籍图。

（2）房产变更调查

根据房产变更登记申请书，结合已登记的图文资料，进行房产现状调查、权属调查和界址调查。

现状调查，即房屋及其用地自然状况变化的调查，自然状况一般是指房地坐落、建筑类别、用地分类等情况。

权属调查，即房屋及其用地权利的调查，包括登记的权类、权利人或他项权人、权利范围、四至界标、墙体归属等情况的调查与核实。

界址调查，即房产变更后新权利界线的认定、确定和标定。可分成认界、确界、标界三个阶段。认界时，不论以何种方式指界，必须得到邻户认可签章；确界时，坚持房屋所有权和房屋占有范围内的土地使用权权利主体一致的原则；标界时，严格执行《房产测量规范》（GB/T17986—2000）中相关规定。

（3）权界位置和面积的测定

房产变更后新的权界位置和面积的测定实际上是一项复丈工作，由于房产变更登记是以产权户为单位进行的，因此，变更后的房产权界位置和面积也要分户测定。

一个产权户可以拥有一幢房屋或多幢房屋，也可以多个产权户共同拥有一幢房屋，应分别测定，绘制分幢分户图或分层分户图，显示变更后新的权界位置，不仅为重新计算分户权属面积做准备，也是颁发房产证附图的需要。

同幢房屋及其用地分割，应将分界实量数据注记在复丈图上，分割后测定的各户房屋及其用地面积与原登记发证面积的不符值应在《房产测量规范》规定的限差以内。

11.7.2 房产变更测量的方法

1. 现状变更的方法

根据房产变更范围的大小和房产平面图上现有平面控制点的分布情况，采用不同的测量方法。

变更范围小，可根据图上原有房屋或设置的测线，采用卷尺定点测量法，具体应用正交法、交会法、延长线法、方向线法、自由测站法等方法（限于图解测量）。

变更范围大，可采用测线固定点测量法或平板仪测量法（限于图解测量）。

采用解析测图时，应布设好足够的平面控制点，设站进行数据采集。

2. 权属变更测量的方法

根据需要和实际条件，采用图解复丈法或解析复丈法。

（1）图解复丈法

①调用有关已登记在册的房产资料，包括房屋及用地调查表、房产初始登记申请书、房产平面图等。

②根据房产变更登记申请书，标示的房屋及用地位置草图、权利证明文件，约定日期，通知房产变更登记申请人或代理人到现场指界。

③现有的图根点、界址点、房角点等平面控制点，均可作为变更测量基准点。在利用现有平面控制点之前，应设站检测点位的准确程度，同站检测不超过图上±0.2mm；异站或自由测站检测不超过图上±0.4mm。

④同幢房屋分析，应将分界的实量数据注记在测量草图上，并按其实量边长计算面积后再定出分割点在复丈图上的位置，以便绘制分户平面图。

⑤修正房产分幅图、分丘图。

（2）解析复丈法

①调用有关的原房产登记资料，包括房屋及用地调查表、房产变更登记申请书、房产平面图，以及现有的界址点、房角点坐标成果表等。

②根据房产变更登记申请书、标示的房产位置草图，权利证明文件，约定日期，通知房产变更登记申请人或代理人到现场指界，应预先设立界标。

③利用现有平面控制点之前，应进行检测，用重复测定的方法，测得两点间距离与由坐标反算之距离进行检核，其间距误差不超过 $\sqrt{2}$ 倍相应等级控制点、界址点或房角点的点位中误差。

④野外解析法测量采用极坐标法、正交法或交会法。它们的技术要求按《房产测量规范》（GB/T17986—2000）执行。

⑤按等级界址点精度要求，测定新增界址点的坐标，并计算分割后新权属面积。

⑥用地合并面积，以合并后外围界址点坐标计算面积为准。用地分割后各户用地面积之和与原面积之差不超过 $\sqrt{2}$ 倍相应等级面积中误差，如在限差内，按相关面积大小比例配赋。

11.7.3 房产变更测量的精度要求

房产变更测量的精度包括图上精度和解析精度。变更后房产分幅、分丘平面图图上精度，以及新增界址点或房角点的解析精度，应符合国家颁布的《房产测量规范》（GB/T 17986—2000）、《地籍测量规范》（CH5002—94）的要求。

1. 房产变更测量后图上精度要求

图上精度是指图上地物点的点位精度，它与成图比例尺有关。《房产测量规范》（GB/T 17986—2000）规定了房产分幅图图上地物点相对邻近控制点的点位中误差不超过图上±0. 5mm；编制分幅图时，地物点相对于邻近控制点的点位中误差不超过图上±0. 6mm，变更测量后的图上精度应与变更前的图上精度要求一致。

2. 房产变更测量后解析精度要求

解析精度是指界址点或房角点的点位精度，以及面积的计算精度。

新增界址点或房角点的点位精度以及房屋和用地面积的测定精度与成图比例尺无关。《房产测量规范》（GB/T17986—2000）规定等级界址点与房角点的解析精度要求是相同的，变更测量后，新增界址点或房角点的解析精度，要与变更前的原有界址点或房角点的解析精度要求一致。

房屋及用地面积的计算精度，如按房屋及用地的实量边长直接计算面积时，其面积中误差应按房屋及用地所在的地段等级，执行《房产测量规范》中相应等级面积中误差的规定。如按用地界址点的坐标计算用地面积时，其面积中误差执行《房产测量规范》中面积测算中误差的有关规定。

11.7.4 变更测量后房产资料的处理

房产资料主要由房产平面图、房产产权登记档案和房产卡片三部分组成。此外，为了房产经营管理和分类统计的需要，编造了各种账册、报表，简称为图、档、卡、册，为了相互检索或调用方便，一般使用丘（地）号。为保持房产现状与房产资料的一致，必须对房产动态变更及时进行收集、整理，修正图、卡、册，补充或异动档案资料，这样的房产资料才会有使用价值。

变更后房产资料的处理，是房产产权产籍管理的一项连续性工作。它包括房产权属主已有资料的处理和未登记、未结案房产资料的处理，在处理之前，预先对有关的变动的房产编号进行调整。

1. 房产编号的调整

房产编号中，丘号、丘支号、幢号、界址点号、房角点号、房产权号、房产共有权号等是主要的房产号。房产变更，房产基本图形和分户房产权利范围也起变化，如丘形的变化，分幢、分户房屋图形的变化，界址点、房角点也随之增减，相应的房产号也必须调整。

①用地合并或分割，须重新编丘号，新增丘号按编号区内的最大丘号续编。组合丘内，新增的丘支号按丘内的最大丘支号续编。

②房产合并或分割，应重新编幢号，新增幢号按丘内最大幢号续编。

③用地合并，四周外围界址点维持原点号；用地分割，新增界址点按编号区内最大的界址点点号续编。

④用地单元中的房屋部分拆除，剩余部分的房屋仍保留原幢号。

⑤整幢房屋发生产权转移，可保留原幢号，已有的房角点号不变。整幢房屋灭失，其幢号、房角点号以及依附于该房屋的权利符号也应注销。

⑥行政境界调整，涉及的房产编号区也应作相应调整。

2. 房产已有登记资料的处理

（1）图的处理

房产现状变更，通过修补测，实地修正房产分幅图，同时做出现状变更记录，以便修正房产分丘图。房产权属变更，通过变更测量后绘制的测量草图，经过审核确权后，标注在分丘图上，做出权属变更测量记录和房产编号调整记录，修正分幅图，重新绘制分户图。

（2）卡的处理

房产卡片的制作一般是：房卡按丘分幢建卡；多产权户的同幢房屋，幢内再分户建卡；地卡按丘分户建卡。房产变更，对现有房产卡片也要根据变更测量记录，修正卡片，或重新制卡、销卡。

修正卡片，因涉及房产资料统计分类面积的变动，需有改卡记录，作为面积增减变化的原始凭证。房产权人和使用户名的更改，除更改卡片外，还需更改已建的户名索引卡；地名门牌号的变动，除更改卡片外，还需更改已建的地名索引卡。

在已经建立微机管理系统的单位，已建的房产卡片经一次性输入电脑后可以取消卡片，但对房产变更记录和房产编号调整记录，通过内部资料的联系工作规则，由房产信息管理中心修正或删改电脑资料。

（3）档案的处理

根据权属变更案和变更测量记录，对已建立的房产产权登记档案进行异动变更和补充，由于房产产权登记档案分类方法的不同，有的按丘分类、有的按地名门牌号分类、有的按产权户名分类、有的按权证号分类等，变更后的图件（测量草图、分户图）和产权证明文件应分户归档，对按丘（地）号建档的单位，丘内再分户立卷。房屋及用地权界线的调整说明，房产编号的调整记录以及房产面积增减变化等资料也需合并相应的档卷内备查。在已建立微机管理系统的单位，同样要对存储于磁盘或光盘内的档案资料进行处理。

（4）册的处理

根据房产登记、发证成果和分类管理（如经营管理、租赁管理、产权产籍管理等）的需要编制簿册，如发证记录簿、房屋总册、房产登记簿册、档案清册、房产交易清册。此外，产业管理上需要的经管公房手册、异动台账、异动单和统计报表等，上述各种簿册也要随着房产变更作相应的动态变更，变更的依据是：权属变更一定要根据权属变更案和有关凭证；现状变更则根据现状变更单。

3. 未登记、未结案房产资料的处理

未登记的房产是指房产权利人未能在规定的期限内申请产权登记、房屋权属有争议或土地权属争议尚未解决不予产权登记、不能提供合法有效的房屋及用地权属来源证明不予产权登记、无主房屋无人登记以及没有房产权属证书不能设定他项权利登记等房产。

未结案的房产是指发证前有他人对要登记的房产提出异议暂缓确认的、过去未办理登记需补办登记后再确认的以及房屋私改遗留下来的疑难问题不能确立的房产。

未登记、未结案房产的原始记录，未登记房产调查表和测量草图，一般容易忽视，为了房产统计资料的完整统计和今后确权的需要，也应进行收集、整理、列表造册。随着时间的推移，后来补办了登记需结案时，不能单凭过去的初步调查记录，必须进行复查和测绘。发证后原来未登记，未结案清册和有关图籍，及时进行销号或注记。

未登记、未结案的房产卡片建议与已登记、已结案的卡片分别建立并分别进行统计，也要按丘（地）号分户归档或另建未登记档案作为产权登记或监理部门日常处理产权参考之用。

◎ 思考题

1. 简述房产要素测量的主要内容。
2. 简述房产图种类及其各自的作用。
3. 说明房产分幅图的编号方法。
4. 说明房产图测绘的内容和精度要求。
5. 简述房产界址点测量的方法及其各自的适用情况。
6. 简述房产图的成图方法。
7. 简述房产分幅图和房产分丘图的测绘内容。
8. 简述房产分户图的测绘内容和要求。
9. 简述房产变更测量的内容。
10. 简述房产变更后，丘号、丘支号、界址点点号、房角点号、房产权号和幢号如何调整。

第 12 章　房产面积测算

☞ 本章要点

房产面积测算内容　测算房屋及其用地面积，是房产测量中的一项重要工作。它为房产产权产籍管理、核发权证、房产开发、房产权属单位等提供必不可少的资料，同时也为房产税费的征收、城镇规划和建设提供重要依据。房产面积测算包括房屋面积测算和房屋用地面积测算。房屋面积测算包括房屋建筑面积、房屋产权面积、房屋使用面积和共有建筑面积的测算；房屋用地面积测算包括房屋占地面积测算、丘面积测算、各项地类面积测算及共用土地面积的测算和分摊。

房产面积测算的一般规定和方法　为了保证房产面积测算的规范性，房产面积测算必须按其相应规定进行。房产面积测算方法有很多，根据面积测算数据资料的来源，可分为解析法和图解法两大类。房产面积的测算，主要采用解析法，房屋面积一般采用几何图形解析法量算，用地面积大多采用界址点解析法测算，也可以用图解法测算。房产面积测算应满足《房产测量规范》中相应的精度要求。

房屋面积的测算　与房产面积测算相同，建筑面积的测算也要按照一定的规定进行。对于整幢为单一权属人的房屋，房屋面积的测算一般以幢为单位进行。随着房产市场的发展，房屋商品化、私有化程度的提高，同幢房内产权呈现多元化，分层分单元分户面积测算在房产测绘工作中将越来越重要。另外在面积量算的过程中，还需要对共有建筑面积进行分摊。其分摊要按照有关原则和方法进行。

房屋测量成果检查与验收　房产测量成果实行二级检查一级验收制。一级检查为过程检查，在全面自检、互查基础上，由作业组专职或兼职检查人员承担。二级检查由施测单位质量检查机构和专职检查人员在一级检查的基础上进行。

☞ 本章结构

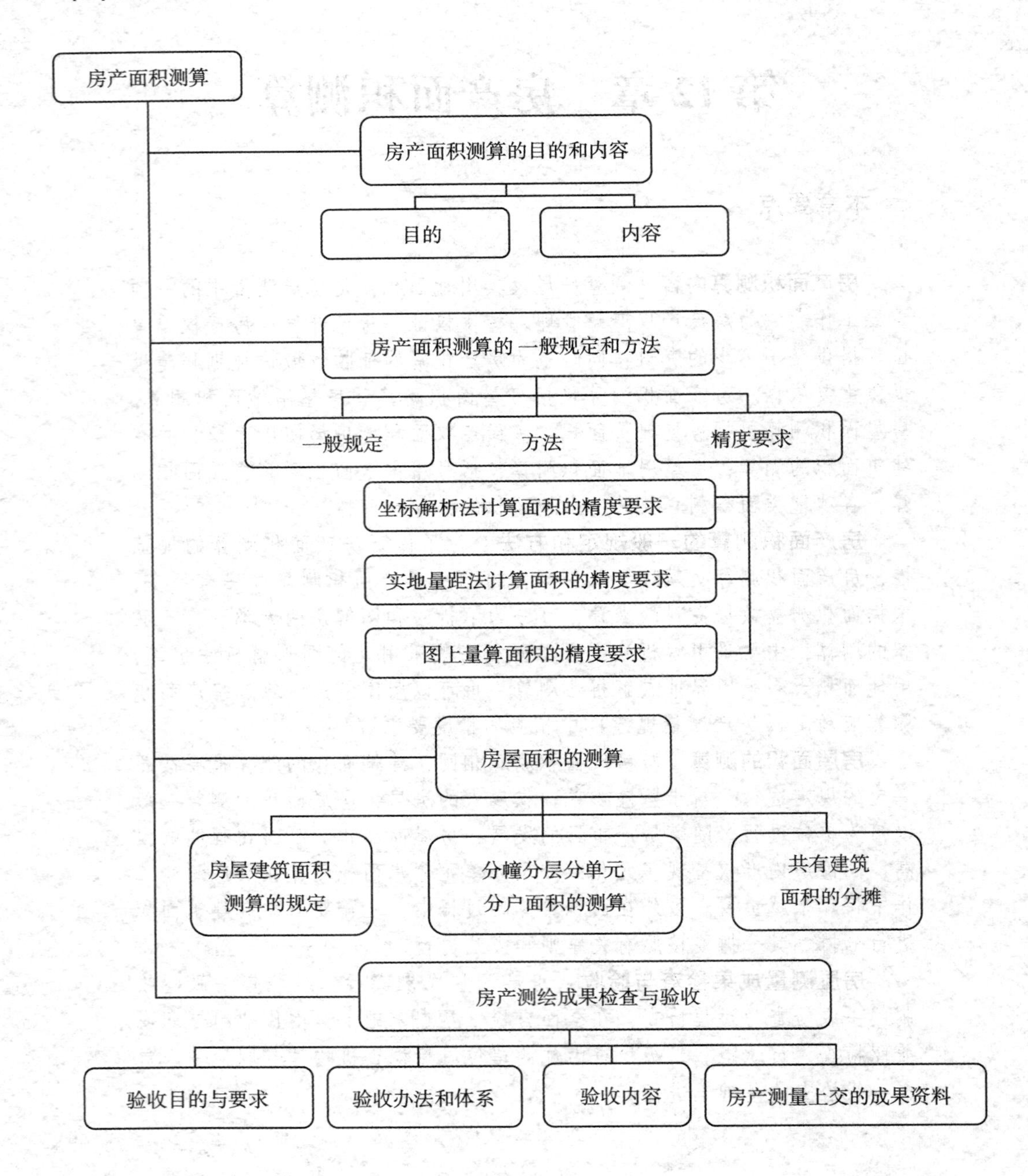

房产面积测算
房产面积测算的目的和内容
目的
内容
房产面积测算的一般规定和方法
一般规定
方法
精度要求
坐标解析法计算面积的精度要求
实地量距法计算面积的精度要求
图上量算面积的精度要求
房屋面积的测算
房屋建筑面积测算的规定
分幢分层分单元分户面积的测算
共有建筑面积的分摊
房产测绘成果检查与验收
验收目的与要求
验收办法和体系
验收内容
房产测量上交的成果资料

12.1 房产面积测算的目的和内容

12.1.1 房产面积测算的目的

测算房屋及其用地的面积，是房产测量中的一项重要工作。它为房产产权产籍管理、核发权证、房产开发、房产权属单位等提供必不可少的资料，同时也为房产税费的征收、城镇规划和建设提供重要依据。房产面积测算，是一项技术性强和精确度要求高的工作，关系到国家、房产权属单位、开发商和个人的切身利益。所以，房产面积测算是整个房产测绘中一个非常重要的组成部分。

12.1.2 房产面积测算的内容

面积测算系指水平面积测算。分为房屋面积和用地面积测算两类，其中房屋面积测算包括房屋建筑面积、共有建筑面积、产权面积、使用面积等测算。房屋用地面积测算包括房屋占地面积测算、丘面积测算、各项地类面积测算及共用土地面积的测算和分摊，通常以丘为单位进行测算。

房屋建筑面积系指房屋外墙（柱）勒脚以上各层的外围水平投影面积，包括阳台、挑廊、地下室、室外楼梯等，且具备有上盖，结构牢固，层高 2.20m 以上（含 2.20m）永久性建筑。

房屋使用面积系指房屋户内全部可供使用的空间面积，按房屋的内墙水平投影计算。

房屋的产权面积系指产权主依法拥有房屋所有权的房屋建筑面积。房屋产权面积由直辖市、市、县房地产行政主管部门登记确权认定。

房屋共有建筑系指各产权主共同占有或共同使用的建筑面积。

为了保证全国房产面积测算标准的统一，同时顾及全国各地房产面积测算传统方法的连续性，1987 年国家测绘局颁布了《地籍测量规范》（CH3-202-87），1991 年颁布了《房产测量规范》（CH5001—1991），2000 年，国家颁布了《房产测量规范》（GB/T 17986—2000），对面积测算提出了基本要求，做出了具体规定。

12.2 房产面积测算的一般规定和方法

12.2.1 房产面积测算的一般规定

①房产面积的测算，均指水平投影面积的测算。

②各类面积的测算，必须独立测算两次，其较差应在规定的限差以内，取中数作为最后结果。

③边长以 m 为单位，取至 0.01m；面积以 m^2 为单位，取至 0.01m^2。

④量距应使用经鉴定合格的卷尺或其他能达到相应精度的仪器或工具。

⑤层高指上下两层楼面或楼面与地面之间的垂直距离。

⑥下列土地不计入房屋用地面积：

a. 无明确使用权限的冷巷、巷道或间隙地。

b. 市政管辖的道路、街道、巷道等公共用地。

c. 公共使用的河涌、水沟、排污沟。

d. 已征用、划拨或属于原房地产证记载范围，经规划部门核定需要作市政建设的用地。

e. 其他按规定不计入用地的面积。

12.2.2 房产面积测算的方法

面积测算的方法有很多，根据面积测算数据资料的来源，可分为解析法和图解法两大类。房产面积的测算，主要采用解析法。房屋面积一般采用几何图解析形法量算；用地面积测算可采用坐标解析计算、实地量距计算和图解计算等方法。

1. 几何图形法

根据数据源的不同，几何图形法分为解析几何图形法和图解几何图形法。此种方法适用于外形规整的房地面积量算。几何图形解析法是在实地使用仪器如全站仪、测距仪或卷尺丈量图形的边长，计算出图形的面积，故也称为实地量距法。它是目前房地产测量中最普遍的面积测算的方法。

房屋及其用地大多是由规则几何图形构成的，例如矩形、方形的房屋或房间，大多数可以直接量取其有关边长，利用几何基本公式计算出它们的面积。但也有一些房屋和用地的形状比较复杂和不规则，对这些复杂的面积，将整个图形分解成若干简单的几何图形，分别量取这些图形的有关边长和角度，再计算出它们的面积。实地量距法测量边长、墙体厚度和层高等的方法介绍如下：

（1）边长长度测量方法

长度测量工具一般使用钢尺、玻璃纤维尺和手持式激光测距仪。长度测量时，必须进行往返测量，往返测量的差值应小于其被测长度值 0.05%，如所量测距离在 100m 左右，往返测量的差值应控制在小于 5cm，被测长度取往返测量值的平均值。长度测量的读数精确到 0.01m，如已进行墙面装饰的，必须减除装饰面厚度。

（2）墙体厚度测量方法

用钢卷尺或手持测距仪直接测量墙体厚度。对无法直接测量到后到的墙体，可用测量内、外尺寸计算差值的方法进行音接测量。其他墙体厚度按实测值核实设计值，墙体厚度按设计值计算，实在不能明确设计值的按实测值计算。

（3）层高测量

选择楼层之间上层地板到下层地板，上阳台底板到下底板的垂距离，用钢卷尺或手持测距仪至少取三个位置进行测量，取三次测量结果的平均值为层高实测结果。

（4）套内房屋边长测量

测点一般取距地面 1.2m±0.2m 的高度，在房屋的两个长边、两个短边的 1/6 和 5/6 位置，两侧点应保持水平。房屋边长较长时，应适当增加测点数。

（5）阳台边长测量

阳台边长测量要测量栏板外沿长和宽，每边各选取两个测量点。

2. 坐标解析法

根据界址点坐标成果表上数据，按下式计算面积：

$$S=\frac{1}{2}\sum_{i=1}^{n}X_i(Y_{i+1}-Y_{i-1}) \tag{12-1}$$

或

$$S=\frac{1}{2}\sum_{i=1}^{n}Y_i(X_{i-1}-X_{i+1}) \tag{12-2}$$

式中：S 为面积，m^2；X_i 为界址点的纵坐标，m；Y_i 为界址点的横坐标，m；n 为界址点个数；i 为界址点序号，按顺时针方向顺编。

面积中误差按下式计算：

$$m_s=\pm m_j\sqrt{\frac{1}{8}\sum_{i=1}^{n}D_{i-1,\ i+1}^2} \tag{12-3}$$

式中：m_s 为面积中误差，m^2；m_j 为相应等级界址点规定的点位中误差，m；$D_{i-1,i+1}$ 为多边形中对角线长度，m。

3. 实地量距法

规则图形，可根据实地丈量的边长直接计算面积；不规则图形，将其分割成简单的几何图形，然后分别计算面积。

面积误差按规程规定计算，其精度等级的使用范围由各城市的房地产行政主管部门根据当地的实际情况决定。

4. 图解法

图上量算面积，可选用求积仪法、几何图形法等方法。图上面积测算均应独立进行两次。

两次量算面积较差不得超过下式规定：

$$\Delta S=\pm 0.000\ 3M\sqrt{S} \tag{12-4}$$

式中：ΔS 为两次量算面积较差，m^2；S 为所量算面积，m^2；M 为图的比例尺分母。

使用图解法量算面积时，图形面积不应小于 $5cm^2$，图上量距应量至 0.2mm。

12.2.3 房产面积测算的精度要求

各种面积测算方法中，由于解析法是利用实测数据计算面积，故其只受测量精度的影响，精度较高；而图解法、求积仪法是在图上量算面积，因此面积测算的精度受原图本身的精度、图纸比例尺、图纸变形、量测工具（求积仪、三棱尺）的误差和量算方法不同等的影响，精度较解析法低。根据《房产测量规范》（GB/T 17986—2000），房产面积测算应满足一定的精度要求。房产面积的精度分为三级，各级面积的限差和中误差不超过表12-1 中的规定。

表 12-1 **房产面积的精度要求**

房产面积的精度等级	限　差	误　差
一	$0.02\sqrt{P}+0.000\ 6P$	$0.01\sqrt{P}+0.000\ 3P$
二	$0.04\sqrt{P}+0.002P$	$0.02\sqrt{P}+0.001P$
三	$0.08\sqrt{P}+0.006P$	$0.04\sqrt{P}+0.003P$

注：P 为房产面积，单位为 m^2。

1. 坐标解析法计算面积的精度要求

坐标解析法是指利用图形上各顶点的坐标计算面积，其测算精度只与界址点坐标的测定精度有关。面积中误差按下式计算：

$$m_p = \pm m_j \sqrt{\frac{1}{8} \sum_{i=1}^{n} D_{i-1,\ i+1}^2} \tag{12-5}$$

式中：m_p 为面积中误差，m^2；m_j 为相应等级界址点的点位中误差 m；$D_{i-1,\ i+1}$ 为多边形中隔点对角线长度，m。

公式（12-5）说明，坐标解析法计算面积的中误差与多边形隔点对角线平方和成正比。显然相同面积的正多边形比任意多边形的精度高。

2. 实地量距法计算面积的精度要求

实地量距法计算面积只受边长或角度量测精度及计算方法的影响。面积误差按表 12-1 的规定计算，其精度等级的使用范围，由各城市的房产行政主管部门根据当地的实际情况决定。

3. 图上量算面积的精度要求

图上量算面积要量算两次，两次较差不超过下式计算结果：

$$\Delta P = \pm 0.000\,3 \times M\sqrt{P} \tag{12-6}$$

式中：ΔP 为两次量算面积的较差，m^2；M 为图形比例尺分母；P 为图形面积，m^2。

使用图解法量算面积时，最小图斑面积为 $5cm^2$，图上量距应量至 0.2mm。

12.3 房屋面积的测算

根据《房产测量规范》（GB/T 17986—2000）的规定，面积测算时可采用表 12-2 进行计算。

表 12-2 **房产面积测算表**

图幅号：　　　　丘号：　　　　序号：

检查者：　　　　测算者：　　　　年　　月　　日

坐落	区（县）			街道（镇）			胡同（巷）	号	
房屋产权人				用地单位（人）					
面积分类	幢号	层次	部位（室号）	图形编号	计算式	面积计算值（平方米）	较差（平方米）	平差后面积值（平方米）	备注
					1				
					2				
					1				
					2				
					1				
					2				

续表

坐落	区（县）			街道（镇）			胡同（巷）	号	
					1				
					2				
					1				
					2				

12.3.1 房屋建筑面积测算的规定

1. 计算全部建筑面积的范围

①永久性结构的单层房屋，按一层计算建筑面积；多层房屋按各层建筑面积总和计算。

②房屋内的夹层、插层、技术层及其楼梯间、电梯间等其高度在 2.20m 以上部位计算建筑面积。

③穿过房屋的通道，房屋内的门厅、大厅，均按一层计算面积。门厅、大厅内的回廊部分，层高在 2.20m 以上的，按其水平投影计算面积。

④楼梯间、电梯（观光梯）井、提物井、垃圾道、管道井等均按房屋自然层数算。

⑤房屋平台层上，属永久性建筑，层高在 2.20m 以上的楼梯间、水箱间、电梯机房及斜面结构屋顶高度在 2.20m 以上的部位，按其外围水平投影面积计算。

⑥挑楼、全封闭阳台、全封闭挑廊，按其外围水平投影面积计算。

⑦属永久性结构有上盖的室外楼梯，按各层水平投影面积计算。

⑧与房屋相连的有柱走廊，两房屋间有上盖和柱的走廊，均按其柱的外围水平投影面积计算。

⑨房屋间永久性的封闭架空通廊，按外围水平投影面积计算。

⑩地下室、半地下室及其相应出入口，层高在 2.20m 以上，按其外墙（不包括采光井、防潮层及保护墙）外围水平面积计算。

⑪有柱（不含独立柱、单排柱）或有围护结构的门廊、门斗，按其柱或围护结构的外围水平投影面积计算。

⑫玻璃幕墙等直接作为房屋外墙的，按其外围水平投影面积计算。

⑬属永久性建筑有柱（不含独立柱、单排柱）的车棚、货棚等按其柱的外围水平投影面积计算。

⑭依坡地建筑的房屋，利用吊脚做架空层，有围护结构的，按其高度在 2.20m 以上部位的外围水平面积计算。

⑮有伸缩缝的房屋，若其与室内相通的，伸缩缝计入建筑面积。

2. 计算一半建筑面积的范围

①与房屋相连有上盖无柱的走廊、檐廊，按其围护结构外围水平投影面积一半计算。

②独立柱、单排柱的门廊、车棚、货棚等属永久性建筑的，按其上盖水平投影面积的一半计算。

③未封闭的阳台、挑廊，按其围护结构外围水平投影面积的一半计算。

④无顶盖的室外楼梯按各层水平投影面积的一半计算。

⑤有顶盖不封闭的永久性架空通廊，按外围水平投影面积的一半计算。

3. 不计算建筑面积范围

①层高小于2.20m的夹层、插层、技术层和地下室，层高小于2.20m的地下室和半地下室等。

②突出房屋墙面的构件、配件、装饰柱、装饰性的玻璃幕墙、垛、勒脚、台阶、无柱雨篷等。

③房屋之间无上盖的架空通廊。

④房屋的天面、挑台、天面上的花园、泳池。

⑤建筑物内的操作平台、上料平台及利用建筑物空间安置箱、罐的平台。

⑥骑楼、过街楼的底层用作道路街巷通行的部分。

⑦利用引桥、高架路、高架桥、路面作为顶盖建造的房屋。

⑧活动房屋、临时房屋、简易房屋。

⑨独立烟囱、亭、塔、罐、池、地下人防干、支线等。

⑩与房屋室内不相通的房屋间的伸缩缝。

12.3.2 分幢分层分单元分户面积的测算

对于整幢为单一权属人的房屋，房屋面积的测算一般以幢为单位进行。随着房产市场的发展，房屋商品化、私有化程度的提高，同栋房内产权呈现多元化，房屋功能也呈现多样化组合，有住宅楼、商住楼也有综合楼。特别是房产价值的日益提高，对房屋测绘提出了更高的要求。因此，分幢分层分单元分户面积测算在房产测绘工作中将越来越重要。

1. 分幢分层分单元分户面积的定义

①分幢面积：整幢建筑物建筑面积的总和。

②分层面积：建筑物某层或某几层建筑面积的总和。

③分单元面积：以建筑物某梯或某几个套间为权属单元的建筑面积。

④分户面积：以套间为权属单元的建筑面积。

2. 分幢分层分单元分户面积测算的方法

在实际工作中，对于简单的房屋建筑面积测算，一般直接采用手持式测距仪或卷尺实地测量边长，用几何图形法计算房屋建筑面积；对于复杂的房屋建筑面积测算，实地测量边长后，参照原始档案图、建筑设计图和竣工图等资料，绘制出房产平面图后，再计算房屋建筑面积。对于分幢分层分单元分户面积的测算，实行由幢—层—单元—户的顺序分级测量，同时，注意幢、层、单元、户之间边长和面积的一致。

3. 测算程序

（1）测量前的准备

①测量前应对所测量案件进行查阅，了解资料是否齐全，了解是整幢出图或是属分层分单元分户出图，认真查阅报建图、施工图、竣工图等。若有原证，应将原证的图形、尺寸等资料记录在查丈手簿上，丈量时，实地与原证尺寸比较，及时发现错误。

②测量前应对测量工具进行检验，以保证测量精度。

（2）进行测量

①实地测量是一项技术性要求很强的工作，必须认真细致地进行。

②边长测量必须是水平边长的测量。

③每边须独立丈量两次，两次较差必须符合规范要求，取两次边长的平均值作为边长值。

④对于分段测量的边长，每段边长之和与整段测量的边长必须在限差范围内。

⑤实地测量必须依照先整体后局部，先外围后里面，先易后难，先房产后用地的方法有条不紊地进行。

（3）内业绘图及面积计算

将外业结果绘图，并计算出面积。

12.3.3 共有建筑面积的分摊

1. 共有建筑面积的分类

（1）不应分摊的共有建筑面积

①独立使用的地下室、车棚、车库。

②作为人防工程的地下室、避难室（层）。

③用作公共休憩、绿化等场所的架空层。

④为建筑造型而建、无实用功能的建筑面积。

⑤建在栋内或栋外与本栋相连，为多栋服务的设备、管理用房；建在栋外，为本栋或多栋服务的设备、管理用房。

（2）应分摊的共有建筑面积

①作为公共使用的电梯间、管道井、垃圾道、变电室、设备间、公共门厅、过道、地下室、值班警卫用房等以及为本栋服务的公共用房和管理用房的建筑面积。

②单元与共有建筑之间的墙体水平投影面积的一半以及外墙（包括山墙）水平投影面积的一半。

③幢内共有的突出层面有围栏结构的水箱间、电梯机房、楼梯间等的建筑面积。

（3）根据使用功能分类

根据房屋共有建筑面积的使用功能，可以分为以下三大类：

①整幢共有建筑面积：为本栋整幢（包括住宅功能、写字楼功能、商场功能等）服务的共有建筑面积，如为整幢服务的配电房、水泵房等。

②功能区共有建筑面积：为本栋某一功能区（如住宅、写字楼、商场等）服务的共有建筑面积，如为商务区服务的专用电梯、楼梯间、大堂等。

③本层共有建筑面积：为本层服务的共有建筑面积，如本层共有走廊等。

2. 共有建筑面积分摊的原则和方法

（1）共有建筑面积分摊的原则

基本准则：公平、公正、公开、合理，体现“谁使用，谁分摊”的原则。

①产权双方有合法的权属分割文件或协议的，按其文件或协议规定计算分摊。

②无权属分割文件或协议的，根据房屋共有建筑面积的不同使用功能，按相关建筑面积比例进行计算分摊。

③共有建筑面积的分摊，应以幢为单位进行。非本幢的共有建筑面积不在本幢分摊，本幢共有建筑面积不分摊到其他幢。

④共有建筑面积分摊后，不划分各产权人在共有建筑面积上的产权界。

（2）共有建筑面积分摊的计算公式

按相关建筑面积比例进行分摊，计算各单元应分摊的面积，按下式计算：

$$\left.\begin{aligned} \delta_{P_i} &= K \times P_i \\ K &= \frac{\sum \delta_{P_i}}{\sum P_i} \end{aligned}\right\} \tag{12-7}$$

式中：δ_{P_i} 为各单元参加分摊所得的建筑面积；P_i 为各单元参加分摊的建筑面积，m^2；$\sum \delta_{P_i}$ 为需要分摊的分摊面积总和，m^2；$\sum P_i$ 为参加分摊的各单元建筑面积总和，m^2。

（3）共有建筑面积分摊的方法

①住宅楼：住宅楼以幢（梯）为单元，按各套内建筑面积比例分摊共有建筑面积。

②商住楼：

a. 将幢应分摊的共有建筑面积，根据住宅、商业的不同使用功能，按建筑面积比例分摊成住宅和商业两部分。

b. 住宅部分：将整幢摊分给住宅的共有建筑面积，作为住宅共有建筑面积的一部分，再加上住宅本身的共有建筑面积，按住宅各套内建筑面积比例分摊。

c. 商业部分：先将整幢摊分给商业共有建筑面积，加上商业本身的共有建筑面积，按商业各层套内建筑面积比例分摊至各层，作为各层共有建筑的一部分，加至相应各层本层共有建筑面积内，得到各层总的共有建筑面积，再根据各层各套内建筑面积分摊其相应各层总的共有建筑面积。

d. 综合楼：多功能综合楼共有建筑面积按各自的功能，按“谁使用谁分摊”，参照商住楼的分摊方法进行分摊。

3. 各类建筑物面积分摊实例

【例题 12-1】 有一住宅楼，实测尺寸见表 12-3，其中首层 101、102 房间套内建筑面积均为 54. 89m^2，第二层 201、202 房间套内建筑面积均为 52. 18m^2，第 3~9 层 01、02 房间套内建筑面积分别为 52. 18m^2、53. 45m^2。请计算各套房屋建筑面积。

表 12-3 **分摊前各功能区面积** 单位：m^2

功能	门牌	层	行序	功能套内面积	功能共有面积	不应分摊面积	分摊前的功能面积
住宅	#1	1~9F	1	935. 55	100. 56		1 054. 11
		10F	2		9. 12		9. 12
合计				953. 55	109. 68		1 063. 23

解：先按下式计算出住宅分摊系数 $K_{住}$，然后计算出共有面积分摊及单元总面积，计算结果详见表 12-4、表 12-5、表 12-6。

$$K_{住}=\frac{功能共有面积和}{功能套内面积和}=\frac{109.68}{953.55}$$

$$共有面积分摊=K_{住}\times套内面积$$

表 12-4 **首层各单元面积** 单位：m^2

门牌	序号	套内面积	共有面积分摊	单元总面积
#1	101	54. 89	6. 31	61. 20
	102	54. 89	6. 31	61. 20
	合计	109. 78	12. 62	122. 40

表 12-5

第 2 层各单元面积

单位：m^2

门牌	序号	套内面积	共有面积分摊	单元总面积
#1	201	52. 18	6. 00	58. 18
	202	52. 18	6. 00	58. 18
	合计	105. 63	12. 00	116. 36

表 12-6

第 3~9 层各单元面积

单位：m^2

门牌	序号	套内面积	共有面积分摊	单元总面积
#1	01	52. 18	6. 00	58. 18
	02	53. 45	6. 15	59. 60
	合计	106. 63	12. 15	118. 78

分摊余数＝118. 78×7+116. 36+122. 40−1 063. 23＝6. 99

【例题 12-2】有一住宅楼，该楼有#1、#2 梯，首层配电房为#1、#2 梯共用，实测数据见表 12-7、表 12-8，请计算各套房屋建筑面积。

表 12-7

各户型套内建筑面积

单位：m^2

门牌	楼层	房号	套内建筑面积	门牌	楼层	房号	套内建筑面积
#1	首层	101	84. 48	#2	首层	101	81. 70
		102	84. 48			102	110. 73
	2~9	01	78. 47		2~9	01	105. 16
		02	81. 64			02	100. 39

表 12-8

分摊前各功能面积

单位：m^2

功能	门牌	层	行序	功能套内面积（1）	功能共有面积（2）	不应分摊面积	分摊前功能面积
住宅	#1	1~9F	1	1 449. 84	199. 68		1 649. 52
		10F	2		20. 00		20. 00
		小计		1 449. 84	219. 68		1 669. 52
	#2	1F	1	192. 43	49. 96		242. 39
		2~9F	2	1 644. 40	294. 72		1 939. 12
		10F	3		32. 07		32. 07
		小计		1 836. 83	376. 75		2 213. 58
合计				3 286. 67	596. 43		3 883. 10

解：先按下式计算出住宅分摊系数 $K_{住}$，然后计算出共有面积分摊及单位总面积，计算结果详见表 12-9、表 12-10。

$$K_{住}=\frac{功能共有面积和}{功能套内面积和}=\frac{596.43}{3\ 286.67}$$

$$共有面积分摊=K_{住}\times 套内面积$$

表 12-9　首层各单元面积　单位：m^2

门牌	房号	套内面积	共有面积分摊	单元总面积
#1	101	84. 48	15. 33	99. 81
	102	84. 48	15. 33	99. 81
#2	101	81. 70	14. 82	96. 52
	102	110. 73	20. 09	130. 82
合计		361. 39	65. 57	426. 96

表 12-10　2~9F 各单元面积　单位：m^2

门牌	房号	套内面积	共有面积分摊	单元总面积
#1	01	78. 47	14. 24	92. 71
	02	81. 64	14. 82	96. 46
#2	01	105. 16	19. 08	124. 24
	02	100. 39	18. 22	118. 61
合计		365. 66	66. 36	432. 02

$$分摊余数=432.02\times 8+426.96-3\ 883.10=0.02$$

【例题 12-3】 有一商住楼#1 的首层、第 2 层为商场，首层商场未分铺，第 2 层分为 18 个铺位，#3 门牌第 3~26 层为住宅，消防中心、水箱间、配电房、水泵房为大楼共有，测量结果见表 12-11，首层、第 2 层商场和第 3~26 层住宅套内建筑面积分别见表 12-13、表 12-14 和表 12-15。请计算商场各铺位、住宅各套房屋建筑面积。

表 12-11　分摊前各功能面积　单位：m^2

功能	层	行序	功能套内面积（1）	功能共有面积（2）	栋共有面积	功能共有		不应分摊面积	分摊前功能面积
						#1 商场	#3 住宅		
#1 商场	1F	1	1 145. 15	39. 12	212. 55		107. 99		1 504. 81
	2F	2	1 108. 14	288. 69			107. 99		1 504. 82
	小计		2 253. 29	327. 81	212. 55		215. 98		3 009. 63

续表

功能	层	行序	功能套内面积（1）	功能共有面积（2）	栋共有面积	功能共有		不应分摊面积	分摊前功能面积
						#1 商场	#3 住宅		
#3住宅	3～26F	3	30 158. 40	5 957. 76					36 116. 16
	27F	4			104. 37		107. 99		212. 36
	小计		30 158. 40	5 957. 76	104. 37		107. 99		36 328. 52
合计			32 411. 69	6 285. 57	316. 92		323. 97		39 338. 15

表 12-12 **分摊后各功能面积** 单位：m^2

功能	层	行序	功能套内面积(1)	功能共有面积(2)	栋共有面积(3)=$K_{栋}$×[(1)+(2)]	功能共有		共有面积分摊和(6)=(2)+(3)+(4)+(5)	分摊后功能面积
						#1 商场(4)	#3 住宅(5)		
#1商场	1F	1	1 145. 15	39. 12	9. 70			48. 82	1 193. 97
	2F	2	1 108. 14	288. 69	11. 44			300. 13	1 408. 27
	小计		2 253. 29	327. 81	21. 14			348. 95	2 602. 24
#3住宅	3-26F	3	30 158. 40	5 957. 76	295. 78		323. 97	6 577. 51	36 735. 91
	小计		30 158. 40	5 957. 76	295. 78		323. 97	6 577. 51	36 735. 91
合计			32 411. 69	6 285. 57	316. 92		323. 97	6 926. 46	39 338. 15

解：栋分摊系数：

$$K_{栋}=\frac{栋共有面积和}{功能内面积和+功能共有面积和}=\frac{316.92}{32\ 411.69+6\ 285.57}$$

#1 商场分摊系数：

$$K_1=\frac{\#1\ 商场共有面积分摊和}{\#1\ 商场功能套内面积和}=\frac{48.82}{1\ 145.15}\text{（首层商场分摊系数）}$$

#1 商场分摊系数：

$$K_2=\frac{\#1\ 商场共有面积分摊和}{\#1\ 商场功能套内面积和}=\frac{300.13}{1\ 108.14}\text{（第 2 层商场分摊系数）}$$

#3 住宅分摊系数：

$$K_3=\frac{\#3\ 住宅共有面积分摊和}{\#3\ 住宅功能套内面积和}=\frac{6\ 577.51}{30\ 158.40}$$

#1 商场各单元共有面积分摊 = K_1×套内面积（首层商场）

#1 商场各单元共有面积分摊 = K_1 ×套内面积（第 2 层商场）

#3 住宅各单元共有面积分摊 = K_3 ×套内面积

首层、第 2 层商场和第 3～26 层住宅的共有面积分摊和单元总面积计算结果详见表 12-13、表 12-14 和表 12-15。

表 12-13　　**首层商场各单元面积**　　单位：m^2

门牌	房号	套内面积	共有面积分摊	单元总面积
#1	首层	1 145. 15	48. 82	1 193. 97
合计		1 145. 15	48. 82	1 193. 97

表 12-14　　**第 2 层商场各单元面积**　　单位：m^2

门牌	房号	套内面积	共有面积分摊	单元总面积
#1	201	59. 43	16. 1	75. 53
	202	61. 04	16. 53	77. 57
	203	50. 08	13. 56	63. 64
	204	86. 74	23. 49	110. 23
	205	64. 73	17. 53	82. 26
	206	62. 57	16. 95	79. 52
	207	62. 57	16. 95	79. 52
	208	64. 73	17. 53	82. 26
	209	86. 74	23. 49	110. 23
	210	50. 08	13. 56	63. 64
	211	61. 04	16. 53	77. 57
	212	59. 43	16. 1	75. 53
	213	78. 25	21. 19	99. 44
	214	51. 88	14. 05	65. 93
	215	58. 91	15. 96	74. 87
	216	58. 91	15. 96	74. 87
	217	51. 88	14. 05	65. 93
	218	39. 13	10. 5	49. 63
合计		1 108. 14	300. 03	1 408. 17

表 12-15　　**第 3～26 层住宅各单元面积**　　单位：m^2

门牌	房号	套内面积	共有面积分摊	单元总面积
#3	01	96. 33	21. 01	117. 34
	02	121. 16	26. 43	147. 59
	03	116. 60	25. 43	142. 03

续表

门牌	房号	套内面积	共有面积分摊	单元总面积
#3	04	142.47	31.07	173.54
	05	151.74	33.09	184.83
	06	151.74	33.09	184.83
	07	142.47	31.07	173.54
	08	116.60	25.43	142.03
	09	121.16	26.43	147.59
	10	96.33	21.01	117.34
合计		1 256.60	274.06	1 530.66

分摊余数 = 1 553.66×24+1 408.17+1 193.97−39 338.15 = −0.17

12.4 房产测量成果检查与验收

12.4.1 房产测量成果检查验收目的与要求

房产测量成果检查验收是为了保证测绘成果的质量，提高测绘人员的高度责任感，强化各生产环节技术管理和质量管理，建立健全房产测绘产品生产过程各项技术规定并严格执行各项技术规范，确保房产测量成果的法律效力和维护产权人的合法权益，规范房产市场。

各级检查验收工作都必须严肃认真，根据自身实际情况，按照房产测量规范要求建立成果质量检查验收体系，将检查验收工作渗透到每个生产环节，把错误和遗漏消灭在生产过程中，按照房产测量规范要求制定各生产环节的检查验收标准，使检查验收和生产人员都做到有章可依，按章执行，违章必究。测量成果不仅要正确可靠，还要清晰齐全，体现测量成果的可持续性和严肃性。

12.4.2 房产测量成果检查验收办法和体系

房产测量工作是十分细致而复杂的工作，为了保证成果的质量，测量人员必须具有高度的责任感、严肃认真的工作态度和熟练的操作技术，同时还必须有严格的质量检查制度。

1. 检查验收办法

房产测绘产品实行二级检查一级验收制。一级检查是在全面自查、互检的基础上，由专职或兼职检查人员对产品质量实行过程检查。二级检查是在一级检查的基础上，由测绘单位或上级测绘单位指定专职检查人员对产品质量实行的最终检查。

（1）自查

自查是保证测量质量的重要环节。作业人员在整个操作过程应该经常检查自己的作业方法。当天完成的任务要当天查，一旦发现遗漏或错误，必须立即补上或改正，把遗漏、错误消灭在生产第一线。在上交成果以前要全面地作最后检查。

（2）互查

互查是测量成果在全面自查的基础上，作业人员之间相互委托检查的方法。被委托的互检人员要全面地进行检查。互查不仅能避免自查不容易发现的错误而且还是互相学习取长补短的一种有效方法。

（3）一级检查

一级检查是在作业人员自查互检的基础上，按房产测量规范、生产任务技术设计书和有关的技术规定，对作业组生产的产品所进行的全面检查。

（4）二级检查

二级检查是在一级检查的基础上，对作业组生产的产品进行再一次的检查。

（5）验收工作

验收工作应在测量产品经最终检查合格后进行。由生产任务的委托单位组织实施，或由该单位委托专职检验机构验收。验收单位按有关项目和不低于表12-16的比例对被验产品进行详查，其余部分作概查。

表12-16　**房产测量产品验收中详查比例**

产品名称	单位	详查比例占年总量	产品名称	单位	详查比例占年总量
控制测量	点	10%	建设面积计算	项目	20%
界址点测量	点	10%	用地面积计算	项目	20%
标石埋没实地检查	坐	3%	变更测量	项目	20%
编绘原图	幅	10%	房产测量	项目	20%
分幅图	幅	5%～10%			
分丘图	幅	5%～10%			
分户图	幅	5%～10%			

2. 检查验收体系

各级检查、验收工作必须独立进行，不得省略或代替。检查验收是保证房产测量产品质量的一项重要工作，必须严格执行检查验收的各项规定，建立必要的质量管理机构。

一级检查主要由专职或兼职人员承担。二级检查主要由队（所、科）的质量管理机构负责。

生产单位的行政领导必须对本单位的产品质量负责，各级检验人员应对其所检验的产品质量负责，生产人员对其所完成的产品作业的质量负责到底。

在检查、验收中发现有不符合技术规定的产品时，应及时做好记录并指出处理意见，交由被检验单位进行改正。当问题较多或性质较严重时，可将部分或全部退回被检验单位，令其重新检查和处理，然后再进行检查、验收。当检查人员与被检查人员在质量问题的处理上有分歧时，由队（所、科）总工程师裁决，当验收单位与被验收单位对产品质量的意见有分歧时，由仲裁机构裁定或者由当地人民法院判决。

12.4.3 房产测量成果检查验收内容

房产测量成果检查验收内容的主要依据包括：上级下达任务的文件或委托单位合同书，《房产测量规范》（GB/T 17986—2000），房产测绘技术设计书及有关补充规定，房屋、土地面积确权的法律文件或协议。具体检查验收内容如下：

1. 控制测量

①平面控制网的布设和标志埋设是否符合要求；

②各种观测手簿的记录和计算是否正确；

③各类控制点的测定方法、扩展次数及各种限差、成果精度和手簿整理是否符合要求；

④起算数据和计算方法是否正确，平差后的成果精度是否满足要求；

⑤仪器检验项目是否齐全，精度是否符合规定。

2. 房产调查

①各种房产要素调查与填表项目内容是否齐全、正确；

②房屋权界线示意图上所标绘的房屋及其相关位置、权界线、四至墙体归属以及有关说明、符号是否正确和与房产图是否一致。

③各种房屋用地要素调查与填表项目内容是否齐全、正确；

④房屋用地范围示意图上所表示的用地位置、四至关系、用地界线、共用院落界线、界标类别和归属、以及有关说明、符号、界址点编号和房产图上是否一致。

3. 房产图测绘

①图廓点、方格网、各级控制点、界址点的展绘有无遗漏，位置是否准确；

②房产图各类要素的施测方法是否符合要求，各项误差是否在限差以内；

③各种要素的注记、说明注记和数字注记是否齐全、正确，位置是否恰当；

④与房产有关的地形要素有无错漏，移位和变形，各要素的综合取舍和配赋是否恰当合理，图面是否清晰易读；

⑤图幅接边是否在限差内，权属界址线和主要线状地物有无明显变形移位，配赋是否合理；

⑥图廓及图廓外的整饰和注记是否正确齐全。

4. 界址点坐标测量

①界址点测设方法是否符合要求，坐标量测是否正确，精度是否符合要求；

②界址点点号的编号是否正确；

③界址点坐标成果表填写是否符合要求，填写项目是否齐全，与图上相应点的编号是否一致。

5. 面积测算

①房屋建筑面积测算是否符合精度要求；

②房屋建筑面积计算范围是否符合规定；

③房屋建筑或用地面积独用部位、共用部位的确定是否合理、正确；

④共用部位的建筑或用地面积分摊计算方法是否符合规定、测算结果是否正确。

6. 成果质量评定

房产测量产品质量实行优等品、良等品和合格品三级评定制。产品质量由生产单位评定，验收单位负责核定。

12.4.4 房产测量上交的成果

上交的成果资料必须准确、清楚、齐全，且须经各级检查、验收，以确保房产测量成果质量达到检查、验收规定标准。上交资料的项目应包括以下各项：

①房产测量技术设计书；

②成果资料索引及说明；

③控制测量成果资料；

④房产原图和图形数据成果；

⑤房屋及房屋用地调查表、界址点坐标成果表；

⑥土地勘丈定界技术报告书；

⑦房屋、土地面积测算技术报告书；

⑧技术总结；

⑨检查验收报告；

⑩其他有关成果资料。

◎ 思考题

1. 简述房产面积测算内容。

2. 说明房产面积测算方法及适用情况。

3. 说明计算全部建筑面积和一半建筑面积的建筑物各有哪些，什么情况下不计算建筑面积。

4. 图 12-2 为一六边形地块，各界址点的坐标见表 12-17。用坐标解析法计算其面积。

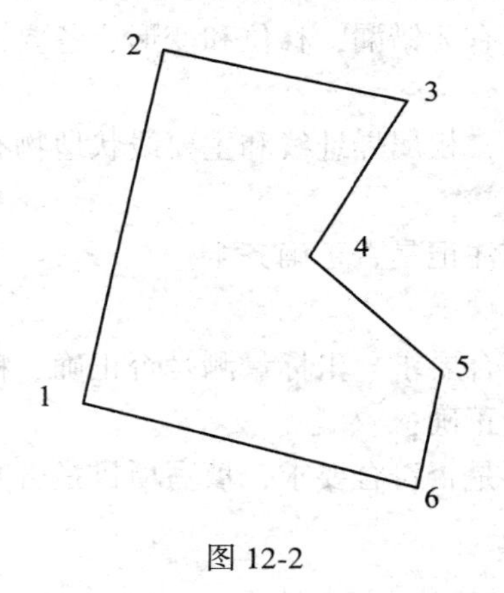

图 12-2

表 12-17

点号	坐　标（m）	
	X	Y
1	567.89	134.72
2	702.63	98.56

续表

点号	坐　　标（m）	
	X	*Y*
3	677.74	201.17
4	637.77	176.12
5	621.38	223.61
6	586.74	248.12

5. 简述房产测量成果检查验收内容。

参 考 文 献

[1] 何霖. 地籍与房产测绘 [M]. 成都：西南交通大学出版社，2006.
[2] 章书寿，孙在宏. 地籍调查与地籍测量学 [M]. 北京：测绘出版社，2008.
[3] 詹长根. 测量学 [M]. 武汉：武汉大学出版社，2005.
[4] 纪勇等. 数字测图技术应用教程 [M]. 郑州：黄河水利出版社，2008.
[5] 周建郑，等. GPS 测量原理及应用 [M]. 郑州：黄河水利出版社，2005.
[6] 侯渊浦. 地形测量 [M]. 北京：煤炭工业出版社，1998.
[7] 国家质量监督检验检疫总局、国家标准化管理委员会. 国民经济行业分类（GB/T 4754—2002）[S]. 北京：中国标准出版社，2011.
[8] 国家技术质量监督局. 房产测量规范（GB/T 17986—2000）[S]. 北京：中国标准出版社，2000.
[9] 国家测绘局. 地籍测绘规范（CH5002—1994）[S]. 北京：测绘出版社，1995.
[10] 国家土地管理局. 城镇地籍调查规程（TD1001—93） [S]. 北京：测绘出版社，1993.
[11] 纪勇. 地籍与房产测绘 [M]. 北京：中国电力出版社，2012.
[12] 国土资源部. 土地勘测定界规程（TD/T 1008—2007）[S]. 北京：中国标准出版社，2007.
[13] 邓勇. 地籍调查与测量 [M]. 重庆：重庆大学出版社，2010.
[14] 邓勇. 地籍测量 [M]. 郑州：黄河水利出版社，2012.
[15] 刘权. 房地产测量 [M]. 武汉：武汉大学出版社，2009.
[16] 王侬，廖元焰. 地籍测量 [M]. 2 版 . 北京：测绘出版社，2008.
[17] 梁玉保. 地籍调查与测量 [M]. 2 版 . 郑州：黄河水利出版社，2010.
[18] 郭玉社. 房地产测绘 [M]. 北京：机械工业出版社，2007.
[19] 吕永江. 房产测量规范与房地产测绘技术——房产测量规范有关技术说明 [M]. 北京：中国标准出版社，2001.
[20] 李向明. 房地产测绘 [M]. 北京：中国建筑工业出版社，2000.
[21] 唐根林. 房产测量 [M]. 成都：成都地图出版社，2008.
[22] 刑继德. 房地产测绘 [M]. 重庆：重庆大学出版社，2008.
[23] 李秀梅. 房地产测绘 [M]. 北京：中国建筑工业出版社，2000.
[24] 燕志明. 地籍测量 [M]. 北京：煤炭工业出版社，2007.
[25] 张绍良，顾和和. 土地管理与地籍测量 [M]. 徐州：中国矿业大学出版社，2003.
[26] 邓军等. 地籍调查与测量 [M]. 重庆：重庆大学出版社，2010.
[27] 徐绍铨，张华梅，杨志. GPS 测量原理及应用 [M]. 武汉：武汉大学出版社，2008.
[28] 贠小苏. 第二次全国土地调查小组培训教材 [M]. 北京：中国农业出版社，2007.

[29] 国土资源部. 全国第二次土地调查技术规程（TD/T 1014—2007）[S]. 北京：地质出版社，2007.
[30] 国土资源部.《地籍调查规程》（TD/T 1001—2012）[S]. 北京：测绘出版社，1987.
[31] 国家技术质量监督局，国家标准化管理委员会. 土地利用现状分类（GB/T 21010—2007）[S]. 北京：中国标准出版社，2007.
[32] 邢继德. 房产测绘 [M]. 重庆：重庆大学出版社，2013.
[33] 彭维吉. 地籍与房产测量 [M]. 北京：测绘出版社，2013.
[34] 林增杰，谭峻，詹长根，等. 地籍学 [M]. 北京：科学出版社，2006.
[35] 邓军. 地籍与房产测量 [M]. 北京：机械工业出版社，2013.
[36] 谭立萍. 地籍测量与房产测绘 [M]. 沈阳：东北大学出版社，2013.
[37] 陈传胜. 地籍与房产测量 [M]. 武汉：武汉理工大学出版社，2014.
[38] 洪波. 地籍测量与房地产测绘 [M]. 北京：中国电力出版社，2007.
[39] 洪波. 地籍与房产测量 [M]. 北京：测绘出版社，2010.
[40] 简德三. 地籍管理 [M]. 上海：上海财经大学出版社，2006.
[41] 叶公强. 地籍管理 [M]. 北京：中国农业出版社，2002.
[42] 林增杰，严星，谭峻. 地籍管理 [M]. 北京：中国人民大学出版社，2000.
[43] 李天文，张友顺. 现代地籍测量 [M]. 北京：科学出版社，2004.
[44] 陕西省第二次土地调查工作领导小组办公室. 第二次土地调查资料汇编 [M]. 西安：中共西安市市委机关劳司印刷厂，2008.
[45] 王人潮. 试论土地分类 [J]. 浙江大学学报. 2002，28（4）：356-357.
[46] 林爱文，黄仁涛，佐藤洋平. 对我国新的土地分类体系问题的探讨 [J]. 国土资源科技管理，2002（03）：39-40.
[47] 曲雪光，林爱文，李建武. 关于《土地利用现状分类》国家标准的探讨 [J]. 湖南农业科学，2008（04）：89-90.
[48] 詹长根，唐祥云，刘雨. 地籍测量学 [M]. 3 版. 武汉：武汉大学出版社，2011.
[49] 洪波. 土地测量与管理 [M]. 北京：中国电力出版社，2007.
[50] 张书毕、高井祥. 论宗地界址点编号 [J]. 测绘通报，1995（05）：14-16.
[51] 卞正富，等. 测量学 [M]. 北京：中国农业出版社，2002.
[52] 钟宝琦，谌作霖. 地籍测量 [M]. 武汉：武汉测绘科技大学出版社，1996.
[53] 张建堂. 几种面积量算的方法 [J]. 云南煤炭，2007（03）.
[54] 纪勇. 地籍测量与房地产测绘 [M]. 北京：中国电力出版社，2012.
[55] 李芹芳. 测绘工程基础 [M]. 北京：人民交通出版社，2007.
[56] 张勤，李家权，等. GPS 测量原理及应用 [M]. 北京：科学出版社，2005.
[57] 陈朝晖. GPS 技术在土地测绘地籍控制测量的应用. 河北农业科学. 2008，12（3）：149-150.
[58] 李和气. 房屋建筑面积测量 [M]. 北京：中国计量出版社，2001.
[59] 江丽钧，等. 房产面积测算与共用面积分摊中若干问题探讨——以浙江省丽水市为例 [J]. 东华理工学院学报（社会科学版），2005（02）.
[60] 宫同森. 地形、地籍测量精度 [M]. 北京：测绘出版社，1992.
[61] 顾孝烈. 房地产测绘 [M]. 北京：中国建筑工业出版社，1996.

[62] 廖元焰. 房地产测量 [M]. 北京：中国计量出版社，2003.
[63] 陈伟清. 房产数字化测图技术的应用 [J]. 北京测绘，2001 (01)：46-47.
[64] 侯绪成. 房产面积测算方法及精度分析 [J]. 东北测绘，2002 (03)：64-65.
[65] 李润生. 多功能房屋共有建筑面积分摊计算分析 [J]. 现代测绘，2002 (01)：38-39.
[66] 邓小军，郑小梅. 共有面积分摊模型的实现方法研究 [J]. 测绘信息与工程，2008，(02).
[67] Toms，K. N. and Kentish，P. M.. Cadastral surveying in Australia ten years [J]. Surveying and Mapping，1988，48：13-17.
[68] V. Pérez-Gracia，J. O. Caselles，J. Clapes，R. Osorio，G. Martínez，J. A. Canas. Integrated near-surface geophysical survey of the Cathedral of Mallorca [J]. Journal of Archaeological Science，2009，36 (7)：1289-1299.
[69] Lee，Y. H.，Chen，H. S.，et al. Revealing surface deformation of the 1999 Chi-Chi earthquake using high-density cadastral control points in the Taichung area，central Taiwan [J]. Bulletin of the Seismological Society of America，2006，98 (6)：2431-2440.
[70] Bang，Keukjoon. Separation of character strings and high quality vectorization for digitized Korean cadastral map images [J]. International Geoscience and Remote Sensing Symposium 1997，1 (3)：237-239.
[71] Gerhard Navratil，Andrew U. Frank. Processes in a cadastre [J]. Computers，Environment and Urban Systems，2004，28 (5)：471-486.
[72] R. S. Dzur. Challenges of land administration and Bolivian colonization：beyond technical cadastral mapping [J]. Computers，Environment and Urban Systems，2001，25 (4-5)：429-443.